Bernhard E. Schönung

Numerische Strömungsmechanik

Inkompressible Strömungen mit
komplexen Berandungen

Mit 101 Abbildungen

Springer-Verlag
Berlin Heidelberg NewYork London
Paris Tokyo Hong Kong Barcelona 1990

Dr.-Ing. habil. Bernhard Ernst Schönung
ABB Turbo Systems AG
Labor Thermische Maschinen
CH-5401 Baden

CIP-Titelaufnahme der Deutschen Bibliothek
Schönung, Bernhard:
Numerische Strömungsmechanik : inkompressible Strömungen mit komplexen Berandungen /
Bernhard E. Schönung.
Berlin ; Heidelberg ; New York ; London ; Paris ; Tokyo ; Hong Kong ; Barcelona : Springer, 1990

ISBN 978-3-540-53137-1   ISBN 978-3-642-87675-2 (eBook)
DOI 10.1007/978-3-642-87675-2

2160/3020/543210 – Gedruckt auf säurefreiem Papier

Vorwort

Die Eigenschaften und Auswirkungen von Strömungen abzuschätzen ist eine Aufgabe, die in vielen Bereichen der Naturwissenschaften und des Ingenieurwesens zu lösen ist. Sie tritt sowohl bei der Vorhersage von natürlichen Strömungen wie Wind- und Meeresströmungen auf, wie auch bei der Beurteilung von Eingriffen des Menschen in die Natur, um etwa Schäden bei Flußregulierungen oder Schadstoffeinleitungen möglichst gering zu halten. Außerdem sind verschiedenartigste Strömungen in vielen Bereichen des Bauingenieurwesens, des Maschinenbaus und der Verfahrenstechnik von Bedeutung.

Fortschritte bei der Vorhersage von Strömungen können nur im Verbund von analytischer, experimenteller und numerischer Strömungsmechanik erzielt werden. Hierbei fällt der numerischen Strömungsmechanik eine immer größere Bedeutung zu, besonders bei der Berechnung von praxisrelevanten Problemen, bei denen im allgemeinen komplexe Geometrien mit krummlinigen Berandungen auftreten. Verfahren, die zur Berechnung derartiger Strömungen geeignet sind, müssen geometrieangepaßte Koordinaten verwenden, wodurch sich verschiedene Möglichkeiten der Formulierung und Lösung der strömungsmechanischen Erhaltungsgleichungen ergeben.

Im vorliegenden Buch wird ein Überblick über den Stand der Forschung sowie über neueste Entwicklungen bei Berechnungsverfahren mit geometrieangepaßten Koordinaten gegeben. Die verschiedenen Vorgehensweisen werden kurz beschrieben, deren Vor- und Nachteile skizziert und gegeneinander abgewogen. Hierbei wird umfassend auf die sogenannten inkompressiblen Verfahren, mit denen Strömungen auch für kleinste Machzahlen berechnet werden können, eingegangen. Ausführlich werden die Finite-Volumen Verfahren besprochen. Das Buch soll ein Wegweiser für diejenigen sein, deren Aufgabe es ist, Berechnungsverfahren für Strömungen mit komplexen Berandungen zu entwickeln bzw. anzuwenden.

Diese Arbeit entstand während meiner Tätigkeit am Institut für Hydromechanik der Universität Karlsruhe. In ihm sind Ergebnisse zahlreicher Diskussionen, die ich mit Mitarbeitern des Instituts führte und für die ich ihnen danken möchte, enthalten. Besonderer Dank gilt Herrn Prof. Dr. W. Rodi für die Anregungen und Gespräche sowie die Möglichkeit diese Arbeit innerhalb seiner Gruppe durchführen zu können. Frau R. Zschernitz möchte ich für das Tippen der Rohfassung danken. Frau R. Haunz danke ich für das Schreiben der unzähligen Gleichungen und Herrn M. Welter für das Anfertigen und

Einkleben der Zeichnungen. Mein besonderer Dank gilt weiterhin Frau J. Herzog, die in mühevoller Kleinarbeit die Endfassung des Textes erstellte.

Das vorliegende Buch basiert auf einer von der Fakultät für Bauingenieur- und Vermessungswesen der Universität Karlsruhe genehmigten Habilitationsschrift. Für die Bereitschaft als Referenten im Habilitationsverfahren tätig zu sein, möchte ich Prof. Dr. W. Rodi, Prof. Dr. K. Willam und Prof. Dr.-Ing. J. Zierep danken.

Schlußendlich danke ich recht herzlich Waltraud, meiner Frau, die mir den zur Abfassung dieser Arbeit notwendigen Freiraum ermöglichte.

Ettlingen, August 1990

B. Schönung

Inhaltsverzeichnis

TEIL C

Nomenklatur

a_i	kovarianter Koeffizient des Vektors $\vec{a}$ (Gl.(3.5))
a^i	kontravarianter Koeffizient des Vektors $\vec{a}$ (Gl.(3.5))
a_p, A_p	Koeffizient am Zentralknoten
a_{nb}, A_{nb}	Koeffizienten der Nachbarknoten
c	Schallgeschwindigkeit
c_{Ps}	Pseudo-Schallgeschwindigkeit
c_D, $c_{\varepsilon 1}$, $c_{\varepsilon 2}$, c_μ, c'_μ	Turbulenzmodellkonstanten (GL.(2.10a),(2.10b),(2.11),(2.13))
C	Courant-Zahl
C_l	Einflußkoeffizienten bei Finite-Analytischen Verfahren (Gl.(4.7))
$\vec{d_h}^j$	Defekt nach j Iterationen auf einem Gitter mit Maschenweite h
D	Diffusionszahl
D^i	geometrische Größe am Knoten i
e	innere Energie
$\vec{e_i}$	natürliche Basis (Gl.(3.4a))
$\vec{e}^i$	duale Basis (Gl.(3.4b))
E	Rauhigkeitsparameter
$\vec{f}$	Beschleunigungsvektor
$f_i(x)$, $f_j(x)$	Randwertverteilung (Gl.(4.5))
$\vec{F}$	Randabbildung (Gl.(5.5))
$\vec{F}(\phi)$, $\vec{\vec{F}}(\phi)$	Funktional; Newton-Raphson-Verfahren (Gl.(9.2a)),
	Konjugierte-Gradienten-Verfahren (Gl.(9.7a))
F^{KVS}	Seitenfläche eines Kontrollvolumens
g_{ij},g^{ij},g^i_j,g	Metriken (Gl.(3.8))
H	Totalenthalpie
$\overset{\Rightarrow}{i}$	Einheitsmatrix
$\vec{i_j}$	kartesische Einheitsvektoren
$\overset{\Rightarrow}{I_h^H}$	Restriktionsoperator
$\overset{\Rightarrow}{I_H^h}$	Prolongationsoperator
J	Jacobi-Determinante
k	turbulente, kinetische Energie; Wärmeleitfähigkeit
k_x, k_y	Diffusionskonstanten (Gl.(4.8))
l_m	Mischungsweg
$\overset{\Rightarrow}{L}$	Längenmaß der Turbulenz
	linearer Differentialoperator

$\overrightarrow{\overrightarrow{L}}_h$	linearer Differenzenoperator auf Gitter mit Maschenweite h
$\overrightarrow{\overrightarrow{L}}, \overrightarrow{\overrightarrow{U}}$	untere, obere Dreiecksmatrix (Gl.(9.6d))
m_i, M_i	erste, zweite Ableitungen von ϕ (Gl.(7.11 a,b))
$\dot{m}_i$	Massendefekt
Ma	Machzahl
Ma_{ps}	Pseudo-Machzahl
n	Iterationsindex; Zeitschritt
N_i	Ansatzfunktion
p	Druck
$P(\xi,\eta), Q(\xi,\eta)$	Quellterme
Pe	Peclet-Zahl
Pr	molekulare Prandtlzahl
$\overrightarrow{q}$	Wärmeflußvektor
Q	Wärmeproduktion
r,θ	Zylinderkoordinaten
$\overrightarrow{r}^n$	Residuenvektoren
R	Gaskonstante
R, R*	Residuum, normiertes Residuum
s, S	Bogenlänge, Gesamtbogenlänge (Gl.(5.4))
S_ϕ, S^i	Quellterm
S_u, S_p	verschiedene Komponenten bei der Linearisierung des Quellterms (Gl.(7.5b))
S_+, S_-	positiver und negativer Anteil des Quellterms
t	Zeitvariable
Δt	Zeitinkrement
T	Temperatur
$u_i; u,v,w$	Geschwindigkeitskomponenten
$\overrightarrow{U}$	Boolesche Summenprojektion
$\overrightarrow{v}$	Geschwindigkeitsvektor
$\overrightarrow{v}_p$	Geschwindigkeit parallel zur Wand
$\overrightarrow{v}_\tau$	Wandschubspannungsgeschwindigkeit
V	Volumen eines Kontrollvolumens
$W_j, w(x,y,z)$	Gewichtsfunktion
$\overrightarrow{x}$	Ortsvektor
x^i	allgemeine krummlinige Koordinaten
y^i	kartesische Koordinatensysteme
y^+	dimensionsloser Wandabstand ($y^+ = y\, v_\tau/\nu$)

z	komplexe Zahl ($z=x+iy$)

Griechische Buchstaben

α	Unterrelaxationsfaktor (Gl.(8.1b))
α, β, γ	Koeffizienten der inversen Laplace-Gleichung (Gl.(5.11))
$\alpha_{i,j}$	Koeffizienten einer Matrix
β	Proportionalitätsfaktor bei Verfahren mit künstlicher Kompressibilität
γ	Adiabatenkoeffizient
γ_i	Verteilungsfunktion (Gl.(4.2))
Γ	Diffusionskonstante
Γ_i	Zirkulation eines Wirbels (Gl.(4.2))
Γ_n	Diffusionskoeffizient der numerischen Diffusion (Gl.(7.8c))
δ_{ij}	Kronecker-Symbol
ε	Dissipationsrate
θ	Winkel zwischen Geschwindigkeitsvektor und Gitterlinie
κ	von Karmann-Konstante
ζ	komplexe Zahl; $\zeta=\xi+i\eta$
μ	dynamische Viskosität
μ_t	dynamische Wirbelviskosität
ν	kinematische Viskosität
ν_t	Wirbelviskosität
ξ, η	Koordinaten
ρ	Dichte
$\sigma_k, \sigma_\varepsilon$	Diffusionskonstante für k,ε
τ	Schubspannung
$\stackrel{\Rightarrow}{\tau}$	Spannungstensor
φ_i, ψ_j	Interpolationsfunktionen (blending functions)
ϕ_{ijk}	Variable am Knoten (i,j,k)
Φ	Dissipationsfunktion
Ψ	Stromfunktion
ω	Wirbelstärke
$\vec{\omega}$	Wirbelvektor

Symbole

a	Momentanwert von a
a'	stochastisch fluktuierender Wert von a
$\tilde{a}$	periodisch fluktuierender Wert von a
$\langle a \rangle$	ensemble-, phasengemittelter Wert von a
$\bar{a}, A$	zeitlich gemittelter Wert von a
Δa	Differenz der Werte von a an zwei Punkten
$\nabla \vec{a}$	Gradient von $\vec{a}$
$\nabla \cdot \vec{a}$	Divergenz von $\vec{a}$
$\nabla \times \vec{a}$	Rotation von $\vec{a}$
$\overset{\Rightarrow}{a}^T$	Transponierte von $\overset{\Rightarrow}{a}$
$\left[\begin{smallmatrix} & j & \\ i & & m \end{smallmatrix}\right]$	Christoffelsche Symbole
$\left\{\begin{smallmatrix} & j & \\ i & & m \end{smallmatrix}\right\}$	physikalische, Christoffelsche Symbole
$\dfrac{\Delta a^{(j)}}{\Delta x^{(j)}}$	konservative Darstellung des Divergenzoperators (Gl.(3.12))

Indizes

h, H	Wert auf Gitter mit Maschenweite h bzw. H=2h
n, s, e, w	Wert an der Nord-, Süd-, Ost- bzw. Westseite eines Kontrollvolumens
N, S, E, W	Wert an dem nördlichen, südlichen, östlichen bzw. westlichen Knotenpunkt
w	Wandwert

1 Einleitung

1.1 Stand und Entwicklung der numerischen Strömungsmechanik

Die verschiedenen Methoden zur Lösung strömungsmechanischer Probleme konnten in den letzten 20 Jahren beträchtlich weiterentwickelt werden. Bei der experimentellen Strömungsmechanik ergaben sich Fortschritte vor allem auf Grund der verbesserten Meßtechnik. Die Fortschritte auf dem Gebiet der numerischen Strömungsmechanik, deren Geburtsstunde in die 50er Jahre gelegt werden kann, sind eng verknüpft mit den enormen Kapazitätssteigerungen bei den elektronischen Rechenanlagen. Auch auf dem Gebiet der analytischen Strömungsmechanik ergaben sich neue Erkenntnisse.

Die skizzierten Entwicklungen führten zu einer Verschiebung der Bedeutung der verschiedenen Methoden, so daß deren Vor- und Nachteile neu beurteilt werden müssen. Ein unbestrittener Vorteil der analytischen Strömungsmechanik liegt darin, daß mit ihrer Hilfe schnell und preiswert Ergebnisse erhalten werden, die zumeist in geschlossener Form dargestellt werden können. Dies ist jedoch häufig nur unter der Annahme starker Vereinfachungen möglich. So können Ergebnisse nur bei einfachen Geometrien, im allgemeinen nur für linearisierte Probleme sowie unter Vernachlässigung komplexer physikalischer Vorgänge wie z.B. Ablösungen oder turbulente Schwankungsbewegungen, erhalten werden.

Der Vorteil der experimentellen Strömungsmechanik besteht darin, daß mit ihr unter gewissen Bedingungen (z.B. bei Naturmessungen oder Versuchen im Maßstab 1:1) am realistischsten alle Einflüsse berücksichtigt werden können. Weiterhin werden neue strömungsmechanische Phänomene hauptsächlich bei experimentellen Untersuchungen entdeckt. Diesen Vorteilen stehen eine Reihe von Nachteilen gegenüber. Bei Laborversuchen ist es oft sehr schwierig, die gewünschte Zu- und Abströmung (z.B. atmosphärische Grenzschichtprofile für Geschwindigkeit und Turbulenzenergie) zu erzeugen und den Einfluß von Wänden so klein zu halten, daß er vernachlässigbar ist oder mit Hilfe von Windkanalkorrekturen berücksichtigt werden kann. Weiterhin treten bei Strömungen, die durch mehr als eine dimensionslose Kennzahl charakterisiert sind, bei Laborversuchen Skalierungsprobleme auf. Nicht zu unterschätzen sind Fragen der Meßgenauigkeit, die besonders bei komplexeren Strömungen (z.B. bei Strömungen mit Wärmeübergang oder bei Mehrphasenströmungen), bei Vergleichen mit verschiedenen Meßtechniken sowie bei Naturmessungen gestellt werden müssen und in vielen Fällen zu sehr zeitaufwendigen Versuchen führen. Als Hauptnachteil der experimentellen Strömungsmechanik sind sicher deren hohe Kosten zu nennen. Diese setzen sich aus den laufenden Unterhaltskosten der zum Teil recht aufwendigen apparativen Ausstattung, aus den Herstellungskosten für die verschiedenen Modelle sowie aus den hohen Personalkosten auf Grund der zeitintensiven Messungen zusammen und sind weiter im Steigen begriffen.

Der größte Vorteil der numerischen Strömungsmechanik liegt darin, daß relativ schnell und kostengünstig Ergebnisse erhalten werden können. Im Gegensatz zu analytischen Untersuchungen sind keine Beschränkungen auf lineare Probleme notwendig und es können komplexe strömungsmechanische Probleme behandelt werden. Als Ergebnis liegen die vollständigen strömungsmechanischen Informationen vor, wie Geschwindigkeitsfelder, Druckfeld, Turbulenzgrößen und die Verteilung der Wandschubspannung. Es treten keine Skalierungsprobleme auf und es ist möglich, schnell ausführliche Parameterstudien durchzuführen. Des weiteren können ideale Strömungszustände simuliert werden, die zum Verständnis der strömungsmechanischen Phänomene beitragen. Die Kosten zur numerischen Lösung strömungsmechanischer Probleme werden auf Grund der Entwicklungen bei den elektronischen Rechenanlagen immer niedriger und die wachsenden Rechnerkapazitäten machen es immer weniger notwendig, Modellannahmen und Vereinfachungen innerhalb der numerischen Strömungsmechanik zu verwenden. Die im allgemeinen notwendigen Modellannahmen (z.B. Turbulenzmodelle) sind der Hauptnachteil bei der Problemlösung mit Hilfe der numerischen Strömungsmechanik und sind sehr oft durch die eingeschränkten Rechnerkapazitäten bedingt. Diese führen auch in vielen Fällen dazu, daß eine Lösung nur auf einem relativ groben numerischen Gitter erhalten werden kann und damit numerische Diskretisierungsfehler auftreten. Für die numerischen Berechnungen müssen die Anfangsbedingungen (bei zeitabhängigen Rechnungen) sowie die Randbedingungen am Eintritt und Austritt der Strömung vorgegeben werden. Diese müssen entweder aus experimentellen Untersuchungen bekannt sein oder mit Hilfe analytischer Korrelationen approximiert werden, was bei komplexen Problemen zu Ungenauigkeiten in der Vorgabe der Randbedingungen führen kann.

Der Vergleich der verschiedenen Methoden zeigt, daß die numerische Strömungsmechanik auf Grund der fallenden Kosten und der wachsenden Möglichkeiten immer attraktiver wird. Dies bedeutet nicht, daß die anderen Methoden an Bedeutung verlieren. Sie sind notwendig für Überschlagsrechnungen und erste Abschätzungen (analytische Methode). Zur Entwicklung physikalischer Modelle, zur detaillierten Endauslegung eines Produkts, sowie zur Verifikation der numerischen Berechnungsverfahren werden weiterhin experimentelle Untersuchungen benötigt. Eine abgesicherte Lösung eines strömungsmechanischen Problems kann nur im Verbund der verschiedenen Methoden zum Beispiel folgendermaßen erhalten werden: erste Überschlagsrechnung und Auslegung eines

Versuchs mit Hilfe der analytischen Methode; experimentelle Untersuchungen zur Entwicklung und Absicherung eines numerischen Berechnungsverfahrens; Parameterstudien mit Hilfe der numerischen Strömungsmechanik.

Die Möglichkeiten der numerischen Strömungsmechanik hingen in der Vergangenheit sehr stark von der Entwicklung der elektronischen Rechenanlagen ab. Anstatt eines historischen Überblicks über die Entwicklung der numerischen Strömungsmechanik (siehe hierzu Roache (1972), Anderson et al. (1984)) werden hier deswegen kurz die Fortschritte bei den elektronischen Rechenanlagen skizziert. In Abb. 1a und Abb. 1b sind die Rechnergeschwindigkeiten und Speicherkapazitäten verschiedener, in den letzten 15 Jahren auf den Markt gekommener Supercomputer dargestellt.

Die exponentielle Leistungssteigerung der Supercomputer rührt zum einen von der Weiterentwicklung der einzelnen Prozessoren her und zum anderen von der Tatsache, daß bei einem heutigen Supercomputer mehrere Prozessoren miteinander verbunden sind. Die Entwicklung der elektronischen Rechenanlagen in den letzten 15 bis 20 Jahren brachte nicht nur eine große Leistungssteigerung, sondern auch eine Kostensenkung, besonders im Bereich kleinerer und mittlerer Rechenanlagen. Chapman (1979) stellte unter Berücksichtigung der Beschleunigung der numerischen Algorithmen fest, daß sich alle 8 Jahre

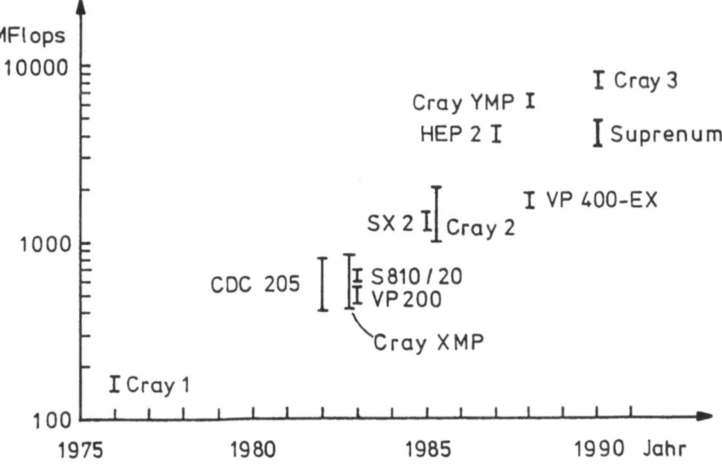

Abb.1a: Entwicklung der Rechnergeschwindigkeiten in MFlops

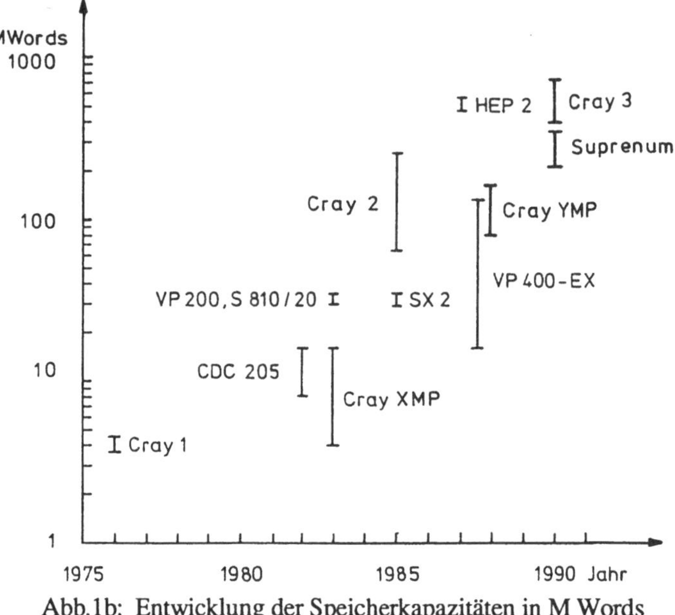

Abb.1b: Entwicklung der Speicherkapazitäten in M Words

für ein gegebenes Problem eine Reduzierung der Rechenkosten um den Faktor 10 ergibt. Zusammenfassend kann somit festgestellt werden, daß die wachsende ökonomische Attraktivität der numerischen Strömungsmechanik auf die folgenden drei Faktoren zurückzuführen ist: die billigere Hardware, die steigenden Computerkapazitäten auch bei kleinen und mittleren Rechenanlagen und die schnelleren numerischen Algorithmen.

Das Ziel der numerischen Strömungsmechanik ist die numerische Lösung der strömungs-mechanischen Grundgleichungen (z.B. Erhaltungsgleichungen für Masse und Impuls) mit Hilfe von Groß- und Kleinrechenanlagen. Hierzu müssen die kontinuumsmechani-schen partiellen Differentialgleichungen in einem vorgegebenen Gebiet gelöst werden. Dies erfordert zum einen die Diskretisierung des Lösungsgebiets, d.h. die Vorgabe eines numerischen Gitters, und zum anderen die Diskretisierung der partiellen Differentialglei-chungen, um ein System algebraischer Differenzengleichungen zu erhalten. Diese werden mit Hilfe der elektronischen Rechenanlagen gelöst und führen zu einer diskreten Lösung auf dem numerischen Gitter. Bei konsistenter Vorgehensweise und Konvergenz des numerischen Algorithmus strebt mit immer kleinerer Gitterweite die Lösung des Differenzengleichungssystems der Lösung der partiellen Differentialgleichungen zu. Die Aufgaben, die innerhalb der numerischen Strömungsmechanik gelöst werden müssen, lassen sich somit in vier Problemkreise einteilen.

1. Modellierung der strömungsmechanischen Grundgleichungen
   Die grundlegenden strömungsmechanischen Erhaltungsgleichungen sind zwar prinzipiell bekannt, sie müssen jedoch häufig aus den folgenden Gründen modelliert und durch physikalische Modelle ergänzt werden:
   - beschränkte Kapazitäten der Rechner machen Vereinfachungen notwendig (z.B. parabolisierte Gleichungen)
   - Modelle zur Schließung des Gleichungssystems sind erforderlich (z.B. Integralverfahren, Turbulenzmodelle)
   - zusätzliche Erhaltungsgleichungen müssen berücksichtigt werden (z.B. bei Verbrennungen, Mehrphasenströmungen)

2. Geometrische Beschreibung des Strömungsgebiets
   Bei Strömungsberechnungen in realistischen Geometrien mit Hilfe der Erhaltungsgleichungen in allgemeinen krummlinigen Koordinaten muß das geometrieangepaßte numerische Gitter mit entsprechenden Verfahren erzeugt werden (Gittergenerierung).

3. Numerische Algorithmen
   Zum einen sind schnelle, steuerbare Algorithmen zur Generierung der numerischen Gitter notwendig. Weiterhin müssen die partiellen Differentialgleichungen diskretisiert und die daraus resultierenden Differentialgleichungen mit Hilfe entsprechender Algorithmen gelöst werden.

4. Auswertung und Darstellung der Ergebnisse
   Komplexe dreidimensionale sowie vor allem instationäre Berechnungen erfordern eine sorgfältige Auswertung und Darstellung der enormen Datenmengen, die als Ergebnis der Rechnungen zur Verfügung stehen.

Für jeden der Problemkreise wurden in den letzten Jahren die verschiedenen Methoden beträchtlich weiterentwickelt. Heutzutage werden Turbulenzmodelle immer höherer Ordnung verwendet und in verstärktem Maße werden Mehrphasenströmungen berechnet. Komplexe dreidimensionale Umströmungen von Flugzeugen oder Durchströmungen in Turbinen werden numerisch untersucht. Die Weiterentwicklung der numerischen Algorithmen führte zu Diskretisierungsverfahren höherer Ordnung sowie zu (z.B. mittels Mehrgitterverfahren) beschleunigten Lösungsalgorithmen. Auf Grund der größeren Rechnerkapazitäten wurden die graphischen Methoden zur Darstellung der Ergebnisse stark ausgebaut. Die neuesten Entwicklungen auf all diesen Gebieten darzustellen würde über den Rahmen dieser Arbeit hinausgehen. Es ist somit nur möglich, den Stand der Forschung innerhalb der verschiedenen Problemkreise sowie Entwicklungen und Trends unter einem gewissen Blickwinkel und bezüglich bestimmter Fragestellungen zu sehen.

1.2 Ziele und Gliederung der vorliegenden Arbeit

Die ersten Arbeiten auf dem Gebiet der numerischen Strömungsmechanik wurden nur für einfache oder stark vereinfachte Strömungsprobleme durchgeführt. So wurden Strömungen in vereinfachten Geometrien, die aus Rechtecksgebieten zusammengesetzt waren, berechnet. Es wurden stark vereinfachte Erhaltungsgleichungen, wie z.B. die Laplace-Gleichung für Potentialströmungen oder Grenzschichtgleichungen gelöst. In vielen Fällen wurden nur ein- oder zweidimensionale sowie stationäre Strömungsprobleme untersucht, und die Berechnungen beschränkten sich bei turbulenten Strömungen zumeist auf einfache Turbulenzmodelle (z.B. Prandtl'scher Mischungswegansatz). Die in den letzten Jahren gemachten Fortschritte führten zu numerischen Berechnungsverfahren für realistischere Geometrien sowie für dreidimensionale und instationäre Strömungsprobleme. In verstärktem Maße wurden die vollständigen Navier-Stokes-Gleichungen gelöst, wobei aufwendigere Turbulenzmodelle verwendet wurden.

Auf dem Gebiet der numerischen Berechnungsverfahren wurden und werden eine verwirrende Vielfalt von Artikeln veröffentlicht, in denen einzelne Aspekte untersucht werden. Zusammenfassende Darstellungen in Fachzeitschriften und Proceedings z.B. von Kutler (1985), Ferziger (1987), Rodi et al. (1987), van Doormaal et al. (1987) oder Leschziner (1988) geben zwar einen Überblick über die wichtigsten Veröffentlichungen, sind jedoch aufgrund der Seitenzahlbeschränkungen kaum in der Lage, Zusammenhänge für den Leser nachvollziehbar zu machen. Ausführliche Darstellungen der Grundlagen numerischer Berechnungsverfahren in der Strömungsmechanik sind in den Büchern von Roache (1972), Peyret und Taylor (1983), Anderson et al. (1984) sowie Hirsch (1988) gegeben. Roache (1972) stellt ausführlich die Lösung der Erhaltungsgleichungen in der Stromfunktions-Wirbelstärken-Formulierung dar. Die Verwendung von primitiven Variablen wird nur kurz skizziert, wie auch der Einsatz nicht-kartesischer Koordinaten. Peyret und Taylor (1983) behandeln vorwiegend Finite-Differenzen Verfahren und gehen weder auf die Verwendung krummliniger Koordinaten noch auf Gittergenerierungsverfahren ein. Neuere Entwicklungen auf dem Gebiet der Lösung algebraischer Gleichungssysteme werden nur gestreift. Anderson et al. (1984) legen hauptsächlich die Grundlagen von Berechnungsverfahren anhand der Lösung von Testgleichungen und von vereinfachten Formen der Navier-Stokes Gleichungen dar. Nur in relativ kurzen Kapiteln wird auf die vollen Navier-Stokes Gleichungen und auf Gittergenerierungsverfahren eingegangen. Hirsch (1988) beschreibt in dem bisher erschienenen ersten Teil seines zweibändigen Werkes vereinfachte Formen der Navier-Stokes Gleichungen sowie die Grundlagen von Finiten-Differenzen, Finiten-Volumen- und Finiten-Element Verfahren. Weiterhin stellt er verschiedene Methoden der Stabilitätsanalyse dar sowie Verfahren zur Lösung algebraischer Gleichungssysteme. Wie in den Büchern von Roache (1972), Peyret und Taylor (1983) sowie Anderson et al. (1984) wird auch bei Hirsch die Verwendung krummliniger Koordinaten, die bei der Berechnung praxisrelevanter Probleme eingesetzt werden müssen, nur kurz beschrieben.

Das Ziel der vorliegenden Arbeit ist es, den Stand der Forschung sowie neueste Entwicklungen auf dem Gebiet der Berechnung von <u>Strömungen mit komplexen Berandungen</u> aufzuzeigen. Die verschiedenen Methoden werden kurz beschrieben, Gemeinsamkeiten sowie Unterschiede herausgearbeitet sowie die Vor- und Nachteile der Verfahren diskutiert. Sämtliche Ausführungen für Teilproblemstellungen wie Gittergenerierung, randangepaßte Koordinatensysteme, Form der Grundgleichungen sowie Diskretisierung und Lösungsalgorithmen werden im Hinblick auf Strömungen in komplexen Geometrien gesehen. Der Schwerpunkt liegt auf den sogenannten inkompressiblen Verfahren, d.h. Verfahren, mit denen Strömungen auch für kleine Mach-Zahlen, bis hin zu Ma = 0, berechnet werden können. Mit diesen Verfahren können jedoch auch Kompressibilitätseffekte berücksichtigt werden. Ausführlich werden die Finite-Volumen Verfahren besprochen, bei denen die Differenzengleichungen durch Bilanzierung der Erhaltungsgleichungen über finite Volumen, sogenannte Kontrollvolumina, abgeleitet werden.

Die Arbeit gliedert sich in drei Teile. In Teil A werden die kontinuumsmechanischen partiellen Differentialgleichungen, die die Erhaltung von Masse, Impuls und Energie beschreiben, in beliebigen geometrieangepaßten Koordinatensystemen formuliert. Teil B enthält die numerischen Verfahren zur Lösung der partiellen Differentialgleichungen, wobei auf Teilprobleme wie Diskretisierung des Berechnungsgebiets, Variablenanordnung, Diskretisierung der Differentialgleichungen sowie Lösung von Gleichungssystemen eingegangen wird. In Teil C werden ein Computerprogramm zur Lösung der vollständigen Navier-Stokes-Gleichungen in beliebigen dreidimensionalen Geometrien sowie Beispiele von Strömungsberechnungen vorgestellt.

2 Strömungsmechanische partielle Differentialgleichungen

2.1 Erhaltungsgleichungen

Die folgenden Grundgleichungen sind in allgemeiner vektorieller Form ohne Bezug auf ein spezielles Koordinatensystem formuliert. Diese Darstellung wurde gewählt, um eine Festlegung auf ein spezielles Koordinatensystem und eine Aufteilung der Impulsgleichungen für die einzelnen Geschwindigkeitskomponenten zu vermeiden, da bei der Verwendung von allgemeinen krummlinigen Koordinaten diese Aufteilung über die Erhaltungsform der Impulsgleichungen (schwach-, semi- oder streng-konservativ) entscheidet. Auf dieses Problem wird in Kapitel 3 eingegangen.

Die Erhaltungsgleichungen in vektorieller Form lassen sich folgendermaßen schreiben (siehe Peyret und Taylor (1983), Anderson et al. (1984)):

Kontinuitätsgleichung

$$\frac{\partial \rho}{\partial t} + \nabla \cdot (\rho \vec{v}) = 0 \tag{2.1}$$

Impulsgleichung

$$\frac{\partial \rho \vec{v}}{\partial t} + \nabla \cdot \rho \vec{v}\vec{v} = -\nabla p + \nabla \cdot \vec{\vec{\tau}} + \vec{f} \tag{2.2}$$

Energiegleichung (für die innere Energie)

$$\frac{\partial \rho e}{\partial t} + \nabla \cdot \rho \vec{v} e = -p(\nabla \cdot \vec{v}) - \nabla \cdot \vec{q} + \frac{\partial Q}{\partial t} + \Phi \tag{2.3}$$

Zustandsgleichung (für ideale Gase)

$$p = \rho R T \tag{2.4}$$

ρ bezeichnet die Dichte und $\vec{v}$ den Geschwindigkeitsvektor. p kennzeichnet den Druck, $\vec{\vec{\tau}}$ den Spannungstensor und $\vec{f}$ den Beschleunigungsvektor auf Grund einer externen Volumenkraft. e steht für die innere Energie, $\vec{q}$ für den Wärmeflußvektor, Q für die Wärmeproduktion und Φ bezeichnet die Dissipationsfunktion.

Die Erhaltungsgleichungen (2.1) - (2.4) sind in Divergenz-Form, d.h. in konservativer Form dargestellt. Für ein Newtonsches Fluid kann die Divergenz des Spannungstensors $\overrightarrow{\tau}$ in Abhängigkeit der Geschwindigkeitsgradienten geschrieben werden:

$$\nabla \cdot \overrightarrow{\tau} = -\nabla \times (\mu(\nabla \times \vec{v})) + \nabla[\frac{4}{3}\mu \ \nabla \cdot \vec{v}] \qquad (2.5)$$

Bei den Verfahren zur Berechnung turbulenter Strömungen, bei denen die Reynolds-ge-mittelten Gleichungen (siehe Abschnitt 2.2) gelöst werden, wird die auf Grund der turbulenten Fluktuationen erhöhte, effektive Spannung zusätzlich in $\overrightarrow{\tau}$ berücksichtigt. Der Wärmeflußvektor $\vec{q}$ kann mit Hilfe des Fourierschen Wärmeleitungsgesetzes

$$\vec{q} = -k\nabla T \qquad (2.6a)$$

in Abhängigkeit der Temperatur T und der Wärmeleitfähigkeit k geschrieben werden. Für die Dissipationsfunktion Φ, welche die Dissipation der kinetischen Energie in innere Energie beschreibt, gilt:

$$\Phi = \nabla \cdot (\overrightarrow{\tau} \cdot \vec{v}) - (\nabla \cdot \overrightarrow{\tau}) \cdot \vec{v} \qquad (2.6b)$$

Randbedingungen

Die Impulsgleichung (2.2) und die Energiegleichung (2.3) sind Differentialgleichungen 1.Ordnung in der Zeit und 2.Ordnung im Raum. Im allgemeinen Fall müssen somit Anfangsbedingungen, d.h. Anfangsverteilungen zur Zeit $t=t_0$ sowie zu jedem Zeitpunkt t^n Randbedingungen auf allen Rändern vorgeschrieben werden. Als Randbedingungen können hierbei die Werte (Dirichlet-Bedingungen) oder deren Gradienten (Neumann-Bedingungen) oder eine Kombination dieser beiden vorgegeben werden. Die auftretenden Ränder können unterteilt werden in Einströmränder, Ausströmränder, Symmetrieränder sowie Ränder mit festen oder bewegten Wänden. Um das gestellte strömungs-mechanische Problem eindeutig zu spezifizieren, müssen an den Einströmrändern die Verteilungen der zu berechnenden Variablen vorgegeben werden. An den Ausströmrändern liegen normalerweise wenig Informationen über die Strömung vor und es werden deshalb meist Gradientenbedingungen vorgegeben. Deshalb sollte bei der Festlegung des Berechnungsgebietes darauf geachtet werden, daß der Ausströmrand so weit stromab gelegt wird, daß zum einen die Gradientenbedingungen annähernd erfüllt sind und zum zweiten die Randbedingungen am Ausströmrand nur einen geringen Einfluß

10

auf die Strömung in dem eigentlich interessierenden Gebiet haben. An den Symmetrierändern werden zum einen die Geschwindigkeitskomponenten senkrecht zum Rand zu Null gesetzt und des weiteren Null-Gradienten-Bedingungen verwendet, d.h. angenommen, daß die Normalspannungen den Wert Null besitzen. Entlang von Wänden werden die Strömungsgeschwindigkeiten gleich den Wandgeschwindigkeiten gesetzt, was den Haftbedingungen entspricht. Anstatt jedoch die Werte der Geschwindigkeiten an den Rändern vorzuschreiben, werden zumeist die Geschwindigkeitsgradienten mit Hilfe der Wandschubspannung vorgegeben. Dies ergibt die Möglichkeit, bei laminaren Berechnungen einen linearen Verlauf der Geschwindigkeitsverteilung und bei turbulenten Berechnungen mit Hilfe des logarithmischen Wandgesetzes einen logarithmischen Verlauf in Wandnähe zu simulieren.

2.2 Berechnung turbulenter Strömungen

Die meisten praxisrelevanten Strömungen sind turbulent. Turbulente Strömungen sind durch stochastische Schwankungsbewegungen gekennzeichnet. Durch die großen Turbulenzballen wird der Hauptströmung Energie entzogen, die beim Zerfall der Turbulenz in der sogenannten Energiekaskade zu immer kleineren Einheiten transferiert wird, bis sie schließlich in Wärme dissipiert. Um diesen Vorgang rechnerisch zu erfassen, ist es notwendig, die numerische Auflösung sowohl bezüglich des Zeitschrittes wie auch bezüglich der räumlichen Auflösung dem Zeitmaß und dem Längenmaß der kleinsten Turbulenzballen anzupassen. Abschätzungen ergeben, daß für eine direkte räumliche Auflösung ein numerisches Gitter verwendet werden muß, das einen Speicherplatz von ca. 10^4 MWORDS benötigt. Wie Abb.1b zeigt stehen so große Speicher bei heutigen Superrechnern nicht zur Verfügung.

Sogenannte "Direkte Simulationen", bei denen die Navier-Stokes-Gleichungen mit einer zeitlichen und räumlichen Auflösung der Turbulenzstrukturen direkt gelöst werden, werden heutzutage für einfache turbulente Strömungen bei relativ kleinen Reynoldszahlen durchgeführt (siehe Ferziger (1983), Rogallo und Moin (1984), Mansour et al. (1987)). Bei "Grobstruktur-Simulationen" werden die großen Turbulenzballen direkt simuliert und die kleinen, die nicht vom numerischen Gitter aufgelöst werden, modelliert (siehe Ferziger (1982), Schumann und Friedrich (1986)). Auch diese Simulationen können heutzutage noch nicht bei der Berechnung praxisrelevanter Strömungen eingesetzt werden.

Für derartige Strömungen werden sogenannte "Ein-Punkt-Schließungsmodelle" verwendet und die "Reynolds-gemittelten" Erhaltungsgleichungen gelöst. Es ist hier nicht möglich, den Stand der Forschung auf diesem Gebiet der Turbulenzmodellierung umfassend darzulegen und es sei deshalb auf die Übersichtsarbeiten von Rodi (1980), Marvin (1983), Launder et al. (1984), Lakshminarayana (1986), Rodi (1986) sowie Nallasamy (1987) verwiesen, die den Stand der Forschung beschreiben und auch einen Einblick in besondere Problemkreise (z.B. inkompressible oder kompressible Strömungen, Turbulenzmodelle höherer Ordnung) geben.

Die Reynolds-gemittelten Erhaltungsgleichungen werden durch eine Aufteilung der Variablen in den Navier-Stokes-Gleichungen in zeitliche Mittelwerte und stochastische Schwankungen gemäß

$$u_i = U_i + u_i' \qquad p = P + p' \qquad f_j = F_j + f_j' \qquad (2.7)$$

und eine anschließende zeitliche Mittelung der Differentialgleichungen hergeleitet. In den Reynolds-Gleichungen treten zusätzlich die Korrelationen der turbulenten Schwankungsgeschwindigkeiten $-\overline{u_i'u_j'}$, auch Reynolds-Spannungen genannt, auf. Das System der Differentialgleichungen ist nicht mehr geschlossen und es müssen zur Bestimmung der Reynolds-Spannungen Beziehungen abgeleitet werden, die diese mit den zeitlich gemittelten Größen verknüpfen.

Bei der Berechnung praxisrelevanter Probleme werden meist Turbulenzmodelle verwendet, bei denen die molekulare Viskosität ν durch eine turbulente Wirbelviskosität ν_t ersetzt wird. Derartige Turbulenzmodelle basieren auf dem Wirbelviskositätsprinzip von Boussinesq:

$$-\overline{u_i'u_j'} = \nu_t\left(\frac{\partial U_i}{\partial x_j} + \frac{\partial U_j}{\partial x_i}\right) - \frac{2}{3}k\delta_{ij} \qquad (2.8)$$

Die in Gleichung (2.8) auftretende turbulente kinetische Energie k ist als Summe der turbulenten Normalspannungen

$$k = \frac{1}{2}\overline{u_i'u_i'} \qquad (2.9)$$

definiert. Zur Bestimmung der turbulenten Wirbelviskosität werden zum einen algebraische Beziehungen wie beim Prandtl'schen Mischungswegmodell (Prandtl (1925)) oder den Turbulenzmodellen von Cebeci und Smith (1974) sowie Baldwin und Lomax

(1978) verwendet. Zum zweiten werden Ein-Gleichungs-Modelle eingesetzt, bei denen die Wirbelviskosität mit einer die Turbulenz charakterisierenden Größe verknüpft wird, für die eine modellierte Transportgleichung gelöst wird. Hierbei wird meist die turbulente kinetische Energie k verwendet. Das resultierende Ein-Gleichungs-Modell lautet:

$$\mu_t = c'_\mu \rho \sqrt{k} \cdot L \tag{2.10a}$$

$$\underbrace{\rho \frac{\partial k}{\partial t}}_{\ddot{A}nderungsrate} + \underbrace{\rho \frac{\partial}{\partial x_i} U_i k}_{Konvektion} = \underbrace{\frac{\partial}{\partial x_i}\{(\mu + \frac{\mu_t}{\sigma_k})\frac{\partial k}{\partial x_i}\}}_{Diffusion} +$$

$$\underbrace{\mu_t(\frac{\partial U_i}{\partial x_j} + \frac{\partial U_j}{\partial x_i})\frac{\partial U_i}{\partial x_j}}_{Produktion} - \underbrace{\rho c_D \frac{k^{3/2}}{L}}_{Dissipation} \tag{2.10b}$$

L ist das Längenmaß der Turbulenz, das empirisch vorgegeben werden muß. Als die am häufigsten eingesetzten Ein-Gleichungs-Modelle können die von Norris und Reynolds (1975), Orlandi (1981) und Wolfsthein (1969) entwickelten Turbulenzmodelle genannt werden. Zum dritten werden Zwei-Gleichungs-Modelle eingesetzt. Am meisten verbreitet ist das sogenannte k-ε-Modell (siehe Launder und Spalding (1974)), bei dem außer der k-Gleichung eine Transportgleichung für die Dissipationsrate ε der turbulenten kinetischen Energie gelöst wird, die proportional k$^{3/2}$/L ist. Die exakte Differentialgleichung für ε kann wie diejenige für k aus den Navier-Stokes-Gleichungen abgeleitet werden, jedoch sind einschneidende Annahmen notwendig zur Modellierung der Korrelationen höherer Ordnung. Die Standardversion des k-ε-Modells ist für Strömungen mit lokal isotroper Turbulenz (bei hohen Reynoldszahlen) gültig und umfaßt die folgenden Gleichungen zur Bestimmung von μ_t, k und ε:

$$\mu_t = c_\mu \rho \frac{k^2}{\epsilon} \tag{2.11}$$

$$\rho \frac{\partial k}{\partial t} + \rho \frac{\partial}{\partial x_i} U_i k = \frac{\partial}{\partial x_i}(\mu + \frac{\mu_t}{\sigma_k})\frac{\partial k}{\partial x_i} + \underbrace{\mu_t(\frac{\partial U_i}{\partial x_j} + \frac{\partial U_j}{\partial x_i})\frac{\partial U_i}{\partial x_j}}_{P} - \rho\epsilon \tag{2.12}$$

$$\rho \frac{\partial \epsilon}{\partial t} + \rho \frac{\partial}{\partial x_i} U_i \epsilon = \frac{\partial}{\partial x_i}(\mu + \frac{\mu_t}{\sigma_\epsilon})\frac{\partial \epsilon}{\partial x_i} + c_{\epsilon 1}\frac{\epsilon}{k}P - c_{\epsilon 2}\rho\frac{\epsilon^2}{k} \tag{2.13}$$

Die in diesem Modell auftretenden Konstanten wurden durch analytische Überlegungen, Computeroptimierung und Vergleich mit Experimenten bestimmt:

c_μ	$c_{\varepsilon 1}$	$c_{\varepsilon 2}$	σ_k	σ_ε
0.09	1.44	1.92	1.0	1.3

Die Vor- und Nachteile der verschiedenen Turbulenzmodelle sind ausführlich in der zu Beginn von Abschnitt 2.2 zitierten Literatur diskutiert. Was die numerische Lösung der Transportgleichungen für die Turbulenzgrößen betrifft, so ist festzustellen, daß abgesehen von den Quelltermen (siehe Kapitel 7) die Transportgleichungen für k und ε die gleiche Struktur wie die Impulserhaltungsgleichungen haben. Bei einem numerischen Lösungsverfahren in geometrieangepaßten Koordinaten sind somit keine zusätzlichen Probleme zu erwarten. Die in der k- und in der ε-Gleichung auftretenden Quellterme sind jedoch sehr stark nicht-linear, führen zu steifen Differentialgleichungen und erfordern deshalb eine sorgfältige Behandlung. Bei dem Produktionsterm für die turbulente kinetische Energie k sind sehr viele Interpolationen zur Gradientenbildung notwendig und die Linearisierung (z.B. bei dem ε-Produktionsterm) muß so erfolgen, daß eine Koeffizientenmatrix entsteht, die zu einem stabilen linearen Gleichungssystem führt.

2.3 Berechnung von kompressiblen und inkompressiblen Strömungen

Die Gleichungen (2.1) - (2.6) stellen ein geschlossenes System zur Berechnung der Dichte ρ aus Gleichung (2.1), des Geschwindigkeitsvektors $\vec{v}$ aus (2.2), der inneren Energie e aus (2.3) sowie des Druckes p aus (2.4) dar. Über die Zustandsgleichung (2.4) ist der Druck p mit der Dichte ρ und der inneren Energie e verknüpft, wodurch zum Ausdruck kommt, daß Temperaturänderungen sowie Dichteänderungen (kompressible Strömungen) direkt das Druckfeld p beeinflussen. Bei kleinen Machzahlen (schwach kompressiblen Strömungen) treten nur geringe Dichteänderungen und damit nur kleine Druckänderungen auf. Dies wird zwar durch die algebraische thermodynamische Beziehung (2.4) beschrieben, doch können bei kleinen Machzahlen numerische Rundungsfehler zu unrealistischen Druckänderungen führen. Nach Issa (1983) kann dies durch Umformen der Zustandsgleichung folgendermaßen erklärt werden:
Mit Hilfe der Schallgeschwindigkeit c und des Adiabaten-Koeffizienten γ ergibt die Zustandsgleichung (2.4) die folgende Beziehung:

$$p = \frac{c^2}{\gamma}\rho \qquad (2.14a)$$

die unter der Annahme kleiner Machzahlen in eine Beziehung für die Druckänderungen umgeschrieben werden kann:

$$\frac{1}{\rho_0 u_0^2}\Delta p = \frac{1}{\gamma Ma^2}\Delta\left(\frac{\rho}{\rho_0}\right) \tag{2.14b}$$

Gleichung (2.14b) zeigt, daß bei kleinen Machzahlen geringe Störungen in der Berechnung des Dichtefeldes zu großen Störungen im Druckfeld führen können. Berechnungsverfahren, welche die oben beschriebene Vorgehensweise der Berechnung des Druckfeldes mit Hilfe der Zustandsgleichung (2.4) verwenden, werden kompressible Verfahren genannt. Sie neigen bei der Berechnung von Strömungen mit kleinen Machzahlen zu Instabilitäten und können ohne Modifikationen nicht für inkompressible Strömungen, d.h. $Ma \approx 0$, eingesetzt werden (siehe Kapitel 8).

Verfahren, die zur Berechnung von Strömungen mit niedrigen Machzahlen bis hin zu inkompressiblen Strömungen ausgelegt sind, basieren auf einer anderen Vorgehensweise, um die Druck-Geschwindigkeitskopplung zu berücksichtigen. Bei diesen sogenannten inkompressiblen Verfahren wird mit Hilfe der Kontinuitätsgleichung und der Impulsgleichung das Druck- sowie das Geschwindigkeitsfeld berechnet, da bei $Ma=0$ Druck und Geschwindigkeit nur durch diese beiden Erhaltungsgleichungen bestimmt werden. Hierzu werden die Gleichungen entweder simultan oder nacheinander gelöst. Bei der letzteren Vorgehensweise wird entweder eine Poisson-Gleichung für das Druckfeld gelöst oder die Kontinuitätsgleichung in eine sogenannte Druckkorrekturgleichung umgewandelt (siehe Kapitel 8).

Bei der Berechnung einer inkompressiblen Strömung (konstante Dichte) kann bei einem inkompressiblen Verfahren die Energiegleichung nach der Bestimmung des Druck- und Geschwindigkeitsfeldes entkoppelt gelöst werden, falls das Temperaturfeld bestimmt werden soll. Wird eine kompressible Strömung berechnet, so muß nach der Berechnung des Druck- und Geschwindigkeitsfeldes die Energiegleichung zur Bestimmung des Temperaturfeldes gelöst werden und das Dichtefeld wird danach mit Hilfe der Zustandsgleichung berechnet.

Einige Problempunkte bei der Berechnung kompressibler Strömungen werden im folgenden kurz angeschnitten, da die weiteren Teile dieser Arbeit sich im wesentlichen auf inkompressible Verfahren beschränken und sich auf die Berechnung von Strömungen im niedrigen Machzahlbereich konzentrieren. Eine ausführliche Übersicht über den Stand der Forschung bei der Berechnung kompressibler Strömungen haben Peyret und Viviand (1975) gegeben und neuere Arbeiten haben Roe (1982) sowie MacCormack (1985) zusammengefaßt. Intensiv wurden numerische Verfahren zur Berechnung kompressibler Strömungen innerhalb der Aerodynamik entwickelt. Bei den dort auftretenden

Strömungen mit komplexen Berandungen sind meist große nicht-viskose Gebiete und dünne viskose Gebiete (Wandgrenzschichten) vorhanden. Die letzteren bedingen extrem feine Gitter in Wandnähe und führen (zumindest bei expliziten Zeitschrittverfahren) zu engen Zeitschrittbegrenzungen. In der Aerodynamik wurden deshalb sehr früh Verfahren für geometrieangepaßte Koordinaten verwendet und sogenannte Zonen-Modelle entwickelt, bei denen z.B. im Außenbereich die nicht-viskosen Euler-Gleichungen und in Wandnähe die viskosen Grenzschichtgleichungen gelöst werden.

Bei kompressiblen Strömungen charakterisiert die Machzahl Ma den Typus der Strömung und kennzeichnet den subsonischen, den transsonischen sowie den supersonischen Bereich. Die in diesen drei Bereichen auftretenden strömungsmechanischen Phänomene müssen durch eine entsprechende Auswahl der Diskretisierung, der Randbedingungen sowie der Behandlung von Stößen erfaßt werden. Die stationären kompressiblen Navier-Stokes-Gleichungen haben hyperbolisch-elliptischen Charakter und sind deshalb schwierig zu lösen (siehe Anderson et al. (1984)). Zumeist wird deswegen die instationäre Form der Navier-Stokes-Gleichungen (hyperbolisch-parabolisch) gewählt, auch bei stationären Strömungsberechnungen, bei denen dann eine instationäre Vorgehensweise verwendet wird. Um den Einfluß der verschiedenen Charakteristikenrichtungen zu berücksichtigen und ein stabiles Verfahren zu erhalten, werden sehr oft Diskretisierungen mit Teilschrittverfahren und Kombinationen von Vorwärts- und Rückwärtsdifferenzen oder Charakteristikenmethoden eingesetzt, bei denen eine zusätzliche Aufteilung in nicht-viskose und viskose Anteile vorgenommen wird (siehe Steger und Warming (1981)). Zur numerischen Stabilisierung von Verfahren (z.B. bei der Lösung der Euler-Gleichungen) sowie zur Dämpfung bei Stößen und Stoßwellen ist künstliche Dissipation notwendig. Hierbei wird sehr häufig eine Kombination von Dämpfungstermen 4. Ordnung und 2. Ordnung (die letzteren sind nur in Stoßnähe wirksam) verwendet. Hierzu führte Pulliam (1986) eine Untersuchung verschiedener künstlicher Dissipationsmodelle für Euler-Gleichungen durch.

Die verschiedenen Richtungen, in denen sich Störungen bei kompressiblen Strömungen fortpflanzen können, machen eine sorgfältige Behandlung der Randbedingungen, besonders an Ein- und Austrittsrändern notwendig. Ausführlich werden verschiedene Randbedingungen von Hollanders und Viviand (1980) diskutiert.

Zur Berücksichtigung und Berechnung von Stößen haben sich zwei verschiedene Vorgehensweisen herausgebildet. Zum einen werden Verfahren (sogenannte shock-capturing-Methoden) eingesetzt, bei denen Stöße automatisch durch vorwärts- und rückwärtsgerichtete Differenzenverfahren erfaßt werden. Diese Verfahren setzen eine konservative Formulierung der Erhaltungsgleichungen (wie z.B. in den Gleichungen (2.1) - (2.4)) voraus und führen zu einer Verschmierung der Stöße. Bei der anderen

Vorgehensweise (shock-fitting-Methoden) wird die Lage des Stoßes durch Lagrange-Methoden berechnet und die Rankine-Hugoniot-Gleichung für das Druckverhältnis vor und nach dem Stoß gelöst.

Bei der Berechnung kompressibler Strömungen werden meistens Turbulenzmodelle verwendet, die prinzipiell für inkompressible Strömungen entwickelt wurden. Diese Vorgehensweise wird durch die Morkovin-Hypothese gerechtfertigt, die aussagt, daß der Einfluß der Kompressibilität auf die Turbulenzstruktur vernachlässigbar ist, wenn die Machzahlschwankungen viel kleiner als 1 sind. Bei Grenzschichtströmungen ist diese Forderung bis ca. Ma = 5 und bei Freistrahlen bis ca. Ma = 1.5 erfüllt. Einen Überblick über Turbulenzmodellierung bei kompressiblen Strömungen gibt Marvin (1983).

2.4 Wahl der abhängigen Variablen

Die Beziehungen (2.1) - (2.4) stellen ein Gleichungssystem zur Berechnung der Dichte ρ, des Geschwindigkeitsvektors $\vec{v}$, der inneren Energie e und des Druckes p dar. Bei den inkompressiblen Verfahren wurden eine Reihe von Berechnungsmethoden entwickelt, bei denen diese Gleichungen nicht mehr für $\vec{v}$ und p gelöst werden, sondern für mit diesen Variablen verknüpften Größen. Inwieweit solche Ansätze auch bei dreidimensionalen Berechnungsverfahren für allgemeine krummlinige Koordinaten verwendet werden können, wird im folgenden untersucht.

Zur Vereinfachung der Darstellung werden die Erhaltungsgleichungen (2.1) und (2.2) unter der Annahme eines inkompressiblen Newtonschen Fluids mit konstanter Viskosität wie folgt in kartesischer Tensorschreibweise formuliert:

$$\frac{\partial u_i}{\partial x_i} = 0 \tag{2.15}$$

$$\rho \frac{\partial u_j}{\partial t} + \rho \frac{\partial}{\partial x_i} u_i u_j = -\frac{\partial p}{\partial x_j} + \mu \frac{\partial}{\partial x_i}\left(\frac{\partial u_j}{\partial x_i}\right) + f_j \tag{2.16}$$

<u>Formulierung in primitiven Variablen</u>

Als primitive Variable werden die Geschwindigkeitskomponenten u_i und der Druck p bezeichnet. Bei einer Formulierung in primitiven Variablen werden die Gleichungen (2.15) und (2.16) direkt verwendet, um u_i und p zu berechnen. Bei dieser Vorgehensweise ist keine explizite Gleichung für den Druck vorhanden und es sind Modifikationen notwendig, die näher in Kapitel 8 beschrieben werden. Vorteilhaft bei der

Verwendung primitiver Variabler ist, daß die Randbedingungen für die Geschwindigkeit einfach vorgegeben werden können, daß es möglich ist, ein-, zwei- und dreidimensionale Probleme in analoger Weise zu behandeln und daß Dichtevariationen wie in Abschnitt 2.3 beschrieben, berücksichtigt werden können.

Ψ-ω Formulierung

Neben der Formulierung in primitiven Variablen wird bei zweidimensionalen Berechnungen am häufigsten die Ψ-ω Formulierung verwendet, bei der es nicht notwendig ist, das Druckfeld zu berechnen. Die zu lösenden Gleichungen werden durch Einführung der Stromfunktion Ψ und der Wirbelstärke ω, die wie folgt mit den Geschwindigkeitskomponenten verknüpft sind

$$u = \frac{\partial \Psi}{\partial y} \qquad\qquad v = -\frac{\partial \Psi}{\partial x} \qquad\qquad (2.17)$$

$$\omega = \frac{\partial u}{\partial y} - \frac{\partial v}{\partial x} \qquad\qquad (2.18)$$

aus den Erhaltungsgleichungen (2.15) und (2.16) abgeleitet und lauten:

Poisson-Gleichung für die Stromfunktion

$$\frac{\partial^2 \Psi}{\partial x^2} + \frac{\partial^2 \Psi}{\partial y^2} = \omega \qquad\qquad (2.19)$$

Wirbeltransportgleichung

$$\rho\frac{\partial \omega}{\partial t} + \rho\frac{\partial}{\partial x}u\omega + \rho\frac{\partial}{\partial y}v\omega = \mu\left(\frac{\partial^2 \omega}{\partial x^2} + \frac{\partial^2 \omega}{\partial y^2}\right) \qquad\qquad (2.20)$$

Von Vorteil bei dieser Formulierung ist, daß bei zweidimensionalen Berechnungen eine Gleichung weniger als bei den Verfahren für primitive Variablen gelöst werden muß und daß keine Druckberechung notwendig ist. Die Ψ-ω Formulierung kann jedoch nur für zweidimensionale Berechnungen verwendet werden. Eine Erweiterung auf drei Dimensionen ist möglich (siehe Aziz und Hellums (1967)) durch Einführen eines Vektorpotentials $\vec{\Psi}$ und des Wirbelvektors $\vec{\omega}$

$$\vec{v} = \nabla \times \vec{\Psi} \qquad\qquad (2.21\text{a})$$

$$\vec{\omega} = \nabla \times \vec{v} \qquad\qquad (2.21\text{b})$$

Jedoch müssen dann sechs Erhaltungsgleichungen gelöst werden. Ein weiterer Nachteil der Ψ-ω Formulierung ist die Vorgabe der Randbedingungen für die Wirbelstärke ω, speziell an festen Wänden. Die ω-Randbedingungen müssen in Abhängigkeit von Ableitungen erster oder höherer Ordnung der Stromfunktion Ψ formuliert werden und können deshalb sehr leicht zu numerischen Ungenauigkeiten führen. Eine Übersicht über verschiedene Randbedingungen wird von Gupta und Manohar (1979) gegeben. Zur Berechnung der Geschwindigkeitskomponenten, die zumeist von praktischem Interesse sind, muß bei der Ψ-ω Formulierung die Stromfunktion differenziert werden, was als weiterer Nachteil angesehen werden kann. Die Ψ-ω Formulierung wurde überwiegend in den Anfängen der numerischen Strömungsmechanik verwendet, eine Übersicht darüber haben Rubin (1982) sowie Peyret und Taylor (1983) gegeben, wird jedoch bei neueren Arbeiten seltener eingesetzt. Bei der Berechnung von Strömungen mit allgemeinen geometrieangepaßten Koordinaten wurde sie z.B. angewendet von van Doormaal et al. (1981) zur Bestimmung der natürlichen Konvektion über einer korrodierten Platte, von Napolitano (1984) für eine Strömung in einem Diffusor und von Ghia et al. (1985) zur Berechnung der instationären Strömung im Nachlauf eines Joukowski-Profils.

Der Vollständigkeit wegen seien noch zwei weitere Formulierungen erwähnt, die jedoch kaum Verbreitung gefunden haben.

u-v-ω-Formulierung

Anstatt der Stromfunktionsgleichung (2.19) werden zwei Poisson-Gleichungen für die Geschwindigkeitskomponenten u und v zusammen mit der Wirbeltransportgleichung (2.20) gelöst. Die beiden Poisson-Gleichungen werden durch Differentiation von Gleichung (2.18) nach x bzw. y und unter Verwendung der Kontinuitätsgleichung abgeleitet. Diese Formulierung kann auf drei Dimensionen erweitert werden (siehe Agarwal (1981)), ist jedoch dann sehr aufwendig, da drei Poisson-Gleichungen für die Geschwindigkeitskomponenten und drei Gleichungen für die Komponenten des Wirbelvektors gelöst werden müssen.

Biharmonische Gleichung für die Stromfunktion Ψ

Eine Gleichung 4. Ordnung für die Stromfunktion Ψ läßt sich durch Einsetzen von Gleichung (2.17) und (2.19) in die Wirbelstärkengleichung (2.20) ableiten. Numerische Lösungsverfahren für diese biharmonische Gleichung sind jedoch meist schlecht konvergent, da Differentialquotienten 4.Ordnung approximiert werden müssen und zudem Schwierigkeiten bei der Formulierung der Randbedingungen auftreten. Bis auf wenige Ausnahmen wurde die biharmonische Gleichung deshalb bisher kaum verwendet. Olsen und Tuann (1979) berechneten die Strömung in einer Nische, und Schütz und

Thiele (1987) verwendeten sie bei der Berechnung der Karman´schen Wirbelstraße hinter Kreiszylindern und Tragflügeln.

Die obige Übersicht zeigt, daß bis auf die Formulierung in primitiven Variablen andere Formulierungen hauptsächlich auf zwei Dimensionen beschränkt sind oder ihre Erweiterung auf drei Dimensionen zu unökonomischen Gleichungssystemen führt, bei deren Lösung kaum Erfahrung vorliegt bzw. deren Lösung äußerst zeitaufwendig ist. Für ein allgemeines Verfahren zur Lösung der vollständigen dreidimensionalen Navier-Stokes-Gleichungen in krummlinigen geometrieangepaßten Koordinaten ist deshalb die Formulierung in primitiven Variablen am besten geeignet.

3 Form der Erhaltungsgleichungen

3.1 Vereinfachungen der Navier-Stokes-Gleichungen

Die Erhaltungsgleichungen (2.1) - (2.3) für Masse, Impuls und Energie wurden in vektorieller Form vorgestellt, d.h. ohne Bezug auf ein bestimmtes Koordinatensystem und ohne Aufspalten des Geschwindigkeitsvektors in die verschiedenen Komponenten. Diese Form der partiellen Differentialgleichungen ist gut geeignet, die verschiedenen Formulierungen der Erhaltungsgleichungen in allgemeinen, krummlinigen Koordinaten zu diskutieren (siehe Kapitel 3.3). Zuvor wird jedoch in diesem Abschnitt auf Vereinfachungen der Navier-Stokes-Gleichungen eingegangen, die bei bestimmten Aufgabenstellungen möglich sind und zu einer deutlichen Reduzierung des Rechenaufwandes beitragen können. Bei komplexen Problemstellungen sind solche Vereinfachungen sicher nur in Teilgebieten möglich und führen zu den sogenannten Zonen-Berechnungsverfahren, bei denen in gewissen Bereichen vereinfachte Erhaltungsgleichungen gelöst und die verschiedenen Bereiche iterativ gekoppelt werden.

Vereinfachungen der Navier-Stokes-Gleichungen sind prinzipiell in zweierlei Hinsicht möglich: Zum einen durch dimensionsmäßige Vereinfachungen, und zwar sowohl bezüglich einer räumlichen wie auch der zeitlichen Dimension; zum zweiten durch komponentenmäßige Vereinfachungen, bei denen bestimmte Terme vernachlässigt werden und somit vereinfachte Berechnungsverfahren eingesetzt werden können.

3.1.1 Dimensionsmäßige Vereinfachungen

Räumliche Dimensionen
Falls es die Problemstellung ermöglicht wird eine Reduzierung der Navier-Stokes-Gleichungen bezüglich einer räumlichen Dimension immer durchgeführt, da dadurch Rechenzeit und besonders Speicherplatz eingespart werden können. Für eine solche Vereinfachung ist es natürlich notwendig, das geeignete Koordinatensystem auszuwählen, wie z.B. bei zweidimensionalen ebenen Strömungen kartesische Koordinaten oder bei zweidimensionalen axialsymmetrischen Strömungen Zylinderkoordinaten. Ob eine Vereinfachung möglich ist, hängt hauptsächlich von der Berandung des Strömungsgebiets sowie den Zuströmbedingungen ab. Es ist möglich, daß eine Strömung bei niedrigen Reynolds-Zahlen annähernd zweidimensional ist, mit wachsender Reynolds-Zahl die dreidimensionalen Effekte immer mehr an Bedeutung gewinnen und bei hohen

Reynolds-Zahlen sich wieder annähernd zweidimensionale Verhältnisse einstellen (siehe Armaly et al. (1983)).

Spielen dreidimensionale Effekte eine ausschlaggebende Rolle, so werden Ergebnisse, die mit einem zweidimensionalen Verfahren berechnet wurden, sicherlich nicht mit experimentellen Ergebnissen übereinstimmen. Sind jedoch die dreidimensionalen Effekte nicht dominant, so können mit einem zweidimensionalen Berechnungsverfahren auch prinzipiell dreidimensionale Strömungen simuliert werden. Bei dieser sogenannten Streifenmethode (strip method) wird die Strömung in verschiedenen Schnitten (Ebenen) berechnet. Diese Vorgehensweise wird häufig im Maschinenbau angewendet und zwar zur Berechnung der Strömung in Gasturbinen oder um Tragflügel und Propeller (siehe Scott und Hankey (1986)). Wachter und Lattermann (1985) sowie Rodi und Srinivas (1989) modellieren die Dreidimensionalität der Berandung insoweit, daß Querschnittsänderungen bezüglich der vernachlässigten Dimension in den Erhaltungsgleichungen berücksichtigt werden. Aus Rechenzeit- und Speicherplatzgründen werden zweidimensionale Verfahren auch bei Strömungen eingesetzt, bei denen die dreidimensionalen Effekte nicht mehr vernachlässigt werden können. Um die letzteren vereinfacht berücksichtigen zu können, werden modellierte zweidimensionale Erhaltungsgleichungen gelöst. Bei diesen treten gegenüber den zweidimensionalen Transportgleichungen zusätzliche Terme auf, die aus der räumlichen Mittelung der nicht-linearen konvektiven Terme stammen. Diese sogenannten Dispersionsterme beschreiben die Umverteilung durch die dreidimensionalen Effekte und müssen modelliert werden. Zur Berechnung von Filmkühlströmungen an Gasturbinenschaufeln haben Schöning und Rodi (1987) lateral gemittelte Erhaltungsgleichungen unter Berücksichtigung der Dispersionsterme gelöst, um dreidimensionale Effekte in der durch die Einblasung gestörten zweidimensionalen Grenzschicht zu erfassen. Informationen zur Modellierung der Dispersionsterme erhielten sie aus dreidimensionalen, elliptischen Pilotrechnungen. Das von ihnen entwickelte Filmkühlmodell wurde in ein zweidimensionales Grenzschichtverfahren eingebaut, das auf Grund seines geringen Rechenzeit- und Speicherplatzbedarfs besonders gut für Parameterstudien geeignet ist.

<u>Zeitdimension</u>

Falls instationäre Strömungen zeitlich aufgelöst berechnet werden müssen, wie es z.B. bei Wirbelablösungen hinter stumpfen Körpern, instationären Strömungen in Leitrad-Laufrad-Kombinationen von Gasturbinen oder Strömungen in Motoren mit bewegten Kolben der Fall ist, müssen instationäre Berechnungsverfahren eingesetzt werden. Häufig werden jedoch auch stationäre Verfahren (Vernachlässigung des zeitabhängigen Termes)

22

bei der Berechnung instationärer Strömungen angewendet, um zeitlich gemittelte Informationen zu erhalten; so z.B. von Majumdar und Rodi (1985) zur Berechnung von Zylinderumströmungen oder von Demuren und Rodi (1982) sowie von Ernst und Peric (1987) zur Berechnung von Kraftfahrzeugumströmungen. Rodi et al. (1986) führten stationäre Berechnungen sowie eine experimentelle Untersuchung der Strömung und Schwadenausbreitung im Nahbereich von Kühltürmen durch. Wie Majumdar und Rodi (1985) kamen sie zu der Schlußfolgerung, daß detaillierte Berechnungen, bei denen auch im Nachlauf der Impulsaustausch senkrecht zur Anströmung, (der z.B. die Nachlaufausbreitung bestimmt) und Druckverteilungen vorhergesagt werden sollen, nur mit instationären Verfahren möglich sind.

3.1.2 Komponentenmäßige Vereinfachungen

Wie bereits erwähnt, können bei komplexeren Problemen komponentenmäßige Vereinfachungen nur in Teilgebieten bei sogenannten Zonen-Berechnungsverfahren eingesetzt werden. Bei diesen müssen die verschiedenen Zonen a priori bekannt sein und Zonen-Berechnungsverfahren erfordern ein aufwendiges Programmieren, um die in den verschiedenen Bereichen eingesetzten unterschiedlichen Rechenverfahren miteinander zu koppeln. Sie sind deshalb nur interessant, falls ein Berechnungsverfahren sehr oft für gleichartige Strömungen eingesetzt wird, wie es z.B. bei Parameterstudien der Fall ist. Es werden deshalb hier nur einige vereinfachte Gleichungen vorgestellt, die am häufigsten Anwendung finden. Bei ihnen müssen einerseits durch die Vernachlässigung gewisser Komponenten weniger Terme approximiert werden, was Rechenzeit einspart, und andererseits können eventuell einfachere Berechnungsverfahren aufgrund des geänderten Typus der Differentialgleichung eingesetzt werden.

Nichtviskose Gleichungen

Bei den Euler-Gleichungen werden zum einen die viskosen Glieder ($\nabla \cdot \vec{\tau}$ in Gleichung (2.2)) und zum anderen der Wärmetransport ($\nabla \cdot \vec{q}$ und Dissipationsfunktion Φ in Gleichung (2.3)) vernachlässigt. Euler-Gleichungen werden bei konvektionsdominanten Strömungen, bei denen sowohl die molekulare Diffusion wie auch die turbulenten Schwankungsbewegungen vernachlässigbar sind, verwendet. Sie sind zur Berechnung rotationsbehafteter Strömungen geeignet. Oft werden sie auch bei der Berechnung von ablösenden bzw. abgelösten Strömungen eingesetzt, obgleich Strömungsablösung nur bei viskosen Strömungen auftreten kann. Die Rolle der molekularen Diffusion wird bei derartigen Berechnungen durch die sogenannte numerische Diffusion (siehe Kapitel 7) übernommen. Bei Zonen-Berechnungsmodellen sind sie gut zur Kopplung mit den

Navier-Stokes-Gleichungen geeignet, da bei beiden prinzipiell der gleiche Lösungsalgorithmus verwendet wird.

Bei der Herleitung der <u>Potentialgleichungen</u> wird zusätzlich angenommen, daß die Strömung drehungsfrei ist und keine Entropie produziert wird. Die Potentialgleichungen reduzieren sich bei inkompressiblen Strömungen auf die Laplace-Gleichungen, zu deren Lösung gängige Verfahren eingesetzt werden können. Da die Annahme der Drehungsfreiheit einer Strömung eine große Einschränkung ist, geht der Trend beim Lösen der nicht-viskosen Gleichungen zu den Euler-Gleichungen, die auf Großrechenanlagen in vielen Fällen mit zufriedenstellender Genauigkeit gelöst werden können (siehe McNally und Sockol (1985)).

<u>Grenzschichtartige Gleichungen</u>

Die <u>Grenzschichtapproximationen erster Art</u> entsprechen der klassischen Grenzschichttheorie und führen zu den Prandtl´schen Grenzschichtgleichungen. Bei ihnen wird angenommen, daß eine Hauptströmungsrichtung vorliegt, die Diffusion in diese Richtung vernachlässigt werden kann und der Druck in einer Richtung senkrecht zur Hauptströmung (bei Wandgrenzschichten ist dies die Wandnormalenrichtung) konstant ist. Aus der Kontinuitätsgleichung wird die Geschwindigkeitskomponente, in deren Richtung der Druck als konstant angenommen wird, berechnet und die beiden anderen Geschwindigkeitskomponenten werden mit Hilfe der entsprechenden, vereinfachten Impulsgleichungen bestimmt. Bei zweidimensionalen Problemen wird die Impulsgleichung in Hauptströmungsrichtung sowie die Kontinuitätsgleichung gelöst und der Druck muß entlang des Grenzschichtrandes vorgegeben werden. Die Grenzschichtapproximationen erster Art sind gültig bei Wandgrenzschichten, Kanalströmungen, Freistrahlen, Nachlaufströmungen und Wandstrahlen. Bei den vereinfachten Gleichungen können Lösungsverfahren eingesetzt werden, bei denen die Gleichungen in Hauptströmungsrichtung fortschreitend integriert werden und die Variablenfelder bei z.B. dreidimensionalen Strömungen nur zweidimensional abgespeichert werden müssen.

Mit wachsender Bedeutung der Geschwindigkeitskomponenten senkrecht zur Hauptströmung spielen die entsprechenden Druckgradienten eine größere Rolle und müssen in den Gleichungen berücksichtigt werden. Dies führt zu den sogenannten <u>Grenzschichtapproximationen zweiter Art</u>, bei denen angenommen wird, daß eine Hauptströmungsrichtung vorliegt, die Diffusion in diese Richtung vernachlässigbar ist und der Druckgradient in Hauptströmungsrichtung entkoppelt von den Druckgradienten senkrecht dazu behandelt werden kann. Die Annahmen über die Druckverteilung führen dazu, daß in der Impulsgleichung in Hauptströmungsrichtung ein in Ebenen senkrecht zur

Haupströmungsrichtung gemittelter Druckgradient verwendet wird, wie in Abb.2 skizziert ist.

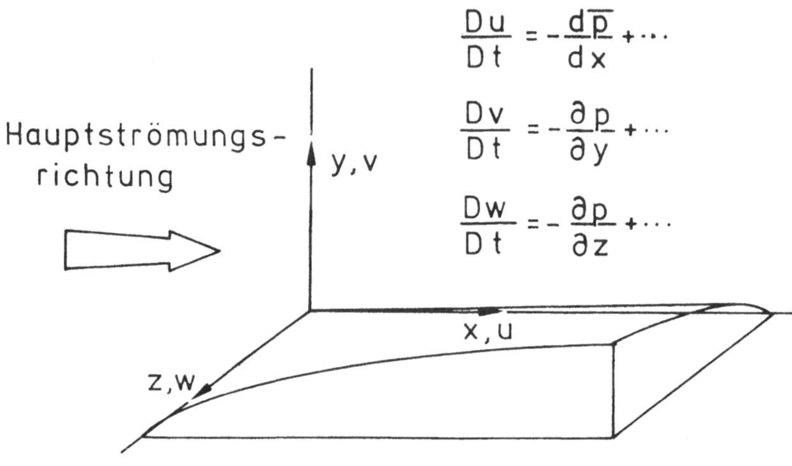

$$\frac{D\,u}{D\,t} = -\frac{d\overline{p}}{d\,x} + \cdots$$

$$\frac{D\,v}{D\,t} = -\frac{\partial p}{\partial\,y} + \cdots$$

$$\frac{D\,w}{D\,t} = -\frac{\partial p}{\partial\,z} + \cdots$$

Abb.2: Grenzschichtapproximationen zweiter Art

Gegenüber den Grenzschichtapproximationen erster Art können bei diesen Annahmen bedeutend besser Verdrängungs- und Krümmungseffekte erfaßt werden. Bei lokalen Ablöseblasen, bei denen sogenannte inverse Grenzschichtverfahren (siehe Davis und Werle (1982), McDonald und Briley (1984)) eingesetzt werden, wachsen besonders in Ablösenähe die Verdrängungsdicken sehr stark an. Bei solchen Problemen führt die Lösung der mit den Grenzschichtapproximationen zweiter Art vereinfachten Gleichungen, die auch als parabolisierte Navier-Stokes-Gleichungen bezeichnet werden, zu besseren Ergebnissen als die Anwendung der Approximationen erster Art. Bei den Grenzschichtapproximationen zweiter Art können wiederum Lösungsverfahren eingesetzt werden, bei denen die Gleichungen fortschreitend integriert werden. Es müssen drei Impulsgleichungen und eine Kontinuitätsgleichung gelöst werden, und bei dreidimensionalen Problemen müssen die Variablenfelder nur zweidimensional abgespeichert werden.

Bei den sogenannten partiell parabolisierten Navier-Stokes-Gleichungen wird gegenüber den Grenzschichtapproximationen zweiter Art das Druckfeld voll elliptisch berücksichtigt. Dadurch werden Druckeinflüsse nach stromauf erfaßt, wie sie z.B. bei starken Querströmungen, Strömungen um Vorderkanten mit starkem Druckanstieg, bei Strömungen in stark gekrümmten Kanälen oder bei seitlichen Einleitungen in einen Fluß auftreten. Da wiederum eine Hauptströmungsrichtung vorausgesetzt wird, d.h. eine nicht-ablösende Strömung, können fortschreitende Lösungsverfahren eingesetzt werden. Das Druckfeld muß dreidimensional abgespeichert werden. Um den elliptischen Druckeinfluß zu erfassen, muß der Lösungsalgorithmus mehrmals auf das gesamte Strömungsgebiet angewandt werden. Der Hauptvorteil gegenüber den vollständigen Navier-Stokes-Gleichungen besteht darin, daß abgesehen vom Druckfeld die anderen Größen nur zweidimensional abgespeichert werden müssen. Die bei den partiell parabolisierten Navier-Stokes-Gleichungen verwendeten Annahmen werden auch als "thin-layer" Approximationen bezeichnet.

3.2 Koordinatensysteme

Die Wahl eines geeigneten Koordinatensystems muß im Zusammenhang mit der Generierung eines numerischen Gitters, auf die in Kapitel 5 eingegangen wird, gesehen werden. Die Erhaltungsgleichungen (2.1) - (2.3) müssen in dieses gewählte Koordinatensystem transformiert werden.

Am häufigsten werden kartesische Koordinaten verwendet. Das entsprechende numerische Gitter ist leicht zu generieren und die Erhaltungsgleichungen können, wie in den Gleichungen (2.15), (2.16) für inkompressible Strömungen gezeigt, relativ einfach formuliert werden. Da kartesische Koordinaten orthogonal sind, treten in den Erhaltungsgleichungen keine gemischten Ableitungen auf. Kartesische Koordinaten sind geeignet für die Berechnung von Strömungen mit einfachsten Berandungen, wie z.B. von Würfelumströmungen oder Strömungen in Kanälen mit plötzlicher Erweiterung. Es ist bei kartesischen Koordinaten relativ einfach, Gitterverfeinerungen in Gebieten durchzuführen, in denen große Gradienten der Lösung (z.B. der Geschwindigkeit oder der Temperatur) auftreten. Hierbei ist es jedoch wichtig, die Gitterlinien nicht zu stark zu konzentrieren, da bei zu großen Verhältnissen der Gittermaschenweiten (aspect ratio) die Genauigkeit der verwendeten Diskretisierungsverfahren geringer wird (siehe Roache (1972)). Bei komplexeren Geometrien können die Berandungen nur durch stufenförmige Verteilungen angenähert werden. Abb. 3a zeigt ein entsprechendes numerisches Gitter für einen Kreiszylinder und Abb. 3b für ein Kraftfahrzeug.

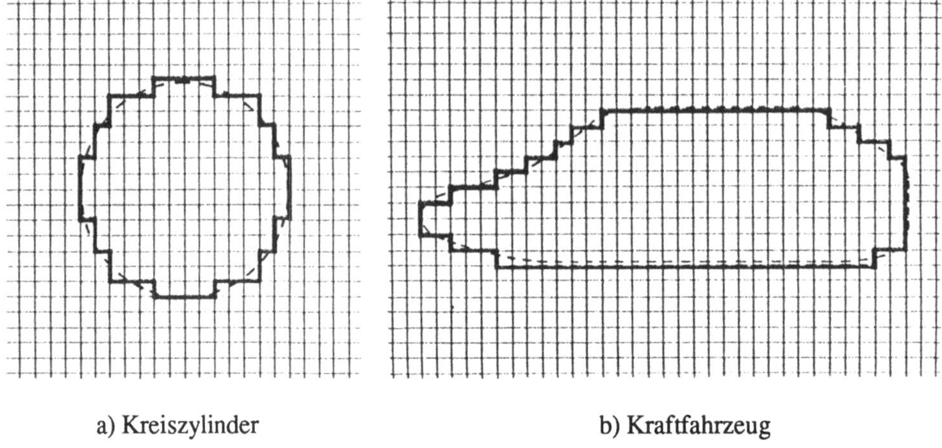

a) Kreiszylinder   b) Kraftfahrzeug

Abb.3: Approximation eines Körpers durch eine stufenförmige Berandung

Bei einer solchen Vorgehensweise können jedoch die Grenzschichten in Wandnähe nur sehr schlecht aufgelöst werden, die Vorgabe der Randbedingungen ist ungenau und es treten starke Gitterweitenunterschiede in unmittelbarer Nähe der Berandung auf. Besonders nachteilig ist jedoch, daß bei Strömungen in unterschiedlichen Geometrien jeweils ein sehr großer programmiertechnischer Aufwand getrieben werden muß, um die Berandung und die Randbedingungen in das Programm einzubringen.

Spezielle orthogonale Koordinatensysteme können bei Geometrien verwendet werden, deren Berandung analytisch beschrieben werden kann. Die Erhaltungsgleichungen müssen mit Hilfe analytischer Transformationen umgeformt werden und sind häufig nur geringfügig komplexer als bei der Verwendung von kartesischen Koordinaten. Zylinderkoordinaten oder Polarkoordinaten sind einfache Beispiele für solche spezielle Koordinatensysteme. Hughes und Gaylord (1964) haben 13 verschiedene orthogonale Koordinatensysteme angegeben, zusammen mit den entsprechenden strömungs- mechanischen Erhaltungsgleichungen. Stimmt bei der Verwendung solch spezieller Koordinatensysteme eine Berandungslinie jedoch nicht mit einer Koordinatenlinie überein, so tritt die gleiche Problematik wie bei der Verwendung von kartesischen Koordinaten in komplexen Geometrien auf.

Bei der Lösung von Strömungsproblemen in beliebigen komplexen Geometrien ist es somit notwendig krummlinige Koordinatensysteme zu verwenden. Entsprechende numerische Gitter können durch analytische, algebraische oder differentielle Gittergenerierungsverfahren erzeugt werden, worauf näher in Kapitel 5 eingegangen wird. Hier wird die Frage diskutiert, ob die Erhaltungsgleichungen (2.1) - (2.3) in orthogonalen oder in nicht-orthogonalen krummlinigen Koordinaten formuliert werden sollen.

Der Hauptvorteil bei der Verwendung eines orthogonalen Koordinatensystems ist die einfachere Formulierung der Erhaltungsgleichungen, da keine nicht-orthogonalen Terme wie z.B. gemischte Ableitungen auftreten. Dadurch wird weniger Rechenzeit benötigt, um die geringere Anzahl von Termen in den Differentialgleichungen zu berechnen und es kann im allgemeinen bessere Konvergenz und Stabilität erreicht werden. Ursache für die eventuell schlechtere Konvergenz und Stabilität bei der Verwendung nicht-orthogonaler Koordinaten ist die Vorgehensweise zur Berücksichtigung der gemischten Ableitungen. Diese können explizit berücksichtigt werden, was zu schlechterer Konvergenz führen kann, oder implizit, wodurch die Diagonaldominanz der Lösungsmatrix verletzt werden kann und damit die Stabilität beeinflußt wird. Ein weiterer Vorteil bei der Verwendung orthogonaler Koordinaten ist die bessere Auflösung der Wandgrenzschichten, da Ungenauigkeiten durch Diskretisierungsfehler bei der Interpolation der gemischten Ableitungen nicht auftreten. Bei beliebigen dreidimensionalen Geometrien ist jedoch die Erzeugung orthogonaler numerischer Gitter häufig sehr schwierig und der analytische Beweis für deren Existenz ist nicht gegeben. Zweidimensionale orthogonale Gitter können prinzipiell immer mit differentiellen Verfahren erzeugt werden. Gegenüber nicht-orthogonalen Gittern ist jedoch die Steuerung der Gitterpunktverteilung problematischer. So bestehen weniger Möglichkeiten, Gitterlinien in Gebieten zu konzentrieren, in denen steile Gradienten der Lösung auftreten und weiterhin können entlang vorgegebener Berandungen Gitterpunkte nicht fixiert werden, da die Cauchy-Riemann´schen Bedingungen erfüllt werden müssen. Das letztere führt zu einem Verschieben der Gitterpunkte entlang der Ränder und damit zu einer schlechten Auflösung von Ecken.

Bei der Verwendung von nicht-orthogonalen Koordinatensystemen treten die eben genannten Nachteile nicht auf. Solche Gitter sind einfach zu generieren, eventuell manuell, es bestehen zahlreiche Möglichkeiten, Gitterlinien zu konzentrieren und die Punkte auf der Berandung können fest vorgegeben werden. Weiterhin bestehen keine Probleme bei der Erzeugung dreidimensionaler numerischer Gitter. Nachteile müssen jedoch bei der Formulierung und Diskretisierung der Differentialgleichungen in Kauf genommen werden, da zusätzliche Terme auftreten. Damit verbunden sind all die Problempunkte wie eventuell schlechtere Konvergenz, Stabilität, Genauigkeit und längere Rechenzeiten, die schon bei der Diskussion der orthogonalen Koordinatensysteme bezüglich der gemischten Ableitungen erwähnt wurden.

Die obige Diskussion zeigt, daß für ein Verfahren, das zur Berechnung von Strömungen in beliebigen, auch dreidimensionalen Geometrien eingesetzt werden soll, nicht-orthogonale Koordinatensysteme von Vorteil sind.

3.3 Erhaltungsgleichungen in allgemeinen nicht-orthogonalen Koordinaten

Ausgangspunkt für die Erhaltungsgleichungen in allgemeinen nicht-orthogonalen Koordinaten sind die Gleichungen (2.1) - (2.3) in vektorieller Form. Die verschiedenen Formulierungen der Erhaltungsgleichungen werden anhand der Impulsgleichung (2.2) erklärt. Analog können die Kontinuitätsgleichung und die Transportgleichung für die innere Energie transformiert werden.
Durch Zusammenfassen des Spannungstensors und des Druckgradienten kann Gleichung (2.2) umgeformt werden in

$$\frac{\partial \rho \vec{v}}{\partial t} + \nabla \cdot (\rho \vec{v}\vec{v} - \vec{\vec{T}}) = \vec{f} \tag{3.1}$$

wobei der Tensor $\vec{\vec{T}}$ folgendermaßen definiert ist:

$$\vec{\vec{T}} = -p\vec{\vec{i}} + \vec{\vec{\tau}} \tag{3.2}$$

In Gleichung (3.1) tritt die partielle Ableitung nach der Zeit und die Divergenz eines Tensors auf. Die letztere muß im gewählten Koordinatensystem dargestellt werden und zudem müssen die Vektoren und Tensoren in die gewählten Basiskomponenten zerlegt werden.

Tensor-Analysis

Zur Erklärung der verschiedenen Formulierungsmöglichkeiten werden einige Grundlagen der Tensoranalysis eingeführt, wobei keine vollständige Theorie vorgestellt werden soll, sondern nur die für die spätere Diskussion notwendigen Begriffe. Eine ausführliche Einführung in die Tensor-Analysis geben Spiegel (1959) und Sokolnikoff (1964).

Gegeben sei ein beliebiges krummliniges Koordinatensystem x^i, das bezüglich eines raumfesten, kartesischen Koordinatensystems y^j gemäß

$$x^i(y^j) = x^i(y^1, y^2, y^3) \tag{3.3}$$

dargestellt werden kann. In dem krummlinigen Koordinatensystem können zwei verschiedene Basissysteme definiert werden:

- die natürliche Basis

$$\vec{e}_i = \frac{\partial y^j}{\partial x^i}\vec{i}_j \qquad (3.4a)$$

- die duale Basis

$$\vec{e}^{\,i} = \frac{\partial x^i}{\partial y^j}\vec{i}_j \qquad (3.4b)$$

Die beiden Basissysteme, die in Abb.4 gezeigt werden, sind bezüglich der kartesischen Basisvektoren $\vec{i}_j$ definiert.

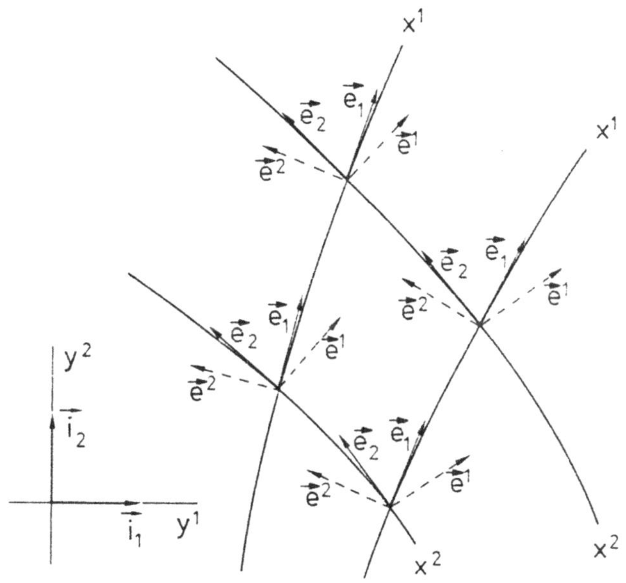

Abb.4: Natürliche ($\vec{e}_i$) und duale ($\vec{e}^i$) Basis

Bei der natürlichen Basis $\vec{e}_i$ liegen die Basisvektoren tangential zur x^i-Koordinatenlinie und bei der dualen Basis $\vec{e}^i$ senkrecht zur x^i = const.-Linie (bzw. Ebene im Dreidimensionalen). Liegt ein orthogonales krummliniges Koordinatensystem vor, so sind beide Basissysteme identisch, bei kartesischen Koordinatensystemen ist somit keine Unterscheidung notwendig. Ein Vektor $\vec{a}$ wird nun in diesen beiden Basissystemen mit Hilfe der Koeffizienten a^i (bezüglich der natürlichen Basis) bzw. a$_i$ (bezüglich der dualen Basis) folgendermaßen dargestellt:

$$\vec{a} = a^i \vec{e}_i = a_i \vec{e}^{\,i} \tag{3.5}$$

Sind zwei krummlinige Koordinatensysteme x^i und ξ^m gegeben, so können analog vier verschiedene Basissysteme $\vec{e}^{\,i}$, $\vec{e}_i$ und $\vec{\epsilon}^{\,m}$, $\vec{\epsilon}_m$ definiert werden. In diesen Systemen läßt sich ein Vektor $\vec{a}$ folgendermaßen darstellen:

$$\vec{a} = a^i \vec{e}_i = \alpha^m \vec{\epsilon}_m = a^i \frac{\partial \xi^m}{\partial x^i} \vec{\epsilon}_m \tag{3.6a}$$

$$\vec{a} = a_i \vec{e}^{\,i} = \alpha_m \vec{\epsilon}^{\,m} = a_i \frac{\partial x^i}{\partial \xi^m} \vec{\epsilon}^{\,m} \tag{3.6b}$$

wobei sich die folgenden Transformationsgesetze für die Koeffizienten mit Hilfe der Kettenregel und den Gleichungen (3.6a) und (3.6b) ergeben:

$$\alpha^m = a^i \frac{\partial \xi^m}{\partial x^i} \tag{3.7a}$$

$$\alpha_m = a_i \frac{\partial x^i}{\partial \xi^m} \tag{3.7b}$$

Die Transformation der Koeffizienten in Gleichung (3.7a) heißt kontravariant und α^m sowie a^i kontravariante Koeffizienten. Analog dazu werden die Koeffizienten α_m und a_i, für welche das Transformationsgesetz in Gleichung (3.7b) gezeigt wird, als kovariante Koeffizienten bezeichnet.

Sowohl bezüglich der natürlichen Basis wie auch der dualen Basis werden die Metriken mit Hilfe des Skalarprodukts der Basisvektoren definiert:

$$g_{ij} = \vec{e}_i \cdot \vec{e}_j \tag{3.8a}$$

$$g^{ij} = \vec{e}^{\,i} \cdot \vec{e}^{\,j} \tag{3.8b}$$

$$g^i_j = \vec{e}^{\,i} \cdot \vec{e}_j = \delta^i_j \tag{3.8c}$$

$$g = det(g_{ij}) \tag{3.8d}$$

Bei der oben vorgestellten natürlichen bzw. dualen Basis ist es möglich, daß die Vektorkomponenten (Koeffizienten) nicht die gleiche Dimension wie der entsprechende

Vektor haben. So lauten z.B. die kontravarianten Geschwindigkeitskomponenten im Zylinderkoordinatensystem:

$$v^1 = \frac{dx^1}{dt} = \frac{dr}{dt} \qquad v^2 = \frac{dx^2}{dt} = \frac{d\theta}{dt} \tag{3.9}$$

d.h. v^2 hat die Dimension 1/Sekunde. Außerdem können bei der natürlichen bzw. dualen Basis selbst bei einem annähernd uniformen Vektorfeld die Vektorkomponenten sich je nach Koordinatensystem lokal sehr stark ändern. Dies ist z.B. bei der in Gleichung (3.9) definierten Geschwindigkeitskomponente v^2 der Fall, die bei einer uniformen Geschwindigkeitsverteilung im Zentrum $r = 0$ eine Singularität besitzt. Die eben beschriebenen Nachteile können zu fehlerhaften Berechnungen führen (siehe Liu (1976) und Demirdzic et al. (1980)) und machen es notwendig, sogenannte physikalische Komponenten einzuführen, die auf normierten Basisvektoren beruhen. Hierbei sind eine Reihe verschiedenster Normierungen möglich, wie Truesdell (1953) und Sokolnikoff (1964) ausführlich darstellen. Die folgenden Ausführungen legen die sogenannte normierte natürliche Basis zu Grunde, die mit der natürlichen und der dualen Basis folgendermaßen verknüpft ist:

$$\vec{e}_{(i)} = \frac{\vec{e}_i}{\sqrt{g_{ii}}} \tag{3.10a}$$

$$\vec{e}^{\,(i)} = \sqrt{g_{ii}} \cdot \vec{e}^{\,i} \tag{3.10b}$$

Aus den Gleichungen (3.9) und (3.10a) sowie mit $g_{11}=1$ bzw. $g_{22}=r^2$ folgt, daß die kontravarianten Geschwindigkeitskomponenten die richtige Dimension haben.

Zur Formulierung des Divergenzoperators, der in Gleichung (3.1) benötigt wird, gibt es zwei Darstellungsmöglichkeiten in dem normierten natürlichen Basissystem. Die erste verwendet die sogenannten Christoffel'schen Symbole und lautet:

$$\nabla \cdot \vec{a} = \frac{\partial a^{(j)}}{\partial x^{(j)}} + a^{(m)} \left[\begin{array}{cc} & j \\ m & j \end{array} \right] \tag{3.11a}$$

Gleichung (3.11a) basiert auf der kovarianten Ableitung des Vektors $\vec{a}$. In dem zweiten Term treten die physikalischen Christoffel'schen Symbole auf, die folgendermaßen definiert sind:

$$\left[\begin{array}{cc} & j \\ i & m \end{array} \right] = \sqrt{\frac{g_{jj}}{g_{ii}g_{mm}}} \cdot \left(\left\{ \begin{array}{cc} & j \\ i & m \end{array} \right\} - g_i^j \frac{g_{in}}{g_{ii}} \left\{ \begin{array}{cc} & n \\ i & m \end{array} \right\} \right) \tag{3.11b}$$

$$\left\{ \begin{array}{cc} & j \\ i & m \end{array} \right\} = \frac{1}{2} g^{jk} \left(\frac{\partial g_{ik}}{\partial x^m} + \frac{\partial g_{mk}}{\partial x^i} - \frac{\partial g_{im}}{\partial x^k} \right) \qquad (3.11c)$$

Sie beschreiben die räumliche Variation der Basisvektoren. Da die auftretenden Glieder außerhalb der Ableitung stehen, ist diese Darstellungsweise nicht konservativ. Eine zweite, konservative Formulierung kann dadurch erreicht werden , daß die in den Christoffel´schen Symbolen auftretenden Metrikableitungen unter die Gesamtableitungen mitgenommen werden. Dadurch ergibt sich:

$$\nabla \cdot \vec{a} = \sqrt{\frac{g_{jj}}{g}} \frac{\partial}{\partial x^{(j)}} \left(\sqrt{\frac{g}{g_{jj}}} a^{(j)} \right) =: \frac{\Delta a^{(j)}}{\Delta x^{(j)}} \qquad (3.12)$$

In einer Reihe von Arbeiten (Anderson et al. (1968), Vinokur (1974), Eiseman und Stone (1980), Warsi (1981)) wurde die Problematik der Formulierung der Impulsgleichung in allgemeinen krummlinigen Koordinaten untersucht. Die nachfolgende Diskussion lehnt sich an die Arbeit von Demirdzic (1982) an, in der die Erhaltungsgleichungen für kontravariante physikalische Komponenten, d.h. bezüglich einer natürlichen normierten Basis (siehe Gleichung (3.10a)), geschrieben werden.

<u>Schwach konservative, semi-konservative und streng konservative Darstellung</u>

Wird die nicht-konservative Formulierung für den Divergenzoperator (siehe Gleichung (3.11)) verwendet, so ergibt sich die schwach-konservative Form, bei der Terme außerhalb der Ableitungen auftreten. Bei der Integration der Impulsgleichungen über ein Kontrollvolumen (siehe Kapitel 4) treten bei dieser Formulierung nicht nur Flüsse an den Kontrollvolumina-Grenzflächen auf, sondern auch zusätzliche Quellterme. Eine konservative Diskretisierung ist somit sehr schwierig. Diese Formulierung wird deshalb im allgemeinen recht selten verwendet (z.B. von Hung und Brown (1977)).

Die konservative Darstellung des Divergenzoperators (siehe Gleichung (3.12)) führt zu der streng konservativen Formulierung:

$$\frac{\partial}{\partial t}(\rho v^{(i)} \vec{e}_{(i)}) + \frac{\Delta}{\Delta x^{(j)}}[(\rho v^{(i)} v^{(j)} - T^{(ij)}) \vec{e}_{(i)}] = f^{(i)} \vec{e}_{(i)} \qquad (3.13)$$

Diese Vektorgleichung muß jedoch, um sie auf einem Rechner lösen zu können, in die verschiedenen Vektorkomponenten zerlegt werden. Da physikalisch der Impulsvektor und nicht die Vektorkomponenten erhalten werden, treten bei der Zerlegung der Impulsgleichungen in die Komponenten der natürlichen normierten Basis, d.h. die Geschwindigkeitskomponenten liegen tangential zu den Koordinatenlinien, zusätzliche Terme auf:

$$\frac{\partial}{\partial t}(\rho v^{(i)}) + \frac{\Delta}{\Delta x^{(j)}}[\rho v^{(i)} v^{(j)} - T^{(ij)}] + \begin{bmatrix} & i & \\ m & & j \end{bmatrix} (\rho v^{(m)} v^{(j)} - T^{(mj)}) = f^{(i)} \tag{3.14}$$

Diese Umverteilungsglieder (dritter Summand in Gleichung (3.14)) entstehen durch die Variation von $\overrightarrow{e}_{(i)}$ im Raum und setzen sich aus den Zentrifugal- und Coriolis-Kräften sowie den entsprechenden Spannungstensoren zusammen. Für die zweidimensionalen Impulsgleichungen in einem (r,θ)-Zylinderkoordinatensystem lauten die Umverteilungsglieder:

Impulsgleichung in r-Richtung: $\qquad \dfrac{\tau_{rr}}{r} - \dfrac{\rho u^2}{r}$

Impulsgleichung in θ-Richtung: $\qquad \dfrac{\tau_{\theta r}}{r} - \dfrac{\rho u v}{r}$

Da sie außerhalb der Ableitungen auftreten, müssen sie bei einem numerischen Verfahren als zusätzliche Quellterme berücksichtigt werden. Weiterhin sind sie mit den Christoffel´schen Symbolen verknüpft, die Ableitungen der Metrik wie z.B. Krümmungsradien enthalten. Um sprungartige Änderungen in den Quelltermen zu vermeiden, müssen deshalb hohe Anforderungen an die Glattheit des erzeugten numerischen Gitters gestellt werden. Diese sogenannte semi-konservative Formulierung hat jedoch, wie später diskutiert wird, einige Vorteile und wurde z.B. bei den folgenden Arbeiten verwendet: Pope (1978), Habib und Whitelaw (1982), Raithby et al. (1986), Demirdzic (1982), Sheng (1986), Baba und Miyata (1987) und Demirdzic et al. (1987).

Eine streng konservative Formulierung ergibt sich, wenn die Erhaltungsgleichungen in räumlich invariante Komponenten aufgeteilt werden, da dann die Umverteilungsterme nicht auftreten. Dies wird dadurch erreicht, daß die Vektoren und Tensoren in Komponenten einer räumlich invarianten Basis zerlegt werden. Für den Geschwindigkeitsvektor bedeutet dies, daß z.B. die kartesischen Geschwindigkeitskomponenten im gesamten Lösungsgebiet beibehalten werden und für diese die Erhaltungsgleichungen gelöst werden.

34

Die Diskussion über die Vor- und Nachteile der Zerlegung des Geschwindigkeitsvektors in kartesische Komponenten oder in Komponenten tangential zu den Gitterlinien kann sich nicht nur auf den Problemkreis der streng konservativen bzw. semi-konservativen Formulierung beschränken, sondern muß auch andere Aspekte berücksichtigen. Werden kartesische Geschwindigkeitskomponenten gewählt, so können Instabilitäten auftreten, wenn sich die Gitterlinien im Berechnungsgebiet um mehr als 45° drehen. Um dies zu vermeiden wurden spezielle Vorgehensweisen entwickelt auf die näher in Kapitel 6 eingegangen wird. Vorteilhaft ist die Verwendung von Geschwindigkeitskomponenten tangential zu den Gitterlinien bei der Vorgabe der Randbedingungen, da eine der Geschwindigkeitskomponenten parallel zur Berandung liegt. Dies ermöglicht eine einfachere und genauere Vorgabe der Randbedingungen als bei kartesischen Geschwindigkeitskomponenten, bei denen zuerst der Geschwindigkeitsvektor berechnet und danach in die parallel und senkrecht zur Berandung gelegenen Komponenten zerlegt werden muß. Dadurch können zwar prinzipiell Ungenauigkeiten auftreten, bei der praktischen Anwendung konnten jedoch keine Probleme festgestellt werden.

Kontravariante-kovariante Formulierung

Die obige Diskussion über die Formulierung der Erhaltungsgleichungen und die Wahl der Geschwindigkeitskomponenten wurde für eine natürliche, normierte Basis, d.h. für kontravariante, physikalische Komponenten durchgeführt. Die entsprechenden Formulierungen sind auch für kovariante Komponenten möglich. In Kapitel 6 und Kapitel 7 wird gezeigt, daß bei einem inkompressiblen numerischen Verfahren die Diskretisierung der Konvektions- und Druckterme das Hauptproblem darstellt. Deshalb entscheidet über die Vor- und Nachteile einer kontravarianten bzw. kovarianten Formulierung die Darstellung der Konvektions- und Druckterme. Wie Gleichung (3.2) und Gleichung (3.13) zeigen, treten bei der kontravarianten Formulierung pro Richtung der Basisvektoren $\vec{e}_{(i)}$ drei Konvektions- und drei Druckterme auf. Eine Darstellung, die kovariante Komponenten verwendet, führt nach Demirdzic (1982) zu neun Konvektionstermen und einem Druckterm pro Richtung der Basisvektoren $\vec{e}^{(i)}$. Von Vorteil bei einer kontravarianten Darstellung ist deshalb der geringere Rechenaufwand, da nur sechs Terme approximiert werden müssen. Bei der kovarianten Formulierung hingegen tritt nur ein Druckterm auf, wodurch eventuelle Instabilitäten auf Grund mehrerer Druckgradienten, die approximiert werden müssen, vermieden werden können. Bei den verschiedensten Berechnungsverfahren (kompressible oder inkompressible Verfahren) hat sich fast ausschließlich die kontravariante Formulierung durchgesetzt.

<u>Zusammenfassung</u>

Die in diesem Abschnitt durchgeführte Diskussion hat gezeigt, daß es eine Reihe verschiedenster Formulierungen der Erhaltungsgleichungen in allgemeinen krummlinigen Koordinaten gibt. Sie können zusammenfassend folgendermaßen unterschieden werden:

- Verwendung einer natürlichen oder einer dualen Basis
- Verwendung nicht-physikalischer oder physikalischer Komponenten
- schwach konservative, semi-konservative oder streng konservative Formulierung

Aus der Vielzahl der möglichen Kombinationen weisen einige eindeutige Vorteile auf und werden vorwiegend angewendet:

- physikalische Komponenten
- kontravariante Formulierung
- semi-konservative Formulierung (Geschwindigkeitskomponenten tangential zu den Gitterlinien) bzw. streng konservative Formulierung (kartesische Geschwindigkeitskomponenten)

Die semi-konservative und die streng konservative Formulierung werden ungefähr gleich häufig eingesetzt, da beide Formulierungen gewisse Vorteile haben. Bei den neueren Arbeiten läßt sich jedoch ein Trend zu den kartesischen Geschwindigkeitskomponenten erkennen.

4 Numerische Methoden zur Lösung der Navier-Stokes-Gleichungen

4.1 Problemstellung und spezielle Lösungsmethoden

Die Lösung der strömungsmechanischen Erhaltungsgleichungen, in vektorieller Form in Gleichung (2.1) - (2.3) dargestellt und für beliebige krummlinige Koordinatensysteme in Kapitel 3 abgeleitet, ist bei praktisch relevanten Problemen nur mit Hilfe numerischer Verfahren möglich. Die vorzugebenden Randbedingungen für die Differentialgleichungen spezifizieren das strömungsmechanische Problem, zu dessen Lösung verschiedene numerische Methoden verwendet werden können. Dabei sind unterschiedliche Teilaufgaben zu bearbeiten, die sich aus der Lösung von partiellen Differentialgleichungen allgemein und aus den speziellen Eigenschaften der Navier-Stokes-Gleichungen ergeben. Diese Eigenschaften führen zu gewissen Anforderungen an die numerischen Lösungsmethoden, die bei anderen Problemen im Ingenieurbereich nicht auftreten und somit eine Entwicklung der numerischen Methoden speziell für strömungsmechanische Probleme erfordern.

Die Navier-Stokes-Gleichungen sind partielle, nicht-lineare Differentialgleichungen und die Diskretisierung sowie die Linearisierung der nicht-linearen Konvektionsterme erfordern äußerste Sorgfalt. Bei der Verwendung von Turbulenzmodellen kommen in den Transportgleichungen für die Turbulenzgrößen stark nicht-lineare Quellterme vor, die zu Instabilitäten führen können. Gemischte Ableitungen treten bei der Verwendung krummliniger, nicht-orthogonaler Koordinaten sowohl in den Impulsgleichungen wie auch den Transportgleichungen für die Turbulenzgrößen auf. Sie müssen so diskretisiert werden, daß die sich ergebenden Matrizen möglichst gut konditioniert sind. Äußerst steile Gradienten der Lösung treten bei Strömungsproblemen, besonders bei hohen Reynolds-Zahlen, in Wandnähe auf und erfordern eine sehr feine numerische Auflösung. Bei turbulenten Strömungen ergeben sich z.B. logarithmische Verteilungen der Geschwindigkeit in Wandnähe, die ein numerisches Verfahren simulieren muß. Die Navier-Stokes-Gleichungen erfordern eine konservative Diskretisierung, um künstliche Massen- bzw. Impulsquellen im Inneren des Berechnungsgebietes zu vermeiden. Weiterhin liegt bei den Erhaltungsgleichungen (2.1) - (2.3) ein System gekoppelter Gleichungen vor, das entweder simultan oder entkoppelt gelöst werden kann. Bei den inkompressiblen Verfahren, die Schwerpunkt dieser Arbeit sind, tritt speziell das Problem der sogenannten Inkompressibilitätsbedingung (incompressibility constraint) auf. Diese bedeutet, daß die Kontinuitätsgleichung als eine zusätzliche Bedingung zu den

Impulsgleichungen angesehen werden muß, da der Druck in der Kontinuitätsgleichung nicht vorkommt. Deshalb muß diese entweder simultan mit den Impulsgleichungen gelöst oder so umgeformt werden, daß in der modifzierten Differentialgleichung der Druck als Unbekannte auftritt.

Die skizzierten Eigenschaften der strömungsmechanischen Erhaltungsgleichungen müssen von einem numerischen Berechnungsverfahren simuliert werden. Durch die Wahl spezieller Formulierungen ist es möglich, gewisse Probleme zu umgehen; so muß bei der Ψ-ω-Formulierung (siehe Kapitel 2) der Druck nicht explizit berechnet werden. Verschiedene numerische Methoden werden zum einen danach beurteilt, wie gut sie die Anforderungen erfüllen, die auf Grund der speziellen Eigenschaften der Navier-Stokes-Gleichungen entstehen, zum anderen aber auch nach numerischen Kriterien wie Stabilität, Konvergenz und Genauigkeit des Verfahrens sowie der benötigten Rechenzeit und dem Speicherplatzbedarf.

Am wichtigsten hierbei ist sicher die Stabilität eines numerischen Verfahrens, besonders bei praktischen Anwendungen. Die Stabilität eines Verfahrens hängt im allgemeinen vom gestellten Strömungsproblem ab, sollte jedoch für einen möglichst großen Reynoldszahlbereich (bei kompressiblen Strömungen auch Machzahlbereich) gewährleistet sein. Die Konvergenzrate eines Verfahrens wird durch eine Reihe von Faktoren bestimmt: der Komplexität der Aufgabenstellung, der Diskretisierung des Lösungsgebiets (z.B. dem Seitenverhältnis der Gittermaschen), der Diskretisierung der Differentialgleichungen, die die Struktur des zu lösenden Gleichungssystems bestimmt, der Linearisierung dieses Gleichungssystems sowie dem verwendeten Lösungsalgorithmus. Stabilität ist immer erreichbar durch eventuell drastische, stabilisierende Eingriffe, jedoch dann nur auf Kosten der Genauigkeit des Verfahrens. So ist es z.B. durch die Diskretisierung der nicht-linearen konvektiven Terme mit einem Schema niedriger Ordnung möglich ein äußerst stabiles Verfahren zu erreichen, das jedoch nicht besonders genau ist, oder z.B. durch Zufügen von Termen mit künstlicher Dissipation Instabilitäten zu vermeiden. Bei Verfahren, die in der Industrie eingesetzt werden, ist es sicher notwendig, der Stabilität eines Verfahrens den Vorrang vor der Genauigkeit zu geben. Dem gegenüber kann es in der Grundlagenforschung von Vorteil sein, Verfahren mit hoher Genauigkeit einzusetzen, die erst durch Einstellen gewisser Parameter zu stabilisieren sind. Dies bedeutet jedoch, daß nicht unbedingt eine erste Berechnung schon zum Ziel führt.

Das Kriterium einer möglichst hohen Genauigkeit der Lösung kann am einfachsten durch Verfeinerung des numerischen Gitters erreicht werden. Dieser Vorgehensweise sind Grenzen gesetzt, zum einen durch den Speicherplatzbedarf und zum anderen durch die benötigte Rechenzeit. Eine größere Genauigkeit kann auch durch die Verwendung einer

Diskretisierung höherer Ordnung erreicht werden. Zu betonen ist, daß die Genauigkeit eines numerischen Verfahrens stark dadurch beeinflußt wird, wie die Randbedingungen in das Verfahren eingebracht werden. Die benötigte Rechenzeit sowie der Speicherplatzbedarf sind in zweierlei Hinsicht von Bedeutung: Zum einen sind durch sie Grenzen vorgegeben, die Einschränkungen bei der Diskretisierung bedingen; bei dreidimensionalen oder instationären Berechnungen ist dies auch heute noch bei den größten Rechnern der Fall. Der zweite Aspekt ist die Kostenfrage, die besonders bei Produktionsläufen und Parameterstudien ausschlaggebend sein kann.

Außer den genannten Kriterien, die bei der Beurteilung von numerischen Verfahren immer aufgeführt werden, seien hier noch zwei weitere, nicht so gängige, genannt. Sie sind jeweils nur für bestimmte Gruppen von Bedeutung, sollten jedoch bei den in dieser Arbeit untersuchten numerischen Verfahren zur Lösung praxisrelevanter Probleme in komplexen Geometrien nicht unerwähnt bleiben.

Die benötigte Rechenzeit zur Lösung eines gestellten Problems ist im letzten Jahrzehnt auf Grund der schnelleren Rechenanlagen deutlich zurückgegangen. Die Rechenzeit sollte nicht allein gesehen werden, sondern auch der von dem Bearbeiter benötigte Zeitaufwand (man-power) zur Vorbereitung einer numerischen Berechnung. Es ist z. B. bekannt, daß bei dreidimensionalen Berechnungen die Gittergenerierung bei komplexen Problemen leicht bis zu zwei Mann-Monate Vorbereitungszeit benötigen kann (sowohl bei Finite-Element- wie auch Finite-Volumen-Verfahren) und die Lösung der strömungsmechanischen Grundgleichungen danach in einer Nacht auf einem Super-Computer erfolgt. Dieser Aspekt ist besonders interessant bei industriellen Anwendungen, z.B. in der Aerodynamik, bei denen äußerst komplexe Probleme bearbeitet werden müssen.

Das zweite noch zu erwähnende Kriterium betrifft hauptsächlich den Bereich der Grundlagenforschung, z.B. im universitären Bereich. Hier ist es oft notwendig, die Berechnungsverfahren zu modifizieren und zu erweitern. Es muß z.B. die Lösung zusätzlicher Erhaltungsgleichungen in dem Verfahren eingebaut werden, was bei der simultanen Lösung aller Transportgleichungen mit bedeutend mehr Aufwand verbunden ist als bei einem numerischen Verfahren, das eine entkoppelte Lösung verwendet. Eine weitere Aufgabe ist z.B. der Einbau verschiedener Diskretisierungsverfahren oder Turbulenzmodelle. Verschiedene numerische Verfahren sind unterschiedlich geeignet, solche Erweiterungen durchzuführen und sollten danach beurteilt werden.

Zur Lösung der vollständigen Navier-Stokes-Gleichungen in komplexen Geometrien haben sich vorwiegend Finite-Differenzen-, Finite-Volumen- und Finite-Element-Verfahren durchgesetzt. Auf diese Verfahren wird in den Abschnitten 4.2 - 4.4 dieses

Kapitels eingegangen. Zur Lösung vereinfachter Formen der Navier-Stokes-Gleichungen haben sich spezielle Methoden herausgebildet, die im folgenden aus Vollständigkeitsgründen kurz erwähnt werden sollen.

Charakteristikenmethoden

Charakteristikenmethoden werden zur Berechnung nicht-viskoser kompressibler Strömungen verwendet. Als lokales Netz dienen hierbei die Charakteristiken, entlang derer die Gleichungen integriert werden. Es wurden Verfahren entwickelt zur Berechnung dreidimensionaler, instationärer, subsonischer und transsonischer Strömungen (siehe Marcum und Hoffman (1985)). Die Bedeutung der Charakteristikenmethoden ist im Schwinden. Sie werden jedoch hier erwähnt, weil ihr Grundprinzip bei manchen Verfahren zur Lösung der Navier-Stokes-Gleichungen übernommen wurde und zwar zur Berücksichtigung der konvektiven Terme (siehe Kapitel 7). Der Vorteil der Charakteristikenmethode liegt darin, daß numerische Diffusionsprobleme bei der Diskretisierung der konvektiven Terme nicht auftreten.

Panelmethoden

Als spezielle Methoden zur Lösung der Potentialgleichungen sind die Panelmethoden zur Berechnung von Körperumströmungen zu erwähnen. Da diese Methoden relativ schnell sind, werden sie häufig in der Luftfahrtindustrie bei Parameterstudien eingesetzt. Bei den Panelmethoden wird eine Quellen-Senken-Belegung auf der in einzelne Felder aufgeteilten Oberfläche des umströmten Körpers (panelisation) berechnet. Die Stärke der Quellen-/Senkenbelegung wird so bestimmt, daß kein Fluß durch die Oberfläche des Körpers auftritt. Die entsprechenden Beziehungen hierfür werden aus der Potentialgleichung mit Hilfe des Greenschen Theorems abgeleitet, d.h. es wird ein Volumenintegral in ein Oberflächenintegral umgewandelt und somit der Rechenaufwand zu dessen Berechnung reduziert. Die Genauigkeit eines Panelverfahrens kann zum einen durch die Anzahl der Panels beeinflußt werden und des weiteren durch die Ordnung der Funktion, die die Quellenverteilung pro Panel beschreibt. Das Grundprinzip der Panelmethoden wird ausführlich von Hess und Smith (1967) beschrieben und neueste Aktivitäten auf diesem Gebiet (in Deutschland) werden von Wagner und Urban (1987) vorgestellt.

Wirbelmethoden

Wirbelmethoden werden vorwiegend zur Simulierung der Umströmung von Körpern eingesetzt, und zwar hauptsächlich in der Aerodynamik. Sie wurden ursprünglich für nicht-viskose Strömungen entwickelt, mittlerweile jedoch auch für viskose Strömungen durch empirische Modifikationen erweitert. Ausgangspunkt zur Herleitung von Wirbelmethoden ist die Wirbeltransportgleichung (2.20) unter Vernachlässigung der viskosen Terme. Mit Hilfe des Bio-Savart'schen Gesetzes

$$\vec{v}(\vec{x},t) = -\frac{1}{4\pi} \int \frac{(\vec{x}-\vec{x}') \times \vec{\omega}(\vec{x},t)}{|\vec{x}-\vec{x}'|^3} dV + \nabla\Phi \qquad (4.1)$$

dem die Divergenzfreiheit des Geschwindigkeitsfeldes zu Grunde liegt, wird eine Verknüpfung zwischen dem Geschwindigkeitsfeld und der Wirbelstärke hergestellt. Die Beziehung (4.1) zeigt, daß das Geschwindigkeitsfeld aus einem wirbelbehafteten Teil (1.Term) und einem potentialtheoretischen Teil (2.Term), der mit Hilfe der Potentialströmung zu berechnen ist, besteht. Es wird angenommen, daß das Wirbelfeld sich als Summe diskreter Wirbel gemäß der Beziehung

$$\vec{\omega}(\vec{x},t) = \sum_{i=1}^{N} \Gamma_i \gamma_i(\vec{x} - \vec{x}_i(t)) \qquad (4.2)$$

zusammensetzt. Γ_i bedeutet die Zirkulation eines einzelnen Wirbels und γ_i ist eine Verteilungsfunktion, auf die im folgenden näher eingegangen wird. Die Bahnlinien der Wirbel werden mit Hilfe des Geschwindigkeitsfeldes berechnet und somit die Lokation der Wirbel bestimmt (sogenannte Lagrange-Methode). Danach wird mit Hilfe von Gleichung (4.1) das induzierte Geschwindigkeitsfeld zu dem neuen Zeitpunkt berechnet. Wirbelmethoden können gemäß der Wahl der Verteilungsfunktion γ_i in verschiedene Klassen eingeteilt werden. Wird eine Delta-Funktion als Verteilungsfunktion verwendet, so spricht man von sogenannten diskreten Wirbelmethoden (point vortex methods). Sie erfordern eine große Anzahl von singulären Wirbeln, um ein glattes Geschwindigkeitsfeld und zuverlässige Aussagen zu erhalten. Da somit sehr viele Wirbelbahnen verfolgt werden müssen, wird ein hoher Rechenaufwand benötigt. Werden für γ_i Verteilungsfunktionen mit endlicher Breite (z.B. Gauss-Verteilungen) verwendet, spricht man von sogenannten Wirbelflecken-Methoden (vortex-blob methods), bei denen Wirbel mit einer endlichen Kernbreite simuliert werden. Die Vorteile der Wirbelflecken-Methoden liegen darin, daß zum einen weniger Wirbel berücksichtigt werden müssen, um ein glattes Geschwindigkeitsfeld zu erhalten, und zum anderen die Möglichkeit besteht, viskose Effekte durch empirische Verbreiterung des Wirbelkerns zu simulieren. Eine weitere

Möglichkeit zur Simulierung viskoser Effekte wurde von Chorin (1973) vorgeschlagen. Bei dieser wird eine Zufallsbewegung (random walk method) simuliert, abhängig von den turbulenten Schwankungsbewegungen. Um ein statistisch gesichertes Ergebnis zu erhalten, erfordert diese Methode jedoch das Einbringen von sehr vielen Wirbeln. Die Erweiterung der Wirbelmethoden für dreidimensionale Probleme führt zu den <u>Wirbelfaden-Methoden (vortex-filament methods)</u>, die sehr rechenzeitaufwendig sind, da gemäß den Gleichungen (4.1) und (4.2) eine Summation über viele, im Raum verteilte Wirbelfäden notwendig ist, um das Geschwindigkeitsfeld zu erhalten. Dieser Aufwand wird drastisch reduziert bei den sogenannten <u>"vortex-in-cell"-Methoden</u>, die einen hybriden Lagrange-Euler-Ansatz verwenden. Bei diesem wird das Geschwindigkeitsfeld nicht aus dem Bio-Savart´schen Gesetz (4.1) bestimmt, sondern durch Lösen der Poisson-Gleichung für das Geschwindigkeitsfeld auf einem fest vorgegebenen numerischen Gitter. Dadurch müssen zusätzlich die Werte für die Wirbelstärke an den Gitterknotenpunkten berechnet und danach das Geschwindigkeitsfeld auf die Bahnlinien zurück interpoliert werden. Da das Geschwindigkeitsfeld mit Hilfe der Poisson-Gleichung berechnet wird, müssen jedoch, um zuverlässige Aussagen zu erhalten, weniger Wirbel als bei der Wirbelflecken-Methode berücksichtigt werden.
Eine übersichtliche Einführung zu verschiedenen Wirbelmethoden gab Leonard (1980) und die neuesten Aktivitäten auf diesem Gebiet sind in einem AGARD-Bericht (AGARD-Report 239 (1987)) zusammengefaßt.

Der Vorteil von Wirbelmethoden ist, daß keine Probleme bei der Erfassung konvektiver Phänomene auftreten und eine gute Auflösung kleiner, lokaler Wirbelstrukturen möglich ist. Es ist keine Berechnung des Druckes notwendig und das Fernfeld wird im allgemeinen gut wiedergegeben. Nachteilig ist, daß diese Methoden nur in Kombination mit Verfahren zur Lösung der viskosen Erhaltungsgleichungen eingesetzt werden können, um das Anwachsen von Grenzschichten sowie die Lage von Ablösepunkten zu bestimmen.Weiterhin von Nachteil ist, daß nur durch sogenannte gespiegelte Wirbel Randbedingungen an festen Wänden vorgegeben werden können. Viskose Effekte können nur empirisch erfaßt werden und bei der Umströmung stumpfer Körper treten Probleme bei der Berechnung der Druckverteilung im Ablösegebiet auf (siehe Stansby (1985)). Weiterhin sind dreidimensionale Berechnungen mit Wirbelmethoden äußerst rechenzeitaufwendig. Aus den oben genannten Gründen sind diese Methoden für ein allgemein einsetzbares Verfahren in komplexen Geometrien, d.h. für Strömungsprobleme, bei denen wandnahe und viskose Effekte sowie Ablösung von Bedeutung sind, nicht besonders geeignet.

42

4.2 Finite-Differenzen-, Finite-Volumen- und Finite-Analytische Verfahren

Die Grundprinzipien von Finiten-Differenzen-, Finiten-Volumen- und Finiten-Analytischen Verfahren werden in diesem Abschnitt zusammen vorgestellt, da sie gewisse ähnliche Strukturen aufweisen. So wird bei den drei Verfahren von der gleichen Netzstruktur ausgegangen und eine ähnliche Verknüpfung der Variablen an den verschiedenen Knotenpunkten hergestellt. Weiterhin ergeben sich bei diesen Verfahren gleichartige Matrizen, die analog gelöst werden können.

Finite-Differenzen Verfahren

Bei den Finite-Differenzen Verfahren wird über das Berechnungsgebiet ein numerisches Gitter gelegt, dessen Linien den Koordinatenlinien entsprechen. Die Gitter sind zumeist strukturiert, d.h. die Indizes der Knotenpunkte entlang der Koordinatenlinie sind monoton aufsteigend. Bei den Finiten-Differenzen Verfahren werden die in den Erhaltungsgleichungen auftretenden Differentialquotienten an den Knotenpunkten direkt durch Differenzenquotienten approximiert. Es bestehen verschiedene Möglichkeiten, solche Differenzenformeln abzuleiten. Auf sie wird näher in Kapitel 7 eingegangen. Durch die Differenzenquotienten entsteht eine Verknüpfung der an den verschiedenen Knotenpunkten diskret abgespeicherten Variablen, wie in Abb. 5 für einen 5 Punkt-Differenzenstern skizziert ist.

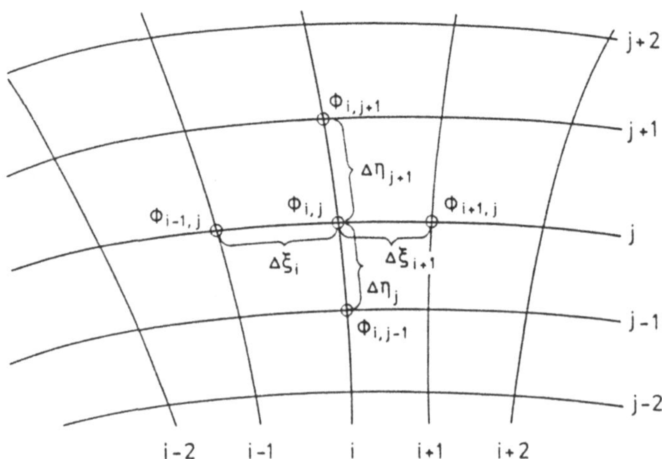

Abb.5: 5 Punkte-Differenzenstern für ein Finite-Differenzen Verfahren

Zweite Ableitungen einer Funktion ϕ können z.B. durch die Zentral-Differenzen 2. Ordnung approximiert werden:

$$\frac{\partial^2 \Phi}{\partial \eta^2} = \frac{\Phi_{i,j+1} - 2\Phi_{i,j} + \Phi_{i,j-1}}{(\Delta \eta)^2} \qquad \frac{\partial^2 \Phi}{\partial \xi^2} = \frac{\Phi_{i+1,j} - 2\Phi_{i,j} + \Phi_{i-1,j}}{(\Delta \xi)^2} \tag{4.3}$$

In den Erhaltungsgleichungen treten erste und zweite Ableitungen (bei nicht-orthogonalen Koordinaten auch gemischte Ableitungen) auf, die approximiert werden müssen, wobei die Behandlung der nicht-linearen konvektiven Glieder im allgemeinen am schwierigsten ist. Weiterhin müssen die in den Differentialgleichungen auftretenden Quellterme an den Knotenpunkten berechnet werden. Werden die entsprechenden Beziehungen in die Differentialgleichungen eingesetzt, so führt dies zu einem System von Differenzengleichungen. Die entstehenden Matrizen haben häufig Bandstruktur und werden meist iterativ gelöst.

Die verwendeten Differenzenquotienten bestimmen, wie genau die Differentialgleichung durch die Differenzengleichungen approximiert wird. Die Lösung der Differenzengleichungen ist nicht notwendigerweise konservativ, d.h. es ist nicht automatisch gewährleistet, daß keine künstlichen Massen-, Impuls- oder Energiequellen auftreten. So ist es z.B. möglich, daß bei einem durchströmten Kanal mehr Masse aus- als einströmt, d.h. daß der integrale Massenfluß nicht konstant ist.

<u>Finite-Volumen Verfahren</u>

Wie bei den Finite-Differenzen Verfahren wird bei den Finite-Volumen Verfahren ein numerisches Netz über das Berechnungsgebiet gelegt. Die Differentialquotienten in den Differentialgleichungen werden jedoch nicht direkt approximiert, sondern die partiellen Differentialgleichungen werden über Kontrollvolumina integriert, die, wie in Abb. 6 gezeigt wird, um die Knotenpunkte gelegt werden. Durch diese Integration entstehen Bilanzgleichungen, die eine konservative Diskretisierung gewährleisten, d.h., was aus einem Kontrollvolumen hinausströmt, fließt in das benachbarte Kontrollvolumen hinein. Diese Bilanzgleichungen können anstatt durch die Integration der Differentialgleichungen auch durch eine direkte Bilanzierung der Flüsse an den Kontrollvolumina-Seiten erhalten werden.

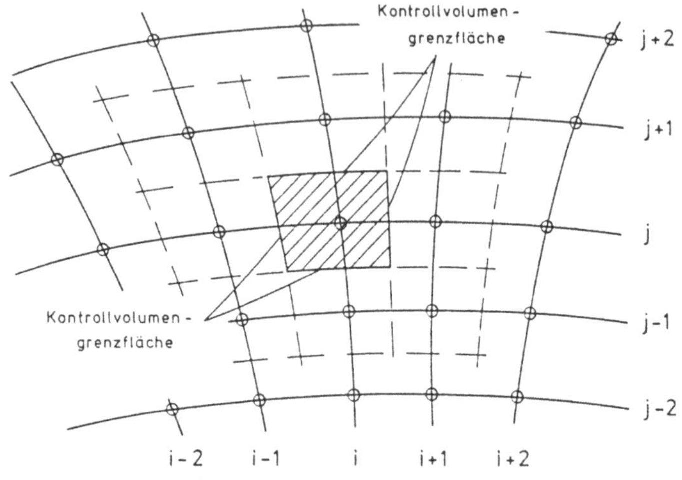

Abb.6: Skizze eines Kontrollvolumens (KV)

Die Vorgehensweise bei der Herleitung der Bilanzgleichungen sei anhand der ein-dimensionalen Konvektions-Diffusionsgleichung

$$\frac{du\Phi}{dx} = \frac{d}{dx}\Gamma\frac{d\Phi}{dx} \tag{4.4a}$$

erklärt. uΦ ist der Konvektionsfluß und Γ dΦ/dx stellt den Diffusionsfluß dar. Gleichung (4.4a) wird über das in Abb.7

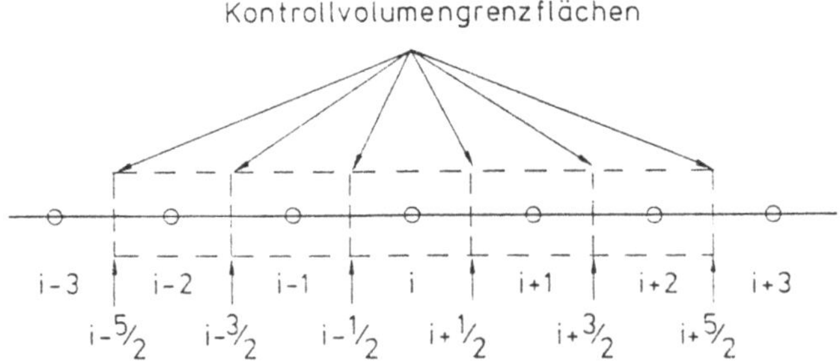

Abb.7: Eindimensionales Gitter für Konvektions- Diffusionsgleichung

skizzierte Kontrollvolumen integriert, führt zu der Integralbeziehung

$$\int_{x_{i-1/2}}^{x_{i+1/2}} \frac{du\Phi}{dx}dx = \int_{x_{i-1/2}}^{x_{i+1/2}} \frac{d}{dx}(\Gamma\frac{d\Phi}{dx})dx \qquad (4.4b)$$

und ausintegriert zu

$$\underbrace{(u\Phi)_{i+1/2} - (u\Phi)_{i-1/2}}_{Netto-Konvektionsfluß} = \underbrace{(\Gamma\frac{d\Phi}{dx})_{i+1/2} - (\Gamma\frac{d\Phi}{dx})_{i-1/2}}_{Netto-Diffusionsfluß} \qquad (4.4c)$$

Das Aufsummieren der Bilanzgleichungen für verschiedene Kontrollvolumina (i=1,2,...,N) zeigt, daß die Flüsse erhalten bleiben.

In den integrierten Bilanzgleichungen müssen die Konvektionsflüsse und die Diffusionsflüsse an den Kontrollvolumen-Grenzflächen $x_{i-1/2}$ und $x_{i+1/2}$ approximiert werden. Beziehungen hierfür können analog wie bei den Finite-Differenzen Verfahren hergeleitet werden, wobei wiederum die Diskretisierung der Konvektionsflüsse am problematischsten ist. Die entsprechenden Beziehungen eingesetzt in die integrierten Differentialgleichungen führen zu Differenzengleichungen, die analog wie bei den Finiten-Differenzen Verfahren gelöst werden.

Der Vorteil der Finiten-Volumen Verfahren gegenüber den Finiten-Differenzen Verfahren, d.h. der Vorteil einer konservativen Diskretisierung, zeigt sich besonders deutlich bei nicht-äquidistanten Gittern und allgemeinen krummlinigen Koordinaten.

Finite-Analytische Verfahren

Finite-Analytische Verfahren wurden maßgeblich von Chen et al. (1981) entwickelt. Wie bei den beiden vorhergehenden Verfahren wird ein numerisches Netz über das Berechnungsgebiet gelegt. Eine gewisse Anzahl von Gitterzellen wird zu einem Teilgebiet zusammengefaßt, wie in Abb.8 z.B. für ein 4-Zellen-Teilgebiet (dick umrandet) oder ein 16-Zellen-Teilgebiet (dick gestrichelt umrandet) gezeigt wird.

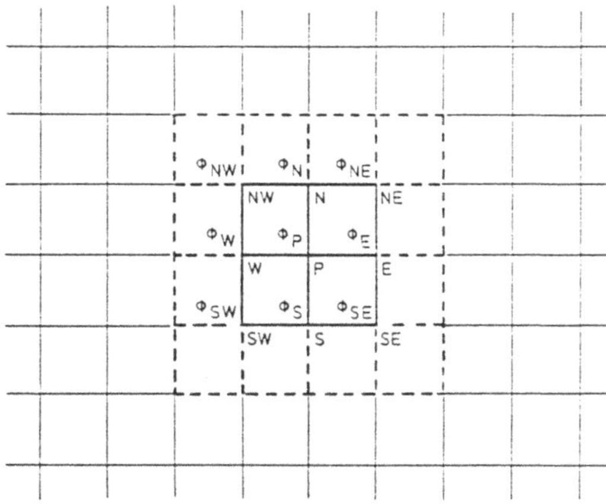

Abb.8: Teilgebiete bei Finite-Analytischen Verfahren

In den Teilgebieten werden die Erhaltungsgleichungen analytisch gelöst, wobei nicht-
lineare Differentialgleichungen zuvor lokal linearisiert werden. Die analytische Lösung
hängt von den Randwerten auf den Teilgebietsrändern ab, und es ergibt sich somit eine
analytische Lösung Φ, die als Funktion der Randwertverteilung f_N, f_S, f_E und f_W entlang
des Nord-, Süd-, Ost- und Westrandes geschrieben werden kann:

$$\Phi = F(f_N(y), f_S(y), f_E(x), f_W(x)) \tag{4.5}$$

Die Randwertverteilungen f_i werden als Funktion der diskreten Werte von Φ auf dem
Rand gemäß

$$f_i = G(\Phi_N, \Phi_S, \Phi_E, \Phi_W, \Phi_{NW}, \dots) \tag{4.6}$$

formuliert, und die Kombination der Gleichung (4.5) und Gleichung (4.6) führt zu einer
Beziehung für Φ_p, bei der der Wert in Teilgebietsmitte mit den Nachbarwerten verknüpft
wird:

$$\begin{aligned}
\Phi_P = {} & C_E\Phi_E + C_W\Phi_W + C_N\Phi_N + C_S\Phi_S + \\
& C_{NE}\Phi_{NE} + C_{SE}\Phi_{SE} + C_{NW}\Phi_{NW} + C_{SW}\Phi_{SW}
\end{aligned} \tag{4.7}$$

Die Koeffizienten C_l werden aus den lokal analytischen Lösungen erhalten. Analoge
Gleichungen können für jedes Teilgebiet formuliert werden und durch Zusammenfassen
der entsprechenden Beziehungen entstehen Gleichungssysteme, die ähnlich wie bei den
Finiten-Differenzen- oder Finiten-Volumen Verfahren zu lösen sind.

Der Vorteil der Finiten-Analytischen Verfahren besteht darin, daß die Lösung (bis auf die
Linearisierung) exakt im Inneren eines Teilgebiets ist. Weiterhin haben die Ableitungen
der Lösung die gleiche Genauigkeit wie die Lösung selbst. Bei den Finiten-Analytischen
Verfahren wird jedoch sehr viel Rechenzeit benötigt, um die analytischen Lösungen zur
Berechnung der Koeffizienten C_l zu bestimmen.

4.3 Finite-Element Verfahren

Finite-Element Verfahren unterscheiden sich prinzipiell von den im vorigen Abschnitt
beschriebenen Methoden dadurch, daß nicht direkt die partiellen Differentialgleichungen
gelöst, sondern sogenannte schwache Lösungen wie in Gleichung (4.9) skizziert durch
Minimierung eines Integrals gesucht werden. Finite-Element Verfahren sind nicht auf
strukturierte Netze beschränkt und es können im allgemeinen Netze mit verschiedensten
Elementgeometrien (z.B. Dreiecke oder Vierecke) verwendet werden.

Die weiteren Kapitel dieser Arbeit behandeln ausschließlich die Finiten-Differenzen-, Finiten-Volumen- und Finiten-Analytischen Verfahren, wobei ausführlich die verschiedenen Komponenten und Möglichkeiten dieser Methoden beschrieben werden. Um diese Verfahren mit den Finiten-Element Verfahren vergleichen zu können, wird deshalb im folgenden näher auf die letzteren eingegangen. Es wird besonders zu prüfen sein, inwiefern Finite-Element Verfahren in der Lage sind, die in Abschnitt 4.1 formulierten Anforderungen, die aus den Eigenschaften der Navier-Stokes-Gleichungen abgeleitet werden können, zu erfüllen. Nach einer kurzen Darstellung der Grundlagen der Finiten-Element Methode wird genauer auf einige Komponenten und Modifikationen zur Lösung strömungsmechanischer Probleme eingegangen.

4.3.1 Prinzip der Finiten-Element Verfahren

Eine Reihe von Arbeiten beschäftigen sich mit der Problematik der Anwendung von Finiten-Element Verfahren in der Strömungsmechanik. So zum Beispiel die Bücher von Chung (1978), Taylor und Hughes (1981) sowie Thomasset (1981). Die hier vorgestellte Darstellung der Methode lehnt sich stark an das Buch von Taylor und Hughes (1981) an.

Die grundlegenden Ideen der Finiten-Element Verfahren werden anhand der Methode der gewichteten Residuen erklärt, und zwar für ein Netz mit vierseitigen Vierknoten-Elementen, das in Abb.9 gezeigt wird.

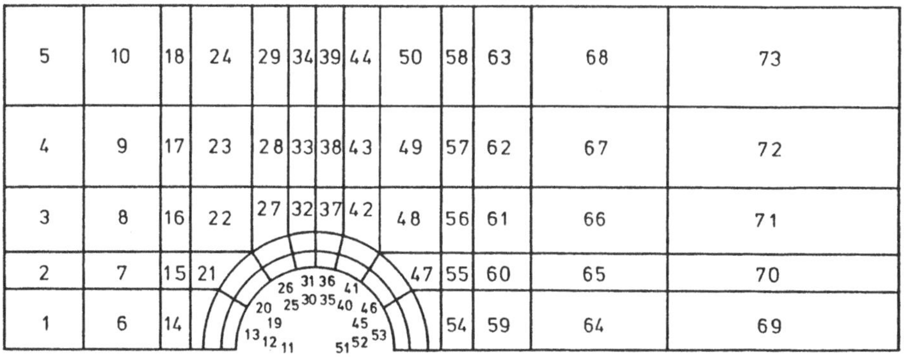

Abb.9: Finite-Element Netz mit vierseitigen 4 Knoten-Elementen

48

Als Beispiel wird die zweidimensionale Diffusionsgleichung

$$\frac{\partial}{\partial x}(k_x \frac{\partial \varphi}{\partial x}) + \frac{\partial}{\partial y}(k_y \frac{\partial \varphi}{\partial y}) + Q = 0 \qquad (4.8)$$

betrachtet, die gemäß der Beziehung

$$\iint_\Omega Gewichtsfunktion \times Differentialgleichung = 0 \qquad (4.9)$$

umgeformt wird. Die Multiplikation der Differentialgleichung mit den Gewichts-funktionen W_j ist notwendig, um eine ausreichende Zahl von Gleichungen zur Bestimmung der Unbekannten zu konstruieren. Die Gewichtsfunktionen W_j werden zusammen mit der Differentialgleichung (4.8) in die Beziehung (4.9) eingesetzt. Anwendung des Greenschen Theorems führt zu

$$\iint_\Omega (k_x \frac{\partial W_j}{\partial x}\frac{\partial \varphi}{\partial x} + k_y \frac{\partial W_j}{\partial y}\frac{\partial \varphi}{\partial y} - W_j Q)dxdy$$
$$- \{\int_{\Gamma_q} W_j k_x \frac{\partial \varphi}{\partial x}dy + \int_{\Gamma_q} W_j k_y \frac{\partial \varphi}{\partial y}dx\} = 0 \qquad (4.10)$$

wobei Ω das Berechnungsgebiet und Γ_q der Rand von Ω ist.

Die zu berechnende Funktion φ wird mit Hilfe der Ansatzfunktionen N_i, die die Verteilung von φ über das Element beschreiben, approximiert. Weiterhin müssen die Gewichtsfunktionen W_j gewählt werden.

Die Ansatzfunktionen werden in einem elementbezogenen lokalen ξ,η - Koordinaten-system, das in Abb. 10 skizziert ist, formuliert, wodurch problemunabhängige Ansatz-funktionen abgeleitet werden können.

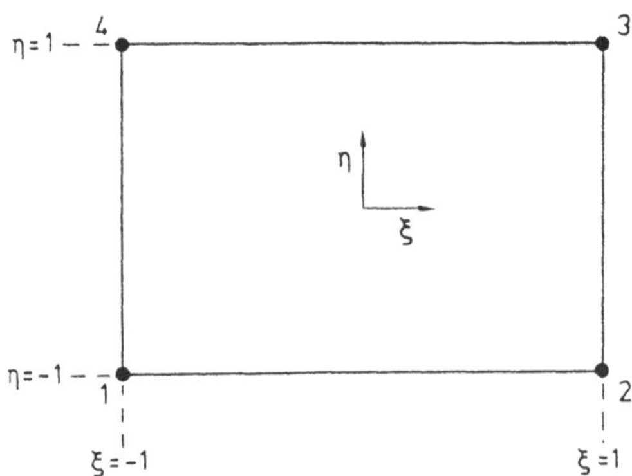

Abb.10: Lokales, elementbezogenes ξ,η - Koordinatensystem

Mit diesen läßt sich φ z.B. durch folgende lineare Verteilung approximieren:

$$\varphi = \alpha_1 + \alpha_2\xi + \alpha_3\eta + \alpha_4\xi\eta = [1,\xi,\eta,\xi\eta] \cdot \left\{\begin{array}{c} \alpha_1 \\ \alpha_2 \\ \alpha_3 \\ \alpha_4 \end{array}\right\} \qquad (4.11\text{a})$$

Diese Beziehung für die vier Knotenpunkte geschrieben führt zu dem Gleichungssystem

$$\left\{\begin{array}{c} \varphi_1 \\ \varphi_2 \\ \varphi_3 \\ \varphi_4 \end{array}\right\} = \left[\begin{array}{cccc} 1, & \xi_1, & \eta_1, & \xi_1\eta_1 \\ & & \cdot & \\ & & \cdot & \\ 1, & \xi_4, & \eta_4, & \xi_4\eta_4 \end{array}\right] \cdot \left\{\begin{array}{c} \alpha_1 \\ \alpha_2 \\ \alpha_3 \\ \alpha_4 \end{array}\right\} \qquad (4.11\text{b})$$

oder in abgekürzter Schreibweise zu:

$$\vec{\varphi} = \vec{C}\,\vec{\alpha} \qquad (4.11\text{c})$$

mt ξ_i, η_i gemäß Abb.10.
Eine Beziehung für den Koeffizientenvektor $\vec{\alpha}$ wird durch Invertierung von (4.11c) erhalten :

$$\vec{\alpha} = \vec{C}^{\,-1}\,\vec{\varphi} \qquad (4.11\text{d})$$

Die Ansatzfunktionen N_i werden mit Hilfe der allgemeinen Beziehung

$$\varphi = [N_1, N_2, N_3, N_4] \cdot \left\{\begin{array}{c} \varphi_1 \\ \varphi_2 \\ \varphi_3 \\ \varphi_4 \end{array}\right\} \qquad (4.11\text{e})$$

durch Gleichsetzen von (4.11a) und (4.11e) unter Verwendung von (4.11d) bestimmt und lauten im vorliegenden Falle:

$$N_1 = \frac{1}{4}(1-\xi)(1-\eta) \qquad\qquad N_3 = \frac{1}{4}(1+\xi)(1+\eta)$$

$$N_2 = \frac{1}{4}(1+\xi)(1-\eta) \qquad\qquad N_4 = \frac{1}{4}(1-\xi)(1+\eta)$$

$$(4.11\text{f})$$

oder in abgekürzter Schreibweise:

$$N_i = \frac{1}{4}(1+\xi_i\xi)(1+\eta_i\eta) \qquad (4.11\text{g})$$

Beziehung (4.11g) ist unabhängig von der zu lösenden partiellen Differentialgleichung und dem physikalischen Koordinatensystem. Sie hängt nur von dem Polynomansatz (4.11a) und der Elementgeometrie sowie der Knotenanzahl pro Element ab. Gleichung (4.11e) und (4.11g) ergeben eine Beziehung für die zu berechnende Variable φ, in Abhängigkeit der Ansatzfunktionen und der diskreten Werte φ_i an den Knotenpunkten:

$$\varphi = \sum_{i=1}^{4} N_i \varphi_i \qquad (4.11\text{h})$$

Grundsätzlich können verschiedene Arten von Funktionen als Gewichtsfunktionen verwendet werden, worauf später näher eingegangen werden soll. Die Funktionen müssen gewisse Glattheitsbedingungen erfüllen, da, wie in Gleichung (4.10) zu sehen ist, deren Ableitungen benötigt werden. Für die verschiedenen, zu lösenden Erhaltungsgleichungen werden im allgemeinen unterschiedliche Gewichtsfunktionen verwendet. Am bekanntesten und am weitesten verbreitet ist das sogenannte Galerkin Finite-Element Verfahren, bei dem als Gewichtsfunktionen die jeweiligen Ansatzfunktionen verwendet werden, d.h. $W_j = N_i$.

Das Einsetzen der Ansatzfunktionen und Gewichtsfunktionen in Gleichung (4.10) führt zu einem Gleichungssystem zur Bestimmung der φ_i

$$\begin{pmatrix} \alpha_{11}, & \dots, & \alpha_{14} \\ \vdots & & \vdots \\ \alpha_{41}, & \dots, & \alpha_{44} \end{pmatrix} \cdot \begin{pmatrix} \varphi_1 \\ \vdots \\ \varphi_4 \end{pmatrix} = \begin{pmatrix} N_1 Q \\ \vdots \\ N_4 Q \end{pmatrix} \qquad (4.12\text{a})$$

mit den Koeffizienten α_{ij}

$$\alpha_{ij} = \iint\limits_{\Omega} (k_x \frac{\partial N_i}{\partial x} \frac{\partial N_j}{\partial x} + k_y \frac{\partial N_i}{\partial y} \frac{\partial N_j}{\partial y}) dx dy \qquad (4.12\text{b})$$

Die Beziehung (4.12b) wurde für ein Galerkin-Verfahren unter Vernachlässigung des in Gleichung (4.10) auftretenden Randintegrals geschrieben. Werden die analogen Beziehungen für jedes Element formuliert und zusammengefaßt, so ergibt sich ein Gleichungssystem für die φ_i im gesamten Berechnungsgebiet, zu dessen Lösung je nach Struktur der Matrix verschiedene Methoden eingesetzt werden.

In Verbindung mit den Finite-Element Methoden sollten die sogenannten Spektralmethoden nicht unerwähnt bleiben, da deren Ausgangsfragestellung eng verwandt mit den ersteren ist. Bei beiden Methoden wird die zu lösende Gleichung entsprechend der

Beziehung (4.9) umgeschrieben. Bei den Finite-Element Methoden wird das Berechnungsgebiet in M Elemente zur Bestimmung der M Unbekannten unterteilt, wohingegen bei den Spektralmethoden M verschiedene Gewichtsfunktionen eingeführt werden, um die Anzahl der notwendigen Gleichungen zur Bestimmung der Unbekannten zu erreichen. Die Lösung des entstehenden Gleichungssystems wird bei den letzteren im transformierten oder Spektral-Raum gesucht. Der Vorteil von Spektralmethoden liegt vor allem darin, daß sie sehr schnell und weiterhin äußerst genau sind. Deswegen werden sie häufig bei direkten Simulationen (siehe Schumann und Friedrich (1986)) eingesetzt. Als Hauptnachteil von Spektralmethoden muß die Schwierigkeit genannt werden, realistische Randbedingungen einzubringen. Dies ist nur durch Wahl spezieller Gewichtsfunktionen möglich und führt oft zu der Annahme periodischer Randbedingungen, wie sie z.B. bei direkten Simulationen häufig verwendet werden. Dieses Problem wird bei den sogenannten Pseudospektralmethoden umgangen, die eine Kombination von Spektral-methoden in der Zeit und finiten Differenzen im Raum darstellen. Zusammenfassend kann festgestellt werden, daß im allgemeinen Spektralmethoden noch nicht so weit entwickelt sind, daß sie zur Lösung von Strömungen in komplexen Geometrien, bei denen die Randbedingungen zumeist eine ausschlaggebende Rolle spielen, eingesetzt werden können.

4.3.2 Komponenten eines Finite-Element Verfahrens

Nachdem die Grundlagen vorgestellt wurden, sollen die folgenden Komponenten der Finiten- Element Methoden näher betrachtet werden, und zwar speziell bezüglich der Anwendung innerhalb der numerischen Strömungsmechanik:

- Finite Elemente
- Ansatzfunktionen
- Gewichtsfunktionen
- implizite/explizite Zeitdiskretisierung
- Randbedingungen
- Lösungsverfahren.

Finite Elemente

Die finiten Elemente werden durch zwei Eigenschaften bestimmt: durch die Geometrie der Elemente sowie durch die Lage und die Anzahl der Knotenpunkte. Finite-Element Verfahren wurden ursprünglich zur Lösung strukturmechanischer Probleme entwickelt, und zwar meist für unstrukturierte Netze mit Dreieckselementen. Der Trend innerhalb der Strömungsmechanik geht jedoch dahin, Viereckselemente zu verwenden. Nach Peyret und Taylor (1983) sind diese effizienter sowohl bei linearen wie auch quadratischen Ansatzfunktionen. Es sollten jedoch nicht zu verzerrte Viereckselemente verwendet werden (Schnittwinkel zwischen 45° und 135°), da sich ansonsten schlecht konditionierte Matrizen ergeben. Ein weiterer Vorteil von Viereckselementen ist deren größere Übersichtlichkeit, besonders bei dreidimensionalen Problemen. Zumeist werden sogenannte isoparametrische Elemente verwendet, bei denen die Elementberandungen und die Ansatzfunktionen durch den gleichen Funktionstyp beschrieben werden.

Durch die Zahl der Knotenpunkte pro Element wird der Grad der Ansatzfunktionen festgelegt. Aus Stabilitätsgründen werden für den Druck vorwiegend Ansatzfunktionen niedrigerer Ordnung als für die Geschwindigkeiten verwendet. Damit ergeben sich z.B. die in Abb. 11 gezeigten isoparametrischen Vier-Knoten- bzw. Acht-Knoten-Viereckselemente. Bei Verwendung von Zwischenpunkten wie z.B. bei dem Acht-Knoten-Element in Abb. 11, ist eine Inversion der Matrizen notwendig.

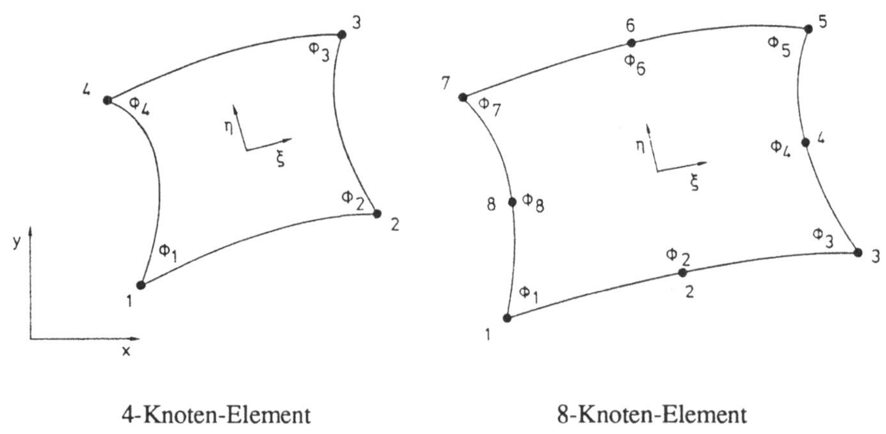

Abb.11: Isoparametrische 4-Knoten- bzw. 8-Knoten- Viereckselemente

Ein prinzipieller Unterschied besteht zwischen den sogenannten Lagrange-Polynomelementen und den Hermite-Polynomelementen. Bei den ersteren werden nur die Werte φ_i der zu lösenden Variablen φ vorgegeben, wohingegen bei den letzteren zusätzlich Ableitungen vorgeschrieben werden (siehe Eisenstat und Schultz (1972)).

Durch die Verwendung unstrukturierter Netze bei den Finite-Element Verfahren können relativ leicht lokale Netzverfeinerungen durchgeführt werden. Hierdurch ist es zum einen möglich, steile Gradienten numerisch gut aufzulösen und des weiteren, Oszillationen in der Lösung auf Grund der nicht-linearen Konvektionsterme zu vermeiden (siehe Leone und Gresho (1981)). Verschiedene finite Elemente haben Huyakorn et al. (1978) bei der Berechnung von Stufenströmungen und Nischenströmungen eingesetzt und die Genauigkeit der berechneten Lösungen bezüglich des Geschwindigkeits- und des Druckfeldes untersucht. Die besten Ergebnisse erhielten sie mit 9-Knoten-Lagrange-Elementen.

<u>Ansatzfunktionen</u>

Wie schon erwähnt ermöglicht die Verwendung lokaler Koordinaten eine problem-unabhängige, d.h. nur elementgeometrie-abhängige Formulierung der Ansatzfunktionen. Bei linearen Ansatzfunktionen werden nur die Eckpunkte der Elemente einbezogen, bei höherer Ordnung der Ansatzfunktionen werden zudem auch Zwischenpunkte benötigt.

Finite-Element Verfahren wurden entwickelt sowohl zur Lösung der Erhaltungs-gleichungen in primitiven Variablen wie auch für die Stromfunktions-Wirbelstärken-Formulierung. Es zeichnet sich jedoch eine Tendenz zur Verwendung von primitiven Variablen ab, da die Vorgabe der Randbedingungen für die Wirbelstärke problematisch ist (siehe Cliffe und Lever (1986)) und, wie Taylor und Hood (1973) erwähnen, bei dreidimensionalen Berechnungen die Stromfunktions-Wirbelstärken-Formulierung auf-wendiger ist. Bei der Berechnung inkompressibler Strömungen unter Verwendung von primitiven Variablen muß bei Finite-Element Verfahren, bei denen die Gleichungen simultan gelöst werden, zur Vermeidung von Instabilitäten die sogenannte Brezzi-Babuska-Bedingung erfüllt werden. Diese sagt aus, daß die Ansatzfunktion für den Druck eine geringere Ordnung haben muß als diejenige für die Geschwindigkeitskomponenten. Dies führt zu finiten Elementen unterschiedlicher Ordnung für Druck und Geschwindigkeit (siehe Abb.11). Schneider et al. (1978) betonen jedoch , daß die Brezzi-Babuska-Bedingung nur bei diffusionsdominanten Strömungen gültig ist.

Das Problem, den nicht-linearen Charakter der Konvektionsterme zu erfassen, löste Barrett (1977) durch die Wahl exponentieller Ansatzfunktionen, die abhängig von der Peclet-Zahl, d.h. der lokalen Reynolds-Zahl sind, und Goussebaile et al. (1985) verwenden die Charakteristikenmethode zur Berechnung des konvektiven Transports. Die speziell in den Transportgleichungen für die Turbulenzgrößen auftretenden stark nicht-linearen Quellterme (z.B. Produktion von turbulenter kinetischer Energie) wurden in

54

ersten Ansätzen, Finite-Element Verfahren in Verbindung mit Turbulenzmodellen zu
verwenden, analog wie die Konvektions- und Diffusionsterme modelliert. Dies bedeutet,
daß die entsprechenden Ansatzfunktionen in die Quellterme eingesetzt und diese über die
finiten Elemente integriert wurden. Die so entstehenden Matrizen waren äußerst schlecht
konditioniert und führten zu entmutigenden Ergebnissen, so daß lange Zeit Finite-Element
Verfahren in Verbindung mit Turbulenzmodellen nicht erfolgreich waren. Hutton (1985)
berichtet über eine Reihe von Ansätzen, konvergente Finite-Element Verfahren in
Verbindung mit Turbulenzmodellen zu entwickeln. Erfolg hatte Smith (1984) durch die
explizite Behandlung des Produktionstermes, dessen Verteilung er konstant über ein
Element annahm. Diese Vorgehensweise wurde von anderen Autoren aufgegriffen, um
Finite-Element Verfahren beim Auftreten von stark nicht-linearen Quelltermen zu
stabilisieren .

Steile Gradienten in Wandnähe oder bei Stößen erfaßte Jaffre (1980) durch dis-
kontinuierliche Ansatzfunktionen, wodurch jedoch eine konservative Formulierung nicht
mehr erreicht werden konnte. Spezielle Ansatzfunktionen in der Nähe von Singularitäten
an Ecken verwendeten Strang und Fix (1972). Diese Ansatzfunktionen führten zwar zu
einer besseren numerischen Auflösung, machten jedoch komplexere Algorithmen
notwendig und erforderten mehr Rechenzeit.

Gewichtsfunktionen

Am häufigsten werden Galerkin-Verfahren eingesetzt, bei denen die Gewichtsfunktionen
mit den Ansatzfunktionen identisch sind. Bei der durch partielle Integration hergeleiteten
schwachen Formulierung (siehe Gleichung (4.10)) wird außer den Gewichtsfunktionen
noch deren Ableitungen benötigt. Das in Gleichung (4.10) auftretende Intergral über Γ_q
verschwindet an den Grenzflächen zwischen zwei Elementen, wodurch eine konservative
Formulierung gesichert ist.

Bei der Berechnung von Strömungsproblemen ist ein System von Erhaltungsgleichungen
zu lösen. Somit ist bei Galerkin-Verfahren die Frage zu entscheiden, welche Ansatzfunktionen für die Geschwindigkeitskomponenten, den Druck usw. als Gewichtsfunktion
in den Erhaltungsgleichungen verwendet werden. Bei inkompressiblen Verfahren werden
im allgemeinen die Ansatzfunktionen für die Geschwindigkeiten als Gewichtsfunktionen
in den Impulsgleichungen und die Ansatzfunktionen für den Druck als Gewichtsfunktionen in der Kontinuitätsgleichung verwendet. Bei kompressiblen Verfahren
hingegen werden die Ansatzfunktionen für die Geschwindigkeiten in den Impuls-

gleichungen, die für die Dichte in der Kontinuitätsgleichung, die für die Temperatur in der Energiegleichung und die für den Druck in der Zustandsgleichung als Gewichtsfunktionen eingesetzt.

Die im allgemeinen verwendeten Standard-Gewichtsfunktionen entsprechen den zentralen Differenzen bei Finiten-Differenzen- oder Finiten-Volumen Verfahren und es treten somit analoge Probleme bei höheren Reynolds-Zahlen auf Grund der nicht-linearen, konvektiven Terme auf (siehe Kapitel 7). Eine Möglichkeit, diese Probleme zu vermeiden, besteht in der lokalen Netzverfeinerung, d.h. es werden lokal so kleine Elemente verwendet, daß die auftretenden Peclet-Zahlen den Einsatz von Standard-Gewichtsfunktionen ermöglichen. Eine andere Möglichkeit ergibt sich durch die Verwendung von sogenannten Aufwind-Finiten-Elementen. Diese Vorgehensweise wurde ausführlich von Thomasset (1981) diskutiert, der anhand verschiedener Verfahren zeigt, wie die Transporteigenschaft der Konvektionsterme erfasst werden kann. Als am weitesten verbreitet führt er die zuerst von Heinrich et al. (1977) verwendete Methode der aufwärts gerichteten Gewichtsfunktionen auf. Bei dieser werden, abhängig von der Strömungsrichtung, aufwärts gerichtete Gewichtsfunktionen eingesetzt. Dies führt jedoch zu bedeutend komplexeren Gewichtsfunktionen, die zudem auf alle Terme wirken und nicht nur auf die zu modellierenden Konvektionsglieder. Bei transienten Problemen wird außerdem die Zeitdiskretisierung beeinflußt. Des weiteren tritt bei aufwärts gerichteten Gewichtsfunktionen niedriger Ordnung numerische Diffusion auf, die jedoch durch aufwärts gerichtete Elemente höherer Ordnung, wie sie z.B. Tabata (1977) verwendet, vermieden werden kann.

<u>Implizite / explizite Zeitdiskretisierung</u>

Zumeist werden nur semi-diskrete Methoden eingesetzt, d.h. Verfahren, bei denen die Ansatzfunktionen nur von den Raumkoordinaten abhängen. Für den zeitabhängigen Term werden Finite-Differenzen Operatoren verwendet, wodurch Finite-Elemente in Zeitrichtung vermieden werden. Was die Verwendung expliziter bzw. impliziter Zeitdiskretisierung angeht, so ergeben sich somit die analogen Stabilitätsaussagen wie bei Finite-Differenzen- oder Finite-Volumen Verfahren, die in Kapitel 7 diskutiert werden. Es sollte jedoch hier erwähnt werden, daß der Hauptvorteil von expliziten Zeitschrittmethoden bei den Finiten-Element Verfahren darin besteht, eine Inversion der zum Teil sehr großen Matrizen zu vermeiden.

<u>Randbedingungen</u>

Neumann-Randbedingungen (Vorgabe des Gradienten entlang der Berandung) sind bei Finite-Element Verfahren sogenannte natürliche Randbedingungen, da die Gradienten direkt in den Randintegralen (siehe Gleichung (4.10)) auftreten und somit die Randbedingungen unmittelbar eingesetzt werden können. Dirichlet-Randbedingungen (Vorgabe der Randwertverteilung) müssen explizit vorgeschrieben werden.

Bei der Berechnung turbulenter Strömungen unter Verwendung eines Turbulenzmodells, bei dem eine Transportgleichung für eine oder mehrere Turbulenzgrößen gelöst wird, treten in Wandnähe sehr steile Gradienten auf (z.B. der turbulenten kinetischen Energie k), die nur durch ein äußerst feines Netz numerisch aufgelöst werden können. Solch feine Netze sind notwendig, da die üblicherweise verwendeten Ansatzfunktionen einen linearen oder quadratischen Verlauf der Variablen beschreiben, wohingegen bei turbulenten Strömungen in Wandnähe der Verlauf der Geschwindigkeit z.B. logarithmisch ist. Eine äußerst rechenzeitaufwendige feine Auflösung kann dadurch umgangen werden, daß spezielle logarithmische Elemente mit entsprechenden Ansatzfunktionen in Wandnähe zum Einsatz kommen. Taylor et al. (1977) konnten mit derartigen speziellen Elementen gegenüber quadratischen Ansatzfunktionen bedeutend verbesserte Ergebnisse erzielen.

<u>Lösungsverfahren</u>

Die Koeffizienten des zu lösenden Gleichungssystems (4.12a) müssen gemäß der Beziehung (4.12b) berechnet werden. Hierzu ist im allgemeinen eine Quadraturformel niedriger Ordnung wie z.B. die Gauss-Legendre-Quadratur ausreichend. Bei nicht-linearen Problemen, wie bei der Lösung der Navier-Stokes-Gleichungen, ist eine Linearisierung notwendig. Für diese werden meist entweder eine einfache Picard-Linearisierung (die Koeffizienten werden aus den Werten des vorhergehenden Iterations- bzw. Zeitschritts berechnet) oder die Newton-Raphson-Methode verwendet . Zur Lösung des linearen Gleichungssystems werden Verfahren verwendet, wie sie analog bei den Finite-Differenzen- oder den Finite-Volumen Methoden bei direkten Lösungsverfahren eingesetzt werden. Hierzu zählen z.B. das Gauss-Jordan-Verfahren, das Cholesky-Verfahren oder die Methode der konjugierten Gradienten.

Bei simultanen Lösungsverfahren müssen sehr große Matrizen umgeformt werden, die einen enormen Speicherplatz benötigen. Hierzu sind Methoden notwendig, die ein unnötiges Seitenblättern bei Verwendung von Hintergrundspeichern vermeiden. Hinzu kommen bei simultaner Lösung die schon erwähnten Anforderungen an die Ordnung der Ansatzfunktionen für Geschwindigkeit und Druck, um Stabilitätsprobleme zu vermeiden. In neuester Zeit kommen deswegen immer mehr entkoppelte Lösungsverfahren zum Einsatz. Bei der Berechnung inkompressibler Strömungen entsteht hierbei das Problem , daß der Druck nicht explizit in der Kontinuitätsgleichung auftritt. Verschiedene entkoppelte Lösungsverfahren wurden von Schneider et al. (1978) untersucht. Bei den von ihm durchgeführten Berechnungen mit einem Verfahren, das die Methode der künstlichen Kompressibilität verwendet, erhält er ein ungenaues Druckfeld. Bei seinen Rechnungen mit Hilfe einer Poisson-Gleichung zur Bestimmung des Druckfeldes stellte er eine sehr langsame Konvergenz fest. Die besten Ergebnisse sowohl bezüglich der Konvergenzrate wie auch der Genauigkeit des Druckfeldes konnte er mit Hilfe der Lösung einer Druckkorrekturgleichung erzielen, die auf dem SIMPLE-Algorithmus von Patankar und Spalding (1972) basiert. Diese Methode verwendeten auch Comini und Del Guidici (1982), wobei sie Ansatzfunktionen gleicher Ordnung für Geschwindigkeit und Druck verwenden konnten, ohne Oszillationen zu erhalten.

Entkoppelte Lösungsverfahren werden auch bei der Berechnung der turbulenten Transportgrößen eingesetzt und außerdem sogenannte semi-gekoppelte Methoden, bei denen z.B. das Geschwindigkeits- und das Druckfeld gekoppelt gelöst und danach gekoppelt die Turbulenzgrößen berechnet werden (siehe Benim und Zinser (1985)). Bei der Verwendung entkoppelter Lösungsverfahren sind auf Grund der Entkopplung und der Linearisierung Unterrelaxationsfaktoren aus Stabilitätsgründen notwendig.

4.4 Vergleich zwischen Finite-Element- und Finite-Volumen Verfahren

Finite-Element- und Finite-Volumen Verfahren sind zwei numerische Methoden zur Lösung eines Systems von Differentialgleichungen, das die Erhaltung bzw. den Transport der physikalischen Strömungsgrößen beschreibt. Die Eigenschaften der Differential-gleichungen, die zu Problemen bei der numerischen Lösung führen können, sind mathe-matisch begründet. Sie müssen von beiden Verfahren erfaßt werden. Obwohl die Finite-Element- und die Finite-Volumen Verfahren sich sowohl in der Formulierung wie auch bezüglich der verwendeten Algorithmen stark unterscheiden, können beide mit Hilfe der gewichteten Residuen als zwei Methoden dargestellt werden, die nur bezüglich der Gewichtsfunktionen verschieden sind (siehe Raithby (1987)).

Historisch gesehen wurden Finite-Element Verfahren zuerst zur Lösung von Problemen in der Feststoff- und Strukturmechanik entwickelt. Sie haben in diesen Bereichen eine weite Verbreitung gefunden, wobei zumeist Differentialgleichungen mit symmetrischen

Operatoren zu lösen sind. Die Finiten-Volumen Verfahren hingegen kommen primär aus dem Bereich der Strömungsmechanik. Die Entwickler und Anwender von Finite-Volumen Verfahren haben sich deshalb schon länger mit den speziellen Problemen der strömungsmechanischen Erhaltungsgleichungen beschäftigt und können auf eine größere Erfahrung bei der Verwendung dieser Verfahren zurückblicken. Jedoch finden Finite-Element Verfahren eine immer größere Verbreitung bei der Lösung strömungs-mechanischer Probleme. Hierbei geht bei den Entwicklungen die Tendenz dahin, daß immer mehr Ideen, die ursprünglich für Finite-Volumen Verfahren entwickelt wurden, adaptiert und analog in den Finite-Element Verfahren eingesetzt werden. Die nachfolgende Übersicht zeigt, wie gewisse Teilprobleme bei den Finite-Element- und den Finite-Volumen Verfahren gelöst werden.

Problematik	Finite-Element Verfahren (FE)	Finite-Differenzen- / Volumen Verfahren (FD) (FV)
Numerisches Netz	beliebige,unstrukturierte Netze; Tendenz zu Viereckselementen; Begrenzung der Netzverzerrung (Konditionierung der Matrix)	strukturierte Netze mit Viereckselementen, Begrenzung der Netzverzerrung (Genauigkeit, Konvergenz)
Primitive Variable / Ψ- ω Formulierung	analoge Vor-/Nachteile wie bei FD/FV	siehe Kapitel 2
Inkompressibilitätsbedingung (bei entkoppelter Lösung)	verschiedene Ordnung der Ansatz- funktionen für Geschwindigkeit und Druck	gestaffelte Anordnung der Variablen oder spezielle Interpolationsalgorithmen
konservative Diskretisierung	erfüllt bei gewissen Stetigkeits - bedingungen der Ansatzfunktionen	bei FD-Verfahren nicht automatisch erfüllt; erfüllt bei FV - Verfahren
Zeitdiskretisierung	analoge Problematik wie bei FD/FV, da zumeist semidiskrete FE	siehe Kapitel 7
Ansatzfunktion / Diskretisierung im Raum	Lagrange-/ Hermite Elemente und entsprechende Ansatzfunktionen	offene oder kompakte Differenzenschemata
Transporteigenschaft der Kon- vektionsterme	exponentielle Ansatzfunktionen; Aufwind Finite Elemente; Charakteristiken - Methode	Aufwind - Differenzenverfahren oder Charakteristikenmethoden
numerische Diffusion (bei Aufwind - Methode)	Aufwind Elemente höherer Ord- nung; Richtungsableitung	Aufwind - Differenzen höherer Ordnung; Richtungsableitung

Problematik	Finite-Element Verfahren (FE)	Finite Differenzen- / Volumen Verfahren (FD) (FV)
nichtlineare Quellterme	explizite Behandlung; konstant über ein Element	explizite Behandlung; konstant über ein Kontrollvolumen
steile Gradienten in Wandnähe; Wandfunktionen	Elementverfeinerung; logarithmische Elemente	Gitterverfeinerung; logarithmisches Wandgesetz
System gekoppelter Erhaltungsgleichungen	simultane Lösung: spez. Bedingungen für Ansatz - funktionen; große Matrizen entkoppelte Lösung: künstliche Kompressibilität; Druck - Poisson - Gleichung; Druckkorrektur - Gleichung; Unterrelaxation notwendig	simultane Lösung: gestaffeltes Gitter; spezielle Interpolationsalgorithmen entkoppelte Lösung: künstliche Kompressibilität; Druck - Poisson - Gleichung; Druckkorrektur - Gleichung; Unterrelaxation notwendig
Linearisierung	analoge Methoden wie bei FD / FV	siehe Kapitel 9
Lösung der Matrix	direkte Verfahren zur Lösung großer Gleichungssysteme	siehe Kapitel 9

Ein Vergleich zwischen Finite-Element- und Finite-Volumen Verfahren ist in zweierlei Hinsicht möglich. Zum einen kann ein formaler Vergleich durchgeführt werden, bei dem untersucht wird, inwiefern gewisse Methoden sich ineinander überführen lassen und zum anderen sind vergleichende Berechnungen für bestimmte Strömungsprobleme möglich. Einen formalen Vergleich führten Peyret und Taylor (1983) für die eindimensionale, zeitabhängige Konvektions-/Diffusionsgleichung durch. Sie zeigten, daß bei Verwendung von linearen Ansatzfunktionen das resultierende algebraische System einer impliziten Finite-Volumen Methode zweiter Ordnung entspricht. Chung (1978) stellte die Analogie zwischen einem Finite-Element Verfahren (lineare Ansatzfunktionen, Dreieckselemente) und einem Finite-Volumen Verfahren (5-Punkte-Diskretisierung zweiter Ordnung) bei der Lösung der Laplace-Gleichungen her.

Die Schwierigkeit, Berechnungen zu vergleichen, besteht darin, daß zumeist verschiedene Netze, verschiedene Formulierungen (primitive Variable oder Ψ-ω Formulierung) und verschiedene Ordnungen der Ansatzfunktionen/Diskretisierung verwendet wurden. Im folgenden werden einige Vergleiche für laminare wie auch für turbulente Strömungen diskutiert.

Napolitano und Orlandi (1985) stellen die Ergebnisse einer IAHR-Arbeitsgruppe (IAHR-Working Group on Refined Modelling of Flows) vor. Innerhalb dieser Gruppe wurde eine laminare Strömung (Re = 10 bzw. 100) in einem Kanal mit allmählicher Erweiterung berechnet. 16 verschiedene Verfahren wurden miteinander verglichen, worunter 5 Finite-Element Verfahren waren, und es stellten sich äußerst unterschiedliche Ergebnisse ein. Zwei Gruppen verwendeten das gleiche Netz, die gleiche Formulierung (Ψ-ω-Formulierung), jedoch einmal ein Finite-Element Verfahren und einmal ein Finite-Volumen Verfahren, wobei sich ungefähr die gleiche Lösungsgenauigkeit einstellte. Die angegebenen Rechenzeiten deuten darauf hin, daß das Finite-Element Verfahren bedeutend länger benötigte. Da die Berechnungen jedoch auf verschiedenen Rechnern durchgeführt wurden, kann keine endgültige Aussage über die Effizienz der beiden Verfahren gemacht werden.

Thomasset (1981) stellt Berechnungen von Nischenströmungen mit Finite-Element- und mit Finite-Volumen Verfahren vor. Er vergleicht nur die Genauigkeit und nicht die Effizienz der Verfahren und betont, daß weitere vergleichende Berechnungen für eine Beurteilung notwendig sind.

Drei verschiedene Berechnungsverfahren haben Haidvogel et al. (1980) bei der Berechnung einer Strömung mit freier Oberfläche verglichen. Sie setzten ein Finite-Differenzen Verfahren zweiter Ordnung, ein Finite-Element Verfahren vierter Ordnung

62

und eine Spektralmethode, die formal die Ordnung unendlich besitzt, ein. Die genauesten Ergebnisse konnten sie mit der Finiten-Element Methode und dem Spektralverfahren erhalten, jedoch ergaben sich Instabilitäten, die sie mit Hilfe von Filtern dämpfen mußten. Turbulente Strömungen mit dem k-ε Turbulenzmodell haben Benim und Zinser (1985) berechnet und zwar eine voll entwickelte Rohrströmung, eine sich entwickelnde Rohrströmung und eine Strahlströmung in einem Rohr (confined jet). Mit dem Finite-Element Verfahren erhielten sie gleich gute Ergebnisse wie mit dem Finite-Volumen Verfahren, jedoch machen sie keine Angabe über die benötigten Rechenzeiten.

Betts und Haroutunian (1985) berechneten die Stufenströmung, die bei der Stanford Conference 1980/81 (siehe Kline et al. (1981)) als Abott und Kline-Testfall ausgewählt worden war. Im Vergleich mit dem Finite-Volumen Verfahren TEAM erhielten sie mit dem Finite-Element Verfahren gleich gute Ergebnisse bei ähnlicher Knotenpunktanzahl, wobei sie für das letztere die explizite Euler-Methode verwendeten. Für die FE-Rechnungen wurde die 3-4-fache Rechenzeit wie bei den FV-Rechnungen benötigt.

Bis auf die erste Arbeit wurden bei all den genannten Vergleichen nur jeweils die verschiedenen Verfahren bezüglich ihrer Genauigkeit beurteilt, jedoch keine Aussagen über die Effizienz der Verfahren gemacht, was für einen fundierten Vergleich unbedingt notwendig ist. Obwohl somit endgültige Aussagen nicht möglich sind, können gewisse Vor- und Nachteile aufgeführt werden. Der Vorteil der Finiten-Element Verfahren liegt hauptsächlich darin, daß lokale Netzverfeinerungen relativ leicht möglich sind. Des weiteren können Neumann-Randbedingungen auf "natürliche" Weise berücksichtigt werden und die Lösungen sind im allgemeinen glatter. Von Nachteil sind jedoch die noch immer begrenzten Erfahrungen bei der Anwendung von Finite-Element Verfahren zur Lösung von Strömungsproblemen. Dem gegenüber liegt bei den Finite-Volumen Verfahren ein großer Erfahrungsreichtum bei der Lösung von Strömungsproblemen vor und es sind eine große Anzahl von praktisch einsetzbaren Verfahren erhältlich. Weiterhin deuten Vergleichsrechnungen an, daß Finite-Volumen Verfahren geringere Rechenzeiten benötigen. Von Nachteil sind jedoch die strukturierten Netze, die lokale Gitterverfeinerungen nur mit erhöhtem Aufwand ermöglichen. Neuere Entwicklungen zeigen, daß gewisse Lösungsansätze bei den Finite-Element- und den Finite-Volumen Verfahren gegenseitig übernommen werden und kombinierte Verfahren zum Einsatz kommen. So haben Baliga und Patankar (1983) eine Kontroll-Volumen- Finite-Element Methode entwickelt, bei der sie Dreieckselemente und unstrukturierte Netze verwenden.

Es können keine abschließenden Aussagen über eindeutige Vorteile der Finiten-Element- oder Finiten-Volumen Verfahren gemacht werden, die eine der beiden Methoden als zwingend erscheinen lassen. Welche der beiden Methoden innerhalb einer Arbeitsgruppe verwendet wird, hängt hauptsächlich von der Erfahrung dieser Gruppe mit einer dieser Methoden ab und wird somit zu einem guten Teil von der Tradition dieser Gruppe bestimmt.

5 Diskretisierung des Berechnungsgebiets

5.1 Festlegung des Lösungsgebiets

Durch das strömungsmechanische Problem wird das Gebiet festgelegt, innerhalb dessen eine Lösung der strömungsmechanischen Erhaltungsgleichungen erzielt werden soll. Die Gebietsberandungen sind hierbei im wesentlichen fixiert, zumindest bei den durch Wände vorgegebenen Rändern. Die Lage des Eintritts- bzw. Austrittsrandes der Strömung kann in vielen Fällen geringfügig verändert werden. Ist dies der Fall, so wird der Eintrittsrand im allgemeinen so gelegt, daß Informationen über die Zuströmung vorhanden oder eventuelle empirische Annahmen gerechtfertigt sind. Die Randbedingungen am Austrittsrand sind in vielen Fällen Gradientenbedingungen und der Austrittsrand sollte so weit stromab gelegt werden, daß diese gültig sind oder keinen Einfluß auf die Strömung im Innern des Rechengebiets haben.

Die Lösung in einem so festgelegten Berechnungsgebiet kann prinzipiell auf zwei verschiedene Arten erhalten werden. Bei den sogenannten Gesamtgebiet-Berechnungsverfahren werden die Erhaltungsgleichungen für den gesamten zu berechnenden Bereich formuliert und dort gelöst. Dem gegenüber wird bei den Zonen-Berechnungsverfahren das Berechnungsgebiet in verschiedene Lösungsgebiete (Zonen) unterteilt, und es werden in diesen unterschiedlich vereinfachte Formen der Erhaltungsgleichungen gelöst.

Gesamtgebiet-Berechnungsverfahren

Werden die Erhaltungsgleichungen im gesamten Berechnungsgebiet formuliert und gelöst, so schließt dies nicht eine blockstrukturierte (zonenbezogene) Generierung des numerischen Gitters aus, auf die im Abschnitt 5.2 eingegangen wird. Der Hauptvorteil der Gesamtgebiet-Berechnungsverfahren liegt darin, daß keine Fragen bezüglich der Zoneneinteilung oder bezüglich der Gleichungsvereinfachungen beantwortet werden müssen. Auf diese Fragen wird näher im Abschnitt über Zonen-Berechnungsverfahren eingegangen. Bei den Gesamtgebiet-Berechnungsverfahren benötigt der Anwender keine Informationen über die sich ausbildende Strömung, und die numerischen Verfahren können ohne besondere Anpassungen an das jeweilige Problem angewendet werden. Von Nachteil ist jedoch, daß eventuell die vollständigen Erhaltungsgleichungen in Gebieten gelöst werden, in denen Vereinfachungen möglich wären. Dies kann zu einer höheren Rechenzeit, die zur Approximation vernachlässigbarer Terme benötigt wird, führen sowie zu einem höheren Speicherplatzbedarf, z.B. in Gebieten, in denen auch vorwärtsschreitende Verfahren möglich wären. Hinzu kommt, daß bei dreidimensionalen, komplexen Problemen eventuell nur grobe Gitter verwendet werden können, da bei feineren Gittern aus Rechnerkapazitätsgründen eine Unterteilung des Berechnungsgebietes notwendig wäre. Die Nachteile der Gesamtgebiet-Berechnungsverfahren kommen hauptsächlich nur bei Problemen zum Tragen, bei denen die Rechnerkapazität entscheidet, ob ein Problem lösbar ist oder nicht. Es werden deshalb überwiegend Gesamtgebiet-Berechnungsverfahren eingesetzt.

<u>Zonen-Berechnungsverfahren</u>

Bei den Zonen-Berechnungsverfahren wird das Berechnungsgebiet in Zonen unterteilt, innerhalb derer die verschieden vereinfachten Erhaltungsgleichungen mit dem jeweils optimalen Algorithmus gelöst werden. Diese Vorgehensweise ist in Abb. 12 für die Umströmung eines Tragflügels skizziert. Die durch die Strömung bedingten Wechselwirkungen zwischen den verschiedenen Zonen müssen iterativ berücksichtigt werden.

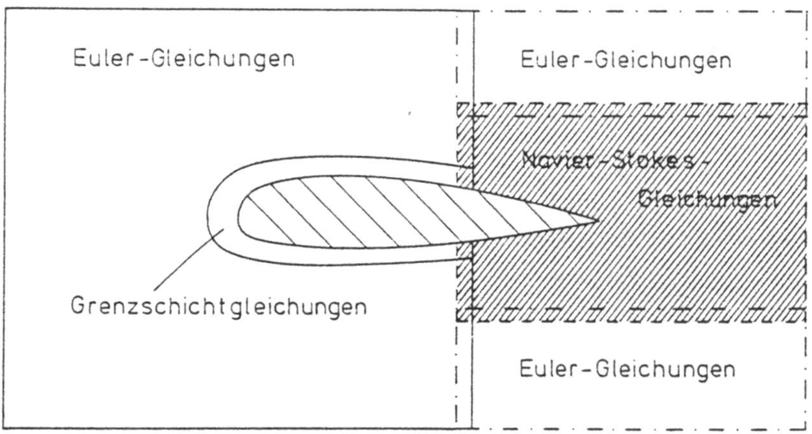

Abb.12: Unterteilung eines Berechnungsgebiets in verschiedene Zonen bei Zonen-Berechnungsverfahren

Eine derartige Unterteilung führt zu einer Reihe von Vorteilen. Zum ersten werden die vollständigen Navier-Stokes-Gleichungen bzw. Reynolds-Gleichungen nur in den Gebieten angewandt, in denen sie unbedingt erforderlich sind. Für jede Zone können somit die maximal möglichen Vereinfachungen durchgeführt werden. Zum zweiten ist die Lösung der vereinfachten Gleichungen bedeutend schneller, da optimal angepaßte Algorithmen verwendet werden können. Zum dritten wird weniger Speicherplatz benötigt, da einerseits die Koeffizienten der Differenzengleichungen nur pro Zone abzuspeichern sind und andererseits bei den vereinfachten Gleichungen eventuell eine geringere Anzahl von Variablen abzuspeichern ist.

Bei der Anwendung von Zonen-Berechnungsverfahren sind jedoch für jedes strömungs- mechanische Problem neu die folgenden drei Fragen zu beantworten:

(i) Wie ist das Berechnungsgebiet in die verschiedenen Zonen einzuteilen und welche Vereinfachungen innerhalb der verschiedenen Zonen sind möglich? Im allgemeinen sind a priori die verschiedenen Zonen nicht bekannt, wie z.B. die Lage und Größe von Ablösegebieten, in denen die vollen Navier-Stokes- Gleichungen gelöst werden müssen. Somit können die Zonen-Berechnungsver- fahren nur angewendet werden, wenn schon Informationen über die Strömung vorhanden sind, sei es aus Vorrechnungen, Experimenten oder von Strömungen in ähnlichen Geometrien. Dies ist sicherlich bei Parameterstudien der Fall, bei denen leicht modifizierte Strömungsprobleme mehrmals gelöst werden müssen. So ver- wendete Schmatz (1986) ein Zonen-Verfahren bei der Berechnung von Tragflügel- umströmungen, wobei er in den verschiedenen Zonen die Navier-Stokes- Gleichungen, die Euler-Gleichungen oder die Grenzschichtgleichungen löste.

(ii) Welche Randbedingungen müssen auf den Zonenrändern (Grenzflächen zwischen den Zonen) vorgegeben werden, so daß diese Randbedingungen konsistent mit den Gleichungen der benachbarten Zonen sind und eine gute Kopplung der Zonen und damit eine schnelle Konvergenz gewährleistet sind? Über die Problematik der Verwendung konsistenter Randbedingungen sowie entsprechender Diskretisierungen entlang der Zonenränder berichten Hirschel und Schmatz (1986), die diese Fragestellung bei kompressiblen Strömungen unter- suchten.

(iii) Wie kann eine programmiertechnisch nicht zu komplexe Implementierung erfolgen? Die Aufteilung der Berechnungsgebiete in verschiedene Zonen erfordert die Lösung der Erhaltungsgleichungen in jeder der Zonen sowie eine iterative Kopplung der verschiedenen Lösungsverfahren. Diese Vorgehensweise ist sowohl von der Datenstruktur her wie auch bzgl. der algorithmischen Umsetzung komplexer als bei Gesamtgebiet-Berechnungsverfahren, besonders bei dreidimensionalen Problemen, bei denen eine größere Anzahl von Grenzflächen aneinander stoßen (siehe Flores et al. (1986)).

Der letztgenannte Punkt ist zusammen mit dem Problem der Zonenaufteilung ausschlaggebend dafür, daß Zonen-Berechnungsverfahren bisher wenig Verbreitung
gefunden haben. Bei jedem neuen Strömungstypus, der zu berechnen ist, stellt sich das
Problem der Zonenaufteilung neu und es müssen umfangreiche algorithmische
Änderungen durchgeführt werden, die ein solches Zonen-Berechnungsverfahren äußerst
unkomfortabel machen.

5.2 Gittergenerierung

5.2.1 Gittertopologie und Anforderungen an ein numerisches Gittergenerierungs-Verfahren

Über die Vor- und Nachteile geometrieangepaßter Koordinaten wurde ausführlich in
Kapitel 3 berichtet. Dort wurde auch gezeigt, daß orthogonale Koordinaten prinzipiell
sowohl bezüglich der Formulierung der Gleichungen, der Konvergenz und Stabilität der
Lösungsalgorithmen als auch der Genauigkeit der erzielten Lösung von Vorteil sind. Es
wurde jedoch auch erwähnt, daß das Problem der Verwendung orthogonaler Koordinaten
zusammen mit der Gittergenerierung gesehen werden muß und daß orthogonale
Koordinaten nicht immer erzeugt werden können. Im folgenden werden die Grundlagen
der Gittererzeugung kurz beschrieben und es werden verschiedene Methoden zur
Erzeugung geometrieangepaßter Gitter vorgestellt. Eine ausführliche Einführung in den
Problemkreis der numerischen Gittergenerierung geben Thompson et al. (1985).

Gittertopologie

Gittertypen. Es gibt drei verschiedene Gittertypen, die sich durch die Art der
Berandungslinien unterscheiden und in Abb. 13 dargestellt sind.

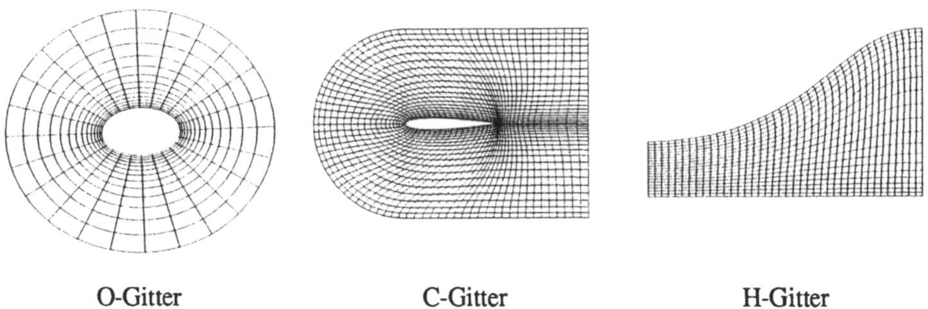

Abb.13: Verschiedene Gittertypen

Bei den O-Gittern sind die Berandungslinien geschlossen, bei den C-Gittern halb-offen und bei den H-Gittern werden sie durch offene Linien gebildet. Die verschiedenen Gittergenerierungsverfahren sind im allgemeinen in der Lage, ohne große algorithmische Modifikationen verschiedene Gittertypen zu erzeugen. Die Frage, welcher der Gittertypen gewählt wird, muß in Verbindung mit dem gestellten Strömungsproblem sowie dem Lösungsverfahren für die strömungsmechanischen Grundgleichungen beantwortet werden. O-Gitter sind ausgezeichnet geeignet, um die Grenzschicht an einem umströmten Körper aufzulösen, um den das O-Netz gelegt wird, wie z.B. bei der Berechnung von Strömungen um beidseitig stumpfe Körper. In Körpernähe treten im allgemeinen keine verzerrten Gittermaschen auf. Bei O-Gittern ist es jedoch schwierig, konsistent die Randbedingungen am äußeren Rand einzubringen, da entlang einer geschlossenen Linie sowohl Eintritts- wie auch Austritts-Randbedingungen vorgegeben werden müssen. C-Gitter sind ideal für Tragflügel oder andere tropfenförmige Körper, die eine stumpfe Vorder- und eine spitze Hinterkante besitzen. Die Problematik der Vorgabe der Außenrandbedingungen ist ähnlich wie beim O-Gitter, jedoch liegt für den Austrittsrand eine eigene Linie vor. Die Oberstrom-Auflösung ist bei C-Gittern schlecht, vor allem können nicht-uniforme Zuström-Randbedingungen nicht sehr genau vorgegeben werden, da am Zuströmrand nur grobe Gittermaschen vorliegen. Bei beidseitig stumpfen Körpern treten an der Hinterkante Singularitäten auf und die große Gitterpunktdichte unmittelbar am Körper setzt sich am Hinterkantenschnitt fort. H-Gitter sind besonders geeignet zur Berechnung von Durchströmungen. Es ist eine gute Auflösung des Oberstromgebiets gewährleistet und die Gittermaschen sind in diesem Bereich wenig verzerrt. Bei der Berechnung von Umströmungen muß ein zweifach zusammenhängendes Gebiet verwendet werden, wie es z.B. in Abb. 14 für einen Brückenpfeiler in einem Fluß gezeigt wird. Die Gitterverfeinerung entlang des Körpers setzt sich stromauf und stromab entlang des Schnittes fort. Bei stumpfen Körpern sind die Gittermaschen sowohl im Vorderkantenbereich wie auch an der Hinterkante verzerrt.

Die beschriebenen Vor- und Nachteile der verschiedenen Gittertypen haben dazu geführt, daß bei zusammengesetzten Netzen für bestimmte Probleme Gitter verschiedener Typen kombiniert werden, um die erwähnten Nachteile zu vermeiden.

<u>Schnitte und Schlitze.</u> Bei den in Abb. 13 dargestellten Gittern ist nur das H-Netz einfach zusammenhängend. Mehrfach zusammenhängende Gebiete werden im allgemeinen durch entsprechende Schnitte (siehe Abb. 15) in einfach zusammenhängende transformiert. Entlang des Schnittes müssen dann die entsprechenden Randbedingungen vorgegeben und spezielle Diskretisierungsformeln verwendet werden, so daß über den Schnitt eine

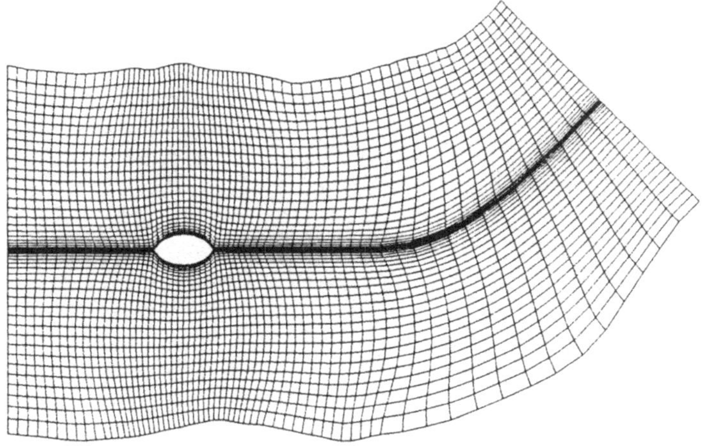

Abb.14: Zweifach zusammenhängendes H-Gitter bei einem Brückenpfeiler

glatte Lösung berechnet werden kann. Eine andere Möglichkeit bei mehrfach zusammenhängenden Gebieten besteht, wie in Abb. 16 gezeigt wird, in der Verwendung von
Schlitzen. Bei dieser Vorgehensweise müssen in der Rechenebene entlang einer
Gitterlinie im Innern entsprechende Randbedingungen vorgeschrieben werden, wodurch
der algorithmische Ablauf des Lösungsverfahrens geändert werden muß.

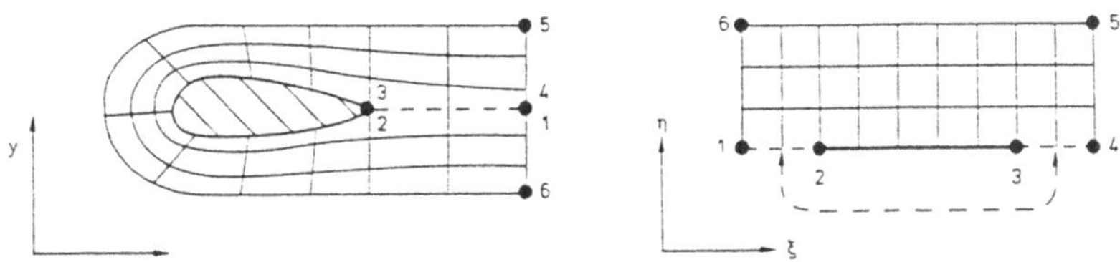

Abb.15: Verwendung von Schnitten bei mehrfach zusammenhängenden Gebieten

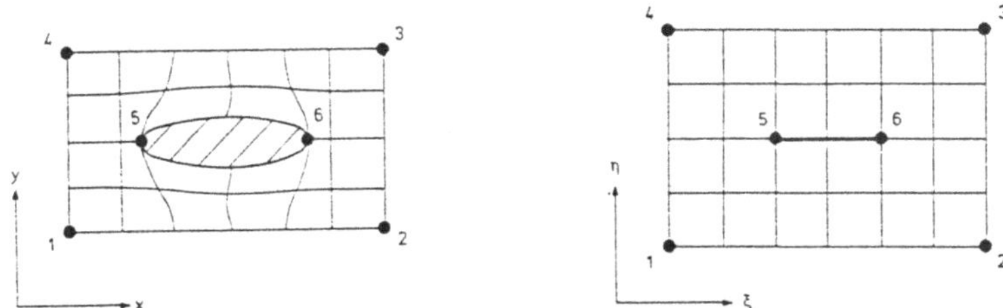

Abb.16: Verwendung von Schlitzen bei mehrfach zusammenhängenden Gebieten

<u>Blockstrukturierte Gitter.</u> Bei komplexeren Geometrien ist es jedoch meist erforderlich,
daß das Berechnungsgebiet in verschiedene Bereiche aufgeteilt wird, innerhalb derer das
numerische Gitter generiert wird. Die einzelnen Bereiche haben eine geometrisch
einfachere Berandung und somit ist auch in diesen die Gittergenerierung leichter. Derart

70

generierte numerische Netze werden als blockstrukturiert bezeichnet. Ein Beispiel eines blockstrukturierten Gitters um ein Flugzeug ist in Abb.17 dargestellt.

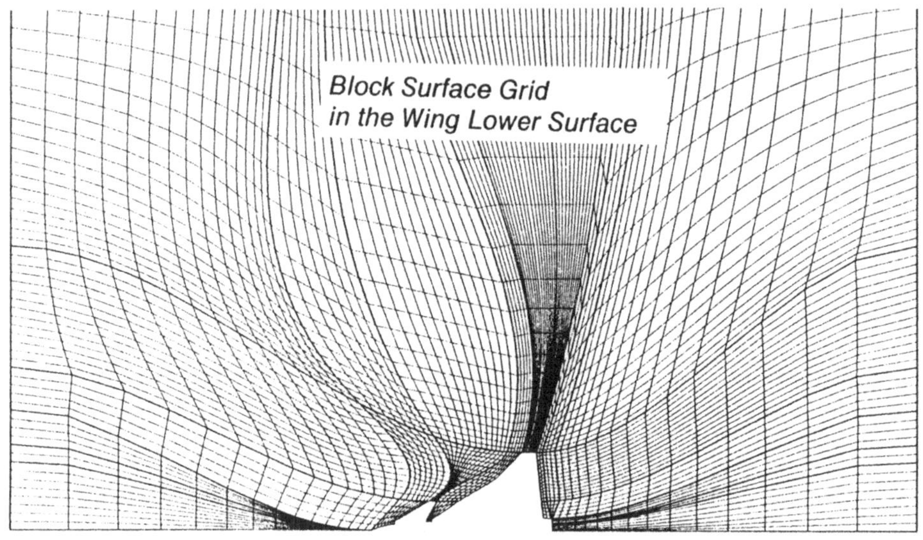

Abb.17: Blockstrukturiertes Gitter um ein Flugzeug; Fritz (1986)

Bei ihrer Generierung muß zum einen die Frage beantwortet werden, wo die Grenzflächen gezogen werden, und zum anderen, wie es erreicht werden kann, daß die zusammengesetzten Gitter einen möglichst glatten Übergang besitzen. Es gibt zwei Arten von zusammengesetzten Gittern: aneinandergefügte und überlappende. Bei den aneinandergefügten Gittern können wie Abb. 18 zeigt drei verschiedene Arten von Übergängen an den Grenzflächen auftreten.

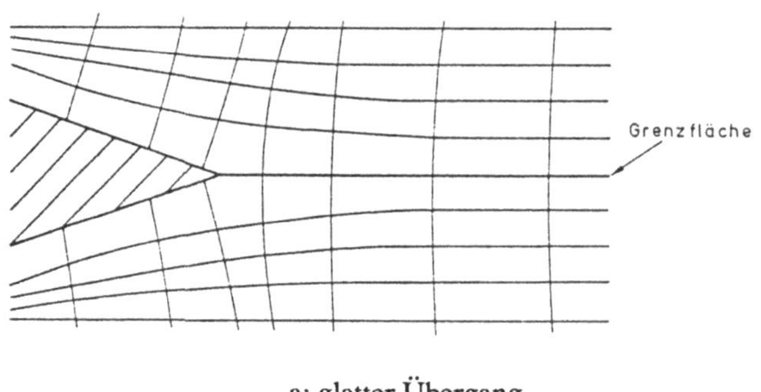

a: glatter Übergang

Abb.18: Grenzfläche bei blockstrukturierten Gittern

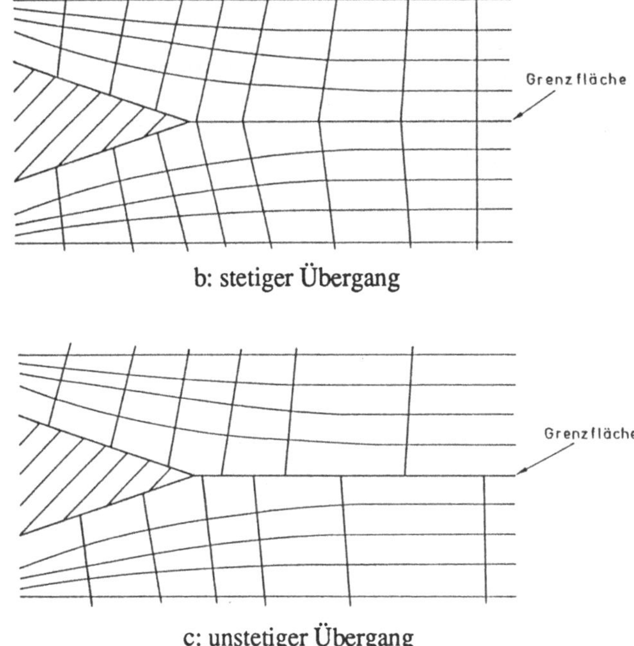

b: stetiger Übergang

c: unstetiger Übergang

Abb.18: Grenzfläche bei blockstrukturierten Gittern

Die Übergänge können stetig und glatt oder stetig und nicht glatt oder keines von beidem sein. Zur Erzeugung eines blockstrukturierten Gitters mit glattem und stetigem Übergang sind Generierungsverfahren notwendig, bei denen sowohl die Lage der Punkte wie auch die Winkel entlang der Grenzflächen vorgegeben werden können, oder bei denen entsprechende Nachkorrekturen eingesetzt werden. Bei nicht-glatten Übergängen können numerische Ungenauigkeiten bei der Lösung der stömungsmechanischen Erhaltungsgleichungen entlang der Grenzflächen auftreten. Sind die Übergänge sogar unstetig, so müssen die Variablenwerte auf das benachbarte Gitter interpoliert werden.

Ein Beispiel für ein überlappendes Gitter ist in Abb. 19 gezeigt. Überlappende Gitter sind einfach zu erzeugen, erfordern jedoch aufwendige Interpolationen im Verfahren zur Lösung der strömungsmechanischen Grundgleichungen. Des weiteren stellt sich die Frage, inwiefern auf Grund der Interpolationen bei steilen Gradienten Genauigkeitsverluste auftreten.

Sowohl bei aneinandergefügten wie auch bei überlappenden Netzen können Gitter verschiedenen Typus zusammengesetzt werden. Zur Berechnung der Strömung in einem Turbinengitter verwendeten Ghia et al. (1983) in Schaufelnähe ein C-Gitter und im Außenbereich ein H-Gitter. Werden Gitter verschiedenen Typs zusammengesetzt, so tritt

72

das Problem auf, daß an speziellen Punkten, wie in Abb. 20 gezeigt wird, nicht- reguläre Gittermaschen auftreten, die eine spezielle Berücksichtigung im Verfahren zur Lösung der Grundgleichungen erfordern, und zwar sowohl bezüglich der numerischen Diskretisierung wie auch bezüglich der Indizierung der Matrizen. In Abbildung 20 treten z.B. zwei Kontrollvolumina mit jeweils 5 Kontrollvolumen-Seiten auf. Auf die verschiedenen Möglichkeiten, solche speziellen Punkte zu erfassen, sind ausführlich Thompson et al. (1985) eingegangen.

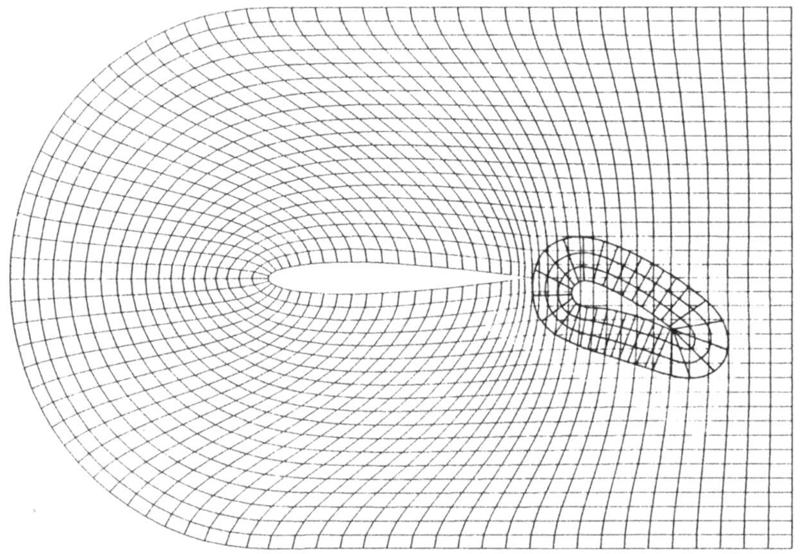

Abb.19: Überlappendes, blockstrukturiertes Gitter

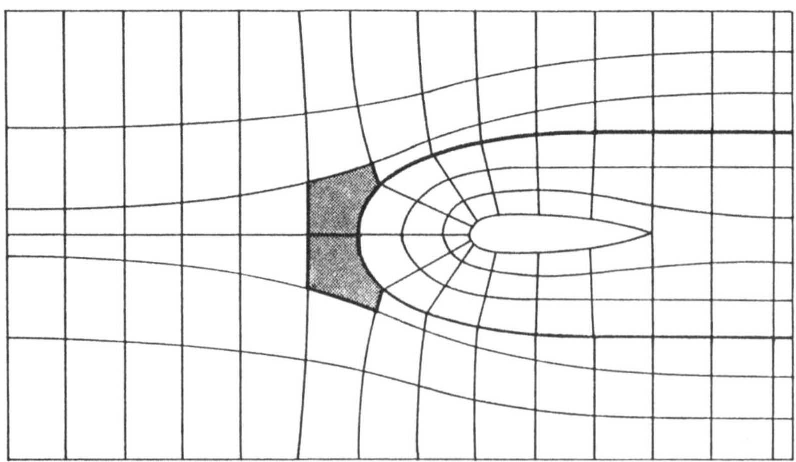

Abb.20: Gittermaschen mit 5 Kontrollvolumen-Seiten bei einem
zusammengesetzten Gitter

Bei der Berechnung praktisch relevanter Probleme sind bei dreidimensionalen Gittern blockstrukturierte Netze kaum zu vermeiden. Die verschiedenen Gittertopologien bei dreidimensionalen Netzen für komplette Flugzeuge untersuchte Radespiel (1987) unter Berücksichtigung der Kombination verschiedener Gittertypen. Weatherill et al. (1986) stellen blockstrukturierte Netze für Flugzeuge mit glatten Übergängen an den Grenzflächen vor.

Anforderungen an ein numerisches Gittergenerierungs-Verfahren

Die obigen Betrachtungen zeigen, daß zur Lösung eines gegebenen Problems sehr unterschiedliche numerische Gitter erzeugt werden können. Es stellt sich somit die Frage, welche Anforderungen an ein Gittergenerierungsverfahren zu stellen sind und wie die Qualität eines erzeugten Gitters beurteilt werden kann.

Die Anforderungen an ein Gittergenerierungsverfahren sind hauptsächlich durch die Eigenschaften des numerischen Verfahrens zur Lösung der strömungsmechanischen Grundgleichungen bedingt und können wie folgt unterteilt werden:

(i) Das generierte Gitter muß nicht-überschneidende Gitterlinien besitzen, d.h. durch das Verfahren muß eine eindeutige Abbildung zwischen der physikalischen Ebene und der Rechenebene gewährleistet sein.

(ii) Es sollte möglich sein, Gitterpunkte und Gitterlinien in beliebig wählbaren Bereichen zu konzentrieren, in denen steile Gradienten der Lösung der strömungsmechanischen Grundgleichungen und damit große Lösungsfehler erwartet werden.

(iii) Die Lage der Punkte auf der Berandung sollte vorgebbar sein, um eine möglichst genaue Wiedergabe der Geometrie zu gewährleisten. Während der Gittergenerierung sollten sich die Punkte entlang der Berandung möglichst nicht verschieben.

(iv) Das generierte Gitter sollte glatt sein, um allzu große Fehler bei Interpolationen und Metrikberechnungen zu vermeiden.

(v) Starke Gitterverzerrungen sollten vermieden werden, d.h.möglichst orthogonale Gitter sind wünschenswert.

(vi) Die Schnittwinkel entlang der Berandung sollten vorgegeben werden können. Dadurch ist zum einen die Erzeugung randorthogonaler Gitter möglich, mit denen z.B. Wandgrenzschichten genau aufgelöst werden können, und zum anderen können glatte Übergänge (auch mit Randwinkeln verschieden von 90°) bei blockstrukturierten Gittern erreicht werden.

(vii) Das Gittergenerierungsverfahren sollte auch bei dreidimensionalen Problemen eingesetzt werden können.

(viii) Wünschenswert sind kurze Rechenzeiten bei der Gittergenerierung, um einerseits ein interaktives Arbeiten zu ermöglichen oder andererseits Verfahren zur Generierung adaptiver Gitter (siehe Abschnitt 5.3) einsetzen zu können.

(ix) Es sollte möglichst nur eine geringe Zahl von Spezifikationen notwendig sein, damit das Verfahren auch von weniger erfahrenen Anwendern eingesetzt werden kann.

Welcher der genannten Punkte als unbedingt erforderlich oder als wünschenswert angesehen werden muß, hängt vom Anwender und vom gestellten Problem ab. Zwingend ist sicher die Forderung (i); die in den Punkten (ii) bis (vi) genannten Anforderungen beeinflussen die Qualität des erzeugten Gitters.

Ein optimales Gitter schon beim ersten Versuch zu generieren ist im allgemeinen kaum möglich. Es ist somit notwendig, die Qualität eines erzeugten Gitters zu prüfen, zum einen, um es eventuell zu verbessern und zum anderen, um das endgültig generierte Gitter zu beurteilen. Dies erfolgt meist, indem das Gitter (auch mit Ausschnittsvergrößerungen) gezeichnet wird und vom Anwender hinsichtlich der Gitterverzerrung und -orthogonalität, der Linien- und Punktkonzentration sowie der Glattheit des Gitters überprüft wird. Solche Überprüfungen sind auch numerisch möglich, erfordern jedoch umfangreiche Berechnungen. Kerlick und Klopfer (1982) schlagen eine Zerlegung der Jacobi-Matrix (Abbildungsmatrix) vor, um die obigen Punkte zu untersuchen und um weiterhin Informationen über durch Netzverzerrung bedingte Abbruchfehler zu erhalten.

Die Leistungsfähigkeit der im folgenden vorgestellten Verfahren zur Generierung numerischer Gitter werden anhand der Punkte (i) - (ix) beurteilt. Die verschiedenen Verfahren werden, um eine übersichtlichere graphische Darstellung zu ermöglichen, vorwiegend für zweidimensionale Gitter erklärt.

5.2.2 Klassische konforme Abbildungen

Als konform wird eine Abbildung bezeichnet, wenn sie winkeltreu ist, d.h. Ähnlichkeit im Kleinen aufweist. Bei den mit konformen Abbildungen generierten Netzen tritt gegenüber den Erhaltungsgleichungen in kartesischen Koordinaten die kleinste Zahl zusätzlicher Terme in den Differentialgleichungen auf. Dies bedeutet, daß bei einem

Lösungsverfahren, das für allgemeine krummlinige Koordinaten ausgelegt ist und bei dem sämtliche Terme vorhanden sind, die zusätzlichen Terme von untergeordneter Bedeutung sind. Somit sind eventuell auftretende Stabilitäts- bzw. Konvergenzprobleme nicht zu erwarten.

Als klassische konforme Abbildungen bezeichnet man die konformen Transformationen innerhalb der komplexen Zahlenebene. Zur Gittergenerierung mit Hilfe derartiger Transformationen kann somit die ganze mathematische Theorie der konformen Abbildungen herangezogen werden, wie sie z.B. von Kober (1952) oder Betz (1964) dargelegt wird. Die Beschränkung auf die komplexe Zahlenebene weist schon darauf hin, daß klassische konforme Abbildungen nur zur Generierung zweidimensionaler Netze herangezogen werden können. Einen Überblick über konforme Gittergenerierungen gibt Ives (1982).

Wie in Abb. 21 skizziert, bildet eine komplexe Transformation ein Gebiet in der komplexen z-Ebene mit

$$z = x + iy \qquad (5.1a)$$

in ein anderes Gebiet in der komplexen ζ-Ebene mit

$$\zeta = \xi + i\eta \qquad (5.1b)$$

ab. Mit Hilfe der gängigen mathematischen Transformationen ist nur eine begrenzte Anzahl von Geometrien abbildbar, wobei als klassische Transformation die Abbildung der oberen Halbebene (Imaginärteil von z größer als Null) auf einen Kreis erwähnt

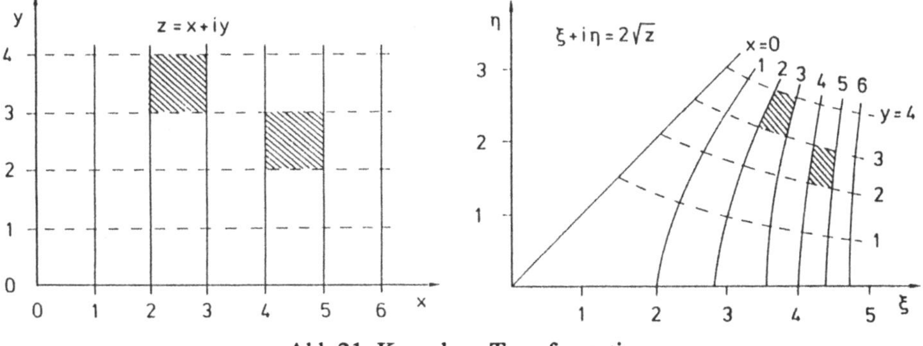

Abb.21: Komplexe Transformation

werden soll. Unter den komplexen Transformationen wurde in der Strömungsmechanik die Abbildung eines Kreises auf einen Tragflügel bedeutend, da mit deren Hilfe die

Familie der sogenannten Joukowski-Profile erzeugt wurde. Als Beispiel sei hierzu die folgende Transformation

$$\zeta = z + \frac{c^2}{z} \qquad c \in \mathbb{R} \tag{5.2}$$

genannt, die einen Kreis auf das in Abb. 22 gezeigte Joukowski-Profil transformiert.

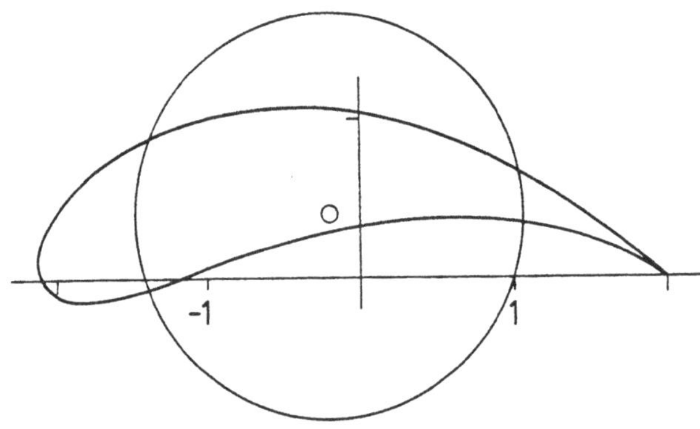

Abb.22: Abbildung eines Kreises auf ein Joukowski-Profil

Bei den komplexen Transformationen werden häufig mehrere Transformationen hintereinander ausgeführt, z.B. von einem Tragflügel auf einen Fastkreis und von diesem dann auf einen Kreis.

Eine Reihe von konformen Gittergenerierungsverfahren verwenden die Schwarz-Christoffel´sche Formel, die ein Vieleck in der z-Ebene auf die obere ζ-Halbebene konform transformiert und folgendermaßen lautet:

$$\frac{dz}{d\zeta} = c \prod_{i=1}^{n} (\zeta_i - \zeta)^{\frac{-\alpha_i}{\pi}} \tag{5.3}$$

In Abb. 23 sind die Bedeutungen der verschiedenen Variablen skizziert: n ist die Anzahl der Eckpunkte des Vielecks, ζ_i sind die Bilder der Eckpunkte z_i und α_i bezeichnet die Außenwinkel.

Mit Hilfe der Schwarz-Christoffel´schen Formel können durch Erhöhung der Knotenanzahl n beliebige Polygonzüge abgebildet werden. Ein Verfahren, das auf dieser Vorgehensweise beruht, wurde von Davis (1979) entwickelt und Anderson et al. (1982) führten mit Hilfe eines derart generierten Gitters Rechnungen in einem Rohrkrümmer durch.

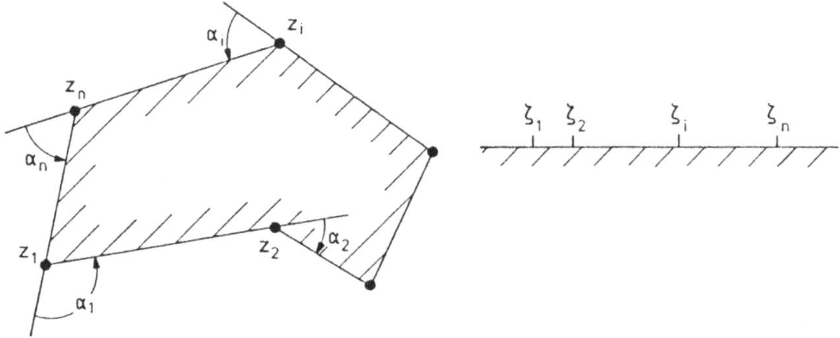

Abb.23: Schwarz-Christoffel'sche Transformation

Die Verfahren zur Generierung numerischer Gitter mit Hilfe konformer Abbildungen sind im allgemeinen sehr schnell und es können mit ihnen glatte Gitter erzeugt werden. Sie besitzen jedoch den Nachteil, daß die Gitterpunktverteilung kaum beeinflußt werden kann und die Verfahren nur für zweidimensionale Probleme angewendet werden können. Eine Möglichkeit, diese Verfahren auch bei speziellen dreidimensionalen Problemen einzusetzen, besteht zum einen darin, zweidimensionale Gitter zu kombinieren und zum anderen können durch Rotation bei achsensymmetrischen Problemen 3D-Gitter erzeugt werden (siehe Dagon und Arieli (1983)).

5.2.3 Algebraische Gittergenerierung

Grundlagen der algebraischen Netzerzeugung

Die algebraischen Verfahren zur Gittergenerierung können als konstruktive Methoden bezeichnet werden. Wie bei jedem Gittergenerierungsverfahren besteht die Aufgabe bei der algebraischen Gittergenerierung darin, eine Abbildung zwischen den (ξ,η)-Koordinaten der Rechenebene und den (x,y)-Koordinaten der physikalischen Ebene zu finden. Diese Aufgabe kann in zwei Teilprobleme unterteilt werden: Zuerst muß, wie in Abb.24 skizziert, eine Abbildung des Randes des Einheitsquadrates (bei dreidimensionalen Problemen des Einheitswürfels) auf die Berandung des Rechengebiets gefunden werden.

Danach muß die Information der Randabbildungsfunktionen stetig ins Innere mit Hilfe geeigneter Interpolationsfunktionen fortgepflanzt werden. Für die erste Teilaufgabe ist somit eine Funktion $\vec{F}$ gesucht, die den unteren Rand des Einheitsquadrates E, bezeichnet

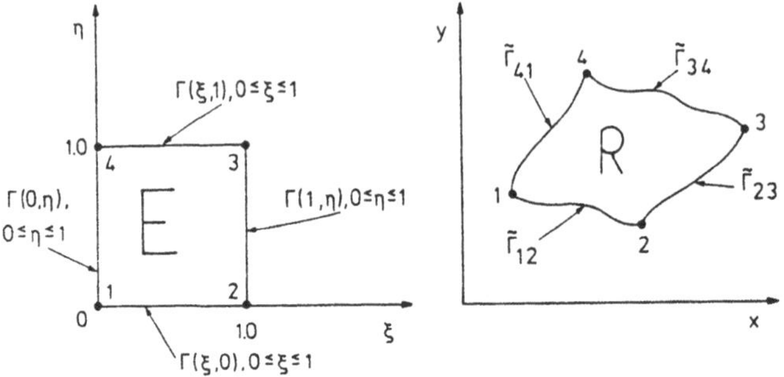

Abb.24: Randabbildung bei algebraischen Generierungsverfahren

mit $\Gamma(\xi,0)$, auf den entsprechenden Rand des Berechnungsgebietes, bezeichnet mit $\tilde{\Gamma}_{12}$, abbildet (siehe Abb. 24). Diese Funktion kann durch eine Parametrisierung der Ränder mit Hilfe der Bogenlänge S erhalten werden. Dazu wird die Bogenlänge S des Randes $\tilde{\Gamma}_{12}$ mit Hilfe der gegebenen Punktepaare (x,y) berechnet und man erhält die Parameterdarstellung von $\tilde{\Gamma}_{12}$:

$$\begin{matrix} x(s) \\ y(s) \end{matrix} \qquad 0 \leq s \leq S \tag{5.4}$$

Durch Normierung mit S ($\xi = s/S$) ergibt sich somit eine Parametrisierung des Randes $\tilde{\Gamma}_{12}$, d.h. die gewünschte Abbildung lautet:

$$\vec{F} = \left[\begin{matrix} x(\xi,0) \\ y(\xi,0) \end{matrix} \right] \qquad \Gamma(\xi,0) \longrightarrow \Gamma_{12} \tag{5.5}$$

Analog können die Abbildungsfunktionen der anderen Ränder erhalten werden:

$$\vec{F} = \vec{F}(\xi,\eta) = \left[\begin{matrix} x(\xi,\eta) \\ y(\xi,\eta) \end{matrix} \right] \tag{5.6}$$

Außer der oben beschriebenen Randparametrisierung mit Hilfe der Bogenlänge sind andere Parametrisierungen möglich. Für einfache Ränder können analytische Abbildungsfunktionen gefunden werden.

Das zweite Teilproblem bei der algebraischen Netzgenerierung besteht darin, Interpolationsfunktionen so zu konstruieren, daß eine stetige Fortsetzung der Randabbildung ins Innere von R möglich ist. In der Wahl dieser Interpolationsfunktionen unterscheiden sich die meisten algebraischen Generierungsverfahren. Die Qualität eines algebraisch generierten Gitters kann am besten durch eine entsprechende Konstruktion dieser Interpolationsfunktionen, auch blending functions genannt, beeinflußt werden.

Das von Gordon und Hall (1973) entwickelte Verfahren der transfiniten Interpolationen fand eine weite Verbreitung und soll deswegen kurz skizziert werden. Die bei diesem Verfahren verwendeten Interpolationsfunktionen φ_i und ψ_j müssen zwei Bedingungen erfüllen. Ihr Anfangs- und Endpunkt muß auf dem Rand des Einheitsquadrats liegen, d.h. den Wert 0 oder 1 annehmen, was durch die folgende Beziehung ausgedrückt werden kann:

$$\varphi_i(\xi_k) = \delta_{ik} \qquad \psi_j(\eta_l) = \delta_{jl} \tag{5.7}$$

Entlang der Verbindungslinie dieser beiden Punkte sollen sich die Interpolationsfunktionen φ_i und ψ_j stetig ändern. Als Funktionen, die die beiden Bedingungen erfüllen, können Polynome ersten Grades herangezogen werden, bei denen alle Freiheitsgrade durch diese beiden Bedingungen schon ausgeschöpft sind. Werden Funktionen höherer Ordnung verwendet, so können weitere Bedingungen wie Orthogonalität an den Rändern vorgegeben oder die Konzentration von Gitterlinien gesteuert werden. Solche Funktionen höherer Ordnung sind z.B. Lagrange-Polynome, Hermite-Polynome, Splines oder Exponentialfunktionen.

Zur stetigen Fortsetzung der Randabbildung ins Innere ist eine Verknüpfung der Interpolationsfunktionen mit den Randabbildungen notwendig. Hierbei hat sich das Verfahren der Booleschen Summenprojektion durchgesetzt, bei dem sogenannte Projektoren verwendet werden, die eine Mehrrichtungsinterpolation erlauben. Mit diesen lautet die Abbildungsfunktion $\vec{U}$ des Einheitsquadrats E auf das Rechengebiet R:

$$\vec{U}(\xi,\eta) \;=\; \varphi_0(\xi)\vec{F}(0,\eta) + \varphi_1(\xi)\vec{F}(1,\eta) +$$
$$\psi_0(\eta)\vec{F}(\xi,0) + \psi_1(\eta)\vec{F}(\xi,1) - \tag{5.8}$$
$$\sum_{i=0}^{1}\sum_{j=0}^{1}\varphi_i(\xi)\psi_j(\eta)\vec{F}(\xi_i,\eta_j)$$

$\vec{F}$ ist die skizzierte Randabbildungsfunktion, für die Eckpunkte gilt $\xi_0 = \eta_0 = 0$ und $\xi_1 = \eta_1 = 1$. Als Interpolationsfunktionen φ_i und ψ_j können z.B. die folgenden linearen Polynome eingesetzt werden:

$$\begin{aligned} \varphi_0(\xi) &= 1 - \xi & \psi_0(\eta) &= 1 - \eta \\ \varphi_1(\xi) &= \xi & \psi_1(\eta) &= \eta \end{aligned} \qquad (5.9)$$

<u>Beispiele von Algebraischen Netzerzeugungsverfahren</u>

Nach den allgemeinen Grundlagen algebraischer Gittergenerierung, die detailliert in einem Übersichtsartikel von Smith (1982) beschrieben sind, werden im folgenden einige typische Beispiele von Netzerzeugungsverfahren vorgestellt.

Ein relativ einfaches, konstruktives Verfahren zur Generierung von Gittern um ebene Turbinenschaufeln stellte Eiseman (1978) vor. Er verwendet ein verallgemeinertes Polarkoordinatensystem, das bei konkaven Berandungen zu Netzüberschneidungen führen kann. Durch die Wahl eines entsprechenden äußeren Randes kann dieses Problem zwar vermieden werden, jedoch ist auf Grund dieser Eigenschaft das Verfahren nicht flexibel und kaum geeignet, Gitter zur Berechnung von Durchströmungen zu generieren.

Zur Erzeugung nicht-orthogonaler Netze entwickelten wie schon erwähnt Gordon und Hall (1973) das Verfahren der transfiniten Interpolationen. Durch die Verwendung linearer Polynome als Interpolationsfunktionen, wie sie z.B. in Gleichung (5.9) vorgestellt werden, ist es bei der von ihnen vorgestellten Methode zum einen nicht möglich, die Gitterpunktverteilung zu beeinflussen und zum anderen kann das Verfahren zu Netzüberschneidungen führen. Dies wird durch Einfügen zusätzlicher Trennflächen (sogenannter "constraint curves") vermieden, die als fixierte Koordinatenlinien des generierten Gitters vorgegeben werden. Um die damit verbundenen Interpolationsbedingungen zu erfüllen, müssen Polynome höherer Ordnung verwendet werden. Eriksson (1982) erweiterte das Verfahren von Gordon und Hall (1973) auf drei Dimensionen. Durch die Verwendung von Interpolationsfunktionen höherer Ordnung war er zum einen in der Lage, deren Gradienten an der Berandung vorzuschreiben und somit Randorthogonalität zu erreichen und zum anderen, eine höhere Gitterpunktdichte entlang der Berandung zu erzielen.

Die Aktivitäten auf dem Gebiet der dreidimensionalen, algebraischen Gittergenerierung hat Smith (1983) zusammengefaßt. Wie allgemein bei der Generierung dreidimensionaler Gitter ist auch bei den algebraischen Verfahren die Erzeugung eines geeigneten Oberflächennetzes Voraussetzung für eine optimale Gitterpunktverteilung im Innern.

Dieses Problem untersuchten Sharble und Raj (1983), wobei sie speziell auf das Problem der Oberflächenparametrisierung eingingen.

Bei den algebraischen Verfahren ist die Generierung eines glatten Gitters im allgemeinen nicht gewährleistet und kann nur durch Interpolationsfunktionen höherer Ordnung, wie z.B. von Eiseman (1982a) verwendet, erreicht werden. Zhu et al. (1988) setzen in ihrem Verfahren, das auf dem Prinzip der transfiniten Interpolationen beruht, als Interpolationsfunktionen kubische Splines ein. Dadurch können sie eine beliebige Anzahl von Trennlinien vorgeben, damit Netzüberschneidungen vermeiden und weiterhin glatte Gitter erzeugen.

<u>Beurteilung</u>

Es wurden die Grundlagen der algebraischen Gittergenerierung sowie eine Reihe verschiedenster Verfahren vorgestellt. Die komplexeren Verfahren sind in der Lage, sowohl Gitterpunktkonzentrationen wie auch randorthogonale Gitter zu erreichen. Da die algebraischen Verfahren äußerst wenig Rechenzeit benötigen sind sie für ein interaktives Arbeiten geeignet, was als ihr Hauptvorteil angesehen werden kann. Von Nachteil ist jedoch, daß bei all den Verfahren Netzüberschneidungen nicht ausgeschlossen sind. Diese können zwar durch Neuparametrisierung der Berandung oder durch die Verwendung von Trennflächen vermieden werden, was jedoch Erfahrung beim Anwender voraussetzt. Zhu et al. (1989) verwenden eine hybride Methode, bei der die Trennflächen mit Hilfe eines differentiellen Gittergenerierungsverfahrens erzeugt werden. Dies bedeutet, daß zuerst ein sehr grobes Gitter generiert wird, zu dessen Berechnung nur wenig Rechenzeit benötigt wird. Durch dieses sind die Randabbildungen und die Trennlinien gegeben, und die Feingitterverteilung wird mit Hilfe einer algebraischen Methode, ebenfalls rechenzeitsparend, berechnet. Bei der Erzeugung von Oberflächengittern sind im allgemeinen die Trennlinien bzw. -flächen auf Grund der Beschreibung der Oberfläche schon bekannt und es ist somit kein zusätzlicher Aufwand zu deren Vorgabe notwendig.
Bei der algebraischen Gittergenerierung können im allgemeinen glatte Gitter nicht gewährleistet werden und Eck-Singularitäten werden ins Innere des Gebietes getragen. Bei Verfahren, die Interpolationsfunktionen höherer Ordnung verwenden, können jedoch glatte Gitter erzeugt werden.

82

5.2.4. Differentielle Gittergenerierung

Grundlagen der differentiellen Netzerzeugung

Im allgemeinen werden zur differentiellen Generierung numerischer Netze partielle Differentialgleichungen zweiter Ordnung verwendet, vereinzelt auch die biharmonische Differentialgleichung vierter Ordnung. Entsprechend der Klassifizierung der partiellen Differentialgleichungen zweiter Ordnung können die Generierungsverfahren in elliptische, hyperbolische und parabolische Verfahren unterteilt werden.

Elliptische Verfahren. Bei den elliptischen Netzerzeugungsverfahren werden entweder Laplace-Gleichungen oder Poisson-Gleichungen gelöst. Auf Grund der Glättungseigenschaften des Laplace-Operators sind diese Verfahren besonders dazu geeignet, glatte Gitter zu erzeugen. Der Gittergenerierung mit Hilfe der Laplace-Gleichungen liegt die Idee zugrunde, daß die Äquipotentiallinien und die Stromlinien einer zweidimensionalen rotationsfreien Strömung ein der Berandung angepaßtes Netz bilden. Sowohl die Potential- wie auch die Stromfunktion erfüllen die Laplace-Gleichungen. Bei der Gittergenerierung müssen die invertierten Laplace-Gleichungen gelöst werden. Diese Invertierung ist notwendig, da die Berandung des Gebietes in kartesischen x-y-Koordinaten, d.h. $x(\xi,\eta)$, $y(\xi,\eta)$ bekannt ist. Die invertierten Laplace-Gleichungen lauten im zweidimensionalen Fall:

$$\alpha \frac{\partial^2 x}{\partial \xi^2} - 2\beta \frac{\partial^2 x}{\partial \xi \partial \eta} + \gamma \frac{\partial^2 x}{\partial \eta^2} = 0$$

$$(5.10)$$

$$\alpha \frac{\partial^2 y}{\partial \xi^2} - 2\beta \frac{\partial^2 y}{\partial \xi \partial \eta} + \gamma \frac{\partial^2 y}{\partial \eta^2} = 0$$

mit den Koeffizienten

$$\alpha = \left(\frac{\partial x}{\partial \eta} \right)^2 + \left(\frac{\partial y}{\partial \eta} \right)^2 \tag{5.11a}$$

$$\beta = \frac{\partial x}{\partial \xi} \frac{\partial x}{\partial \eta} + \frac{\partial y}{\partial \xi} \frac{\partial y}{\partial \eta} \tag{5.11b}$$

$$\gamma = \left(\frac{\partial x}{\partial \xi} \right)^2 + \left(\frac{\partial y}{\partial \xi} \right)^2 \tag{5.11c}$$

Die Lösung von Gleichung (5.10) und damit die Transformation ist eindeutig, wenn die Jacobi-Determinante

$$J = \begin{vmatrix} \dfrac{\partial x}{\partial \xi} & \dfrac{\partial x}{\partial \eta} \\[2mm] \dfrac{\partial y}{\partial \xi} & \dfrac{\partial y}{\partial \eta} \end{vmatrix} \tag{5.12}$$

in jedem Punkt des Rechengebietes ungleich Null ist; dann treten keine Netzüberschneidungen auf. Numerische Gitter, die als Lösung von Gleichung (5.10) erhalten werden, sind unter bestimmten Bedingungen orthogonal und zwar, falls sie die Cauchy-Riemannschen-Gleichungen

$$\frac{\partial x}{\partial \xi} = a \frac{\partial y}{\partial \eta} \tag{5.13a}$$

$$\frac{\partial x}{\partial \eta} = \frac{-1}{a} \frac{\partial y}{\partial \xi} \tag{5.13b}$$

$$a = \left(\frac{\alpha}{\gamma} \right)^{-1/2} = konstant \tag{5.13c}$$

in jedem Punkt (auch am Rande) erfüllen. Es folgt, daß der Koeffizient β, definiert in Gleichung (5.11b), Null ist und die invertierten Laplace-Gleichungen (5.10) sich entsprechend vereinfachen. Diese Orthogonalitätsaussage ist nur im Zweidimensionalen möglich. Die Einhaltung der Cauchy-Riemannschen-Bedingungen setzt die Vorgabe gemischter Randbedingungen voraus, d.h. es müssen auf der Berandung sowohl Dirichlet- wie auch Neumann-Bedingungen vorgegeben werden. Dadurch kann es zu einem Verschieben der Punkte entlang der Berandung kommen, was zu einer schlechten geometrischen Auflösung von Ecken führt. Dies wird in Abb.25a und Abb.25b gezeigt, in denen zwei orthogonale numerische Gitter um einen Halbzylinder dargestellt sind. Die Gitterlinien vor bzw. nach dem Eckpunkt sind verdichtet, eine Konzentration der Gitterlinien in der Nähe des Eckpunktes konnte jedoch nicht erreicht werden.
Natürlich kann bei der Lösung der invertierten Laplace-Gleichungen auch die Lage der Randpunkte fixiert werden, d.h. ausschließlich Dirichlet-Randbedingungen vorgegeben werden; dann ist allerdings die Generierung eines orthogonalen Netzes nicht mehr gewährleistet.

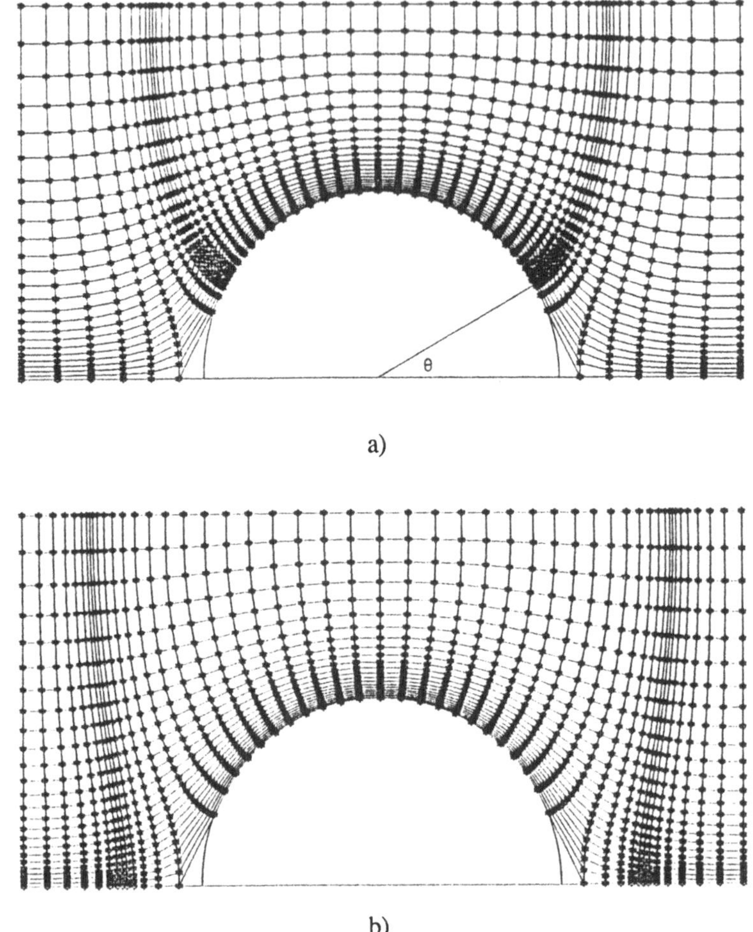

a)

b)

Abb.25: Orthogonales Gitter um einen Halbzylinder; Verwendung verschiedener
Streckungsfunktionen zur Konzentration der Gitterlinien (Leschziner (1986))

Die Anzahl der Kontrollmöglichkeiten zur Steuerung der Gittererzeugung kann durch
Hinzufügen von Quelltermen erhöht werden. Dies führt zur Netzgenerierung mit Hilfe der
Poisson-Gleichungen, die folgendermaßen lauten:

$$\frac{\partial^2 \xi}{\partial x^2} + \frac{\partial^2 \xi}{\partial y^2} = P(\xi, \eta)$$

$$\frac{\partial^2 \eta}{\partial x^2} + \frac{\partial^2 \eta}{\partial y^2} = Q(\xi, \eta)$$

(5.14)

Auch die Gittergenerierung mit Hilfe der Poisson-Gleichungen kann physikalisch interpretiert werden und zwar wird durch die Poisson-Gleichung die Wärmeleitung beschrieben, wobei die Quellterme Wärmequellen bzw. -senken darstellen. Die Netzlinien lassen sich somit als Isotherme interpretieren und die Quell- bzw. Senkenterme führen zu einem Abstoßen bzw. Anziehen von Netzlinien. Die verschiedenen Verfahren, bei denen die Poisson-Gleichungen zur Netzgenerierung verwendet werden, unterscheiden sich durch die Wahl der Quellterme, die auch als Kontrollfunktionen bezeichnet werden. Analog wie bei der Laplace-Gleichung ist zur Gittergenerierung die invertierte Form von Gleichung (5.14) mit den entsprechenden Randbedingungen zu lösen. Eindeutige Abbildungen (keine Netzüberschneidungen) sind gesichert, falls die Jacobi-Determinante in jedem Punkt ungleich Null ist. Im allgemeinen können keine Orthogonalitätsaussagen gemacht werden und zumeist werden Dirichlet-Randbedingungen vorgegeben.
Einzelne Verfahren basieren auf der Lösung der biharmonischen Gleichung, bei der 4. Ableitungen in beiden Raumrichtungen auftreten. Somit müssen auf allen Rändern Randbedingungen vorgegeben werden, und zwar auf Grund der 4. Ordnung der Differentialgleichung nicht nur Dirichlet-, sondern zusätzlich Neumann-Randbedingungen. Durch die zusätzlichen Randbedingungen bestehen mehr Möglichkeiten, das zu generierende Gitter zu steuern.

<u>Hyperbolische und parabolische Verfahren.</u> Die überwiegende Mehrheit der differentiellen Netzerzeugungsverfahren basieren auf der Lösung elliptischer Differentialgleichungen, jedoch werden bei einigen Verfahren auch vereinfachte, hyperbolische oder parabolische Differentialgleichungen 2. Ordnung verwendet. Gemäß dem Charakter der Differentialgleichungen können bei diesen Verfahren Randbedingungen nur auf bestimmten Rändern vorgegeben werden, so daß bei den entsprechenden Netzerzeugungsverfahren gewisse Ränder nicht festgelegt werden können.

<u>Beispiele von Differentiellen Netzerzeugungsverfahren</u>

<u>Lösung der Laplace-Gleichungen.</u> Orthogonale Gitter können mit Hilfe der invertierten Laplace-Gleichungen unter Einhaltung der Cauchy-Riemannschen Bedingungen erzeugt werden. Einen Überblick über orthogonale Gittergenerierung mit algebraischen und differentiellen Verfahren wie auch mit Hilfe von konstruktiven Verfahren zur Nachkorrektur eines erzeugten Gitters gab Eiseman (1982b). Pope (1978) stellte ein Verfahren zur Erzeugung zweidimensionaler, orthogonaler Netze mit Hilfe der Laplace-Gleichungen vor. Bei diesem wird die Konstante a in Gleichung (5.13) fest gewählt und bestimmt das Seitenverhältnis der Gittermaschen. Um die Cauchy-Riemannschen

Bedingungen zu erfüllen, werden gemischte Randbedingungen vorgegeben, was zu einem Verschieben der Gitterpunkte entlang der Berandung führen kann. Es bestehen keine Möglichkeiten, die Gitterpunktverteilung zu steuern. Bei dem Verfahren von Mobley und Stewart (1980) wird der durch die Lösung der Laplace-Gleichungen definierten Abbildung zusätzlich eine orthogonale Transformation überlagert. Dies geschieht mit Hilfe der eindimensionalen Streckungsfunktionen

$$\xi = F(\mu) \qquad \eta = G(\nu) \tag{5.15}$$

die in die Laplace-Gleichung (5.10) eingesetzt werden. Die resultierende Differentialgleichung ist vom Poisson-Typ und wird unter Erfüllung der Cauchy-Riemannschen Bedingungen gelöst. Der Vorteil dieses Verfahrens besteht darin, daß durch die Streckungsfunktionen Gitterpunktkonzentrationen erreicht werden können. Diese sind jedoch in der physikalischen Ebene, wie Abb. 25 zeigt, nicht genau einstellbar und zudem kann die Vorgabe gemischter Randbedingungen zu einem Verschieben der Randpunkte führen. Eine ähnliche Methode, mit Hilfe spezieller Streckungsfunktionen Gitterpunktkonzentrationen bei der Generierung orthogonaler Netze zu erreichen, wenden Visbal und Knight (1982) an. Die Laplace-Gleichungen ohne Berücksichtigung der Cauchy-Riemannschen Bedingungen, d.h. unter Vorgabe von Dirichlet-Randbedingungen, lösen Thompson et al. (1974). Bei ihrem Verfahren ist die Lage der Randpunkte fixiert, es wird ein nicht-orthogonales Gitter erzeugt und es bestehen keine Möglichkeiten der Gitterpunktkonzentration. Sorenson und Steger (1977) verwenden das Verfahren von Thompson et al. (1974) und führen durch Neuverteilung der Punkte entlang einer Koordinatenlinie algebraische Nachkorrekturen zur Gitterkonzentration durch. Durch den Einbau eines Mehrgitterverfahrens (siehe Kapitel 9) in die Gittergenerierungsmethode von Sorenson und Steger (1977) konnte Jain (1986) bedeutend kürzere Rechenzeiten erhalten.

Lösung von Poisson-Gleichungen. Eines der mittlerweile populärsten Verfahren zur differentiellen Netzgenerierung veröffentlichten Thompson et al. (1977). Bei diesem werden die invertierten Poisson-Gleichungen unter Vorgabe der Lage der Randpunkte gelöst. Die Kontrollfunktionen werden dazu verwendet, das Gitter in der Umgebung von fest vorgegebenen Punkten, oder entlang von Gitterlinien zu konzentrieren. Die Kontrollfunktionen werden mit Hilfe von Exponentialfunktionen gebildet, in die der Randabstand und vorzugebende Parameter zur Steuerung der Gitterpunktdichte eingehen. Eine Konzentration von Gitterpunkten ist nur an Rändern möglich, da nur hier die Werte von ξ und η bekannt sind. Sorenson (1980) schlägt Kontrollfunktionen vor, welche eine Vorgabe von Randwinkeln und Randmaschenweiten (siehe Abb. 26) ermöglichen.

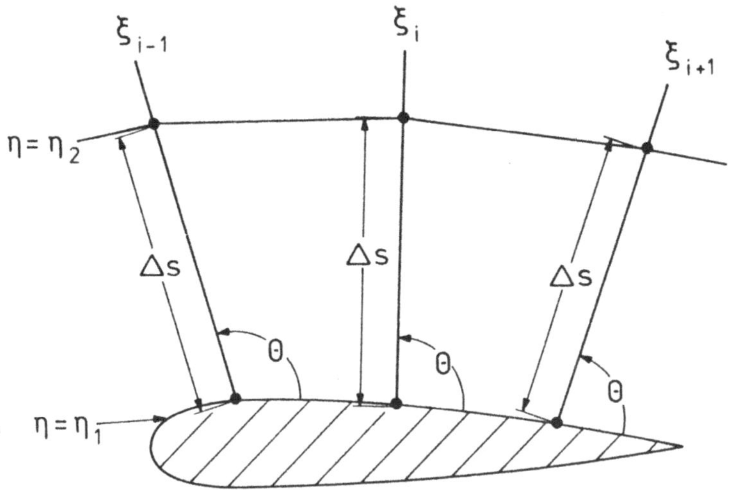

Abb.26: Vorgabe der Randmaschenweite Δs und des Randwinkels θ

Zusätzlich kann die Lage der Randpunkte fixiert werden. Die Kontrollfunktionen müssen iterativ berechnet werden, da in ihnen die zweiten Ableitungen der Lösung auftreten. Dadurch ist zum einen ein komplexes System der Unterrelaxation der Quellterme notwendig um Konvergenz zu erreichen und zum anderen muß zur Lösung der Poisson-Gleichungen eine glatte Startverteilung vorgegeben werden, die am besten durch ein Lösen der entsprechenden Laplace-Gleichungen erreicht werden kann. Die Vorgabe der Randpunkte, Randmaschenweite und Randwinkel ist äußerst interessant zum einen für eine gute Grenzschichtauflösung und zum anderen, um bei zusammengesetzten Gittern glatte Übergänge an den Grenzflächen zu erreichen. Naar und Schönung (1986) haben ein Verfahren zur Erzeugung zweidimensionaler C- und H-Gitter entwickelt, das auf der Idee von Sorenson (1980) beruht. Bei diesem können numerische Netze in einfach und mehrfach zusammenhängenden Gebieten erzeugt werden, und zwar unter punktweiser Vorgabe der Randmaschenweite und des Randwinkels. In Abb. 27a ist ein derart erzeugtes C-Gitter für eine Turbinenschaufel gezeigt. Die Gitterlinien sind entlang der Schaufeloberfläche sehr stark konzentriert, wodurch Seitenverhältnisse der Maschenweiten bis zu 1:100 auftreten. Abb. 27b zeigt ein H-Netz in einem Teil eines periodischen Turbinengitters wiederum mit Gitterpunktkonzentrationen in Schaufelwandnähe. Bei diesem Netz wurde die Vorgabe so gewählt, daß entlang der Schaufelwand ein Randwinkel von 90° vorgeschrieben wurde, um ein randorthogonales Gitter zu erreichen, und entlang des Schnittes ein Winkel von 55°, um einen glatten Übergang der verhefteten Netze zu gewährleisten.

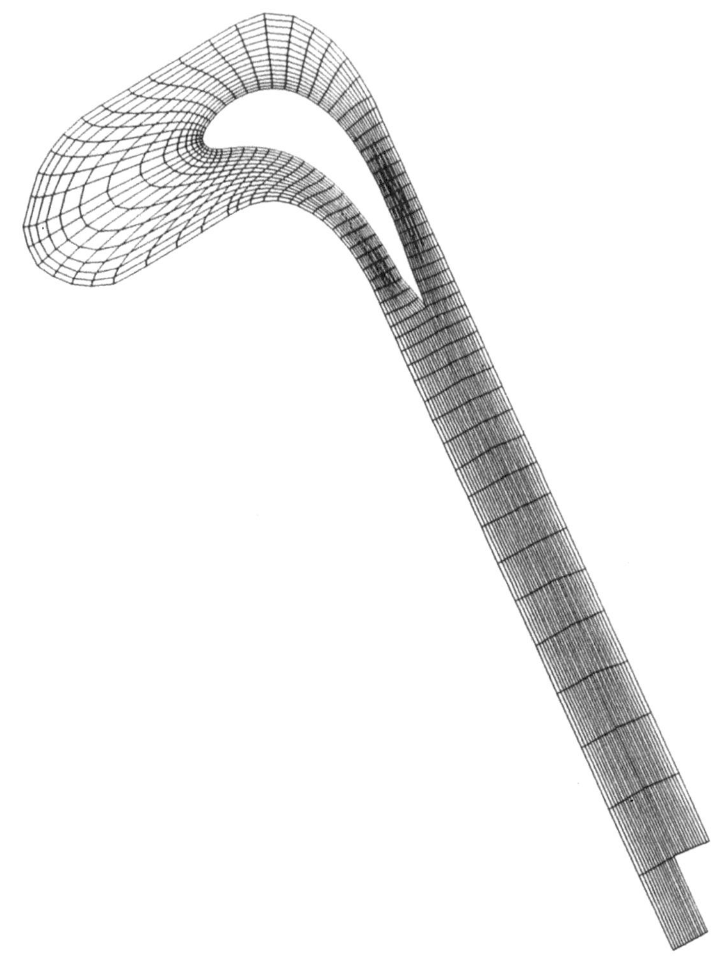

Abb.27a: C-Gitter um ein VKI1-Turbinenprofil

Die bisher vorgestellten differentiellen Netzerzeugungsverfahren sind prinzipiell auf drei Dimensionen erweiterbar und wurden größtenteils schon erweitert. Bei den Verfahren, die auf der Lösung der Laplace-Gleichungen unter Berücksichtigung der Cauchy-Riemannschen Bedingungen basieren, kann Orthogonalität im Dreidimensionalen jedoch nicht mehr gesichert werden. Shieh (1984) erweiterte die Methode von Sorenson (1980) auf drei Dimensionen und konnte durch iterative Berechnung der drei Quellterme randorthogonale Gitter erzeugen. Wie schon erwähnt, stellt bei dreidimensionalen Problemen die Generierung von Oberflächengittern eine Hauptaufgabe dar. Ein differentielles Verfahren hierfür schlägt Warsi (1986) vor, das auf der Gauß-Gleichung für eine Oberfläche basiert und bei dem die zweidimensionale Beltrami-

Differentialgleichung 2. Ordnung gelöst wird. In die Koeffizienten dieser Differentialgleichung geht der Krümmungsradius der Oberfläche ein und bei einer ebenen Fläche
reduziert sich der Beltrami-Operator auf den Laplace-Operator. Das Erzielen einer glatten
Lösung setzt bei diesem Verfahren eine glatte Verteilung der Koeffzienten und somit eine
glatte Verteilung des Krümmungsradius der Oberfläche, auf der das Gitter generiert
werden soll, voraus.

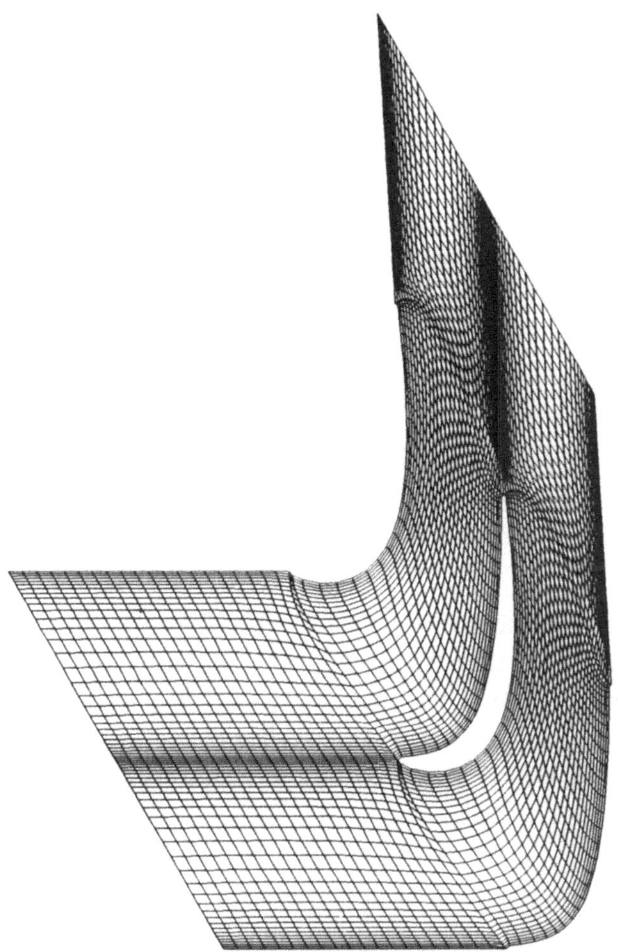

Abb.27b: H-Netz in einem periodischen Turbinengitter

<u>Hyperbolische Verfahren.</u> Bei Verfahren, die auf der Lösung hyperbolischer
Differentialgleichungen basieren, müssen keine iterativen Lösungsmethoden angewandt
werden, sondern es können vorwärtsschreitende Verfahren eingesetzt werden. Deshalb
sind sie ein bis zwei Größenordnungen schneller als elliptische Gittergenerierungs-

90

verfahren. Entsprechend dem Charakter der eingesetzten Differentialgleichungen können bei ihnen jedoch nur auf dem inneren Rand Randbedingungen vorgegeben werden, die äußere Berandung ist nicht vorgebbar und es sind deshalb solche Verfahren nur für Umströmungen geeignet. Weiterhin haben die hyperbolischen Differentialgleichungen keine Glättungseigenschaften. Singularitäten auf der Berandung pflanzen sich deshalb ins Innere des Gebietes fort. Zudem können Netzüberschneidungen bei konkaven Gebieten auftreten. Ein hyperbolisches Generierungsverfahren für zweidimensionale Gitter haben Steger und Chaussee (1980) entwickelt; Bridgeman et al. (1982) erweiterten dieses Verfahren für dreidimensionale Probleme und führten Berechnungen um Tragflügel durch.

Parabolische Verfahren. Bei den parabolischen Generierungsverfahren werden wiederum von einem Rand ausgehend die Differentialgleichungen fortschreitend gelöst. In den parabolischen Differentialgleichungen treten senkrecht zur Hauptrichtung Glättungsterme auf, wodurch gewisse Glättungseigenschaften gewährleistet sind. Parabolische Gittergenerierungsverfahren sind bisher kaum verbreitet. Nakamura (1982) entwickelte ein Verfahren zur Generierung zweidimensionaler Gitter um Tragflügel und Edwards (1985) stellte ein dreidimensionales Verfahren vor, bei dem Quellterme eingeführt werden, die der Kontrolle von Randmaschenweite und Randwinkel sowie zur Festlegung der Lage der Punkte auf dem äußeren Rand dienen.

Biharmonische Gleichung. Ein Verfahren, das auf der Lösung der biharmonischen Gleichung basiert und bei dem Randpunkte und Randwinkel vorgegeben werden können, entwickelte Sparis (1985) für zweidimensionale Gitter. Zur Lösung wird die biharmonische Gleichung in eine Poisson- und eine Laplace-Gleichung aufgespalten. Bei dem Verfahren sind Netzüberschneidungen möglich und es können keine Netzlinienkonzentrationen vorgegeben werden.

Eine Reihe von Verfahren verwenden eine Kombination verschiedener Generierungsmethoden. Chen et al. (1985) setzen im Nahfeld eines umströmten Körpers ein differentielles Verfahren ein, das auf der Lösung der Poisson-Gleichungen beruht und im Fernfeld konforme Abbildungen. Zhu (1988) verwendet ein algebraisches Verfahren zur Generierung der Oberflächengitter und im Innern des dreidimensionalen Gebietes eine auf drei Dimensionen erweiterte Version der Methode von Sorenson (1980).

Am Ende des Abschnitts über differentielle Netzerzeugungsverfahren sollte noch auf die Variationsmethoden hingewiesen werden, bei denen das numerische Gitter durch Minimierung gewisser Funktionale erzeugt wird. Da diese Verfahren meist zur Generierung adaptiver Gitter eingesetzt werden, wird auf sie in Abschnitt 5.3 eingegangen.

<u>Beurteilung</u>

Die Generierung numerischer Gitter für beliebige Geometrien ist nur möglich, falls Randbedingungen auf sämtlichen Berandungsflächen vorgegeben werden können. Dies ist nur bei der Lösung elliptischer Differentialgleichungen möglich. Deshalb haben hyperbolische und parabolische Netzerzeugungsverfahren trotz geringerer Rechenzeiten, die sie benötigen, bisher wenig Verbreitung gefunden und werden nur zur Generierung von Gittern für Umströmungsberechnungen eingesetzt. Wenig Erfahrung liegt bei Verfahren vor, die auf der Lösung der biharmonischen Gleichung beruhen. Die Generierung orthogonaler Gitter mit Hilfe der Laplace-Gleichungen ist im allgemeinen nur im Zweidimensionalen möglich, jedoch treten bei diesen Verfahren Verschiebungen der Randpunkte auf, so daß scharfe Ecken und Kanten auf den Berandungsflächen geometrisch nicht gut aufgelöst werden. Weiterhin bestehen bei der Lösung der Laplace-Gleichungen weniger Möglichkeiten, Netzlinien zu konzentrieren. Unter den Verfahren, bei denen die Poisson-Gleichungen gelöst werden, sind jene besonders interessant, bei denen die Randwinkel vorgegeben werden. Dadurch können einerseits randorthogonale Gitter erzeugt werden und weiterhin werden glatte Übergänge bei blockstrukturierten Gittern erreicht. Derartige Verfahren erfordern jedoch eine iterative Berechnung der Quellterme, wodurch längere Rechenzeiten und eventuell Stabilitätsprobleme in Kauf genommen werden müssen.

5.2.5 <u>Vergleich algebraischer und differentieller Generierungsverfahren</u>

Sowohl bei der algebraischen wie bei der differentiellen Gittererzeugung können Netzüberschneidungen nicht völlig ausgeschlossen werden, falls Verfahren Anwendung finden, die eine Gitterpunktsteuerung ermöglichen. Bei beiden Methoden wurden Verfahren entwickelt, die die Vorgabe von Randwinkeln und Randmaschenweiten sowie Gitterpunktkonzentrationen ermöglichen und glatte Gitter gewährleisten. Hierzu ist jedoch eine Steuerung des Generierungsverfahrens notwendig, die bei den differentiellen Methoden im allgemeinen weniger Erfahrung voraussetzt, da bei den algebraischen

Methoden das Einfügen von Trennflächen problematisch sein kann. Die algebraischen Methoden benötigen bedeutend kürzere Rechenzeiten und ermöglichen deshalb ein interaktives Arbeiten. Bei der Generierung von Oberflächengittern im Dreidimensionalen werden meistens algebraische Verfahren eingesetzt, da im allgemeinen die Angaben zur Parametrisierung der Oberfläche vorliegen.

5.3 Adaptive Gitter

Die Möglichkeit, die Gitterpunktdichte in Gebieten mit starken Gradienten zu erhöhen, um dort eine gute numerische Auflösung zu erhalten, ist ein bedeutender Vorteil bei der numerischen Gittergenerierung. Die Lage der Gebiete mit starken Gradienten ist nur teilweise im vorhinein bekannt, wie z.B. bei Wandgrenzschichten oder eventuell bei Scherschichten. Oft treten jedoch steile Gradienten in Gebieten auf, die vorher nicht lokalisierbar sind, wie es z.B. bei Strömungen mit Stößen und Flammenfronten der Fall ist. Für derartige Strömungen wurde ursprünglich die Methode der adaptiven Gitter entwickelt. Bei dieser Methode wird das numerische Gitter der Lösung der strömungsmechanischen Grundgleichungen angepaßt, d.h. das Gitter wird während des Lösungsprozesses verändert. Hierbei muß zum einen die Frage geklärt werden, in welchen Gebieten eine höhere Gitterpunktdichte benötigt wird. Dies bedeutet, daß Kriterien entwickelt werden müssen, die eine Aussage über den lokalen Abbruch- bzw. Lösungsfehler ermöglichen. Zum anderen muß festgelegt werden, wie in diesen Gebieten das Gitter verfeinert wird.

Bei der adaptiven Gittergenerierung wurden prinzipiell zwei verschiedene Arten der Gitterverfeinerung entwickelt. Zum einen die Methoden der <u>globalen</u> Gitterverfeinerung, bei denen das gesamte Gitternetz so verschoben wird, daß in das betreffende Gebiet mehr Gitterpunkte fallen. Da die Gesamtzahl der Punkte gleich bleibt, sind im Restgebiet weniger Punkte vorhanden, d.h. es wird ein neues Gitter mit gleicher Gitterpunktanzahl und entsprechend veränderter Gitterpunktkonzentration generiert. Bei den Methoden der <u>lokalen</u> Gitterverfeinerung werden in das zu verfeinernde Gebiet mehr Gitterpunkte gelegt oder ein neues Netz mit mehr Gitterpunkten darüber gelegt. Das Netz im Restgebiet bleibt unverändert, d.h. insgesamt erhöht sich bei der lokalen Gitterverfeinerung die Gitterpunktanzahl. Bei den globalen und lokalen Gitterverfeinerungsmethoden ist zuerst das Gebiet festzulegen, in dem mehr Gitterpunkte benötigt werden. Hierfür sind die Vorgehensweisen bei beiden Methoden ähnlich und basieren auf der Bestimmung der Gradienten oder der Glattheit der Lösung sowie auf Abschätzungen des Lösungsfehlers.

Globale Gitterverfeinerung

Bei der globalen Gitterverfeinerung wird ausgehend von einem bestehenden Netz ein neues Gitter automatisch so generiert, daß in den gewünschten Gebieten eine höhere Gitterpunktkonzentration auftritt. Bei der Neuverteilung der Gitterpunkte sind eine Reihe von Kriterien zu berücksichtigen. Die Gitterpunkte sollten in den Gebieten mit hohen Lösungsfehlern konzentriert werden, jedoch sollten keine Gebiete auftreten, in denen das Netz zu sehr ausgedünnt wird. Weiterhin sollte die Glattheit des Gitters durch das Verschieben der Gitterpunkte nicht zu sehr beeinträchtigt werden und schließlich sollten auf Grund der Gitterpunktverschiebungen nicht zu große Verzerrungen, d.h. Seitenverhältnisse der Gittermaschen sowie zu große Volumenverhältnisse benachbarter Gittermaschen, auftreten.

Die einfachsten Ansätze zur Neuverteilung der Gitterpunkte gehen von einer eindimensionalen Vorgehensweise aus, bei der gemäß der Beziehung

$$\int_{x_i}^{x_{i+1}} w(x)dx = konstant \tag{5.16a}$$

eine gewichtete Gitterweite gleichverteilt wird, d.h. das generierte Gitter mit den Maschenweiten Δx_i erfüllt die Relation

$$w_i \cdot \Delta x_i = konstant \tag{5.16b}$$

wobei w(x) die zu wählende Gewichtsfunktion ist. Analoge Überlegungen können anstatt in der physikalischen x-Ebene in der ξ-Rechenebene durchgeführt werden und führen zu der Aufgabe, das Integral

$$I = \int_0^1 w(\xi)x_\xi^2 d\xi \tag{5.17}$$

zu minimieren, was z.B. durch Lösen der Eulerschen Variationsgleichung möglich ist. Diese Aufgabe entspricht der Minimierung der Energie in einem System von durch Federn verbundenen Punkten, die den Gitterknoten entsprechen. Andere Minimierungsaufgaben sind möglich und führen zu analogen Integralen (siehe Thompson et. al. (1985)). Als Gewichtsfunktionen w(x) werden die verschiedensten Funktionen der Lösung ϕ der strömungsmechanischen Grundgleichungen verwendet. Zum einen wird der Gradient der Lösung

94

$$w(x) = \frac{\partial \phi}{\partial x} \qquad (5.18\text{a})$$

eingesetzt, was zu großen Gitterpunktabständen führt, wenn ϕ sehr flach verläuft. Eine Verbesserung ergibt sich durch die Verwendung der Beziehung

$$w(x) = \sqrt{1 + \left(\frac{\partial \phi}{\partial x}\right)^2} \qquad (5.18\text{b})$$

durch die jedoch steile Gradienten nicht genügend genau aufgelöst werden. Eine weitere Möglichkeit besteht darin, die Glattheit der Lösung oder die Krümmung der Lösung in der Gewichtsfunktion zu berücksichtigen, wie es z.B. bei der Beziehung

$$w(x) = 1 + \alpha^2 \left| \frac{\frac{\partial^2 \phi}{\partial x^2}}{\left(1 + \left(\frac{\partial \phi}{\partial x}\right)^2\right)^{3/2}} \right| \qquad (5.18\text{c})$$

der Fall ist. Die so gewählte Gewichtsfunktion ergibt eine Gitterpunktkonzentration in Gebieten, in denen die Lösung eine große Krümmung aufweist. Im allgemeinen wird als Gewichtsfunktion eine Beziehung verwendet, in die eine Kombination der Gradienten und der Glattheit der Lösung eingeht. Dwyer et al. (1980, 1982) verwenden eine Kombination des Gradienten sowie der Krümmung der Lösung, Gnoffo (1982, 1983) setzt als Gewichtsfunktion den Gradienten der Lösung ein und White (1982) verwendet die Krümmung als Gewichtsfunktion.

Eine Erweiterung der eindimensionalen Gleichverteilung einer gewichteten Gitterweite für mehrdimensionale Probleme ist zum einen dadurch möglich, daß die beschriebene Vorgehensweise entlang einer vorgegebenen Linie angewandt wird, wobei die Koordinate x durch die Bogenlänge ersetzt wird. Zum anderen besteht die Möglichkeit, die eindimensionale Vorgehensweise in beide Koordinatenrichtungen anzuwenden. Hierbei können jedoch Gitterverzerrungen auftreten, falls die Gitterpunktverschiebung in die verschiedenen Koordinatenrichtungen entkoppelt durchgeführt wird. Nakahashi und Deiwert (1985, 1986) erweiterten die Methode von Gnoffo (1982) auf zwei und drei Dimensionen und führten entsprechend der Federanalogie Torsionsfedern ein, um Gitterverzerrungen zu vermeiden. Arney und Flaherty (1986) bestimmen ein Rechtecks-Gebiet, innerhalb dessen der Lösungsfehler einen gegebenen Wert überschreitet. Zur Gitterverfeinerung verschieben sie die Gitterpunkte entlang den Hauptachsen dieses Gebiets.

Einen anderen Ansatz zur globalen Gitterverfeinerung, der auf der Variationsmethode beruht, wählten Saltzman und Brackbill (1982). Bei ihrem Verfahren wird das Integral

$$I = \alpha_1 I_S + \alpha_2 I_O + \alpha_3 I_V \tag{5.19}$$

minimiert, das aus den gewichteten Anteilen der folgenden drei Integrale besteht:

$$I_S = \iint \left[(\nabla \xi)^2 + (\nabla \eta)^2 \right] dx dy \tag{5.20a}$$

$$I_O = \iint (\nabla \xi \cdot \nabla \eta)^2 J^3 dx dy \tag{5.20b}$$

$$I_V = \iint w(x, y) J dx dy \tag{5.20c}$$

Das Integral in Gleichung (5.20a) stellt ein Maß für die Glattheit des numerischen Gitters und das Integral (5.20b) für die Orthogonalität oder Gitterverzerrung dar. In dem Integral (5.20c) wird das gewichtete Volumen einer Gittermasche berechnet. Die gewichtete Summe dieser Integrale muß durch Lösen der entsprechenden Differentialgleichung minimiert werden. Für die Gewichtsfunktion w(x,y), die analog wie bei den eindimensionalen Verfahren ein Maß für den Lösungsfehler sein muß, wird der Betrag des Druckgradienten verwendet. Der Nachteil des Verfahrens von Saltzmann und Brackbill (1982) ist dessen hohe Rechenzeit. Ein ähnliches Verfahren entwickelten Kennon und Dulikravich (1986) sowie Carcaillet et al. (1986), die jedoch ihr Verfahren nicht zur adaptiven Gittergenerierung einsetzen, sondern ihre Methode zur Nachkorrektur eines schon generierten Gitters empfehlen. Hierbei konnten sie sowohl im Zweidimensionalen wie auch im Dreidimensionalen glattere und weniger verzerrte Gitter erreichen und zwar auch bei Gittern, deren Linien sich zuvor überschnitten. Kreis et al. (1986) untersuchten, basierend auf der Methode von Saltzman und Brackbill (1982), den Einfluß der Punktkonzentration entlang der Berandung und Oskam und Huizing (1986) konstruierten mit der gleichen Methode komplette dreidimensionale blockstrukturierte Gitter um Flugzeuge, wobei sie den Einfluß verschiedener Gewichtsfunktionen untersuchten. Ein Beispiel eines adaptiven Gitters, das mit der Methode von Saltzmann und Brackbill (1982) generiert wurde und zur Berechnung einer Strömung mit einem reflektierendem Stoß dient, zeigen Thompson et al. (1985) und ist in Abb.28 dargestellt.

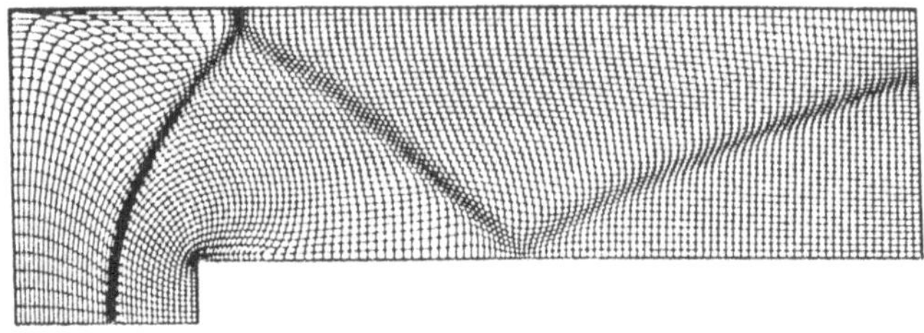

Abb.28: Adaptiv generiertes Gitter; Thompson et al. (1985)

Bei der Beurteilung der adaptiven Gittergenerierungsverfahren mit globaler Gitterverfeinerung können zwei Vorteile genannt werden. Zum einen bleibt die Gitterpunktanzahl gleich, d.h. es wird keine höhere Anzahl von Gitterpunkten benötigt. Zum zweiten
sind keine Änderungen im Verfahren zur Lösung der strömungsmechanischen Grundgleichungen notwendig, da die Struktur des numerischen Gitters sich nicht verändert und
somit globale Gitterverfeinerungsmethoden relativ rasch implementiert werden können.
Diesen beiden Vorteilen stehen jedoch eine Reihe von Nachteilen gegenüber, die Caruso
et al. (1985) aufgezeigt haben. Die Gitterpunktverteilung ist stark an die Gewichtsfunktion gekoppelt, die auf Grund der in ihr auftretenden Ableitungen eventuell
oszillierenden Charakter hat. Deswegen ist es bei vielen Verfahren notwendig, die
Gewichtsfunktion zu glätten. Bei den einfachen Verfahren, die auf der Gleichverteilung
einer gewichteten Gittermaschenweite beruhen, kann bei mehrdimensionalen Gittern das
Problem der Gitterverzerrung, ungenügender Gitterglattheit sowie zu stark verdünnter
Netze auftreten. Bei den Verfahren, die auf der Variationsmethode beruhen, ist dies nicht
der Fall, jedoch müssen sehr hohe Rechenzeiten in Kauf genommen werden.

Lokale Gitterverfeinerung

Auch bei der lokalen Gitterverfeinerung muß zuerst das Gebiet festgelegt werden,
innerhalb dessen das Gitter verfeinert werden muß. Dies wird analog zur schon
skizzierten Vorgehensweise bei den globalen Gitterverfeinerungsmethoden mit Hilfe des
Gradienten, der zweiten Ableitung oder der Krümmung der Lösung, d.h. einer Größe,
die vom Lösungsfehler abhängt, erreicht. Bei den lokalen Gitterverfeinerungsmethoden
geht jedoch der Lösungsfehler nicht direkt in die Bestimmung der Gittermaschenweite
ein, sondern dient nur der Festlegung der Gebietsberandung innerhalb der das Gitter

verfeinert wird. Deshalb spielen hier eventuelle Schwankungen in der Approximation des Lösungsfehlers keine Rolle. Es bestehen prinzipiell zwei verschiedene Möglichkeiten, lokale Gitterverfeinerungen durchzuführen. Zum einen können Punkte in ein bestehendes Gitter eingefügt werden und zum anderen kann ein neues Gitter überlagert werden.

Ein Verfahren, bei dem lokal Punkte eingefügt werden, haben Dwyer et al. (1982) entwickelt. Das Gebiet, innerhalb dessen Gitterverfeinerungen durchgeführt werden, wird analog wie bei ihrer globalen Gitterverfeinerungsmethode festgelegt. Murman und Baron (1983) verwenden den Gradienten sowie die zweite Ableitung der Lösung zur Festlegung des Gebietes und halbieren in dem zu verfeinernden Gebiet lokal die Gitterweite. Bei beiden Verfahren ist eine aufwendige Buchhaltung zur Indizierung und Erfassung benachbarter Gittermaschen notwendig und es können auf Grund der lokalen Festlegung Löcher in den Verfeinerungsgebieten auftreten. Luchini (1987) entwickelte ein Verfahren, bei dem einzelne Punkte hinzugefügt oder weggenommen werden können, wobei die Gitterknoten jeweils im Zentrum eines symmetrischen Kreuzes liegen, das durch die Nachbarpunkte gebildet wird.

Bisher wurde bei den lokalen Gitterverfeinerungsverfahren nur sehr selten überlagerte Gitter eingesetzt. Berger (1982) sowie Berger und Oliger (1984) stellen ein Verfahren vor, das auf zwei neuen Ansätzen beruht und zwar der Gebietsfestlegung mit Hilfe der Richardson-Extrapolation sowie der Verwendung eines beliebig orientierten Rechtecksgebietes, innerhalb dessen das Gitter verfeinert wird. Bei der Richardson-Extrapolation wird die numerische Lösung auf einem Gitter und die Lösung auf einem Gitter mit halbierter Maschenweite dazu verwendet, eine Abschätzung für den Lösungsfehler zu erhalten. Überschreitet dieser an einem Knotenpunkt eine gegebene Schranke, so wird der entsprechende Knoten als fehlerbehaftet markiert. Das Rechteck wird nun um die so markierten Punkte mit beliebiger Orientierung gelegt, wie z.B. in Abb. 29 skizziert ist.

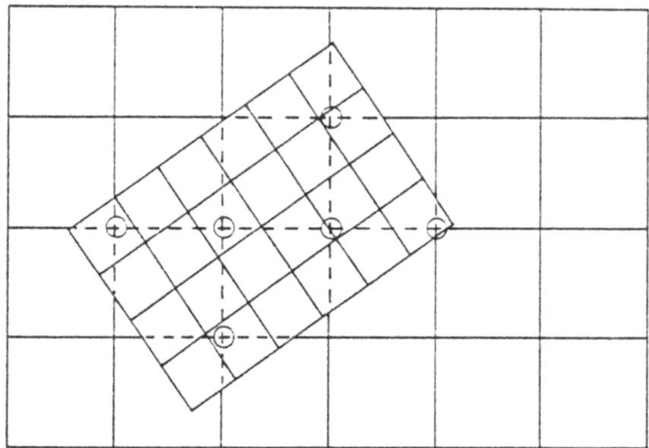

Abb.29: Überlagertes Gitter bei lokaler Gitterverfeinerung

Der Vorteil dieser Vorgehensweise liegt zum einen darin, daß für die Rechtecksgebiete einfache Lösungsalgorithmen verwendet werden können, da die geometrische Berandung sehr einfach ist. Zum anderen kann das Rechtecksgebiet so gedreht werden, daß die Gitterlinien des verfeinerten Netzes parallel zu den Stromlinien liegen und somit numerische Diffusion vermieden wird. Jedoch sind auch eine Reihe von Nachteilen zu erwähnen. Zum einen sind zwei Lösungen zur Anwendung der Richardson-Extrapolation notwendig. Weiterhin ist die Struktur des Berechnungsverfahrens zur Lösung der strömungsmechanischen Grundgleichungen bedeutend komplexer, um Berechnungen in den ineinandergeschachtelten Rechtecksgebieten durchführen zu können. Zur Bestimmung der Randbedingungen auf den Recktecksgebieten sind Interpolationen notwendig, die Fehler einbringen können. Des weiteren sind die Wechselwirkungen zwischen der Grobgitter- und der Feingitterlösung problematisch, insbesondere dann, wenn entlang eines Rechtecksrandes sowohl Zuström- wie Ausströmrandbedingungen vorgegeben werden müssen.

Berger und Jameson (1985) setzten die Methode zur Berechnung transsonischer Strömungen mit Hilfe der Euler-Gleichung ein und erreichten gegenüber einem nicht lokal verfeinerten Gitter eine um den Faktor 20 kürzere Rechenzeit. Fuchs (1986) wendete die Methode in Verbindung mit einem Mehrgitterverfahren an und konnte die gleiche Konvergenzrate wie mit einem global verfeinerten Gitter erzielen.

Gegenüber der globalen Gitterverfeinerung haben Verfahren, die auf der lokalen Gitterverfeinerung beruhen, den Vorteil, daß bei den verfeinerten Gittern keine Verzerrungsprobleme oder Probleme der Gitterglattheit auftreten. Bei der lokalen Gitterverfeinerung ist jedoch das Verfahren zur Lösung der strömungsmechanischen Grundgleichungen bedeutend komplexer. Neueste Entwicklungen auf dem Gebiet der Gittergenerierung sowie der Lösung der strömungsmechanischen Grundgleichungen gehen in Richtung der Verwendung nicht-strukturierter Netze auch bei Finiten-Differenzen- bzw. Finiten-Volumen Verfahren. Bei diesen Netzen können lokale Gitterverfeinerungen algorithmisch problemlos durchgeführt werden, jedoch müssen die Nachbarn eines gegebenen Kontrollvolumens mit Hilfe eines sogenannten Zeigersystems markiert werden und die Matrizen der zu lösenden Gleichungssysteme haben nicht mehr Bandstruktur.

Zusammenfassung

Die Lösung der strömungsmechanischen Grundgleichungen kann mit Hilfe der adaptiven Gittergenerierung rechenzeitökonomisch erreicht werden. Hierbei ist jedoch nicht zu vernachlässigen, daß für die adaptive Gittergenerierung einige Rechenzeit benötigt wird, und zwar bei der globalen Gitterverfeinerung für die neue Generierung des Gitters und bei der lokalen Gitterverfeinerung für die Interpolationen zur Bestimmung der Randwerte auf dem Gebietsrand. Bei zeitabhängigen Problemen mit zeitlich sich lokal verändernden steilen Gradienten sind adaptive Gitter immer von Vorteil. Besonders effizient wird in Zukunft ihr Einsatz in Verbindung mit nicht-strukturierten Netzen sein.

6 Anordnung der Variablen

Im letzten Kapitel wurden verschiedene Methoden zur Generierung numerischer Gitter vorgestellt. Wie in Kapitel 4 gezeigt wurde, werden bei den Finiten-Differenzen Verfahren die Differenzenquotienten an den durch das numerische Gitter definierten Knotenpunkten gebildet (siehe Abb. 5). Bei den Finiten-Volumen Verfahren werden die Kontrollvolumina um die Knotenpunkte, an denen die Variablen abgespeichert sind, gelegt (siehe Abb. 6). Diese Punkte müssen nicht notwendigerweise mit den durch das Gitter gebildeten Knotenpunkten zusammenfallen. Sind sämtliche Variablen an den Gitterknotenpunkten abgespeichert, so spricht man von einem sogenannten nicht-versetzten oder auch nicht-gestaffelten Gitter (in Englisch: non-staggered oder cell-centered grid). Sind jedoch die Geschwindigkeitskomponenten versetzt zu den Gitter-knotenpunkten angeordnet, so handelt es sich um ein gestaffeltes oder versetztes Gitter (staggered grid). In diesem Kapitel wird gezeigt, welche Überlegungen der versetzten Anordnung der Geschwindigkeitskomponenten zu Grunde liegen und welche Vor- und Nachteile eine gestaffelte bzw. nicht-gestaffelte Anordnung besitzt. Weiterhin werden verschiedene Möglichkeiten einer versetzten Anordnung bei allgemeinen krummlinigen Koordinaten vorgestellt.

Bei den kompressiblen Verfahren, bei denen die Geschwindigkeitskomponenten aus den Impulsgleichungen, die Dichte aus der Kontinuitätsgleichung und die Druckverteilung über die Zustandsgleichung erhalten werden, kommen ausnahmslos nicht-gestaffelte Anordnungen zum Einsatz (siehe MacCormack (1985)). Wie weiter unten gezeigt wird, besitzt die nicht-gestaffelte Anordnung eine Reihe von Vorteilen und wird deshalb immer verwendet, falls dadurch bedingt keine Probleme auftreten. Bei den kompressiblen Verfahren ist die Dichteverteilung über die Kontinuitätsgleichung eng mit der Ge-schwindigkeitsverteilung verknüpft. Mit Hilfe der aus der Zustandsgleichung berechneten Druckverteilung wird der Druckgradient bestimmt, der als treibende Kraft in die Impulsgleichungen eingeht. Auf Grund dieser engen Verknüpfung der Variablen treten im allgemeinen bei den kompressiblen Verfahren keine Kopplungsprobleme zwischen Geschwindigkeit und Druck auf. Entsprechendes gilt auch für die Verfahren, die die Methode der künstlichen Kompressibilität verwenden (siehe Kapitel 8) und bei denen demzufolge ausnahmslos die nicht-gestaffelte Anordnung der Variablen eingesetzt wird.

Demgegenüber können bei nichtversetzter Anordnung Entkopplungsprobleme bei inkompressiblen Verfahren auftreten. Bei diesen werden die Geschwindigkeitsver-teilungen aus den entsprechenden Impulsgleichungen berechnet und die Druckverteilung entweder mit Hilfe einer modifizierten Kontinuitätsgleichung oder durch eine gekoppelte Lösung der Impulsgleichungen und der Kontinuitätsgleichung bestimmt. Da der Druck in der Kontinuitätsgleichung nicht auftritt, stellt diese eine Art Zusatzbedingung dar. Die Stabilität eines inkompressiblen Verfahrens hängt, da die Geschwindigkeit direkt mit dem Druck verknüpft ist, sehr stark davon ab, wie die Druckgradienten in den Impulsgleichungen und die Geschwindigkeitsgradienten in der Kontinuitätsgleichung bestimmt werden.

Entkopplung der Variablen

Das Problem der Variablenentkopplung wird anhand eines Finite-Volumen Verfahrens zur eindimensionalen Berechnung einer Strömung mit konstanter Dichte deutlich. Das nicht-versetzte Gitter ist in Abb. 30 zusammen mit dem skizzierten Kontrollvolumen dargestellt.

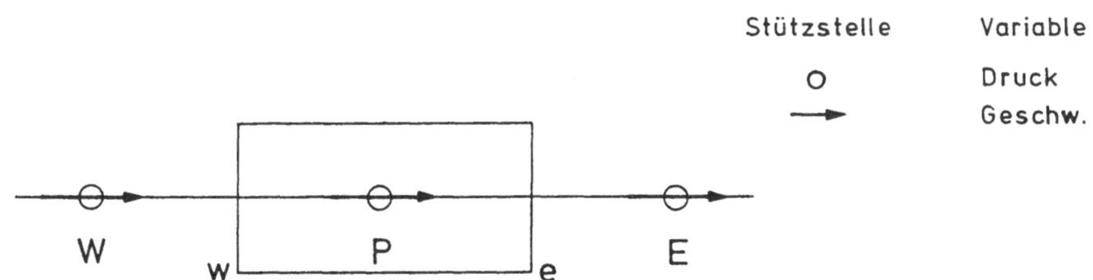

Abb.30: Eindimensionales nicht-versetztes Gitter für ein FV-Verfahren

Bei konstanter Dichte reduziert sich die Kontinuitätsgleichung auf

$$\frac{du}{dx} = 0 \qquad (6.1a)$$

die integriert über das Kontrollvolumen die folgende Beziehung ergibt:

$$u_e - u_w = 0 \qquad (6.1b)$$

wobei der Index e bzw. w den Wert der Geschwindigkeit an der Ost (East)- bzw. West-Seitenfläche des Kontrollvolumens bezeichnet. Die Verwendung linearer Interpolationen führt zu der Gleichung

$$u_E - u_W = 0 \qquad (6.1c)$$

bei der die Geschwindigkeiten nur an jedem zweiten Knoten des numerischen Gitters miteinander verknüpft sind. Dies bedeutet, daß die Werte an allen geraden Knotenpunkten miteinander verknüpft sind und entkoppelt davon die Werte an allen ungeraden Knotenpunkten. Ursache hierfür ist die Tatsache, daß nur der Gradient der Geschwindigkeit in der Kontinuitätsgleichung auftritt. Als Ergebnis einer solchen Entkopplung der geraden und ungeraden Knotenpunkte kann sich eine sägezahnförmige Geschwindigkeitsverteilung einstellen, wie sie zum Beispiel in Abb. 31 skizziert ist.

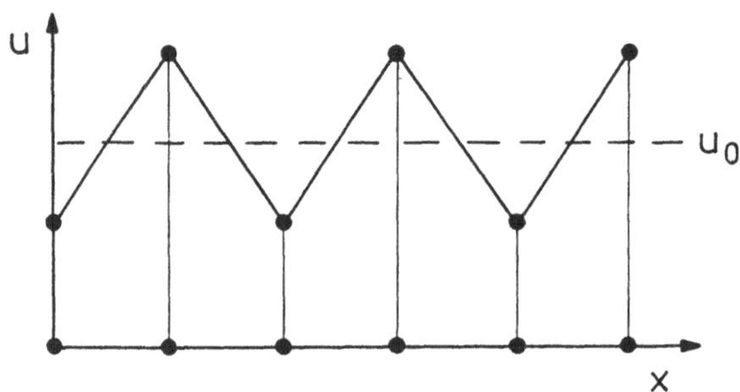

Abb.31: Sägezahnförmige Geschwindigkeitsverteilung bei Entkopplung der geraden und ungeraden Knotenpunkte

Analog dazu tritt in der Impulsgleichung nur der Gradient des Druckes auf, der integriert über das Kontrollvolumen unter Verwendung linearer Interpolationen die folgende Beziehung für die Druckwerte an den Gitterknotenpunkten ergibt:

$$\int \frac{dp}{dx}dx = p_e - p_w = \frac{1}{2}(p_E - p_W) \tag{6.2}$$

Bei dieser Beziehung wird der Druckgradient im Prinzip durch die Werte auf einem Gitter mit doppelter Maschenweite approximiert (siehe Abb. 30). Beziehung (6.2) ist analog zu Gleichung (6.1c) und führt wiederum zu einer Entkopplung der Werte auf den geraden und ungeraden Knotenpunkten.

<u>Vermeidung von Entkopplungsproblemen</u>

Es wurden eine Reihe verschiedenster Vorgehensweisen entwickelt, um dieses für die inkompressiblen Verfahren typische Problem zu umgehen. Am einfachsten und am weitesten verbreitet ist die Verwendung eines gestaffelten Gitters, bei dem, wie Abb.32 zeigt, die Geschwindigkeitswerte versetzt zwischen den Knotenpunkten, an denen der Druck oder andere Skalargrößen abgespeichert sind, angeordnet werden. Entsprechend sind die Kontrollvolumina für die Kontinuitätsgleichung (um die Knoten für den Druck) versetzt zu den Kontrollvolumina für die Impulsgleichung (um den

Knoten für die Geschwindigkeit). Die Integration der Kontinuitätsgleichung (6.1a) über das entsprechende Kontrollvolumen führt zu der Beziehung

$$\int \frac{du}{dx} dx = u_E - u_P = 0 \tag{6.3a}$$

bei der die Geschwindigkeitswerte an den direkt benachbarten Knotenpunkten miteinander verknüpft werden.

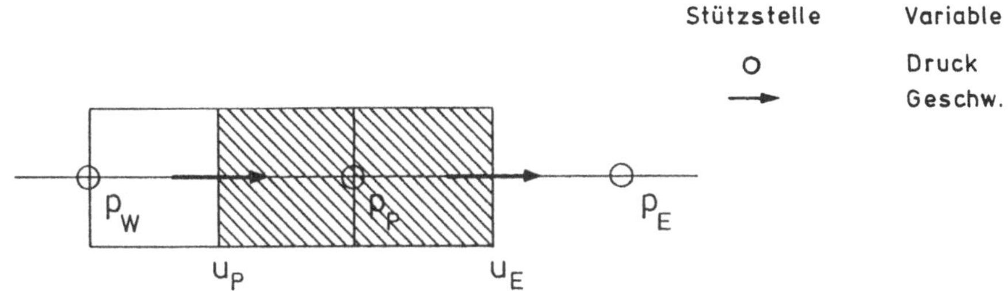

Abb.32: Eindimensionales versetztes Gitter für ein FV-Verfahren

Analoges gilt für die Darstellung des Druckgradienten, für den die Beziehung folgendermaßen lautet:

$$\int \frac{dp}{dx} dx = p_P - p_W \tag{6.3b}$$

Bei zweidimensionalen oder dreidimensionalen Gittern gibt es mehrere Möglichkeiten der gestaffelten Anordnung der Geschwindigkeitskomponenten um den Zentralknotenpunkt, worauf bei der Vorstellung der verschiedenen Verfahren für allgemeine krummlinige Koordinaten eingegangen wird.

Eine weitere Möglichkeit, das Problem der Entkopplung zu vermeiden, ist die Verwendung sogenannter überlappender Kontrollvolumina wie sie in Abb.33 gezeigt werden. Dadurch sind an den Seiten der Kontrollvolumina automatisch Werte der Geschwindigkeitskomponenten abgespeichert und diese Vorgehensweise ist somit ähnlich zu der Verwendung eines gestaffelten Gitters. Ein derartiges Gitter haben Reggio und Camarero (1986,1987) verwendet.

Wie die Herleitung von Gleichung (6.1c) bzw. (6.2) zeigt, treten die Entkopplungsprobleme bei dem nicht-versetzten Gitter durch die Verwendung linearer Interpolationen auf. Eine mehr und mehr angewandte Vorgehensweise besteht nun darin, spezielle

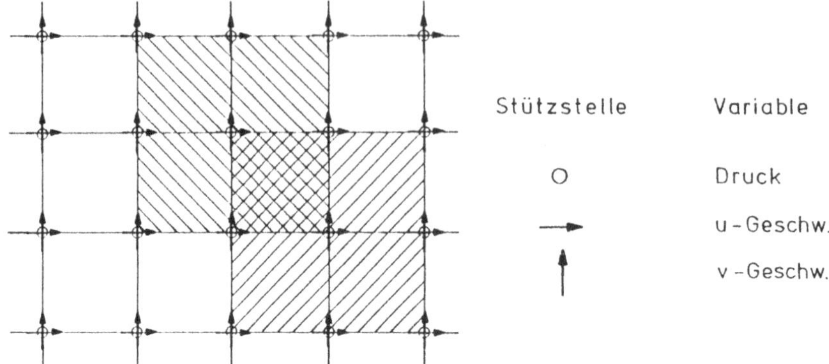

Abb.33: Gitter mit überlappenden Kontrollvolumina

Interpolationen zur Berechnung der Werte an den Kontrollvoluminagrenzflächen zu verwenden. Auf diese Vorgehensweise wird näher im Abschnitt über nicht-gestaffelte Gitter eingegangen.

<u>Vor- und Nachteile einer gestaffelten bzw. nichtgestaffelten Anordnung</u>

Die Diskussion über die Vor- bzw. Nachteile einer gestaffelten oder nicht-gestaffelten Anordnung wird anhand des am meisten verbreiteten gestaffelten Gitters, das eine analoge Erweiterung des in Abb. 32 gezeigten eindimensionalen Gitters ist und das für zwei Dimensionen in Abb. 34 dargestellt ist, durchgeführt.

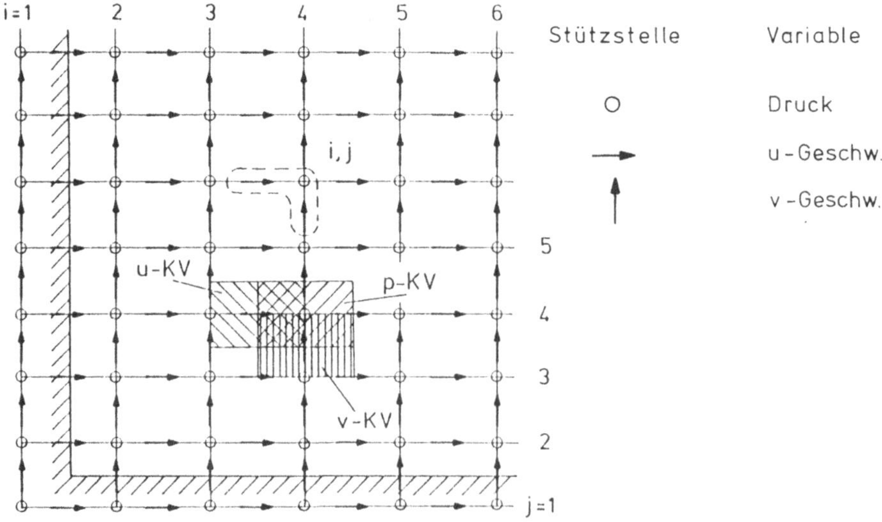

Abb.34: Gestaffeltes Gitter von Harlow und Welch (1965)

Dieses Gitter wurde von Harlow und Welch (1965) vorgeschlagen und bei ihm sind alle Geschwindigkeitskomponenten versetzt angeordnet, wodurch im Dreidimensionalen vier verschiedene Kontrollvolumina benötigt werden. Die folgende Diskussion über die Vor- bzw. Nachteile beschränkt sich auf kartesische Koordinaten. Spezielle Probleme bei der Verwendung krummliniger Koordinaten werden bei der Vorstellung der entsprechenden Verfahren beschrieben.

Der größte Vorteil bei der Verwendung einer gestaffelten Anordnung besteht in der Tatsache, daß keinerlei Entkopplungsprobleme auftreten. Desweiteren ist von Vorteil, daß zum einen die Massenflüsse an den Seitenflächen der um die Zentralknotenpunkte gelegten Kontrollvolumina ohne Interpolation bestimmt werden können und zum anderen die Druckgradienten in den Impulsgleichungen direkt mit Hilfe der an den Knotenpunkten gespeicherten Werte ohne Interpolationen darstellbar sind. Bei den gestaffelten Gittern werden keine Druckwerte entlang der Berandung benötigt, da keine Druck-Knoten auf die Berandung fallen. Den Vorteilen einer gestaffelten Anordnung stehen jedoch eine Reihe von Nachteilen gegenüber. Zum einen müssen bis zu vier verschiedene Kontrollvolumina (im Dreidimensionalen) verwendet werden, wodurch die Indizierung bedeutend komplexer wird und eine größere Anzahl von geometrischen Größen berechnet und abgespeichert werden muß. Durch die versetzt angeordneten Kontrollvolumina ist es schwierig, Berandungen zu beschreiben, da diese teilweise mit den Kontroll- volumenseiten abschließen und teilweise in Kontrollvolumenmitte verlaufen. Weiterhin müssen bei der Verwendung von Mehrgitterverfahren (siehe Kapitel 9), bei denen die Differentialgleichungen abwechselnd auf feinen und groben Gittern gelöst werden, sehr komplexe Interpolationen durchgeführt werden, um die Variablenwerte von einem groben auf ein feines Gitter und zurück zu transferieren. Diese genannten Nachteile treten besonders stark bei dreidimensionalen Problemen in Erscheinung. Da jeweils für eine der Geschwindigkeitskomponente keine Werte auf der Berandung abgespeichert sind (siehe Abb. 34), ist es schwierig, konsistente Randbedingungen für die Geschwindigkeiten zu formulieren. Wie Kreiss (1972) gezeigt hat, führen die dadurch bedingten Unge- nauigkeiten jedoch nicht notwendigerweise zu einem nennenswerten Fehler im gesamten Berechnungsgebiet.

Bei Verwendung einer nicht-gestaffelten Anordnung können im wesentlichen all die bei der gestaffelten Anordnung als Nachteile genannten Punkte in analoger Weise als Vorteile aufgeführt werden und sollen deshalb im einzelnen nicht mehr diskutiert werden. Es liegen die Geschwindigkeits- sowie die Druckknoten auf der Berandung, wie in Abb. 35 für ein zweidimensionales nicht-gestaffeltes Gitter gezeigt wird.

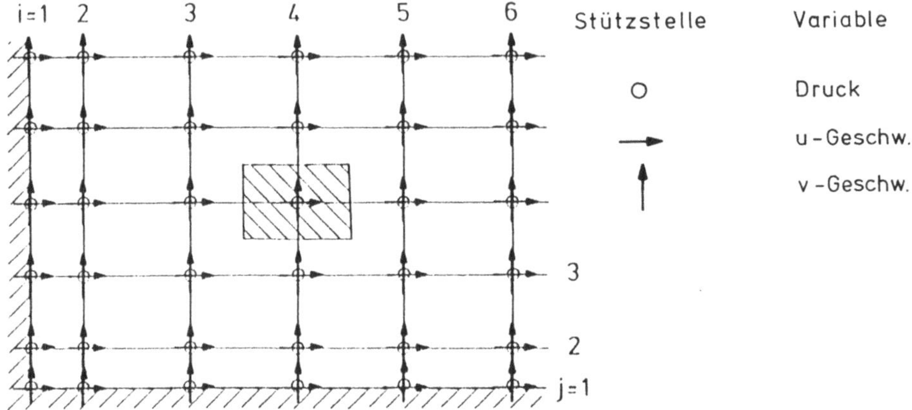

Abb.35: Zweidimensionales nicht-gestaffeltes Gitter

Der größte Vorteil bei einer nicht-gestaffelten Anordnung ist, daß nur ein Kontrollvolumen pro Gitterknoten auftritt. Dadurch ist die Diskretisierung sehr übersichtlich, bei Mehrgitterverfahren können einfachere Interpolationen und Restriktionen verwendet werden und es ist weiterhin eine effizientere Programmierung möglich, da zur Lösung der verschiedenen Transportgleichungen die gleichen geometrischen Größen sowie annähernd die gleichen Koeffizienten benötigt werden. Jedoch sind spezielle Interpolationen notwendig, um Entkopplungen zu vermeiden.

Entkopplungsprobleme aufgrund sich drehender Kontrollvolumina

Bevor auf die einzelnen Verfahren mit unterschiedlicher Variablenanordnung eingegangen wird, sei im folgenden ein Problem angesprochen, das bei der Verwendung kartesischer Geschwindigkeitskomponenten bei gestaffelten Gittern entsteht. Dieses Problem führte zur Entwicklung verschieden gestaffelter Anordnungen und tritt bei Gittern auf, bei denen sich die Kontrollvolumina stark drehen, wie es z.B. bei dem in Abb. 36 gezeigten Gitter der Fall ist.

In dieses kreisbogenförmige, gestaffelte Gitter ist jeweils am Beginn und am Ende ein Kontrollvolumen für die Kontinuitätsgleichung sowie eines für die u-Impulsgleichung eingetragen. Bei $\theta = 0^\circ$ liegen die Geschwindigkeitskomponenten senkrecht zu den Kontrollvolumina-Seiten. Weiterhin sind die Druckwerte so angeordnet, daß der treibende Druckgradient in der u-Impulsgleichung direkt berechnet werden kann. Nach einer Drehung von 90° liegen jedoch die Geschwindigkeitskomponenten parallel zu den Kontrollvolumina-Seiten und es sind deshalb zur Berechnung der Massenflüsse

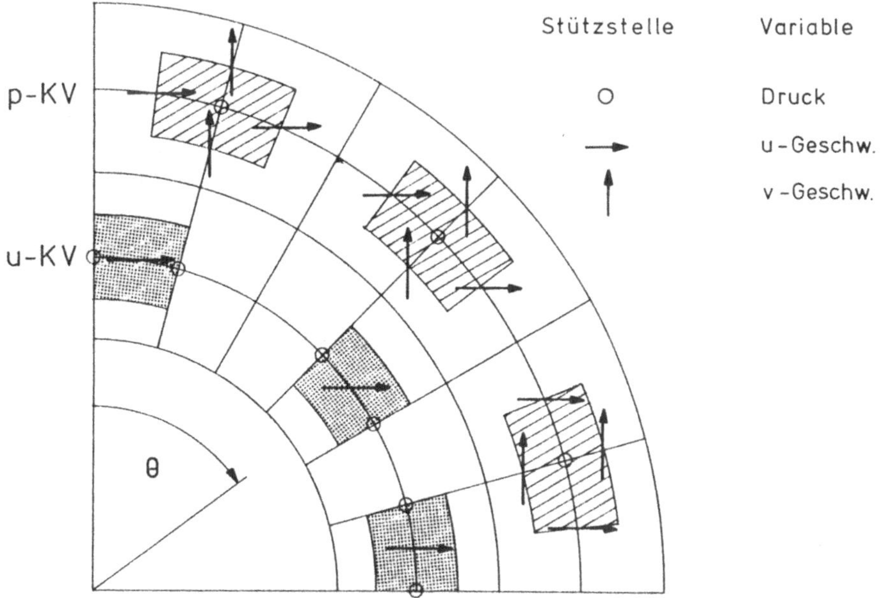

Abb.36: Entkopplung der Geschwindigkeiten aufgrund sich drehender Kontrollvolumina

Interpolationen zwischen den vier benachbarten Geschwindigkeiten notwendig. Weiterhin ist der Druckgradient durch Interpolation der benachbarten Werte zu bestimmen, wodurch eine Entkopplung der Druckwerte auftreten kann. Die Ursache für dieses Problem liegt darin begründet, daß zur Bestimmung der Massenflüsse kontravariante Geschwindigkeiten benötigt werden, kovariante Geschwindigkeiten jedoch zur Bestimmung des Druckgradienten oder anderer Gradienten (z.B. im Produktionsterm für die Turbulenzenergie) wie Raithby (1987) ausführte. Galpin und Raithby (1983) zeigten, daß bei nicht-orthogonalen Koordinaten sämtliche Geschwindigkeitskomponenten an allen Kontrollvolumina-Flächen zur Verfügung stehen müssen. Dies ist auch bei nicht-gestaffelten Gittern der Fall, was bei den Verfahren für krummlinige Koordinaten durch entsprechende Interpolationen oder Berechnungen berücksichtigt wird. Bei den Methoden, die eine gestaffelte Anordnung verwenden, führte diese Forderung zur Entwicklung verschieden gestaffelter Gitter, die im nächsten Abschnitt vorgestellt werden.

Bei der Berechnung der Strömung in einem Saugrohr einer Turbine verwendeten Shyy und Braaten (1986) die von Harlow und Welch (1965) vorgeschlagene Anordnung bei einem Gitter mit starker Drehung der Kontrollvolumina. Sie stellten Druckoszillationen fest und korrigierten diese nachträglich mit Hilfe eines Glättungsverfahrens.

Bei Geschwindigkeitskomponenten, die gitterlinienorientiert sind (kontravariante oder kovariante Komponenten), treten die beschriebenen Probleme nicht auf. Entsprechende Berechnungsverfahren für orthogonale Gitter haben Pope (1978) sowie Habib und Whitelaw (1982) verwendet und mit nicht-orthogonalen Gittern führten Demirdzic et al. (1980), Vanka (1985b), Raithby et al. (1986) sowie Demirdzic et al. (1987) Berechnungen durch.

Beispiele von gestaffelten Gittern

Als erstes wurde das schon in Abb. 34 gezeigte Gitter von Harlow und Welch (1965) vorgeschlagen, das bei Berechnungsverfahren mit kartesischen Koordinaten weite Verbreitung fand, jedoch wie schon erwähnt bei krummlinigen Koordinaten zu Problemen führt, wenn kartesische Geschwindigkeitskomponenten verwendet werden und die Kontrollvolumina sich innerhalb des Berechnungsgebietes stark drehen.

Das von Hirt et al. (1974) entwickelte und von Pracht (1975) auf drei Dimensionen erweiterte Berechnungsverfahren verwendet das in Abb. 37 gezeigte gestaffelte Gitter. Bei diesem wird der Druck an den Knotenpunkten abgespeichert und die beiden Geschwindigkeitskomponenten liegen jeweils zwischen den vier Knotenpunkten, d.h. auf den Ecken der Kontrollvolumina um die Knotenpunkte. Die gleiche Anordnung wurde auch von Fortin et al. (1971) sowie Vanka et al. (1980) verwendet. Bei dieser Art der Staffelung werden Geschwindigkeitsoszillationen gegenüber einem nicht-gestaffelten Gitter gedämpft, jedoch treten weiterhin Druckoszillationen auf. Hirt et al. (1974) fügten deshalb in die von ihnen gelösten Differentialgleichungen künstliche, diffusive Umverteilungsterme ein, die die Druckoszillationen dämpften.

Um die Probleme, die bei kartesischen Geschwindigkeitskomponenten und sich drehenden Kontrollvolumina entstehen, zu umgehen, verwenden Maliska und Raithby (1984) das in Abb. 38 dargestellte Gitter, bei dem die Druckwerte wiederum an den Knotenpunkten abgespeichert werden und beide Geschwindigkeitskomponenten jeweils mittig zwischen den Druckknoten liegen, d.h. in der Mitte der Kontrollvolumenseiten.

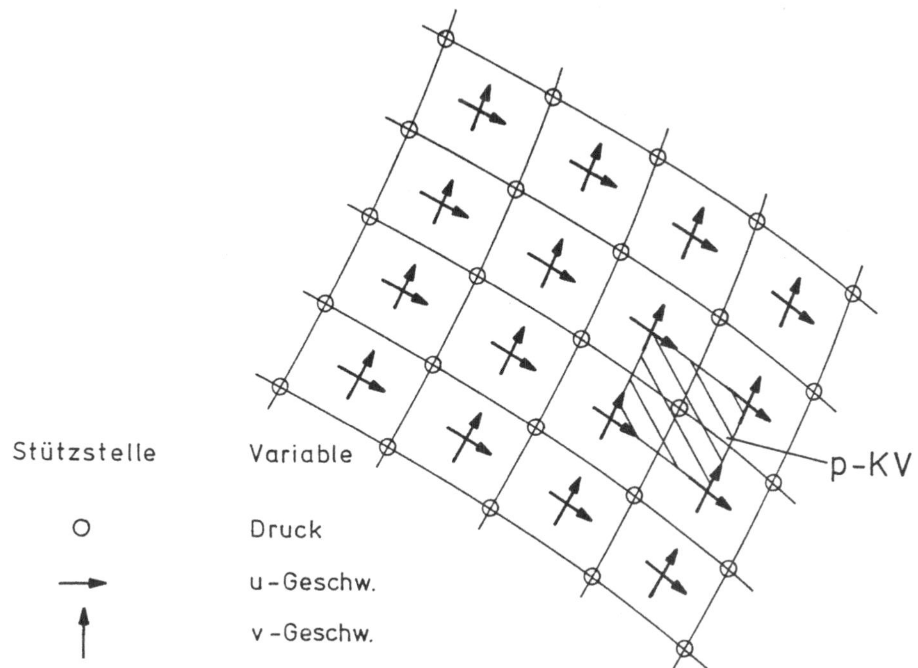

Abb.37: Gestaffeltes Gitter von Hirt et al. (1974)

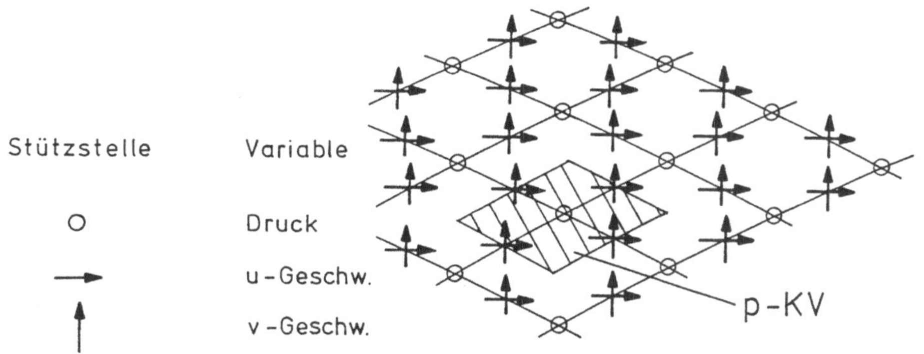

Abb.38: Gestaffeltes Gitter von Maliska und Raithby (1984)

Pro Kontrollvolumen sind somit vier Impulsgleichungen zu lösen, um die beiden kartesischen Geschwindigkeitskomponenten an jeweils zwei Kontrollvolumenseiten zu erhalten. Die Geschwindigkeiten in Kontrollvolumenmitte, die z.B. zur Approximation der Massenflüsse in den Impulsgleichungen benötigt werden, müssen mit Hilfe der benachbarten Werte interpoliert werden. Bei diesem Gitter werden bedeutend mehr Speicherplatz und Rechenzeit benötigt, als bei der von Harlow und Welch (1965)

110

vorgeschlagenen Anordnung. Auch bei dem von Maliska und Raithby (1984)
vorgeschlagenen Gitter treten Probleme auf, die am besten anhand eines kartesischen
Gitters (siehe Abb. 39) gezeigt werden können.

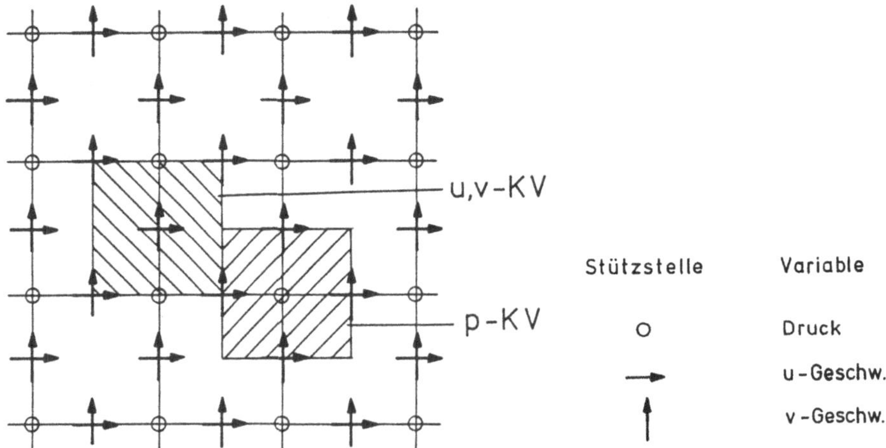

Abb.39: Gestaffeltes Gitter von Maliska und Raithby bei kartesischen Koordinaten

Zum einen kann der Druckgradient in der Impulsgleichung für die jeweilige Geschwindigkeitskomponente parallel zur Grenzfläche des p-Kontrollvolumens nicht direkt
als Differenz der Druckwerte an den Knotenpunkten berechnet werden, sondern es
müssen Interpolationen durchgeführt werden. Dadurch muß ein 9-Punkte-Differenzen-
stern für das Druckfeld verwendet werden oder bei einem 5-Punkte-Differenzenstern für
das Druckfeld wird dieses mehr explizit behandelt, wodurch das Verfahren langsamer
konvergiert. Zum anderen tragen bei der Bestimmung des Massenflusses nur die
Geschwindigkeitskomponenten senkrecht zur Kontrollvolumenfläche bei, d.h. die
parallelen Geschwindigkeitskomponenten werden nicht in die Kontinuitätsbetrachtungen
eingebunden, was zu Oszillationen im Geschwindigkeitsfeld führen kann. Maliska und
Raithby (1984) schlagen deshalb vor, die Geschwindigkeitskomponenten, die nicht in die
Kontinuitätsgleichung eingehen, durch Mittelung aus jenen benachbarten Werten zu
bestimmen, die in die Kontinuitätsgleichung eingebunden sind. Die beiden beschriebenen
Probleme treten am extremsten bei kartesischen Koordinaten auf und sind bei einem Gitter
mit 45° Neigung zu vernachlässigen. Bei dem von Maliska und Raithby (1984)
entwickelten Berechnungsverfahren werden die Erhaltungsgleichungen entkoppelt, d.h.
nacheinander gelöst, und zur Bestimmung des Druckes wird eine Druckkorrekturgleichung verwendet. Das Verfahren wurde zur Berechnung natürlicher Kon-

vektionsprobleme, für die zusätzlich eine Gleichung für das Temperaturfeld gelöst wird (siehe Maliska und Milioli (1985)) erweitert.

<u>Beispiele von nicht-gestaffelten Gittern</u>

Zur Vermeidung von Entkopplungsproblemen werden bei nicht-gestaffelten Gittern spezielle Interpolationsalgorithmen zur Bestimmung der Geschwindigkeitskomponenten an den Kontrollvoluminaseiten, die bei der Integration der Kontinuitätsgleichung benötigt werden, verwendet (siehe Abb. 30 und Gleichung (6.1b)). Das Problem der Entkopplung bei nicht-gestaffelten Gittern tritt auf Grund der Verwendung linearer Interpolationen auf, da dadurch bei der Approximation der Gradienten jeweils nur die Werte an jedem zweiten Knotenpunkt miteinander verknüpft werden. Rhie (1981) sowie Rhie und Chow (1983) entwickelten ein Verfahren, das spezielle Interpolationsalgorithmen verwendet und auf der Druckkorrekturmethode von Patankar und Spalding (1972) beruht. Bei dieser wird die diskretisierte Kontinuitätsgleichung mit den diskretisierten Impulsgleichungen verknüpft, um eine Druckkorrekturgleichung abzuleiten, und die Erhaltungsgleichungen werden nacheinander gelöst. Für eine eindimensionale Strömung lautet die Differenzenformel zur Bestimmung der Geschwindigkeit im Knoten i:

$$u_i = \sum A_{nb}^i u_{nb} + S^i + D^i(p_{i+1/2} - p_{i-1/2}) \qquad (6.4a)$$

Der erste Summand beschreibt den Einfluß der Geschwindigkeiten an den benachbarten Knoten, S^i bezeichnet den Quellterm und der dritte Summand ist die Approximation des Druckgradienten, wobei die Druckwerte, wie aus Abb. 40 ersichtlich, an den Kontroll-volumengrenzflächen genommen werden müssen.

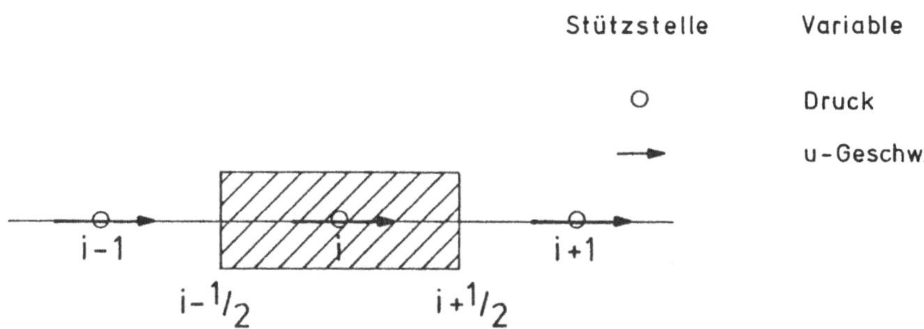

Abb.40: Eindimensionales nicht-versetztes Gitter

Werden nun zur Bestimmung der Geschwindigkeit $u_{i+1/2}$ an der Ostseite des Kontrollvolumens die an den Knoten i und i+1 berechneten Geschwindigkeiten linear interpoliert, so treten die schon beschriebenen Entkopplungsprobleme auf. Rhie (1981) schlug deshalb vor, nicht eine lineare Interpolation, sondern eine gewichtete, spezielle Interpolation zu verwenden, die folgendermaßen lautet:

$$u_{i+1/2} = \frac{1}{2}\left(\sum A^i_{nb} u_{nb} + S^i + \sum A^{i+1}_{nb} u_{nb} + S^{i+1}\right)$$
$$+ \frac{1}{2}(D^i + D^{i+1})(p_{i+1} - p_i) \tag{6.4b}$$

Bei dieser Interpolation werden nur die den Einfluß der benachbarten Knoten beschreibenden Terme sowie die Quellterme linear gemittelt, der Druckgradient wird jedoch direkt aus den Druckwerten an den Knoten $i+1$ und i bestimmt. Aufgrund der Approximation des Druckgradienten mit Druckwerten an benachbarten Knotenpunkten treten keine Entkopplungsprobleme auf. Mit dem von ihnen entwickelten Verfahren berechneten Rhie und Chow (1983) die inkompressible Strömung um Tragflügel bei verschiedenen Anstellwinkeln.

Die Idee der von Rhie (1981) vorgeschlagenen speziellen Interpolation griffen Peric (1985) sowie Majumdar (1986) auf und berechneten Strömungen mit komplexen Berandungen, beginnend mit einfachsten Testrechnungen, um das Auftreten von Entkopplungsproblemen zu überprüfen, bis hin zu Berechnungen in Rohrbündeln oder in Trockenkammern (siehe Rodi et al. (1987)). Majumdar (1988) untersuchte die Frage, ob die Lösung auf Grund des speziellen von ihm als Impulsinterpolation bezeichneten Algorithmus vom verwendeten Unterrelaxationsfaktor abhängt und zeigte, daß dies nicht der Fall ist, wenn die Impulsinterpolation richtig angewandt wird.
Bei den von Peric (1985) und Majumdar (1986) entwickelten Verfahren werden die kartesischen Geschwindigkeitskomponenten in der Mitte der Kontrollvolumina mit Hilfe der Impulsgleichungen berechnet. Die speziellen Impulsinterpolationen dienen der Bestimmung der beiden kartesischen Geschwindigkeitskomponenten an den Kontroll-volumen-Grenzflächen. Da beide Komponenten zur Berechnung der Massenflüsse herangezogen werden, treten keine Probleme bei der Drehung der Kontrollvolumina auf. Majumdar et al. (1987) vergleichen das von ihnen entwickelte Verfahren mit dem von Maliska und Raithby (1984). Sie zeigen, daß die nicht-gestaffelte Vorgehensweise prinzipiell der gestaffelten entspricht, da bei beiden das Druckfeld durch die Geschwindigkeiten an den Seiten der Kontrollvolumina bestimmt wird und weiterhin bei der nicht-gestaffelten Vorgehensweise die Geschwindigkeitskomponenten in Kontroll-

volumen-Mitte nicht von Bedeutung sind. Diese Behauptung untermauern sie durch Testrechnungen, bei denen sie die Geschwindigkeiten in Kontrollvolumenmitte nicht durch Lösen der in Gleichung (6.4a) gezeigten Differenzengleichungen bestimmen, sondern durch Mittelung aus den Werten der Geschwindigkeitskomponenten an den Kontrollvolumenseiten. Sie stellen bei dieser Vorgehensweise weder Konvergenzprobleme noch Genauigkeitsverluste fest. Abschließend kommen sie zu der Schlußfolgerung, daß die nicht-gestaffelte Vorgehensweise im Vergleich zum Verfahren von Maliska und Raithby (1984) sowohl bezüglich des Speicherplatzbedarfs wie auch der Rechenzeit Vorteile aufweist. Wie eigene Berechnungen zeigen, können jedoch bei dem von Majumdar (1986) entwickelten Verfahren Probleme bei Strömungen mit Drall oder bei Auftriebsströmungen entstehen. Ursache hierfür sind vermutlich die starken Quellterme, die bei diesen Strömungen auftreten und bei der punktweisen Berechnung der Geschwindigkeitskomponenten an den Kontrollvolumen-Grenzflächen zu Instabilitäten führen.

Ähnliche, spezielle Interpolationsalgorithmen wie Rhie (1981), Peric (1985) und Majumdar (1986) haben Schneider und Raw (1987a,b) bei ihrem Verfahren, das auf einer Kontrollvolumen-Finite-Element-Methode basiert, eingesetzt. Auch sie verwenden eine Interpolation, bei der zur Berechnung der Geschwindigkeitskomponenten an den Kontrollvolumen-Grenzflächen direkt die Druckwerte an den Knoten i+1 sowie i eingehen und führen umfangreiche Berechnungen für Festkörperrotationen, Stufenströmungen und Nischenströmungen durch.

7 Diskretisierung der Differentialgleichungen

7.1 Grundlagen der Diskretisierung

Die Diskretisierung der Differentialgleichungen hat zum Ziel, die Differentialausdrücke durch algebraische Differenzenausdrücke zu ersetzen, welche die Größen an den verschiedenen Punkten des numerischen Gitters miteinander verknüpfen. In Kapitel 3 wurden die zu diskretisierenden Differentialgleichungen in allgemeinen krummlinigen Koordinaten formuliert und verschiedene Verfahren zur Erzeugung numerischer Gitter wurden in Kapitel 5 vorgestellt. Die berechnete Lösung der Differenzengleichungen unterscheidet sich natürlich von derjenigen der Differentialgleichungen. In Kapitel 4 wurden verschiedene Möglichkeiten zur Herleitung von algebraischen Gleichungssystemen beschrieben und die verschiedenen Verfahren gegeneinander abgewogen. Die in diesem Kapitel vorgestellten Differenzenschemata werden vorwiegend bei Finite-Volumen Verfahren verwendet, können jedoch in analoger Weise auch bei Finite-Differenzen Verfahren eingesetzt werden. Ergänzend werden einige Arbeiten, die auf der Finiten-Analytischen Methode beruhen, beschrieben.

Zur Approximation der Differentialquotienten müssen die Variablen an den Knotenpunkten so miteinander verknüpft werden, daß die resultierenden Differenzengleichungen die Eigenschaften der Differentialgleichung wiedergeben. Dies bedeutet z.B., daß die Ausbreitung einer Störung durch die Differenzengleichung richtig approximiert werden muß. In Kapitel 3 wurde gezeigt, daß bei Vernachlässigung gewisser Terme ein anderer Typus von Differentialgleichung entsteht, der somit auch andere Differenzenschemata erfordert (z.B. bei parabolischen Grenzschichtgleichungen). Da in dieser Arbeit Berechnungsverfahren für Strömungen mit komplexen Berandungen untersucht werden, werden nur Differenzenschemata für den allgemeinen Fall, d.h. für im Raum elliptische Strömungen behandelt. Es werden weder spezielle Differenzenschemata vorgestellt, wie sie in großer Zahl für kompressible und nicht-viskose Strömungen, auch zur Erfassung von Diskontinuitäten, entwickelt wurden, noch spezielle Differenzenschemata für Grenzschichtströmungen.

<u>Integration der Differentialgleichung</u>

Die Vorgehensweise bei den Finite-Volumen Verfahren wird anhand der Diskretisierung einer allgemeinen Transportgleichung gezeigt. Diese wird analog zur Impulsgleichung

(Gleichung (3.13)) in allgemeinen, krummlinigen Koordinaten in semi-konservativer Form formuliert:

$$\frac{\partial}{\partial t}(\rho\Phi) + \frac{\Delta}{\Delta x^{(j)}}\left[\rho v^{(j)}\Phi - g^{(jm)}\Gamma_\Phi\frac{\partial\Phi}{\partial x^{(m)}}\right] = S_\Phi \qquad (7.1)$$

Diese allgemeine Transportgleichung enthält alle relevanten Terme wie Konvektionsterm, Diffusionsterm und Quellterm. In Gleichung (7.1) wurde zur Approximation der diffusiven Flüsse der Gradientenansatz verwendet, mit Γ_ϕ als Diffusionskonstante. Eine der drei Impulsgleichungen, die k- bzw. ε-Gleichung oder auch die Transportgleichung für die Wirbelstärke ergibt sich durch Einsetzen der entsprechenden Variablen für ϕ und Verwendung des zugehörigen Quellterms.

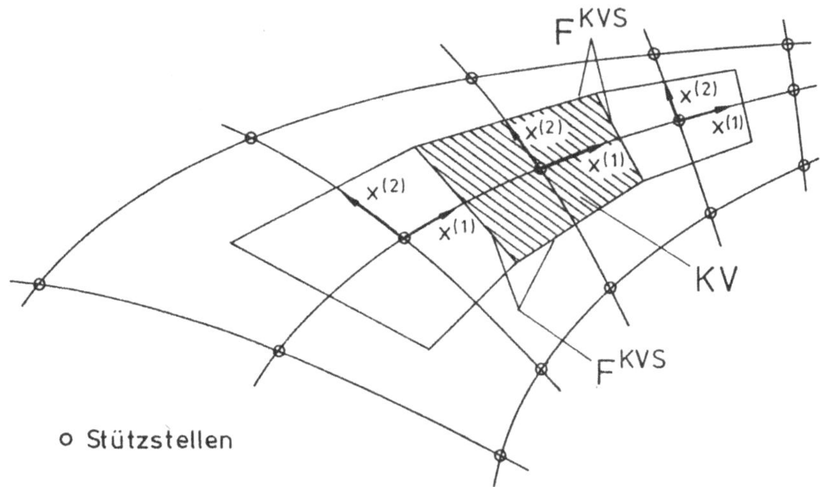

Abb.41: Zweidimensionales Kontrollvolumen bei nichtgestaffelter Anordnung

Gleichung (7.1) wird über ein Kontrollvolumen integriert, das in Abb. 41 für ein zweidimensionales nicht-gestaffeltes Gitter dargestellt ist und führt zu:

$$\underbrace{\int_V \frac{\partial}{\partial t}\rho\Phi dV}_{I} + \underbrace{\int_V \frac{\Delta}{\Delta x^{(j)}}\left[\rho v^{(j)}\Phi - g^{(jm)}\Gamma_\Phi\frac{\partial\Phi}{\partial x^{(m)}}\right]dV}_{II} = \underbrace{\int_V S_\Phi dV}_{III} \qquad (7.2a)$$

Der zeitabhängige Term (I) sowie der Quellterm (III) werden meist mit Hilfe eines für das Kontrollvolumen repräsentativen Wertes approximiert, der mit dem Volumen des KV multipliziert wird. Term II stellt die in das KV ein- und die aus dem KV austretenden

Flüsse dar und kann mit Hilfe des Gauß-Theorems umgeformt werden. Dieses sagt aus, daß die Divergenz eines Vektors (siehe Gleichung (3.12)), über ein Kontrollvolumen integriert, als Fluß des Vektors durch die Oberfläche des Kontrollvolumens dargestellt werden kann. Werden die Flüsse an den verschiedenen Kontrollvolumenseiten (KVS) aufsummiert, so ergibt sich:

$$\underbrace{\int_V \frac{\partial}{\partial t}\rho\Phi dV}_{I} + \underbrace{\sum_{KVS}\int_F\left[\rho v^{(j)}\Phi - g^{(jm)}\Gamma_\Phi\frac{\partial\Phi}{\partial x^{(m)}}\right]dF_j^{KVS}}_{II} = \underbrace{\int_V S_\Phi dV}_{III} \qquad (7.2b)$$

Hierbei stellt das Skalarprodukt $v^{(j)}dF_j$ den Fluß senkrecht durch die Fläche F dar. Term II besteht aus zwei Anteilen: dem konvektiven Teil und dem diffusiven Teil. Für den konvektiven Teil

$$\sum_{KVS}\int_F \rho v^{(j)}\Phi dF_j^{KVS} \qquad (7.3a)$$

müssen an den Kontrollvolumenseiten die Massenflüsse $\rho v^{(j)}$ sowie die Werte der zu berechnenden Variablen ϕ bestimmt werden. Die letzteren sind nicht an den Kontrollvolumenseiten gespeichert (siehe Abb. 41) und müssen mit Hilfe der Werte an den Knotenpunkten interpoliert werden. Entsprechend den Normal-Ableitungen und den gemischten Ableitungen (Kreuzableitung) werden die diffusiven Terme wie folgt in einen Normalfluß-Anteil und einen Kreuzfluß-Anteil aufgespalten:

$$\sum_{KVS}\int_F g^{(jm)}\Gamma_\Phi\frac{\partial\Phi}{\partial x^{(m)}}dF_j^{KVS} = \sum_{KVS}\int_F g^{(jj)}\Gamma_\Phi\frac{\partial\Phi}{\partial x^{(j)}}dF_j^{KVS} + $$
$$\sum_{KVS}\int_F g^{(jm)}\Gamma_\Phi\frac{\partial\Phi}{\partial x^{(m)}}dF_j^{KVS} \qquad (m \neq j)$$

(7.3b)

Der von den gemischten Ableitungen herrührende Kreuzfluß-Anteil ist nur bei nicht-orthogonalen Koordinatensystemen verschieden von Null ($g^{(jm)}$=0 für j≠m bei orthogonalem Gitter). Er beschreibt den Fluß, der zusätzlich aufgrund der Tatsache berücksichtigt werden muß, daß die Normale zur x^i=const-Linie nicht parallel zur x^i-Koordinatenlinie ist. Bei beiden Anteilen werden an den Kontrollvolumen-Seiten die ersten Ableitungen der zu berechnenden Variablen ϕ benötigt. Für die Ableitungen in Normalenrichtung werden meist einfache zentrale Differenzen zweiter Ordnung verwendet, welche die Diagonaldominanz der Matrix des zu lösenden Gleichungssystems und somit die Stabilität des Verfahrens verbessern. Demgegenüber kann eine implizite

Approximation des Kreuzfluß-Termes zu einer Verminderung der Diagonaldominanz und damit zu Stabilitätsproblemen führen, weshalb dieser Anteil meist explizit im Quellterm berücksichtigt wird. Hierauf wird näher in Abschnitt 7.2 eingegangen.

Gleichung (7.1) wurde bisher nur über ein räumliches Kontrollvolumen integriert, bei zeitabhängigen Problemen muß eine analoge Integration über das Zeitinkrement $\Delta t = t^{n+1} - t^n$ durchgeführt werden und ergibt für den zeitabhängigen Term:

$$\int_{\Delta t}(\int_V \frac{\partial}{\partial t}\rho\Phi dV)dt = \int_V \rho\Phi dV\Big|_{t^{n+1}} - \int_V \rho\Phi dV\Big|_{t^n} \qquad (7.4a)$$

Die Integration der Terme II und III (siehe Gleichung (7.2a)) über das Zeitinkrement Δt führt jeweils zu einem Integral der Form

$$\int_{\Delta t}(\int_V I dV)dt = (\int_V I dV)\Big|_t \Delta t \qquad (7.4b)$$

Der Wert des Integrals muß zu einem Zeitpunkt t berechnet werden, der innerhalb des Zeitinkrements Δt liegt, d.h. es gilt: $t^n \leq t \leq t^{n+1}$. Wird $t = t^{n+1}$ gewählt, d.h. das Integral zum neuen Zeitpunkt ausgewertet, so wird das Verfahren als implizites Verfahren bezeichnet, bei $t = t^n$ als explizit. Für t kann auch ein Wert zwischen t^n und t^{n+1} gewählt werden und weiterhin besteht die Möglichkeit, die Zeitintegration nicht nur über das Zeitintervall (t^n, t^{n+1}) durchzuführen, sondern auch frühere Zeitpunkte mit einzubeziehen, wie näher in Abschnitt 7.3 beschrieben wird.

Eigenschaften von Diskretisierungsverfahren

Bei der Approximation der Werte sowie der Gradienten an den Kontrollvolumen-Seiten sind Beziehungen zu verwenden, die nicht nur dem physikalischen Charakter der Differentialgleichung gerecht werden, sondern die auch zu Differenzengleichungen führen, die gewisse wünschenswerte Eigenschaften haben.

Zum einen muß bei der Approximation die Konsistenz gewährleistet sein, d.h. daß mit kleiner werdender Gitterweite sowie kleiner werdendem Zeitschritt die Differenz zwischen Differentialgleichung und Differenzengleichung gegen Null geht. Diese Forderung muß unabhängig davon erfüllt sein, wie die Gitterweite und der Zeitschritt gegen Null gehen. Ein Beispiel für ein nur bedingt konsistentes Differenzenschema ist die DuFort Frankel leapfrog-Methode (siehe Anderson et al. (1984)) zur Diskretisierung der eindimensionalen, instationären Konvektions-/Diffusionsgleichung. Zum zweiten muß bei der

Approximation die Stabilität des Verfahrens gesichert sein. Ein Verfahren ist stabil, wenn eingebrachte Störungen nicht anwachsen, d.h. die Lösung nicht divergiert. Diese Forderung ist besonders wichtig bei Differenzenschemata für instationäre Berechnungsverfahren. Zum dritten muß ein Verfahren konvergent sein, d.h. die Lösung der Differenzengleichungen muß gegen die Lösung der Differentialgleichung mit kleiner werdenden Gitterweiten und Zeitschritten streben. Für lineare Differentialgleichungen und Anfangswertprobleme sagt das Lax-Äquivalenz-Theorem aus, daß bei konsistenter Diskretisierung Stabilität notwendig und hinreichend für Konvergenz ist.

Außer Konsistenz, Stabilität und Konvergenz sollte ein Diskretisierungsverfahren noch eine Reihe von Merkmalen haben, die im folgenden beschrieben werden und die gewährleisten, daß die physikalischen Eigenschaften der zu diskretisierenden Differentialgleichung erhalten bleiben.

- Konservative Diskretisierung

  Ein Verfahren ist konservativ, wenn die zeitliche Änderung der betrachteten Größe ϕ im Rechengebiet gleich dem konvektiven und diffusiven Fluß von ϕ in das Rechengebiet minus dem Fluß aus dem Rechengebiet plus dem durch eine Quelle eingebrachten Betrag ist. Auf ein Spezialproblem bei inkompressiblen Strömungen weist Ferziger (1987) hin. Bei inkompressiblen Strömungen muß die Erhaltung des Impulses und der kinetischen Energie allein durch die Impulsgleichung gewährleistet sein. Hierzu ist es notwendig, die Impulsgleichung in einer Form zu schreiben, daß die daraus abgeleitete Erhaltungsgleichung der kinetischen Energie in Divergenzform formuliert werden kann. Ein Beispiel für eine derartige Formulierung gab Mansour et al. (1977).

- Transporteigenschaft

  Bei rein konvektivem Transport wird eine Größe oder eine Störung nur stromab transportiert, d.h. in Richtung der Bahnlinien. Diese Eigenschaft sollte bei der Diskretisierung des konvektiven Termes, d.h. der Approximation des Wertes der zu berechnenden Variablen an den Kontrollvolumenseiten beibehalten werden. Sie ist z.B. nicht bei den oft verwendeten zentralen Differenzen erfüllt und führte zur Entwicklung von sogenannten Lagrange-Verfahren, bei denen der konvektive Term entlang der Bahnlinie integriert wird.

- Beschränktheitsprinzip

  Das Beschränktheitsprinzip ist streng nur für Transportgleichungen ohne Quellterm gültig und sagt aus, daß der Wert einer Variablen zwischen den Werten der benachbarten Knoten liegen muß. Dies bedeutet, daß (ohne Quellen) das Maximum bzw.

Minimum auf der Berandung angenommen wird. Da die meisten Transportgleichungen jedoch Quellterme besitzen, ist schwierig zu beurteilen, ob ein auf-
tretendes lokales Minimum oder Maximum physikalisch oder numerisch bedingt ist.
Das Beschränktheitsprinzip ist meist erfüllt bei Diskretisierungen, die zu diagonaldominanten Matrizen führen. Ist das Beschränktheitsprinzip verletzt, so kann es zu
einem Über- bzw. Unterschießen der Lösung kommen. Bei Konzentrationsverteilungen zum Beispiel bedeutet dies, daß Werte kleiner als Null oder größer als Eins
angenommen werden.

Bei der Approximation der Differentialgleichungen durch Differenzengleichungen sowie
bei der Lösung der Gleichungssysteme treten eine Reihe von Fehlern auf, welche die
Genauigkeit der berechneten Lösung beeinflussen.

- Abbruchfehler
  Als Abbruchfehler wird der Fehler bezeichnet, der bei der Approximation eines
  Differentialquotienten durch einen Differenzenquotienten oder bei der Interpolation
  eines Wertes entsteht. Der Abbruchfehler bei der Diskretisierung einer Differentialgleichung ist gleich der Summe der Abbruchfehler bei der Approximation der
  einzelnen Terme. Ein Verfahren ist genau dann konsistent, wenn der Abbruchfehler
  mit kleiner werdenden Gittermaschenweiten und Zeitschritten gegen Null geht. Je
  geringer der Abbruchfehler ist, desto formal genauer ist die Differentialgleichung
  approximiert. Jedoch liefert der Abbruchfehler keine Information darüber, wie gut die
  physikalischen Eigenschaften einer Differentialgleichung durch die Diskretisierung
  beibehalten werden (siehe Stubley et al. (1980)). Ist der größte Term im Abbruchglied
  von gerader Ordnung, so ist der Abbruchfehler dissipativ, ist er von ungerader
  Ordnung, dispersiv.
- Diskretisierungsfehler
  Als Diskretisierungsfehler wird der Unterschied zwischen der exakten Lösung der
  Differentialgleichung und der exakten Lösung der Differenzengleichung bezeichnet.
  Die Differenzengleichung wird jedoch im allgemeinen nur approximativ gelöst, was
  zum Begriff des Lösungsfehlers führt, der den Unterschied zwischen der exakten
  Lösung der Differentialgleichung und der Lösung der Differenzengleichung
  ausdrückt.
- Rundungsfehler
  Als Rundungsfehler wird der Fehler bezeichnet, der auf Grund der Genauigkeit der
  Darstellung einer reellen Zahl auf dem Rechner auftritt. Rundungsfehler sind bei
  vorwärtsintegrierenden Verfahren auf Grund der Aufsummation der Fehler von

120

größerer Bedeutung als bei elliptischen Verfahren. Sie können durch geschickte Programmierung, z.B. der Vermeidung der Differenzbildung von zwei fast gleich großen Zahlen, verringert werden.

Wie oben beschrieben sollten Differenzenschemata gewisse Eigenschaften erfüllen. Um diese zu gewährleisten, hat Patankar (1980) die folgenden vier Grundregeln für ein Finite-Volumen Verfahren aufgestellt:

1. Konsistenz an Kontrollvolumen-Grenzflächen
    Die Flüsse an gemeinsamen Kontrollvolumina-Grenzflächen müssen in den diskretisierten Gleichungen durch die gleichen Ausdrücke für die beiden benachbarten Kontrollvolumina dargestellt werden. Dadurch ist ein konservatives Verfahren gewährleistet.

2. Positive Koeffizienten
    Die Differenzenformel pro Kontrollvolumina kann folgendermaßen geschrieben werden:

$$a_p \Phi_p = \sum_{nb} a_{nb} \Phi_{nb} + S \qquad (7.5a)$$

Hierbei bezeichnet der Index p den Zentralknotenpunkt, um den das Kontrollvolumen gelegt wird, die Indizes nb die Nachbarknoten und S steht für den Quellterm. Die Forderung von Patankar ist, daß die Koeffizienten a_p und a_{nb} das gleiche Vorzeichen haben müssen und damit gewährleistet ist, daß das Beschränktheitsprinzip für das Differenzenschema erfüllt ist.

3. Linearisierung des Quellterms
    Der Quellterm sollte gemäß der Beziehung

$$S = S_u + S_p \Phi_p \qquad (7.5b)$$

linearisiert werden, wobei $S_p < 0$ sein muß. Dadurch ist gesichert, daß der Koeffizient für den Zentralknoten $(a_p - S_p)$ nicht negativ wird und somit die Diagonaldominanz der Matrix erhöht wird.

4. Summe der Nachbarkoeffizienten
    Der Koeffizient a_p des Zentralknotenpunktes sollte gleich der Summe der Koeffizienten a_{nb} der Nachbarknoten sein. Durch diese Maßnahme ist gewährleistet, daß der Wert am Zentralknotenpunkt das gewichtete Mittel der Werte an den Nachbarknoten ist und die Diagonaldominanz erhöht wird.

Speziell bei Diskretisierungsverfahren höherer Ordnung sind die von Patankar (1980) aufgestellten Regeln nicht immer einzuhalten. Dies bedeutet nicht, daß das Diskretisierungsverfahren zu keinem realistischen Ergebnis führt, das Einhalten der Regeln gibt jedoch eine gewisse Gewähr für ein stabiles numerisches Verfahren.

Nach den einleitenden Ausführungen dieses Abschnitts werden im folgenden verschiedene Diskretisierungsverfahren vorgestellt. Abschnitt 7.2 enthält räumliche Diskretisierungsverfahren, wobei auf offene und kompakte Differenzenschemata eingegangen wird, und weiterhin werden lokal analytische Schemata und Lagrange-Verfahren vorgestellt. Es wird auf spezielle Probleme der räumlichen Diskretisierung bei Verwendung allgemeiner krummliniger Koordinaten eingegangen und abschließend werden vergleichende Berechnungen vorgestellt. Abschnitt 7.3 untersucht den Problemkreis der zeitlichen Diskretisierung. Verschiedene explizite und implizite Differenzenschemata werden kurz vorgestellt, für eine ausführlichere Darstellung jedoch auf Standardwerke verwiesen, da bei der Verwendung allgemeiner krummliniger Koordinaten keine speziellen Maßnahmen zu treffen sind. Im letzten Abschnitt dieses Kapitels wird auf die Formulierung der Randbedingungen in diskreter Form eingegangen.

7.2 Räumliche Diskretisierung

Bei den Finite-Volumen Verfahren müssen die Flüsse an den Seiten der Kontrollvolumina, wie in Abschnitt 7.1 dargestellt, mit Hilfe der Werte an den Knotenpunkten approximiert werden. Die im Term II der Gleichung (7.2b) zusammengefaßten Flüsse lassen sich in die konvektiven Flüsse (Gleichung (7.3a)) und die diffusiven Flüsse (Gleichung (7.3b)) aufteilen, wobei die letzteren nochmals in einen Anteil, der von den Normal-Ableitungen, und einen Anteil, der von den Kreuzableitungen herrührt, unterteilt werden können. Es sind somit Werte wie auch Gradienten an den Kontrollvolumenseiten mit Hilfe der in Kontrollvolumen-Mitte abgespeicherten Variablen zu approximieren.

7.2.1 Offene Differenzenschemata

Die offenen Differenzenschemata sind Differenzenformeln, bei denen nur die Werte der Variablen an den Knotenpunkten miteinander verknüpft werden. Bei den als geschlossen oder überwiegend als kompakt bezeichneten Differenzenschemata hingegen werden zusätzlich auch Beziehungen für die räumlichen Ableitungen der Variablen bei der Herleitung der Differenzenformeln verwendet. Es gibt verschiedene Möglichkeiten, Formeln zur Approximation des Wertes sowie der Gradienten an den Kontrollvolumen-Seiten zu

122

erstellen. Zum einen können durch Taylor-Reihenentwicklungen die entsprechenden Beziehungen abgeleitet werden, wobei sich die Genauigkeit der Differenzenformel je nach der Anzahl der Terme, die mitberücksichtigt werden, ergibt. Zum anderen können entsprechende Beziehungen mit Hilfe von Kollokationspolynomen hergeleitet werden. Bei dieser Vorgehensweise werden die Variablenwerte an den Knotenpunkten mit Hilfe von Polynomen verschiedenster Art approximiert. Die Werte an den Kontrollvolumen-Seiten werden dann durch entsprechende Interpolationen und die Gradienten durch analytische Differentiation der Approximationspolynome und nachfolgende Interpolationen bestimmt.

Diffusive Flüsse. Zur Berechnung der diffusiven Flüsse werden die Gradienten der Variablen sowohl senkrecht wie auch parallel zu den Kontrollvolumenseiten benötigt. Die ersteren modellieren die Diffusion in Normalenrichtung. Die Gradienten parallel zu den Kontrollvolumen-Seiten ergeben sich aus den gemischten Ableitungen in den Transportgleichungen (siehe Gleichungen (7.1), (7.3b)) und sind nur bei nicht-orthogonalen Gittern von Bedeutung. Sie erfordern auf Grund der Knotenlage und der Richtung, in der die Gradienten zu bilden sind (siehe Abb. 41), aufwendige Interpolationen. Hierfür werden meist lineare Interpolationen verwendet und aus Stabilitäts-gründen häufig eine explizite Vorgehensweise gewählt (siehe Abschnitt 7.2.3). Zur Approximation der Gradienten in Normalenrichtung werden überwiegend Zentral-differenzen 2. Ordnung verwendet, die, wie Abb. 41 zeigt, mit Hilfe der Werte an den Nachbarknoten gebildet werden können. Die Zentraldifferenzen 2. Ordnung führen zu diagonaldominanten Matrizen mit positiven Koeffizienten und das resultierende Gleichungssystem kann somit ohne Stabilitätsprobleme gelöst werden. Die Approximation der diffusiven Flüsse ist deshalb, zumindest bei den inkompressiblen Verfahren, kein Gebiet intensiver Forschungsarbeiten.

Konvektive Flüsse. Das Hauptproblem bei der Diskretisierung der Navier-Stokes-Gleichungen ist die Approximation der konvektiven Terme, d.h. bei den Finite-Volumen Verfahren die Bestimmung der Werte an den Kontrollvolumen-Seiten. Für die auftretenden Schwierigkeiten gibt es im wesentlichen zwei Ursachen. Zum einen ist der die Konvektion beschreibende Differentialoperator nicht symmetrisch und bei den Impulsgleichungen sogar nicht-linear. Des weiteren muß die Transporteigenschaft der Konvektion mit Hilfe der gewählten Differenzenformel richtig beschrieben werden.
Eine der Approximation der diffusiven Flüsse (Zentraldifferenzen 2. Ordnung) analoge Vorgehensweise ist die Verwendung linearer Interpolationen (Central Differencing Scheme; CDS), um den Wert der Variablen an den Kontrollvolumen-Seiten zu erhalten.

Bei dem CDS ist jedoch die Transporteigenschaft nicht erfüllt, da konvektive Einflüsse stromauf simuliert werden. Des weiteren ist die Diagonaldominanz der Matrix auf Grund negativer Koeffizienten nicht gewährleistet. Inwiefern die Verletzung der Transporteigenschaft von Bedeutung ist, hängt vom lokalen Verhältnis der Konvektion und Diffusion, das durch die Peclet-Zahl (Pe = u · Δx/ν) bestimmt wird, ab. Die Peclet-Zahl stellt eine Zell-Reynoldszahl dar und strebt gegen unendlich, wenn die Diffusion gegenüber der Konvektion vernachlässigbar ist. Um die Transporteigenschaft verschiedener Differenzenschemata zu testen, wurde meist die folgende eindimensionale Konvektions-/Diffusionsgleichung untersucht:

$$\frac{d}{dx}(u\Phi) = \frac{d}{dx}(\Gamma_\Phi \frac{d\Phi}{dx}) \tag{7.6}$$

Mit den Randbedingungen $\phi = \phi_1$ bei x = 0 und $\phi = \phi_2$ bei x = L lautet deren analytische Lösung:

$$\frac{\Phi - \Phi_1}{\Phi_2 - \Phi_1} = \frac{exp(Pe \cdot \frac{x}{L}) - 1}{exp(Pe) - 1} \tag{7.7a}$$

wobei die Peclet-Zahl folgendermaßen definiert ist:

$$Pe = \frac{u \cdot L}{\Gamma_\Phi} \tag{7.7b}$$

Die analytische Lösung, die in Abb. 42 gezeigt wird, gibt voll die physikalischen Eigenschaften von Gleichung (7.6) wieder, d.h. die Transporteigenschaft der Konvektion sowie den Einfluß der Peclet-Zahl.

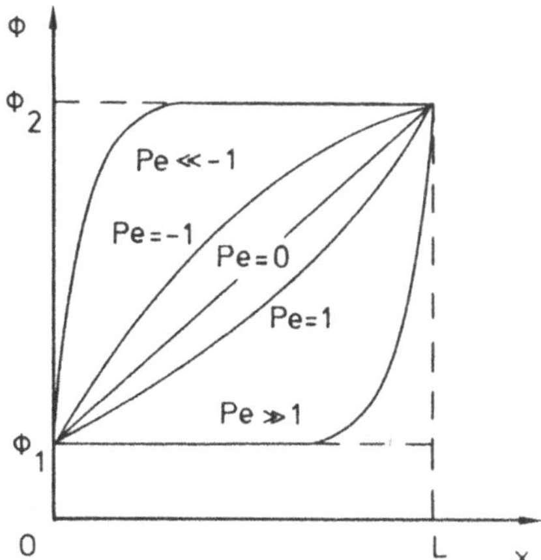

Abb.42: Analytische Lösung der eindimensionalen Konvektions-/Diffusionsgleichung für verschiedene Peclet-Zahlen

Bei betragsmäßig kleiner Peclet-Zahl spielt nur die Diffusion eine Rolle, es ergibt sich ein linearer Anstieg von ϕ. Bei betragsmäßig großen Peclet-Zahlen ist der stromauf gerichtete Wert von ϕ dominant. Um diese Eigenschaften vollständig zu simulieren, entwickelte Spalding (1972) sein "exponential scheme", dessen Differenzenformel analog zur analytischen Lösung in Gleichung (7.7a) aufgebaut ist. ϕ_1 und ϕ_2 sind hierbei die Werte an den benachbarten Knoten. Dieses Differenzenverfahren ist auf Grund der benötigten Exponentialfunktionen sehr rechenzeitaufwendig und für zwei- und dreidimensionale Probleme nicht mehr exakt. Weiterhin ist bei ihm der Einfluß von Quelltermen nicht berücksichtigt und es wird deshalb sehr selten angewendet. Verschiedenste Differenzenschemata wurden entwickelt, die bei vermindertem Rechenaufwand die Eigenschaften des "exponential scheme" approximieren. So schlugen Courant et al. (1952) das "upwind-scheme" vor, Spalding (1972) veröffentlichte das "hybrid-scheme" und Patankar (1981) entwickelte das "power-law scheme". Das "hybrid scheme" ist sehr verbreitet und ist ein hybrides Verfahren, bei dem abhängig von der Peclet-Zahl aufwärtsgerichtete Differenzen (Upwind-Differencing-Scheme (UDS); Courant et al. (1952)) oder zentrale Differenzen (CDS) verwendet werden. Ist die Peclet-Zahl größer als 2, so wird das UDS eingesetzt, das erster Ordnung genau ist und zu positiven Koeffizienten in der Matrix führt. Ist die Peclet-Zahl kleiner als 2, d.h. die Diffusion ist von Bedeutung, so wird das zweiter Ordnung genaue CDS verwendet. Eine graphische Skizze der aufwärtsgerichteten (UDS) und der zentralen (CDS) Differenzen wird in Abb.43a bzw. Abb.43b gezeigt. Hierbei wird die sogenannte "Kompaß-Notation" verwendet, bei der die Nachbarpunkte des Zentralknotens entsprechend der Himmelsrichtung (West, East, South, North) bezeichnet werden. Bei dem "hybrid-scheme" (HDS) wird für Peclet-Zahlen größer als 2 angenommen, daß die konvektiven Terme dominant sind. Die diffusiven Terme werden deshalb vernachlässigt.

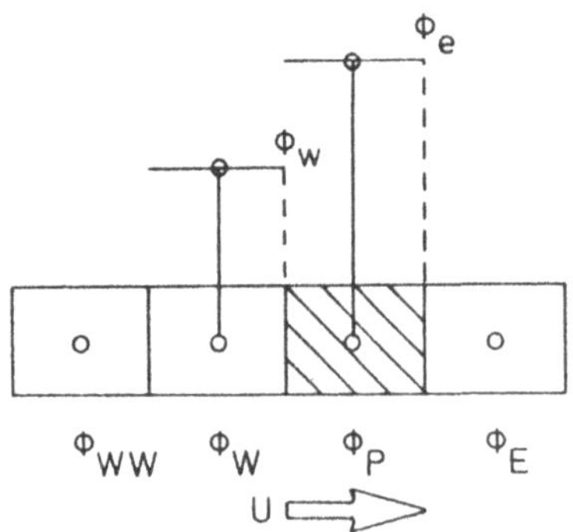

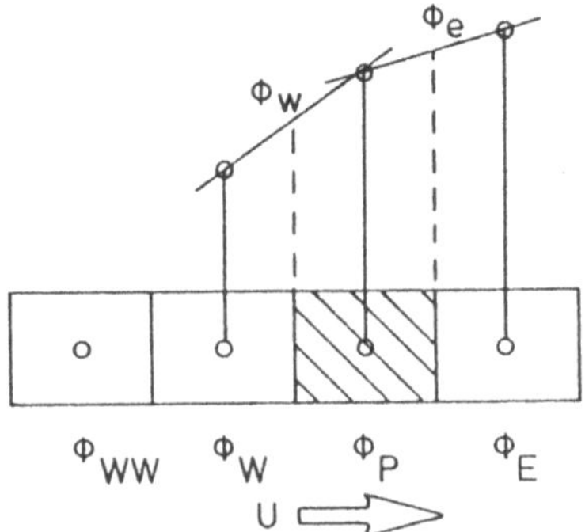

Abb.43: a) Aufwärts gerichtete Differenzen   b) Zentraldifferenzen

Vermeidung numerischer Diffusion

Ein Grund für die weite Verbreitung des HDS bei den inkompressiblen Berechnungsverfahren ist dessen Stabilität, die auf Grund des hohen Abbruchfehlers bei den
aufwärtsgerichteten Differenzen gewährleistet ist. Diese sind von einer Genauigkeit
1. Ordnung, d.h. es werden Terme 2. Ordnung vernachlässigt, wodurch ein Abbruchfehler diffusiver oder genauer dissipativer Art entsteht. Der dadurch entstehende Fehler
kann in einen Normal-Anteil und einen Querströmungs-Anteil aufgeteilt werden.

Der erstere tritt auf Grund der Vernachlässigung der Terme 2. Ordnung auch bei
stationären eindimensionalen Strömungen auf. Dies sei anhand der Konvektions-
/Diffusionsgleichung (7.6) gezeigt: nach der Integration dieser Beziehung über das in
Abb.43a gezeigte Kontrollvolumen werden an den Kontrollvolumen-Seiten Φ_e und Φ_w
benötigt. Eine Taylorreihenentwicklung von Φ führt zu:

$$\phi_P = \phi_e - \frac{\Delta x}{2} \left.\frac{\partial \phi}{\partial x}\right|_e + O(\Delta x)^2 \qquad (7.8a)$$

Unter der Annahme $\Phi_P = \Phi_e$ (UDS) ergibt sich der Abbruchfehler

$$\frac{u \Delta x}{2} \left.\frac{\partial \phi}{\partial x}\right|_e + u O(\Delta x)^2 \qquad (7.8b)$$

Der erste Term in Gleichung (7.8b) ist ein Diffusionsglied mit dem Diffusionskoeffizienten $\Gamma = u\Delta x/2$.

Der zweite Anteil ist durch die Querströmungs-Diffusion (cross-law diffusion) bedingt
und wird bei aufwärts gerichteten Verfahren normalerweise als numerische Diffusion
bezeichnet. Er tritt bei stationären Berechnungsverfahren nur bei zwei- und
dreidimensionalen Berechnungen auf und ist durch die Tatsache bedingt, daß bei dem
UDS der konvektierte Wert stromauf der Gitterlinie genommen wird, wohingegen vom
physikalischen Standpunkt aus er stromauf der Stromlinie genommen werden müßte
(siehe Abb.45). Sind die in y-Richtung auftretenden Gradienten klein, so ist die durch
diese Vorgehensweise eingebrachte numerische Diffusion gering. Für letztere haben
de Vahl Davis und Mallinson (1972) die folgende Beziehung für den Diffusionskoeffizienten Γ_n hergeleitet:

$$\Gamma_n = \frac{U \Delta x \Delta y |sin 2\Theta|}{4(\Delta y |sin\Theta|^3 + \Delta x |cos\Theta|^3)} \qquad (7.8c)$$

θ ist der Winkel zwischen dem Geschwindigkeitsvektor und der Gitterlinie und der Verlauf von $\Gamma^{*}_{n} = 4\,\Gamma_{n}/u\,\sqrt{\Delta x \Delta y}$ ist in Abb. 44 in Abhängigkeit von θ dargestellt.

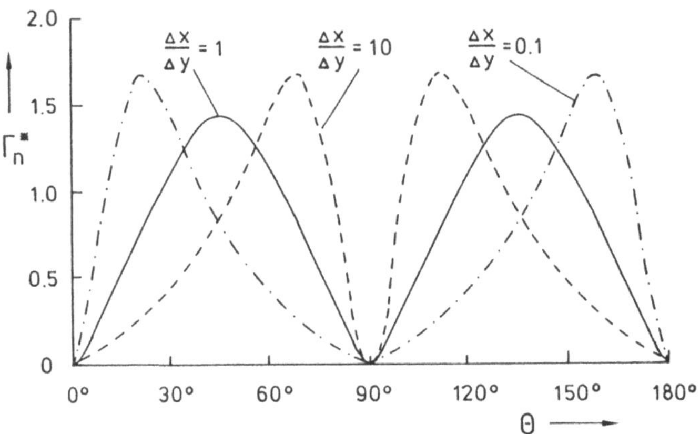

Abb.44: Numerische Diffusion in Abhängigkeit von θ

Raithby (1976a) hat das Problem der numerischen Diffusion bei aufwärtsgerichteten Differenzen 1. Ordnung untersucht und stellte fest, daß keine Probleme auftreten, wenn die Strömung in Richtung der Gitterlinien verläuft ($\theta = 0$) und daß in diesem Fall der Anteil der Diffusion in Normalenrichtung von Bedeutung werden kann. Bildet die Strömung einen von Null verschiedenen Winkel mit den Gitterlinien, so ist die numerische Diffusion gering, wenn keine Gradienten der Variablen in Querströmungs-richtung auftreten, da dann der Wert stromlinienauf gleich dem Wert aufwärts der Gitterlinie ist. Huh et al. (1986) untersuchten das Verhältnis von Normal-Anteil und Querströmungs-Anteil des Diffusionsfehlers und kamen zu der Schlußfolgerung, daß die von de Vahl Davis und Mallinson abgeleitete Beziehung (7.8c) nur für $\theta = \pi/4$ gültig ist, ansonsten mit ihr bedeutend zu kleine numerische Diffusionskoeffizienten berechnet werden. Weiterhin fanden sie, daß der durch die Querströmungs-Diffusion bedingte Fehler meist dominant ist und schlagen vor, diesen Fehler mit Hilfe einer zusätzlich eingebrachten "Gegen-Diffusion" auszugleichen.

Es gibt eine Reihe von Möglichkeiten, numerische Diffusionsprobleme zu vermeiden; teilweise kann die Frage der Verminderung der numerischen Diffusion mit Hilfe von Gleichung (7.8c) beantwortet werden. Zum einen tritt keine numerische Diffusion auf, wenn die Stromlinien parallel zu den Gitterlinien sind ($\theta = 0$), was jedoch bei Strömungen mit Ablösegebieten nicht erreicht werden kann. Des weiteren wird die numerische Diffusion bei kleineren Gittermaschenweiten geringer. Ein Ansatz zur Verminderung der numerischen Diffusion besteht darin, Aufwind-Differenzenverfahren höherer Ordnung zu verwenden, bei denen Terme 2. und höherer Ordnung mitberücksichtigt werden. Außerdem können Aufwind-Differenzenverfahren konstruiert werden, bei denen die Richtung der ankommenden Strömung berücksichtigt wird und damit die Variablen nicht stromauf der Gitterlinien, sondern stromauf der Stromlinien genommen werden.

<u>Richtungsempfindliche Verfahren.</u> Ein Diskretisierungsverfahren, das auf der letzteren Vorgehensweise beruht, hat Raithby (1976b) entwickelt. Wie in Abb. 45 für die Westseite des Kontrollvolumens skizziert ist, wird bei diesem der Wert nicht einfach stromauf der Gitterlinien genommen, sondern die Werte an den Knoten W und SW werden entsprechend der Strömungsrichtung gewichtet. Diese Vorgehensweise führt bei einer zweidimensionalen Berechnung zu einer Verknüpfung von 9 Knotenpunkten sowie im Dreidimensionalen von 27 Knotenpunkten, ist programmiertechnisch sehr aufwendig und führt zu bedeutend höheren Rechenzeiten. Das von Raithby (1976b) entwickelte Diskretisierungsverfahren 1. Ordnung, das er "skew upstream differencing scheme, (SUDS)" bezeichnet, besitzt die Transporteigenschaft. Es können jedoch negative Koeffizienten auftreten, d.h. das Beschränktheitsprinzip ist nicht erfüllt. In der gleichen Veröffentlichung stellt Raithby (1976b) neben dem SUDS noch ein hybrides Differenzenverfahren (skew upstream weighted differencing scheme, SUWDS) vor, bei dem je nach Peclet-Zahl das Zentraldifferenzenverfahren (CDS) oder das SUDS verwendet wird. Diese beiden von Raithby entwickelten Differenzenverfahren sind aufwendig zu implementieren und haben deshalb wenig Verbreitung gefunden, insbesondere nicht bei Berechnungsverfahren für allgemeine krummlinige Koordinaten. Ein ähnliches Verfahren wie Raithby hat Lillington (1981) entwickelt. Bei diesem werden zusätzlich Maßnahmen getroffen, um den Einfluß der Quellterme besser zu berücksichtigen.

<u>Aufwindverfahren höherer Ordnung.</u> Zur Vermeidung von numerischen Diffusionsproblemen wurde eine ganze Reihe von Aufwindverfahren 2. und höherer Ordnung entwickelt. Das in Abb. 46 skizzierte lineare Aufwindverfahren 2. Ordnung (LUDS) wurde von Price et al. (1966) vorgeschlagen und von Atias et al. (1977) bei der Lösung der Wirbeltransportgleichung angewendet. Es besitzt die Transporteigenschaft, wiederum können jedoch negative Koeffizienten auftreten, wodurch das Beschränktheitsprinzip verletzt ist. Peric (1985) verwendete das LUDS bei dem von ihm entwickelten Berechnungsverfahren für allgemeine krummlinige Koordinaten, wobei er die äußeren Punkte explizit behandelte, um die Tridiagonalstruktur der Matrizen beibehalten zu

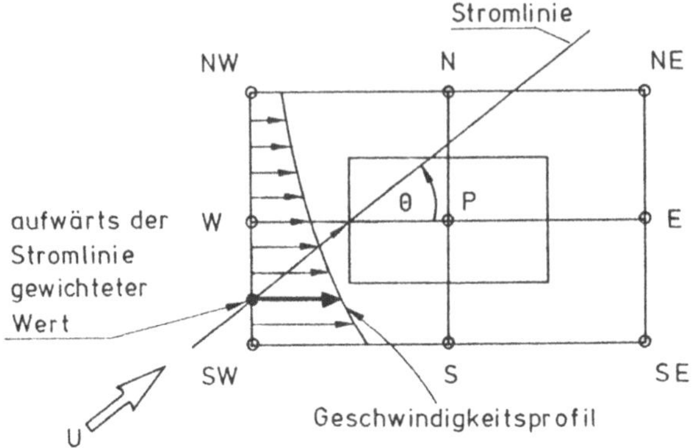

Abb.45: "Skew upstream differencing scheme" von Raithby (1976b)

können. In Gebieten mit steilen Gradienten der Lösung stellte er auf Grund des verletzten Beschränktheitsprinzips Über- und Unterschießen der Lösung fest. Das am weitesten verbreitete Aufwindverfahren höherer Ordnung ist das von Leonard (1979) entwickelte "quadratic upstream interpolation for convective kinematics" -Verfahren (QUICK), das 3. Ordnung genau ist. Es ist in Abb. 47 skizziert, verknüpft in jeder Richtung fünf Punkte und besitzt weder die Transporteigenschaft noch ist das Beschränktheitsprinzip erfüllt. Dadurch kann es zum Über- oder Unterschießen der Lösung kommen.

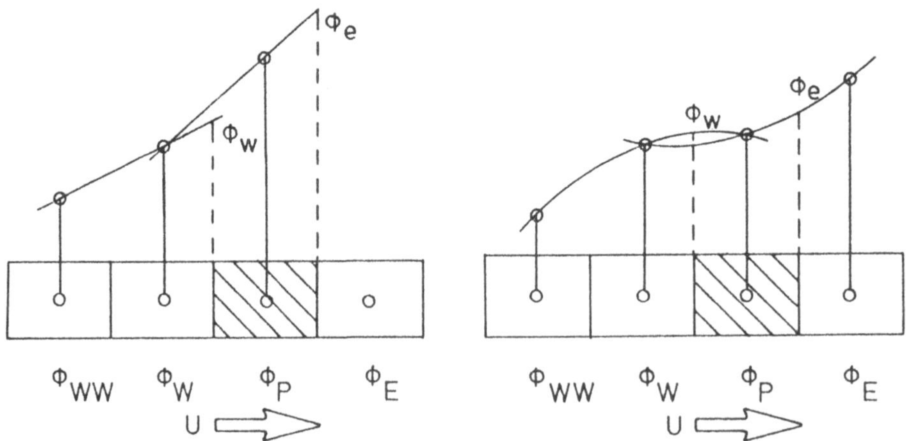

Abb.46: Lineares Aufwind Verfahren   Abb.47: QUICK-Verfahren von Leonard (1979)

Für zweidimensionale Berechnungen erweiterte Leonard (1981) sein 9-Punkte-QUICK-Verfahren (im Zweidimensionalen) auf ein 13-Punkte-QUICK-Verfahren, bei dem die

Südwest-, Südost-, Nordwest- und Nordost-Knoten berücksichtigt werden, d.h. Flächeninterpolationen zur Bestimmung der Variablen an den Kontrollvolumenseiten verwendet werden. Dieses aufwendigere 13-Punkte-QUICK-Verfahren hat sich in der Praxis nicht durchgesetzt, da keine bedeutenden Genauigkeitsverbesserungen mit ihm erreicht werden können. Ein ähnliches Aufwind-Verfahren 3. Ordnung wie Leonard hat Agarwal (1981) vorgeschlagen. Günther (1987) verglich das von Agarwal entwickelte Verfahren mit dem QUICK-Verfahren von Leonard sowie dem LUDS und dem CDS. Für die Approximation des Gradienten (Finite-Differenzen Verfahren) leitete er die folgende einheitliche Formulierung für diese vier Differenzenschemata her:

$$\left.\frac{d\Phi}{dx}\right|_i = \frac{1}{\Delta x}\{(\frac{1}{2} - \lambda)\Phi_{i+1} + 3\lambda\Phi_i - (3\lambda + \frac{1}{2})\Phi_{i-1} + \lambda\Phi_{i-2}\} \qquad (7.9)$$

wobei der Parameter λ die folgenden Werte annimmt: CDS, $\lambda = 0$; LUDS, $\lambda = 1/2$; QUICK, $\lambda = 1/8$ und Agarwal, $\lambda = 1/6$. Bei höheren Peclet-Zahlen neigen die von Günther (1987) untersuchten Schemata zu negativen Koeffizienten und damit zu einem Über- und Unterschießen der Lösung. Günther schlägt deshalb eine lokal abhängige Wahl des Parameters λ vor, und zwar soll λ so bestimmt werden, daß die Koeffizienten immer positiv sind. Mit dieser Vorgehensweise konnte er bei einfachen Strömungsfällen Konzentrationsverteilungen ohne Über- und Unterschießen berechnen, auch bei Fällen, bei denen die anderen Differenzenschemata zu Instabilitäten neigten.

Aufwind-Differenzenverfahren höherer Ordnung, die 7 und mehr Punkte in einer Richtung miteinander verknüpfen (siehe Barrett (1982)) wurden zwar entwickelt, haben bisher jedoch kaum Verbreitung gefunden, da sie algorithmisch sehr aufwendig sind, zu stark besetzten Matrizen führen und damit höhere Rechenzeiten benötigen. Weiterhin ergeben sich Probleme bei der Implementierung der Randbedingungen. Erwähnt werden sollten die Berechnungen von Kawamura und Kuwahara (1984), Kuwahara (1985) sowie Kuwahara und Shirayama (1986), die bei ihren direkten Simulationen ein von ihnen entwickeltes Aufwind-Differenzenverfahren 3. Ordnung verwenden. Sie setzten dieses Verfahren erfolgreich zur Berechnung von Zylinderumströmungen, dreidimensionalen Kanalströmungen, Strömungen um Personenkraftwagen, Nischenströmungen sowie Tragflügelumströmungen ein, wobei sie jedoch bei hohen Machzahlen (Tragflügelum-strömung) Dämpfungsterme 4. Ordnung zur Stabilisierung benötigten.

Vermeidung numerisch bedingter Oszillationen

Bei den Aufwind-Verfahren höherer Ordnung wie auch dem von Raithby entwickelten

SUDS tritt zwar keine numerische Diffusion auf, sie erfüllen jedoch nicht das Beschränktheitsprinzip, d.h. es kann zu einem Über- und Unterschießen der Lösung kommen.

<u>Flux-blending Methoden.</u> Um dieses Problem zu vermindern, wurden sogenannte "flux-blending"-Methoden entwickelt, bei denen meist ein Aufwind-Verfahren niedriger Ordnung mit einem Differenzenverfahren höherer Ordnung kombiniert wird. Das Aufwind-Verfahren niedriger Ordnung ist zwar ungenau, führt jedoch zu einer Stabilisierung des Verfahrens, da das Beschränktheitsprinzip erfüllt ist. Das Differenzenverfahren höherer Ordnung hingegen ist genauer, führt jedoch auf Grund der negativen Koeffizienten zu einem Über- und Unterschießen der Lösung. Bei den flux-blending-Methoden wird nun angestrebt, daß durch die Kombination solch unterschiedlicher Verfahren das resultierende Differenzenschema möglichst genau und stabil ist. Hierbei ist zwischen zwei Vorgehensweisen zu unterscheiden. Zum einen wird von dem einen Differenzenschema direkt auf das andere Differenzenschema in Abhängigkeit der Peclet-Zahl umgeschaltet, wie z.B. bei dem Hybrid-Differenzenschema (HDS) von Spalding (1972). Zum anderen besteht die Möglichkeit, beide Differenzenschemata gewichtet zu verwenden, wobei die Wahl des Wichtungsfaktors ausschlaggebend für die Genauigkeit und Stabilität des Differenzenverfahrens ist. Die meisten flux-blending-Methoden verwenden die zweite Vorgehensweise. Es werden die Flüsse an den Kontrollvolumina-Seiten berechnet und die Wichtungsfaktoren so bestimmt, daß keine oder nur betragsmäßig kleine, negative Koeffizienten auftreten. Peric (1985) schlägt eine flux-blending-Methode vor, bei der getrennt die konvektiven und die diffusiven Flüsse sowie der Einfluß des Quellterms betrachtet werden, um die Wichtungsfaktoren zu bestimmen. Bei dieser Vorgehensweise müssen die Flüsse an den Kontrollvolumina-Seiten bekannt sein, wodurch ein zeitaufwendiges, iteratives Vorgehen notwendig wird. Syed et al. (1985) vergleichen eine Reihe von flux-blending-Schemata, die auf dieser Vorgehensweise basieren, und führen Vergleichsrechnungen durch. Sie kommen zu der Schlußfolgerung, daß eine Kombination des UDS und des QUICK-Verfahrens am erfolgsversprechenden ist. Um Über- und Unterschießen bei dem von ihm entwickelten QUICK-Differenzenschema zu vermeiden, schlägt Leonard (1987) das Euler-QUICK-Verfahren (exponential upwinding or linear extrapolation refinement of QUICK) vor, bei dem das Profil der transportierten Größe untersucht wird und bei zu starker Krümmung eine exponentielle Stromauf-Wichtung erfolgt. Zhu und Leschziner (1988) kombinieren das Aufwind-Verfahren 1. Ordnung (UDS) und das QUICK-Verfahren, wobei sie überwiegend das QUICK-Verfahren verwenden und eine Wichtung dieser beiden Differenzenschemata nur in den Gebieten durchführen, in denen die Lösung ein nicht-

monotones, d.h. ein oszillatorisches Verhalten zeigt. Damit erreichen sie, daß lokale Maxima, die physikalisch bedingt sind, nicht zu stark durch eine Berücksichtigung des Differenzenschemas niedriger Ordnung gedämpft werden.

<u>Zugabe numerischer Diffusion.</u> Eine weitere Möglichkeit, bei der Anwendung von Verfahren höherer Ordnung Oszillationen zu vermeiden, besteht darin, nicht das Differenzenschema höherer Ordnung mit einem mit numerischer Diffusion behafteten Differenzenschema niedriger Ordnung zu kombinieren, sondern kontrollierte Mengen numerischer Diffusion, wie es z.B. bei kompressiblen Verfahren üblich ist, zuzuführen. Eine derartige Methode wird von Runchal (1986) in dem Berechnungsverfahren CONDIF angewendet. Er setzt Zentraldifferenzen (auch zur Approximation der konvektiven Terme) ein und die zugeführte Diffusion hängt vom lokalen Gradienten der Lösung ab. Im Rahmen von Vergleichsberechnungen stellte er fest, daß die erreichte Genauigkeit höher ist als bei der Verwendung von Hybrid-Differenzen, jedoch höhere Rechenzeiten benötigt werden.

<u>Deferred correction procedure.</u> Bei Differenzenschemata höherer Ordnung, die mehr als drei Punkte pro Richtung miteinander verknüpfen, werden meist, um eine möglichst enge Bandstruktur der Matrizen zu erreichen, nur die unmittelbaren Nachbarpunkte in den Koeffizienten implizit behandelt und der Einfluß der weiter entfernten Knotenpunkte explizit in den Quelltermen berücksichtigt. Eine derartige Vorgehensweise wird als "deferred correction procedure" bezeichnet und besitzt den Vorteil, daß auf Grund der einfacheren Matrixstruktur gängige Algorithmen zur Lösung der Gleichungssysteme verwendet werden können. Von Nachteil ist jedoch, daß die weiter entfernten Knotenpunkte nur explizit behandelt werden und dadurch die Konvergenz im allgemeinen schlechter wird. Verschiedene Möglichkeiten der Berücksichtigung der weiter entfernten Knotenpunkte in den Koeffizienten oder in den Quelltermen hat Vanka (1987) bei dem linearen Aufwind-Differenzen-Schema (LUDS) untersucht und stellte dabei Unterschiede in der benötigten Iterationsanzahl bis zu einem Faktor 2 fest.

<u>Adaptive Differenzenschemata.</u> Am Ende dieses Abschnitts über offene Differenzenschemata sei noch auf die adaptiven Differenzenschemata hingewiesen, wie sie z.B. von Schönauer (1985) in seinem Programmpaket zur Lösung zweidimensionaler oder dreidimensionaler elliptischer und parabolischer Differentialgleichungen verwendet werden. Bei der von Schönauer gewählten Vorgehensweise wird die Ordnung der Differenzenschemata nach der Methode der Differenz der Differenzenquotienten vom Programm selbst anhand der abgeschätzten Diskretisierungsfehler bestimmt, wobei die

Ordnung der Differenzenschemata so gewählt wird, daß gewisse Fehlergrenzen unterschritten werden. Diese Methode zielt auf die Minimierung des formalen Fehlers, jedoch werden hierdurch die physikalischen Eigenschaften der Gleichung nicht berücksichtigt. Weiterhin können von dem Programm nur bei einem relativ glatten Lösungsverlauf Differenzenschemata höherer Ordnung eingesetzt werden, da ansonsten Stabilitätsprobleme auftreten können. Gute Ergebnisse konnte Schönauer mit dem von ihm entwickelten Programmpaket bei einfachen Strömungen erzielen (siehe Glotz et al. (1980), Napolitano und Orlandi (1985)).

7.2.2 <u>Kompakte und lokal analytische Differenzenschemata; Lagrange-Methoden</u>

Bei der Diskretisierung der strömungsmechanischen Erhaltungsgleichungen stellen, wie schon erwähnt, die konvektiven Terme das Hauptproblem dar. Zum einen muß eine genügend hohe Genauigkeit bei der Diskretisierung erreicht werden und zum anderen muß die Transporteigenschaft der konvektiven Terme richtig wiedergegeben werden. Wie im letzten Abschnitt beschrieben, kann die Genauigkeit durch offene Differenzenschemata höherer Ordnung, die auch weiter entfernte Knotenpunkte mit dem Zentralknotenpunkt verknüpfen, gewährleistet werden. Dadurch erhöht sich jedoch die Bandbreite der Matrizen und es können negative Koeffizienten auftreten, die zu Stabilitätsproblemen führen können. Weiterhin treten Schwierigkeiten bei der Vorgabe der Randbedingungen auf, da bei konsistenter Vorgehensweise d.h., die Ordnung der Differenzenformeln wird auch in Randnähe beibehalten, Knotenpunkte außerhalb des Berechnungsgebietes in die Differenzenschemata eingehen müssen. In diesem Abschnitt wird eine andere Möglichkeit zur Erhöhung der Genauigkeit der Diskretisierung vorgestellt und zwar werden die kompakten bzw. geschlossenen Differenzenschemata beschrieben, bei denen nicht nur Beziehungen für die Werte der Variablen an den Knotenpunkten, sondern auch für deren Ableitungen berücksichtigt werden.
Zur Simulierung der Transporteigenschaft der konvektiven Terme werden überwiegend aufwärtsgerichtete Differenzenschemata eingesetzt, die, wie im letzten Abschnitt beschrieben, zu numerischen Diffusionsproblemen (bei Verfahren niedriger Ordnung) oder zu einem Über- und Unterschießen der Lösung (bei Verfahren höherer Ordnung) führen können. Auch für diesen Problemkreis werden in diesem Abschnitt zwei weitere Ansätze vorgestellt, und zwar die lokal analytischen Differenzenschemata und die Lagrange-Methoden. Die ersteren führen zu den in Kapitel 4 vorgestellten Finite-Analytischen Verfahren und berücksichtigen die physikalischen Eigenschaften der partiellen Differentialgleichungen und damit auch die Transporteigenschaft der Konvektionsterme. Bei den Lagrange-Methoden werden die Konvektionsterme entlang von Bahnlinien integriert und damit die Transporteigenschaft gewährleistet.

Kompakte bzw. geschlossene Differenzenschemata.

Die Vorgehensweise bei der Herleitung von kompakten Differenzenschemata wird anhand der eindimensionalen, zeitabhängigen Konvektions-/Diffusionsgleichung

$$\frac{\partial \phi}{\partial t} + u \frac{\partial \phi}{\partial x} = \nu \frac{\partial^2 \phi}{\partial x^2} \tag{7.10}$$

erklärt. Ausgangspunkt bei der Herleitung sind algebraische Beziehungen für die ersten bzw. zweiten Ableitungen der zu berechnenden Variablen ϕ. Diese Beziehungen verknüpfen die Ableitungen mit den Werten der Variablen und können folgendermaßen geschrieben werden:

$$m_i = \phi_i' = \sum \alpha_l \phi_l \tag{7.11a}$$

$$M_i = \phi_i'' = \sum \beta_l \phi_l \tag{7.11b}$$

ϕ_l bedeutet der Wert der Variablen an dem Knotenpunkt l und ϕ_i' bzw. ϕ_i'' deren erste bzw. zweite Ableitung an dem Knoten i. Es werden Beziehungen abgeleitet, die die ersten bzw. zweiten Ableitungen an den Knoten $i-1$, i und $i+1$ miteinander verknüpfen, um so die folgenden Gleichungssysteme zur Berechnung der Größen m_i und M_i zu erhalten:

$$a\, m_{i-1} + b\, m_i + c\, m_{i+1} = \sum \gamma_l \phi_l \tag{7.12a}$$

$$AM_{i-1} + BM_i + CM_{i+1} = \sum \delta_l \phi_l \tag{7.12b}$$

Bei diesen Gleichungssystemen sind die Koeffizienten a,b,c sowie A, B, C unabhängig von den Knoten i. Die beiden Gleichungssysteme (7.12a,b) führen zusammen mit der folgenden diskretisierten Form der zu lösenden partiellen Differentialgleichung:

$$\phi_i^{n+1} = \phi_i^n + \Delta t(-u\, m_i + \nu M_i) \tag{7.13}$$

zu einem geschlossenen System zur Berechnung von ϕ_i, m_i und M_i. Verschiedene kompakte Differenzenschemata unterscheiden sich in den Beziehungen (7.11a,b) zur Herleitung der Gleichungssysteme (7.12a,b). Zur Ableitung solcher Beziehungen werden sowohl Spline-Funktionen wie auch Hermite´sche Polynome herangezogen und die resultierenden Matrizen sind im allgemeinen block-tridiagonal.

134

Grundlegende Arbeiten über kompakte Differenzenschemata haben Rubin und Graves (1975) sowie Rubin und Khosla (1976, 1977) vorgestellt. In Rubin und Graves (1975) werden Grundlagen kubischer Spline-Approximationen beschrieben und es wird ein zweidimensionales Berechnungsverfahren vorgestellt, das auf einer alternierenden Anwendung der Splines in die beiden Raumrichtungen basiert (spline alternating direction implicit method, SADI). Dieses Verfahren haben Rubin und Graves anhand der eindimensionalen, nicht-linearen Burger-Gleichung sowie anhand der zweidimensionalen Diffusionsgleichung getestet. Unter Verwendung der Ψ-ω-Formulierung berechneten sie die Strömung in einer Nische und verglichen die mit dem SADI-Verfahren erhaltene Lösung mit dem Ergebnis, das sie mit Hilfe eines Finiten-Differenzen-Schematas 2. Ordnung erhielten. Sie benötigten, um die gleiche Genauigkeit zu erhalten, mit dem SADI-Verfahren bedeutend weniger Knotenpunkte. In den Veröffentlichungen von Rubin und Khosla (1976, 1977) werden kompakte Verfahren höherer Ordnung vorgestellt und Differenzenschemata verglichen, die zum einen mit Hilfe von Spline-Funktionen und zum anderen mit Hilfe von Hermite-Kollokationen erhalten wurden. Mit dem von ihnen entwickelten "Spline 4-Schema" benötigen sie um die gleiche Genauigkeit zu erhalten nur ein Viertel der Knotenpunkte pro Richtung gegenüber der Diskretisierung mit Zentral-Differenzen.

Um die bei den kompakten Differenzenschemata auftretenden Block-Tridiagonalmatrizen (Block-TDM) zu umgehen, wenden Rubin und Khosla (1980) die deferred-corrector-Methode an. Sie zerlegen die 3 x 3 Block-TDM in eine Tridiagonalmatrix und eine 2 x 2 Block-TDM und können zur Lösung der TDM gängige Algorithmen einsetzen. Ihr Verfahren wenden sie bei der Berechnung der Strömung in einer Nische und in einem Kanal sowie bei der Berechnung von Zylinderumströmungen an. Um Oszillationen in der Lösung zu vermeiden, benötigen sie Glättungsterme 4. Ordnung bzw. müssen die hochfrequenten Anteile der Lösung filtern. Lauriat und Altimir (1985) reduzieren die bei dem SADI-Verfahren von Rubin und Graves (1975) erhaltene Block-Tridiagonalmatrix auf drei Tridiagonalmatrizen. Sie konnten mit dem von ihnen entwickelten Verfahren gegenüber einem Zentraldifferenzen-Verfahren nicht nur eine Reduzierung des Speicherplatzes, sondern auch der Rechenzeit erreichen, was jedoch durch eine äußerst aufwendige Programmierung erkauft werden mußte. Das Problem der Oszillationen bei dem von Rubin und Khosla (1980) entwickelten Verfahren löste Christie (1985) durch die Verwendung von aufwärtsgerichteten Differenzenschemata 4. Ordnung, die er jedoch bisher nur bei eindimensionalen Problemen testete.

Hirsh (1975) untersuchte zum einen das Problem der Formulierung konsistenter Randbedingungen für die ersten und zweiten Ableitungen bei einem Schema 4. Ordnung.

In einer weiteren Arbeit gaben Hirsh und Hopkins (1983) zum anderen einen Überblick über verschiedene Differenzenschemata. Außerdem diskutierten sie das Problem der Oszillationen bei höheren Reynoldszahlen.

Abschließend seien noch zwei Arbeiten erwähnt, bei denen kompakte Differenzenschemata zur Berechnung komplexer Probleme, und zwar der instationären Umströmung von Kreiszylindern, eingesetzt werden. Lecointe und Piquet (1984) vergleichen verschiedene kompakte Differenzenschemata anhand eines Verfahrens, das die Ψ-ω-Formulierung verwendet und berichten bei höheren Reynoldszahlen von Konvergenzproblemen bei der Verwendung von Zentraldifferenzen. Baba und Miyata (1987) setzten kompakte Differenzenschemata 4. Ordnung bei der Berechnung von Zylinderumströmungen mit oszillierender Zuströmung ein. Auch sie berichten von Stabilitätsproblemen und verwenden sehr feine Gitter bei höheren Reynoldszahlen um diese Probleme zu vermeiden.

<u>Lokal analytische Differenzenschemata</u>

Den lokal analytischen Differenzenschemata liegt die Überlegung zu Grunde, daß die physikalischen Eigenschaften der Differentialgleichungen berücksichtigt werden müssen. Diese Vorstellung führte bei der eindimensionalen Konvektions-/Diffusionsgleichung zu dem von Spalding (1972) entwickelten "exponential scheme". Eine in die verschiedenen Raumrichtungen unabhängige Anwendung des "exponential schemes" führt jedoch nicht zum Erfolg bei der Berechnung von zweidimensionalen oder dreidimensionalen Strömungen. Wong und Raithby (1979) schlugen deshalb eine alternierende Anwendung des "exponential schemes" in die verschiedenen Raumrichtungen vor, wobei sie das "exponential scheme" jeweils in einer Richtung anwenden und in den anderen Richtungen die Ergebnisse aus der vorhergehenden Iteration berücksichtigen.
Die grundlegende Vorgehensweise bei den lokal analytischen Differenzenschemata wurde in Kapitel 4 im Zusammenhang mit der Beschreibung der Finiten-Analytischen Methoden skizziert. Das Hauptproblem bei diesen Methoden besteht darin, eine analytische Lösung für die linearisierte Konvektions-/Diffusionsgleichung (mit Quelltermen) zu erhalten. Diese analytische Lösung führt zu komplexen Ausdrücken für die als "influence coefficients" bezeichneten Koeffizienten C_l (siehe Gleichung (4.7)), mit deren Hilfe bei dreidimensionalen Problemen 27 Knotenpunkte verknüpft werden und die als Reihe von Sinus- bzw. Sinushyperbolikus-Termen dargestellt werden können.

Die Methode der lokal analytischen Differenzenschemata haben in einer Reihe von Arbeiten Chen und Li (1979), Chen et al. (1981), Chen und Patel (1984), Chen und Chen

(1984) sowie Chen und Cheng (1985) entwickelt und ausgebaut. In den ersten Arbeiten wurde die Methode bei der Lösung der Wärmeleitungsgleichung getestet und später mit Hilfe der Ψ-ω-Formulierung der Wärmeübergang in Nischenströmungen sowie die Bildung von Wirbelablösungen untersucht. Die Methode wurde zur Lösung der partiell parabolischen Gleichungen erweitert bis hin zu Verfahren zur dreidimensionalen, voll-elliptischen Berechnung der Umströmung angestellter Zylinder. Lokal-analytische Verfahren besitzen eine hohe Genauigkeit und ein stabiles Verhalten für alle Reynoldszahlen, jedoch werden lange Rechenzeiten für die Reihenentwicklungen zur Bestimmung der 27 Koeffizienten benötigt.

Eine ähnliche Vorgehensweise wie bei den Arbeiten von Chen wird in der Veröffentlichung von Stubley et al. (1980) beschrieben. Die Autoren weisen jedoch darauf hin, daß ihre Methode zum einen nicht konservativ ist, zum anderen nicht zur Berechnung zeitabhängiger Probleme geeignet ist und des weiteren der Einfluß von Quelltermen nur unvollständig erfaßt wird. Das von Bhattacharyya und Datta (1985) vorgeschlagene Verfahren, das sie als "residual method of finite differencing" bezeichnen, ist zwar vergleichbar mit dem lokal analytischen Differenzenschemata von Chen, basiert jedoch auf einem völlig verschiedenen Ansatz. Für die Variablen wird eine exponentielle Verteilung verwendet, die in die Differentialgleichung eingesetzt wird und das resultierende Residuum wird zu Null gesetzt. Damit läßt sich ein Differenzenausdruck für die komplette Differentialgleichung erhalten.

Lagrange-Methoden

Besonders bei der Berechnung instationärer Strömungen ist von Bedeutung, die Transporteigenschaft der Konvektionsterme richtig zu approximieren, d.h. wie in Abb. 48 skizziert, den konvektiven Transport entlang einer Bahnlinie zu simulieren. Bei den Lagrange-Methoden wird diese Bahnlinie explizit bestimmt und die Variation der zu transportierenden Größe entlang dieser Linie berechnet.
Glass und Rodi (1982) wenden die von ihnen entwickelte Lagrange-Methode in Verbindung mit der Lösung der Temperaturgleichung an. Um die Variation der Temperatur möglichst genau zu bestimmen, lösen sie Differentialgleichungen für den Transport von $\partial T/\partial x$, $\partial T/\partial y$ sowie $\partial^2 T/\partial x \partial y$. Die von ihnen entwickelte explizite Methode, die nicht konservativ ist, testen sie für stationäre und instationäre Kanalströmungen, wobei sie zur Berechnung des Skalartransports die doppelte Rechenzeit gegenüber einem Zentraldifferenzenverfahren benötigen. Hauguel (1985) beschreibt in

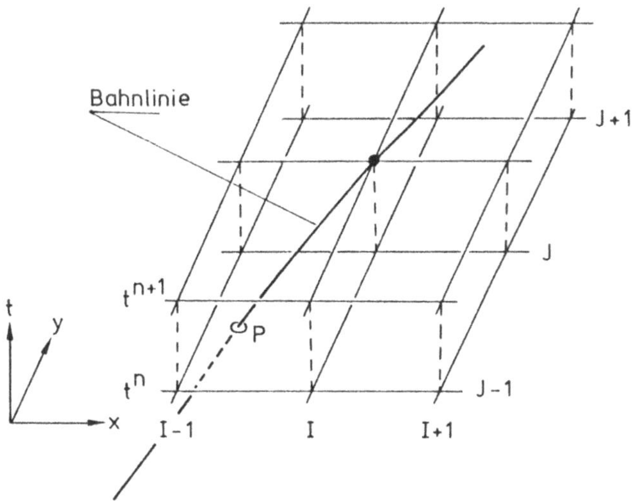

Abb.48: Konvektiver Transport entlang einer Bahnlinie

seiner Veröffentlichung eine ganze Reihe von Programmen, die bei der "Electricité de France" eingesetzt werden. Den Programmen liegt die gemeinsame Idee zu Grunde, daß ein Algorithmus dann am besten ist, wenn er nur ein Ziel hat. So wird bei den von Hauguel (1985) beschriebenen Berechnungsverfahren ein Zeitschritt in zwei Teilzeitschritte aufgeteilt (fractional step method), wobei der erste Teilzeitschritt zur Berechnung des konvektiven Transportes und der zweite Teilzeitschritt zur Berechnung des diffusiven Transportes verwendet wird. Der konvektive Transport wird mit Hilfe einer Lagrange-Methode bestimmt. Zur Berechnung des diffusiven Transportes werden sowohl Finite-Differenzen- wie auch Finite-Element-Verfahren eingesetzt. Eine Reihe von Berechnungen mit diesen Verfahren, wie z.B. Fahrzeugumströmungen, werden in Hauguel und Laurence (1986) vorgestellt. Nasser und Leschziner (1985) verwenden eine Kombination einer Charakteristik-basierten ADI-Formulierung in der Zeit mit einer Spline-Approximation im Raum (kompaktes Differenzenschemata). Bei dem von ihnen entwickelten zweidimensionalen Verfahren werden zwei Teilzeitschritte verwendet, wobei pro Teilzeitschritt der Transport jeweils in eine Raumrichtung implizit approximiert wird. Die Berechnung des Transports einer Gauß-Verteilung zeigt die hohe Genauigkeit ihres Verfahrens. Sie wenden dieses außerdem bei der Berechnung einer durch eine oszillierende Wand induzierten Nischenströmung an.

7.2.3 Diskretisierungsverfahren bei Verwendung allgemeiner krummliniger Koordinaten; Behandlung der Quellterme

Bei Berechnungsverfahren für allgemeine krummlinige Koordinaten müssen im Vergleich zu den Erhaltungsgleichungen in kartesischen Koordinaten zusätzliche Terme diskretisiert werden. Da diese zusätzlichen Terme meist in den Quelltermen berücksichtigt werden, wurden diese beiden Themenkreise in einem Abschnitt zusammengefaßt.

Diskretisierungsverfahren für allgemeine krummlinige Koordinaten

Die Formulierung der Erhaltungsgleichungen sowie die Wahl der Geschwindigkeitskomponenten entscheiden, welche zusätzlichen Terme bei einem Berechnungsverfahren für allgemeine krummlinige Koordinaten gegenüber den partiellen Differentialgleichungen in kartesischen Koordinaten auftreten. Bei gitterlinienorientierten, d.h. nicht raumfesten Geschwindigkeitskomponenten treten zusätzlich Zentrifugalterme und Coriolisterme auf (siehe Gleichung (3.14)). Bei der Wahl kontravarianter Geschwindigkeitskomponenten müssen in den Impulsgleichungen jeweils drei Druckableitungen berücksichtigt werden (siehe Gleichung (3.13)). Gemischte Ableitungen in den Diffusionstermen treten bei der Verwendung nicht-orthogonaler Koordinaten auf und müssen nach der Integration über das Kontrollvolumen gesondert modelliert werden (siehe Gleichung (7.3b)). Abgesehen von diesen zusätzlich auftretenden Termen ist es bei der Verwendung allgemeiner krummliniger Koordinaten bedeutend aufwendiger, gewisse Quellterme zu berechnen, da, wie z.B. bei dem Produktionsterm für die turbulente kinetische Energie, für die Gradientenberechnungen umfangreiche Interpolationen notwendig sind.

Wie in Kapitel 3 skizziert, erfordert die Approximation der Zentrifugal-/Coriolis-Terme die Berechnung von Metrikableitungen und setzt damit die Generierung von glatten Gittern voraus. Weiterhin ist eine konservative Diskretisierung auf Grund der semi-konservativen Formulierung nicht gewährleistet, was besonders bei starken Gitterkrümmungen zu Problemen führen kann. Galpin und Raithby (1983) haben gezeigt, daß bei der Berechnung einer Scherströmung mit einem Polargitter die Zentrifugalterme bis zu 40% falsch berechnet werden, wenn diese wie üblich mit einem Referenzwert in Kontrollvolumenmitte bestimmt und mit dem Volumen des KV multipliziert werden. Eine Reduzierung des Fehlers auf 20% konnten sie erreichen, wenn sie eine lineare Variation des Zentrifugalterms über das Kontrollvolumen annahmen.

Gemischte Ableitungen erfordern nach der Integration über die Kontrollvolumina die Bestimmung der Ableitung der Größe ϕ parallel zur Kontrollvolumen-Seite (siehe

Gleichung (7.3b) bzw. Abb. 41). Werden zur Bestimmung dieser Ableitungen die Werte an den Ecken der Kontrollvolumina linear aus den umliegenden Knoten interpoliert, so müssen für diese Interpolationen bei zweidimensionalen Problemen 9 Punkte und bei dreidimensionalen 19 Punkte miteinander verknüpft werden. Diese Vorgehensweise führt zwar zu einer konservativen Diskretisierung, jedoch erfüllt diese nicht das Beschränktheitsprinzip, da negative Koeffizienten an Kontrollvolumen-Ecken mit Innenwinkeln kleiner als 90° auftreten. Die Diskretisierung der gemischten Ableitungen führt damit zu zwei Problemen: Zum einen hat die resultierende Matrix eine größere Bandbreite und kann somit nicht mehr mit gängigen iterativen Verfahren gelöst werden. Deshalb wird zumeist der Einfluß der weiter entfernten Knotenpunkte in den Quelltermen berücksichtigt. Zu deren Bestimmung werden die Werte aus dem vorigen Zeitschritt bzw. der vorhergehenden Iteration herangezogen. Diese explizite Behandlung der gemischten Ableitungen führt im allgemeinen zu einer langsameren Konvergenz des Berechnungs-verfahrens. Das zweite Problem bei der Diskretisierung der gemischten Ableitungen kann dadurch entstehen, daß, falls diese implizit behandelt werden, negative Koeffizienten in den Matrizen auftreten. Dieses Problem ist umso gravierender, je größer das Verhältnis von gemischten Ableitungen zu Normal-Ableitungen ist. Ausschlaggebend hierfür ist die Nicht-Orthogonalität des verwendeten numerischen Gitters und das Seitenverhältnis der Gittermaschen. Der Quotient zwischen gemischten Ableitungen und Normal-Ableitungen ist proportional dem Produkt aus dem Seitenverhältnis der Gittermaschen und dem Kosinus des Innenwinkels eines Kontrollvolumens. Diese Beziehung führt zu der Schlußfolgerung, daß besonders in Wandnähe, in der meist große Seiten-Verhältnisse auftreten, ein orthogonales Gitter, d.h. global ein randorthogonales Gitter, wünschens-wert ist. Um die Gefahr negativer Koeffizienten zu vermindern, schlägt Demirdzic (1986) spezielle Interpolationen zur Bestimmung der Werte an den Ecken der Kontrollvolumina vor. Diese Interpolationen sind abhängig vom Innenwinkel eines Kontrollvolumens und das resultierende Differenzenschema ist konservativ. Negative Koeffizienten können zwar bei dieser Vorgehensweise nicht vollständig vermieden werden, besitzt jedoch das Seitenverhältnis der Gittermaschen den Wert 1, so treten keine negativen Koeffizienten auf.

Ein spezieller Diskretisierungsfehler kann sich bei gitterlinienorientierten Geschwindig-keitskomponenten und der Verwendung von aufwärtsgerichteten Differenzenverfahren ergeben. Dieser Fehler entsteht dadurch, daß, wie in Abb. 49 skizziert, die Geschwindig-keitskomponenten an der Kontrollvolumenseite eine andere Richtung besitzen als an der aufwärtsgerichteten Position.

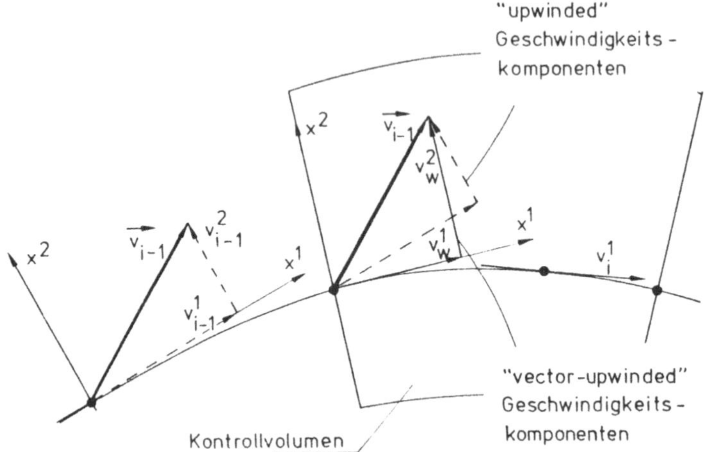

Abb.49: Diskretisierung bei gitterlinienorientierten Geschwindigkeitskomponenten und aufwärts gerichteten Differenzenschemata

Die Abweichung tritt dann auf, wenn der Geschwindigkeitsvektor nicht parallel zu den Gitterlinien ist. Galpin et al. (1986) untersuchten dieses Problem und haben das sogenannte "vector upwind-differencing" entwickelt. Bei diesem wird der Geschwindigkeitsvektor an der aufwärtsgerichteten Position entsprechend den an der Kontrollvolumenseite vorliegenden Geschwindigkeitskomponenten zerlegt. Diese Vorgehensweise ist streng nur bei der Berechnung einer uniformen Strömung in Polarkoordinaten gültig. Für allgemeinere Strömungen schlagen Galpin et al. (1986) die Wichtung zwischen ihrem "vector upwind"-Schema und einem aufwärtsgerichteten Differenzenschema vor, wobei der Wichtungsfaktor abhängig von der Stromlinien- und der Gitterkrümmung bestimmt wird.

Die Diskretisierung der konvektiven sowie der diffusiven Terme in Normalenrichtung kann bei der Verwendung von allgemeinen krummlinigen Koordinaten völlig analog zu der Vorgehensweise, die in den Abschnitten 7.2.1 und 7.2.2 beschrieben wurde, erfolgen. Jedoch muß bei der Wahl des Diskretisierungsverfahrens berücksichtigt werden, daß bei allgemeinen krummlinigen Koordinaten das numerische Gitter im allgemeinen nicht äquidistant ist und größere Seitenverhältnisse der Gittermaschen auftreten, was zu höheren Abbruchfehlern führen kann. Thompson und Mastin (1985) haben gezeigt, daß bei krummlinigen Koordinaten die Fehlerordnung bei einer gegebenen Punkteverteilung unter Verwendung von Zentraldifferenzen zwar prinzipiell erhalten bleibt, die Koeffizienten des Abbruchgliedes jedoch bedeutend größer sind. Shyy et al. (1985) berichten über ein unterschiedliches Verhalten des QUICK-Differenzenschemas bei der Verwendung von kartesischen und von krummlinigen Koordinaten. Im letzteren

Fall traten bei ihnen speziell bei starken Gitterpunktverdichtungen Konvergenzprobleme mit dem QUICK-Verfahren auf.

<u>Behandlung der Quellterme</u>

Analog wie die anderen Terme werden bei der Diskretisierung die Quellterme S_ϕ über die Kontrollvolumina integriert (siehe Gleichung (7.2b)) und danach approximiert. Hierzu wird meist ein repräsentativer Wert von S_ϕ in Kontrollvolumenmitte bestimmt und dieser mit dem Volumen des KV multipliziert. Bei der Verwendung von kartesischen Koordinaten werden in den Quelltermen im allgemeinen die folgenden Glieder berücksichtigt: im Quellterm der Impulsgleichung der Druckgradient, im Quellterm der Skalartransportgleichung die Quellen- und Senkenglieder, im Quellterm der k-Gleichung die Turbulenzproduktion und die Dissipationsrate sowie im Quellterm der ε-Gleichung die Produktion von ε und deren viskose Vernichtung. Bei Berechnungsverfahren für allgemeine krummlinige Koordinaten sind in den Quelltermen zusätzlich die folgenden Terme zu berücksichtigen: die Flüsse weiter entfernter Punkte bei der Diskretisierung der konvektiven Glieder (meist auch bei der Verwendung kartesischer Koordinaten), um die Bandbreite der Matrizen klein zu halten; zusätzlich auftretende Druckgradienten; Beiträge aus gemischten Ableitungen in den diffusiven Gliedern sowie die Zentrifugal- und Coriolis-Terme.

Eine der Grundregeln von Patankar (siehe Abschnitt 7.1) sagt aus, daß die Quellterme so linearisiert werden sollen, daß die Diagonaldominanz der Matrix erhöht wird, d.h. die Diagonalelemente betragsmäßig größer werden. Ist die Variable Φ_p (siehe Gleichung (7.5a)) im Quellterm nicht direkt abspaltbar, so kann die folgende Aufteilung durchgeführt werden:

$$S = S_+ + S_- = S_+ + \underbrace{\frac{S_-}{\Phi_p^n}}_{S_p} \Phi_p^{n+1} \tag{7.14}$$

S_+ bedeutet der positive und S_- der negative Anteil des Quellterms.
Die Größe Φ_p^n ist von der vorhergehenden Iteration bekannt und der Anteil S_- wird in dem Koeffizienten a_p (siehe Gleichung (7.5a)) berücksichtigt.

Die Behandlung des Quelltermes kann oft einen entscheidenden Einfluß auf die Konvergenzrate eines Berechnungsverfahrens haben. Tritt in den Quelltermen die zu berechnende Variable Φ auf, so muß diese mit Hilfe von Werten aus der vorhergehenden Iteration bzw. dem vorhergehenden Zeitschritt explizit bestimmt werden. Dadurch ist meist eine stärkere Unterrelaxation notwendig und es treten kleinere Konvergenzraten auf.

Da bei der Lösung eines strömungsmechanischen Problems ein gekoppeltes System von partiellen Differentialgleichungen gelöst werden muß, werden in den Quelltermen bei der Lösung einer Differentialgleichung die Variablen berücksichtigt, die in den anderen Differentialgleichungen als zu berechnende, abhängige Variable auftreten, wie z.B. die Dissipationsrate ε in der k-Erhaltungsgleichung (siehe Gleichungen (2.12), (2.13)). Wird das System von Differentialgleichungen entkoppelt gelöst, so entsteht eine schlechte Kopplung zwischen den verschiedenen Variablen, bei einer simultanen Lösung ist diese Kopplung bedeutend besser, da dann die Variablen implizit berücksichtigt werden.

7.2.4 Vergleich verschiedener Differenzenschemata

Die bisherigen Ausführungen zeigen, daß die Diskretisierung der diffusiven Glieder im allgemeinen keine Probleme ergibt. Es wurden deshalb bei den inkompressiblen Berechnungsverfahren kaum Untersuchungen veröffentlicht, die sich mit der Diskretisierung der diffusiven Terme beschäftigen. Bei den konvektiven Termen traten zwei Problemkreise auf: zum einen die Genauigkeit der Diskretisierung und zum anderen die zu simulierende Transporteigenschaft. Inwiefern die verschiedenen Typen von Differenzenschemata in der Lage sind Genauigkeit und Transporteigenschaft zu gewährleisten sei im folgenden kurz zusammengefaßt.

Die Genauigkeit kann bei den offenen Differenzenschemata durch Hinzuziehen von mehr Punkten erhöht werden, wodurch jedoch größere Bandbreiten der Matrizen entstehen, negative Koeffizienten nicht völlig vermieden werden können und Schwierigkeiten bei der Vorgabe konsistenter Randbedingungen auftreten. Eine höhere Genauigkeit ergibt sich bei der Verwendung von kompakten Differenzenschemata dadurch, daß eine größere Anzahl von Bedingungen pro Knotenpunkt vorgeschrieben wird. Auch bei dieser Vorgehensweise können negative Koeffizienten auftreten. Die Algorithmen sind komplexer als bei den offenen Differenzenschemata und die resultierenden Matrizen haben im allgemeinen eine Block-Tridiagonal-Struktur. Sowohl bei den offenen wie bei den kompakten Differenzenschemata können negative Koeffizienten und die damit fehlende Beschränktheitseigenschaft des Diskretisierungsverfahrens durch die sogenannten "flux-blending"-Methoden vermieden werden. Das Problem der größeren Bandbreite der Matrizen läßt sich durch die Verwendung von "deferred-corrector"-Methoden umgehen, bei denen ein gewisser Teil des Differenzenschemas explizit behandelt wird.

Die Transporteigenschaft der konvektiven Terme wird meist durch die Verwendung von aufwärtsgerichteten Differenzenschemata simuliert. Sind diese von 1. Ordnung, so erfüllen sie zwar das Beschränktheitsprinzip, jedoch können sie zu numerischen Diffusionsproblemen führen. Bei aufwärtsgerichteten Differenzenschemata höherer Ordnung wird das Beschränktheitsprinzip zwar nicht mehr erfüllt, da negative Koeffizienten auftreten können, jedoch werden numerische Diffusionsprobleme vermieden. Weiterhin tragen lokal analytische Differenzenschemata, die jedoch eine äußerst aufwendige Koeffizientenberechnung erfordern, der Transporteigenschaft der konvektiven Terme Rechnung. Desweiteren kann durch den Einsatz von sogenannten Lagrange-Methoden, die den konvektiven Transport entlang von Bahnlinien berechnen, die Transporteigenschaft erfüllt werden. Letztere Vorgehensweise ist jedoch nicht konservativ.

Die im folgenden vorgestellten Vergleiche verschiedener Differenzenschemata beziehen sich nur auf laminare Strömungen, um jeglichen Einfluß verschiedener Turbulenzmodelle auszuschließen. Die Testberechnungen wurden fast ausschließlich für kartesische Koordinaten und zweidimensionale Probleme durchgeführt. Der Grund hierfür ist die große Vielfalt numerischer Gitter, die bei der Verwendung von allgemeinen krummlinigen Koordinaten erzeugt werden können und die zu einer großen Zahl der die Genauigkeit eines Diskretisierungsverfahrens beeinflussenden Parameter führen.

Vergleichende Berechnungen wurden sowohl für vereinfachte Testgleichungen in einfachen Geometrien durchgeführt, wie auch für das komplette System der strömungs-mechanischen Erhaltungsgleichungen.

<u>Lösung von vereinfachten Testgleichungen</u>

Die eindimensionale bzw. zweidimensionale Konvektions-/Diffusionsgleichung ohne bzw. mit Quellterm wurde in neuester Zeit von Smith und Hutton (1982), Baetke und Werner (1985), Patel et al. (1985), Shyy (1985), Syed et al. (1985) sowie Neuberger (1987) untersucht.
Smith und Hutton (1982) faßten die Ergebnisse des "Third Meeting of International Association for Hydraulic Research Working Group on Refined Modelling of Flow" zusammen, bei dem von verschiedenen Arbeitsgruppen Berechnungen mit 20 verschiedenen Verfahren vorgestellt wurden. Als Testfall wurde der Transport einer skalaren Größe in einem Strömungsfeld mit vorgegebener Geschwindigkeitsverteilung, die der Strömung in einem Wirbel entsprach (siehe Abb.50), berechnet.

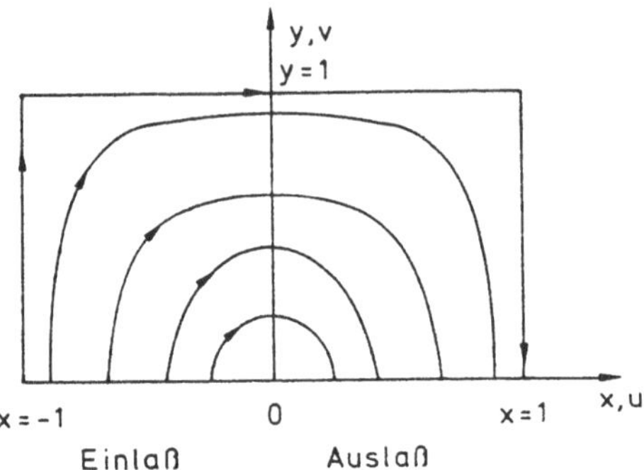

Abb.50: Vorgegebene Geschwindigkeitsverteilung bei IAHR-Testfall

Es wurden Untersuchungen sowohl mit Finite-Volumen-, Finite-Differenzen- wie auch Finite-Element-Verfahren durchgeführt. Bei den beiden ersten Verfahren wurden zumeist die folgenden, bereits im Rahmen dieser Arbeit vorgestellten Differenzenschemata eingesetzt: UDS, LUDS, QUICK, SUDS, Lagrange-Methoden sowie lokal analytische und selbst-adaptive Differenzenschemata. Für die Rechnungen mit groben numerischen Gittern konnte kein optimales Differenzenschema gefunden werden, da alle Differenzenverfahren entweder zu numerischer Diffusion oder zum Über- bzw. Unterschießen neigten. Das aufwärtsgerichtete Differenzenschema 1. Ordung (UDS) führte bei höheren Peclet-Zahlen zu äußerst ungenauen Ergebnissen bei der Verwendung von praktisch einsetzbaren Gittern. Gute Ergebnisse konnten mit den aufwärtsgerichteten Differenzenschemata höherer Ordnung sowie mit dem SUDS erreicht werden. Smith und Hutton (1982) kamen zu der Schlußfolgerung, daß die Diskretisierung der konvektiven Terme die "Kunst des Kompromisses zwischen numerischer Diffusion und Über- bzw. Unterschießen" erfordert.

Vergleichende Berechnungen stellten Patel et al. (1985) für das CDS, UDS, das QUICK-Verfahren, das "exponential-scheme" sowie für verschiedene Versionen aufwärtsgerichteter Differenzenschemata höherer Ordnung anhand der Lösung der eindimensionalen Skalartransportgleichung für eine uniforme Strömung mit verschiedenen Quellen vor. Sie kamen zu der Schlußfolgerung, daß für eine zu erreichende Genauigkeit von 5% das UDS von Vorteil ist, da es zum einen einfach zu programmieren und zum anderen stabil ist. Weiterhin erfordert es die gleiche Rechenzeit wie Differenzenschemata höherer Ordnung auf einem entsprechend gröberen Gitter. Für eine genauere Lösung (Fehler kleiner als 5%) schlagen sie das QUICK-Verfahren oder andere aufwärtsgerichtete Differenzenschemata höherer Ordnung vor.

Shyy (1985) führte Berechnungen mit dem UDS, LUDS, CDS, SUDS sowie dem QUICK-Verfahren zur Diskretisierung der eindimensionalen und zweidimensionalen

Konvektions-/Diffusionsgleichung ohne und mit Quellterm durch. Als am besten stufte er das LUDS ein, auch wenn es teilweise zum Über- und Unterschießen neigt. Das UDS ergab ungenaue Ergebnisse, das CDS führte zu Oszillationen und das QUICK-Verfahren war in der Genauigkeit vergleichbar mit dem LUDS. Relativ schlechte Ergebnisse ergaben sich bei der Berechnung mit dem SUDS bei der Berücksichtigung eines Quellterms in der Transportgleichung.

Syed et al. (1985) testeten das SUDS, das QUICK-Verfahren, das aufwärtsgerichtete Differenzenverfahren höherer Ordnung von Agarwal, Raithby's cubic spline-Methode, das Charakteristikenverfahren von Glass und Rodi sowie verschiedene flux-blending-Methoden, die das SUDS und das QUICK-Verfahren verwenden. Sie lösten die eindimensionale bzw. zweidimensionale Konvektions-/Diffusionsgleichung und stuften die flux-blending-Methoden in Verbindung mit dem SUDS und dem QUICK-Verfahren als am zukunftsträchtigsten sowohl bezüglich der Genauigkeit, des konservativen Verhaltens wie auch der Stabilität ein. Als künftig durchzuführende Arbeiten schlagen sie die Entwicklung eines Verfahrens zur Lösung von 13-Diagonalmatrizen (Anzahl der Diagonalen, die bei einer 3D-Quick-Diskretisierung auftreten) vor, bei dem auch die weiter entfernten Nachbarpunkte implizit behandelt werden und damit eine bessere Konvergenzrate erreicht wird.

<u>Lösung der strömungsmechanischen Erhaltungsgleichungen</u>

Vergleichende Berechnungen wurden hauptsächlich für Nischenströmungen oder Strömungen in einem Kanal mit zurückspringender Stufe wie z.B. in den neueren Arbeiten von Atias et al. (1977), Chow und Tien (1978), Leschziner (1980), Huang et al. (1985), Patel und Markatos (1986) sowie Castro und Jones (1987), durchgeführt.

Atias et al. (1977) berechneten die Strömung in einer Nische sowie einen Drallstrahl mit Hilfe der Ψ-ω-Formulierung. Als Diskretisierungsverfahren setzten sie das UDS, das CDS, das LUDS sowie das "exponential scheme" ein. Sie fanden das UDS zu ungenau, konnten, falls stabil, mit dem CDS gute Ergebnisse erzielen, und stuften das LUDS als bei akzeptablen Rechenzeiten ausreichend genau ein.

Leschziner (1980) untersuchte das HDS, das SHDS sowie das QUICK-Verfahren anhand der Berechnung des Transports einer stufenförmigen Skalarverteilung sowie der Strömung in einer plötzlichen Rohrerweiterung und über eine zurückspringende Stufe. Seine Ergebnisse bestätigen die schon gemachten Ausführungen, daß das UDS zu numerischer Diffusion neigt und bei dem SHDS sowie dem QUICK-Verfahren ein Über- und Unterschießen der Lösung auftritt.

Huang et al. (1985) testeten das UDS, das SUDS, das QUICK-Verfahren sowie Raithby's lokal analytisches Differenzenschema in einer Reihe verschiedenster

Strömungen. So berechneten sie die Strömung in einer Nische, induziert durch eine bewegte Wand bzw. durch natürliche Konvektion, eine nicht-viskose Eckenströmung sowie einen Prallstrahl. Sie kamen zu der Schlußfolgerung, daß das UDS schlecht zur Approximation der konvektiven Terme geeignet ist und das lokal-analytische Verfahren von Raithby zu guten Ergebnissen bei der Berechnung der nicht-viskosen Eckenströmung führt. Jedoch konnten sie mit letzterem Verfahren keine Konvergenz bei der Berechnung viskoser Strömungen erreichen. Das SUDS war zwar immer konvergent, es ist jedoch programmiertechnisch aufwendiger, benötigt ungefähr 150% mehr Rechenzeit als das UDS und neigt zu Oszillationen auf Grund des Über- und Unterschießens der Lösung. Die besten Ergebnisse erhielten sie mit dem QUICK-Verfahren, das einfach einzubauen ist und nur 65% mehr Rechenzeit als das UDS benötigte.

Patel und Markatos (1986) berechneten die Strömung in einer Nische sowie in einer plötzlichen Rohrerweiterung mit Hilfe des UDS, HDS, CDS, des QUICK-Verfahrens, des "exponential schemes", des "power-law schemes" sowie verschiedenen beschränkten Versionen ("flux blending"-Methoden) des QUICK-Verfahrens. Ihre Ergebnisse bestätigen die Aussage der bisher vorgestellten Vergleichsberechnungen. Sie schlagen als optimale Diskretisierung das QUICK-Verfahren in Verbindung mit einer flux-blending Methode vor.

Castro und Jones (1987) testeten das HDS, LUDS, SUDS sowie das QUICK-Verfahren anhand der Berechnung einer Strömung über eine ebene Platte sowie über eine vorwärts-springende Stufe. Für kleine Reynolds-Zahlen (Re < 100) führte das HDS zu Ergebnissen die etwa so genau wie diejenigen des SUDS und des QUICK-Verfahrens waren. Bei höheren Reynolds-Zahlen führte das HDS zu bedeutend schlechteren Ergebnissen. Castro und Jones (1987) stellten eine hohe Empfindlichkeit des HDS und SUDS bezüglich des Gitterausdehnungsfaktors fest, wohingegen das LUDS und das QUICK-Verfahren auch bei einer stärkeren Gitterausdehnung zu zufriedenstellenden Ergebnissen führten.

Zum Schluß seien noch zwei Veröffentlichungen erwähnt, bei denen Differenzenschemata bei Berechnungen mit allgemeinen krummlinigen Koordinaten getestet wurden.

Shy et al. (1985) untersuchten das HDS, das LUDS sowie das QUICK-Verfahren anhand der Berechnung einer Strömung in zwei verschiedenen Diffusoren. Bei stark nicht-uniformen Gittern bekamen sie Probleme, eine konvergente Lösung mit dem QUICK-Verfahren zu erreichen. Sowohl bezüglich der Genauigkeit wie auch der Konvergenz erzielten sie die besten Ergebnisse mit dem LUDS.

Napolitano und Orlandi (1985) stellen im Rahmen der schon in Kapitel 4 beschriebenen Vergleichsberechnungen zwischen Finite-Element- und Finite-Volumen-Verfahren

Ergebnisse vor, die mit Finite-Volumen Verfahren bei Verwendung unterschiedlichster Diskretisierungsmethoden erzielt wurden. Innerhalb der Finite-Volumen Verfahren erzielte Schönauer (1985) mit seinem adaptiven Differenzenschema die genauesten Ergebnisse, jedoch ist ein Vergleich der Leistungsfähigkeit der verschiedenen Verfahren auf Grund der unterschiedlichen numerischen Gitter kaum möglich.

Die in diesem Abschnitt vorgestellten Vergleichsberechnungen zeigen, daß die Wahl des besten Differenzenschemas äußerst schwierig ist und im allgemeinen bei der Berechnung praktischer Probleme ein Kompromiß zwischen numerischer Diffusion und einem Über- bzw. Unterschießen der Lösung gefunden werden muß. Bei den meisten Berechnungen haben die Aufwindverfahren höherer Ordnung (z.B. QUICK-Verfahren) in Verbindung mit einer flux-blending-Methode zu zufriedenstellenden Ergebnissen geführt, so daß im allgemeinen diese Diskretisierungsverfahren als optimal bezeichnet werden können.

7.3 Zeitliche Diskretisierung

Grundlagen der zeitlichen Diskretisierung

Die instationäre Erhaltungsgleichung (7.1) ist parabolisch in der Zeit, d.h. die Lösung zu einem Zeitpunkt t^{n+1} wird nur von dem Strömungszustand zu den vorhergehenden Zeitpunkten t^{n-k} mit $k \geq 0$ beeinflußt. Somit kann ein in der Zeit vorwärtsschreitendes Lösungsverfahren angewendet werden. Bei den instationären Berechnungsverfahren wird in explizite und implizite Verfahren unterschieden, abhängig von dem Zeitpunkt t, an dem die in Gleichung (7.4a) auftretende Zeitableitung gebildet bzw. das Volumenintegral in Gleichung (7.4b) ausgewertet wird. Um diesen Unterschied zu verdeutlichen sei die eindimensionale, instationäre Konvektions-/Diffusionsgleichung

$$\frac{\partial \Phi}{\partial t} = -u\frac{\partial \Phi}{\partial x} + \Gamma_\Phi \frac{\partial^2 \Phi}{\partial x^2} \qquad (7.15a)$$

in x-Richtung mit Zentraldifferenzen diskretisiert. Bei einem expliziten Verfahren wird ein vorwärtsgerichteter Differenzenquotient in der Zeit verwendet und die rechte Seite zum Zeitpunkt t^n ausgewertet, wodurch sich die folgende Differenzenformel ergibt:

$$\Phi_i^{n+1} = (1 - 2D)\Phi_i^n + (D + \frac{C}{2})\Phi_{i-1}^n + (D - \frac{C}{2})\Phi_{i+1}^n \qquad (7.15b)$$

In dieser Beziehung bedeutet C die Courantzahl und D die Diffusionszahl, die folgendermaßen definiert sind:

$$C = \frac{u \cdot \Delta t}{\Delta x} \qquad\qquad D = \frac{\Gamma_\Phi \Delta t}{\Delta x^2} \qquad\qquad (7.15c)$$

Da auf der rechten Seite von Gleichung (7.15b) nur Variablen zum Zeitpunkt t^n auftreten, sind diese Größen bei der Berechnung der Lösung zum Zeitpunkt t^{n+1} bekannt. Die Koeffizienten der Differenzenformel hängen von C und D ab. Um ein stabiles Berechnungsverfahren zu erhalten, müssen für diese beiden Größen gewisse Bedingungen erfüllt sein. Dies führt im allgemeinen zu einer Beschränkung des Zeitschrittes $\Delta t = t^{n+1} - t^n$. Bei einer impliziten Diskretisierung wird ein rückwärtsgerichteter Differenzenquotient in der Zeit verwendet, die rechte Seite zum Zeitpunkt t^{n+1} ausgewertet und es ergibt sich die folgende Differenzenformel:

$$\Phi_{i+1}^{n+1}(\frac{C}{2} - D) + \Phi_{i}^{n+1}(1 + 2D) + \Phi_{i-1}^{n+1}(-\frac{C}{2} - D) = \Phi_{i}^{n} \qquad (7.15d)$$

Es muß ein System von Gleichungen gelöst werden, da die an den verschiedenen Knotenpunkten benötigten Variablenwerte Φ^{n+1} unbekannt sind und somit Φ_i^{n+1} nicht wie in Gleichung (7.15b) allein aus den Größen zum Zeitpunkt t^n bestimmt werden kann.

Wie schon erwähnt sind explizite Diskretisierungsverfahren nur unter gewissen Bedingungen für den Zeitschritt Δt stabil. Es wurden deshalb eine Reihe von Methoden zur Stabilitätsanalyse entwickelt, um verschiedenste Diskretisierungsverfahren auf Stabilität hin zu überprüfen. Bei der diskreten Stör-Stabilitätsanalyse, die erstmalig von Thom und Apelt (1961) verwendet wurde, wird zum Zeitpunkt t^n eine Störung eingebracht, d.h. anstatt des Variablenwertes Φ_i^n wird der Wert $\Phi_i^n + \varepsilon$ in die Differenzenformel eingesetzt. Es wird die gestörte Lösung zum Zeitpunkt t^{n+1} berechnet und untersucht, wie die Störung ε anwächst bzw. sich ausbreitet. Wird das Verhalten von ε für mehrere Zeitschritte untersucht, so ist die diskrete Stör-Stabilitätsanalyse sehr rechenaufwendig. Bei der von Neumann-Stabilitätsanalyse, die erstmalig von Charney et al. (1950) beschrieben wurde, werden die Fourier-Komponenten der Lösung betrachtet und durch Einsetzen der Komponenten in die zu lösende Differentialgleichung das Anwachsen der Amplituden bzw. die Änderung des Phasenwinkels untersucht. Hirt (1968) schlug eine Stabilitätsanalyse vor, bei der die Terme der Finiten-Differenzen-Gleichungen mit Hilfe von Taylorreihenentwicklungen durch die entsprechenden Differentialquotienten ersetzt werden und die resultierende Differentialgleichung auf ihre Stabilität hin untersucht wird. Die skizzierten Stabilitätsanalysen können prinzipiell nur bei linearen Differentialgleichungen verwendet werden und weiterhin kann nur das

Anwachsen bzw. Dämpfen kleiner Störungen untersucht werden. Am häufigsten wird die von Neumann-Stabilitätsanalyse angewendet, da die beiden anderen Methoden sehr rechenaufwendig sind.

Aufgrund der verschiedenen Vorgehensweise bei expliziten bzw. impliziten Differenzenschemata, lassen sich gewisse gemeinsame Vor- bzw. Nachteile einer expliziten bzw. impliziten Diskretisierung aufführen.

Der Nachteil bei den expliziten Differenzenschemata ist deren Zeitschrittbeschränkung, die aus Stabilitätsgründen notwendig ist. Diese Stabilitätsbedingung läßt sich als Maximal- bzw. Minimalwerte für die erlaubte Courantzahl C und Diffusionszahl D formulieren und führt bei feinen Gittern auf Grund der geringen Maschenweiten zu äußerst kleinen Zeitschritten Δt (siehe Gleichung (7.15c)). Bei instationären Berechnungen, bei denen nur ein stationärer Endzustand von Interesse ist, besteht die Möglichkeit, lokale Zeitschritte zu verwenden, d.h. es werden pro Kontrollvolumen die größtmöglichsten Zeitschritte, bei denen die Courantzahl-bzw. Diffusionszahlbedingungen erfüllt werden, eingesetzt. Von Vorteil bei expliziten Differenzenschemata ist, daß keine Gleichungssysteme zu lösen sind, sondern die an den verschiedenen Knoten formulierten algebraischen Beziehungen nacheinander abgearbeitet werden können. Dies ist besonders günstig bei vektorisierten Programmen (siehe Kapitel 9), da kein iteratives Vorgehen notwendig ist. Dieser Vorteil kommt jedoch nur zum Tragen, falls zur Bestimmung des Druckfeldes nicht eine Poisson-artige Gleichung, die iterativ gelöst werden muß, verwendet wird.

Bei impliziten Differenzenschemata besteht keine Beschränkung des Zeitschrittes, was besonders interessant bei instationären Berechnungen ist, bei denen nur die stationäre Endlösung interessiert. Bei echt instationären Berechnungen, bei denen ein physikalischer Vorgang zeitlich aufgelöst werden soll, wird somit, da keine numerisch bedingte Limitierung besteht, der Zeitschritt nur durch das Zeitmaß des physikalischen Vorganges bestimmt. Bei impliziten Differenzenschemata muß jedoch ein Gleichungssystem gelöst werden (siehe Gleichung (7.15d)). Als nachteilig bei den impliziten Verfahren muß weiterhin erwähnt werden, daß eine unendliche Signalfortpflanzungsgeschwindigkeit simuliert wird, wie sie eigentlich nur für die Diffusion gilt.

Es wurden eine Reihe von Diskretisierungsverfahren entwickelt, die eine Kombination eines expliziten und impliziten Differenzenschematas sind. Da bei Berechnungsverfahren für allgemeine krummlinige Koordinaten gegenüber kartesischen Koordinaten eine größere Anzahl von konvektiven und diffusiven Termen sowie bedeutend mehr Terme im Quellglied auftreten und diese zu zwei verschiedenen Zeitpunkten ausgewertet werden müssen, ist diese Vorgehensweise bei krummlinigen Koordinaten sehr aufwendig. Um

150

eine Diskretisierung höherer Ordnung zu erreichen, ist es günstiger, Differenzenschemata höherer Ordnung für die Zeitableitung einzusetzen und die räumlichen Ableitungen nur zu einem Zeitpunkt auszuwerten.

Richtmyer und Morton (1967) geben eine ganze Reihe von expliziten und impliziten Zeitdiskretisierungen 1. und 2. Ordnung an. Bei einer zeitlichen Diskretisierung 1. Ordnung ist der Abbruchfehler von 2. Ordnung und das Abbruchglied kann mit Hilfe der zu lösenden Transportgleichung so umgeformt werden, daß anstatt der zeitlichen Ableitungen räumliche Ableitungen 2. Ordnung auftreten. Dies bedeutet, daß der zeitliche Abbruchfehler 2. Ordnung wie eine zusätzliche numerische Diffusion im Raume wirkt. Es ist somit bei einer zeitgenauen Auflösung transienter Prozesse notwendig, zeitliche Diskretisierungen 2. oder höherer Ordnung zu verwenden, um numerische Diffusion zu vermeiden.

<u>Beispiele zeitlicher Diskretisierungsverfahren</u>

Aus der Vielfalt zeitlicher Diskretisierungsverfahren werden im folgenden einige typische Vertreter skizziert. Detailliertere Informationen und umfangreiche Beispiele werden in den Arbeiten von Richtmyer und Morton (1967), Roache (1972), Telionis (1981) sowie Peyret und Taylor (1983) gegeben.

Das explizite Euler-Verfahren ist ein Diskretisierungsverfahren 1.Ordnung, bei dem der vorwärtsgerichtete Differenzenquotient

$$\left.\frac{\partial \Phi}{\partial t}\right|_{n} = \frac{\Phi^{n+1} - \Phi^{n}}{\Delta t} \qquad (7.16a)$$

verwendet , d.h. die Differentialgleichung zum Zeitpunkt t^{n} ausgewertet wird.
Bei dem impliziten Euler-Verfahren wird die rückwärtsgerichtete Differenz

$$\left.\frac{\partial \Phi}{\partial t}\right|_{n+1} = \frac{\Phi^{n+1} - \Phi^{n}}{\Delta t} \qquad (7.16b)$$

eingesetzt, d.h. die Auswertung erfolgt zum Zeitpunkt t^{n+1}. Das Euler-Verfahren ist weit verbreitet und wird mit den verschiedensten räumlichen Differenzenschemata kombiniert. So wurde es z.B. zur Berechnung von Wirbelablösungen hinter Zylindern von Franke und Schönung (1988) in Verbindung mit dem QUICK-Verfahren eingesetzt.

Beim Crank-Nicolson-Verfahren wird die Differentialgleichung zum Zeitpunkt $t^{n+1/2}$ betrachtet und somit der zeitabhängige Term mit Hilfe zentraler Differenzen 2. Ordnung wie folgt diskretisiert:

$$\left.\frac{\partial \Phi}{\partial t}\right|_{n+1/2} = \frac{\Phi^{n+1} - \Phi^n}{\Delta t} \qquad (7.16c)$$

Das Crank-Nicolson-Verfahren ist semi-implizit, d.h. eine Kombination einer expliziten und impliziten Diskretisierung. Obwohl die Differenzenquotienten (7.16a-7.16c) alle die gleiche Form besitzen, haben sie verschiedene Bedeutung, da die räumlichen Diskretisierungen zu verschiedenen Zeitpunkten betrachtet werden müssen.

Bei der Leap-frog-Methode wird der zeitabhängige Term mit Hilfe zentraler Differenzen 2. Ordnung zum Zeitpunkt $t = t^n$ diskretisiert:

$$\left.\frac{\partial \Phi}{\partial t}\right|_{n} = \frac{\Phi^{n+1} - \Phi^{n-1}}{2\Delta t} \qquad (7.16d)$$

Sie ist eine explizite Methode, bei der drei Zeitebenen verwendet werden. Der Zeitschritt muß stark limitiert werden, um ein stabiles Verfahren zu erhalten. Die Leap-frog-Methode wurde z.B. von Chorin (1967a) in Verbindung mit dem Verfahren der künstlichen Kompressibilität eingesetzt.

Eine implizite Diskretisierung 2. Ordnung wird mit Hilfe des rückwärtsgerichteten Differenzenquotienten

$$\left.\frac{\partial \Phi}{\partial t}\right|_{n+1} = \frac{1}{2\Delta t}(3\Phi^{n+1} - 4\Phi^n + \Phi^{n-1}) \qquad (7.16e)$$

erreicht, bei dem drei Zeitebenen zur Diskretisierung benötigt werden. Der Vorteil bei diesem Verfahren ist, daß die räumlichen Diskretisierungen nur zu einem Zeitpunkt ausgewertet werden müssen ($t = t^{n+1}$), somit bei einem Verfahren in allgemeinen krummlinigen Koordinaten gegenüber dem Crank-Nicolson-Verfahren Rechenzeit eingespart und doch eine zeitliche Diskretisierung 2. Ordnung erreicht werden kann.

Ein explizites Verfahren 2. Ordnung, bei dem drei Zeitebenen eingehen, ist die Adams-Bashforth-Methode. Der zeitabhängige Differenzenquotient wird mit Hilfe einer Taylor-reihenentwicklung um den Zeitpunkt t^n, in der die zweiten Ableitungen nach der Zeit durch rückwärts gerichtete Finite-Differenzen ersetzt werden, abgeleitet. Die entsprechende Beziehung zur Bestimmung der Variablen Φ^{n+1} lautet:

$$\Phi^{n+1} = \Phi^n + \left[\frac{3}{2}\left.\frac{\partial \Phi}{\partial t}\right|_{n} - \frac{1}{2}\left.\frac{\partial \Phi}{\partial t}\right|_{n-1}\right]\Delta t \qquad (7.16f)$$

Kim und Moin (1985) haben die Adams-Bashforth-Methode zur Berechnung der Strömung in einer Nische und über eine zurückspringende Stufe eingesetzt, und Schumann et al. (1986) verwendeten sie zur direkten Simulation von homogenen Scherschichten.

Die Leith´s-Methode trägt der Tatsache Rechnung, daß der konvektive Transport entlang einer Bahnlinie erfolgt, die zu verschiedenen Zeitpunkten nicht notwendigerweise durch die räumlichen Knotenpunkte geht. Die Differenzenformel kann auf zwei verschiedene Weisen hergeleitet werden. Zum einen, indem eine Lagrange-Betrachtung des konvektiven Transports entlang einer Bahnlinie durchgeführt wird. Zum zweiten dadurch, daß die Lösung in eine Taylorreihe um den Zeitpunkt t = t^n entwickelt wird und die zweiten Ableitungen nach der Zeit durch räumliche Ableitungen gemäß der Beziehung dx=udt ersetzt werden. Beide Ableitungen führen zu der folgenden Beziehung zur Bestimmung der Variablen Φ^{n+1}:

$$\Phi^{n+1} = \Phi^n - u\Delta t \left.\frac{\partial \Phi}{\partial x}\right|_n + \frac{1}{2}u^2\Delta t^2 \left.\frac{\partial^2 \Phi}{\partial x^2}\right|_n \qquad (7.16\text{g})$$

Das Leith´s-Verfahren ist ein explizites Differenzenschema 2. Ordnung, bei dem zwei Zeitebenen eingehen.

Eine ähnliche Vorgehensweise wie bei der Leith´s-Methode führt in Verbindung mit dem QUICK-Verfahren zu dem QUICKEST-Diskretisierungsverfahren (siehe Leonard (1979)), bei dem die zeitlichen zweiten Ableitungen wiederum durch räumliche Ableitungen ersetzt werden, wobei bei dem QUICKEST-Verfahren auch die diffusiven Terme berücksichtigt werden. Das Leith´s- sowie das QUICKEST-Verfahren haben zum Ziel, den zeitabhängigen konvektiven Transport besser zu simulieren. Dies kann auch durch Verwendung von Lagrange-Methoden, wie sie in Abschnitt 7.2.2 vorgestellt wurden, erreicht werden.

<u>ADI-Methoden.</u> Bei impliziten Differenzenschemata, bei denen drei Punkte pro Richtung miteinander verknüpft werden, muß bei dreidimensionalen Problemen ein Gleichungssystem gelöst werden, dessen Koeffizienten eine Sept-Diagonalmatrix ergeben. Diese kann auf einfach zu lösende Tridiagonalmatrizen mit Hilfe von sogenannten "alternating direction implicit-Methoden" (ADI-Methoden) reduziert werden. Die dabei verwendete Vorgehensweise sei anhand der zweidimensionalen Konvektions-/Diffusionsgleichung

$$\frac{\partial \Phi}{\partial t} + u\frac{\partial \Phi}{\partial x} + v\frac{\partial \Phi}{\partial y} = \Gamma_\Phi\frac{\partial^2 \Phi}{\partial x^2} + \Gamma_\Phi\frac{\partial^2 \Phi}{\partial y^2} \qquad (7.17\text{a})$$

skizziert. Der Zeitschritt Δt wird in zwei Teilzeitschritte unterteilt. Beim ersten Teilzeitschritt wird eine implizite Diskretisierung in x- und eine explizite in y-Richtung verwendet, was zur folgenden Finiten-Differenzen-Formel führt:

$$\frac{\Phi^{n+1/2} - \Phi^n}{\Delta t/2} = -u\frac{\Delta \Phi^{n+1/2}}{\Delta x} - v\frac{\Delta \Phi^n}{\Delta y} + \Gamma_\Phi\frac{\Delta^2\Phi^{n+1/2}}{\Delta x^2} + \Gamma_\Phi\frac{\Delta^2\Phi^n}{\Delta y^2} \qquad (7.17b)$$

mit deren Hilfe die Lösung $\Phi^{n+1/2}$ zum Zwischenzeitpunkt $t^{n+1/2}$ erhalten wird. Die Diskretisierung beim zweiten Teilzeitschritt ist explizit in x- und implizit in y-Richtung, ergibt die folgende Differenzenformel:

$$\frac{\Phi^{n+1} - \Phi^{n+1/2}}{\Delta t/2} = -u\frac{\Delta \Phi^{n+1/2}}{\Delta x} - v\frac{\Delta \Phi^{n+1}}{\Delta y} + \Gamma_\Phi\frac{\Delta^2\Phi^{n+1/2}}{\Delta x^2} + \Gamma_\Phi\frac{\Delta^2\Phi^{n+1}}{\Delta y^2} \qquad (7.17c)$$

und dient zur Berechnung der Lösung Φ^{n+1} zum Zeitpunkt t^{n+1}. Bei dreidimensionalen Berechnungen wird in analoger Weise ein Zeitschritt in drei Teilzeitschritte unterteilt. Mit Hilfe sogenannter verallgemeinerter ADI-Methoden wird bei stationären, iterativen Berechnungsverfahren eine analoge Zerlegung der Matrix durchgeführt, um Tridiagonalmatrizen zu erhalten. Die ADI-Methoden sind sehr verbreitet, jedoch treten bei ihrer Anwendung eine Reihe von Fragen auf. Zum einen ist es schwierig, konsistente Randbedingungen zu den Teilzeitschritten zu formulieren, da die Lösung zu diesen Zeitpunkten keine physikalische Bedeutung hat. Zum zweiten muß bei nicht-linearen Erhaltungsgleichungen, wie z.B. der Impulsgleichung, festgelegt werden, mit welchen Werten die Koeffizienten bei den jeweiligen Teilzeitschritten berechnet werden. Schließlich können die gemischten Ableitungen bei Verfahren, die allgemeine krummlinige Koordinaten verwenden, auf verschiedenste Art diskretisiert werden. Die ADI-Methoden wurden von Peaceman und Rachford (1955) eingeführt. Da sie eine Kombination von expliziten und impliziten Diskretisierungen sind, haben sie gegenüber rein expliziten Verfahren den Vorteil, daß größere Zeitschritte verwendet werden können und sie ein besseres Stabilitätsverhalten besitzen.

Neueste Entwicklungen bei den instationären Diskretisierungsverfahren zeigen, daß bei zeitaufgelösten Berechnungen vermehrt zeitliche Differenzenschemata 2. Ordnung in Verbindung mit räumlichen Differenzenschemata, die die Transporteigenschaft besitzen, eingesetzt werden.

7.4 Vorgabe der Randbedingungen

Die in Kapitel 2 spezifizierten Randbedingungen müssen in die diskretisierten

154

Differenzengleichungen eingebaut und hierbei berücksichtigt werden, daß bei den Finite-Volumen Verfahren an den Rändern der Kontrollvolumina sowohl die Werte der Variablen wie auch deren erste Ableitungen in verschiedene Richtungen benötigt werden. Die bei einem Finite-Volumen Verfahren gewählte Diskretisierung im Innern des Berechnungsgebiets, d.h. die Approximation der konvektiven und der diffusiven Flüsse, ist von einer bestimmten Genauigkeitsordnung. Bei der Vorgabe der Randbedingungen sollte diese Genauigkeit beibehalten werden. Bei Diskretisierungsverfahren, bei denen nur drei Punkte pro Raumrichtung miteinander verknüpft werden, ist dies meist möglich. Bei Verfahren höherer Ordnung werden zur Vorgabe der Randbedingungen meist einseitige Differenzenquotienten eingesetzt oder die Ordnung der Diskretisierung in Wandnähe reduziert. Oft werden, um die Struktur der Algorithmen zur Lösung der Gleichungssysteme beizubehalten, Spiegelpunkte bei der Vorgabe der Randbedingungen verwendet. Je nach Lage der Knotenpunkte des numerischen Gitters bzw. der Kontrollvolumina sind die Variablen entlang der Berandung abgespeichert und die Kontrollvolumina-Seiten fallen mit der Berandung zusammen oder nicht. Bei dem in Abb. 34 gezeigten gestaffelten Gitter liegen keine Druckknoten und jeweils nur eine Geschwindigkeitskomponente auf dem Rande. Demgegenüber liegen bei dem in Abb. 35 skizzierten nicht-gestaffelten Gitter alle Knotenpunkte auf dem Rande und es treten einheitliche Kontrollvolumina (keine Halb-Kontrollvolumina) auch in Wandnähe auf. Durch geschickte Wahl der Interpolationsfaktoren, die mit Hilfe der Werte an den benachbarten Knotenpunkten die Flüsse an den Kontrollvolumina-Seiten bestimmen, können im letzteren Fall auch für die randnächsten Kontrollvolumina die entsprechenden Algorithmen aus dem Gebietsinnern für das nicht-gestaffelte Gitter übernommen werden.

Die Vorgabe der Randbedingungen für die Geschwindigkeiten ist, speziell an festen Wänden, bei der Verwendung gitterlinienorientierter Geschwindigkeitskomponenten einfacher, da eine der Geschwindigkeitskomponenten jeweils parallel zum Rand liegt. Zusätzlich liegt bei randorthogonalen Gittern die zweite Komponente senkrecht dazu, wodurch, wie weiter unten gezeigt wird, die konvektiven und diffusiven Flüsse einfacher bestimmt werden können.

Bei den im folgenden skizzierten verschiedenen Randbedingungen werden keine Druckrandbedingungen behandelt, da die bei den inkompressiblen Verfahren verwendeten Methoden zur Bestimmung des Druckfeldes sehr unterschiedlich sind und diese erst in Kapitel 8 vorgestellt werden.

Einströmrand

An den Einströmrändern müssen die Verteilungen sämtlicher Variablen vorgegeben werden. Diese müssen entweder bekannt sein oder abgeschätzt werden. Bei den Turbulenzgrößen ist die letztere Vorgehensweise sehr häufig notwendig. Derartige Abschätzungen sind nicht so kritisch, falls im Inneren des Berechnungsgebietes starke Turbulenzproduktion auftritt und somit der konvektive Transport der Turbulenzgrößen von untergeordneter Bedeutung ist. Mit Hilfe der in der Einströmebene vorgegebenen Verteilungen können die konvektiven und diffusiven Flüsse in der Eintrittsebene bestimmt werden.

Ausströmrand

Die Verteilungen der strömungsmechanischen Größen sind an den Ausströmrändern oft nicht bekannt und es werden deshalb, wie schon erwähnt, meist Gradientenbedingungen vorgegeben. Diese können explizit oder implizit vorgegeben werden, wobei zumeist Null-Gradientenbedingungen vorgeschrieben werden. Zuweilen werden jedoch auch schwächere Formen der Austritts-Randbedingungen verwendet, die jedoch nicht mathematisch exakt der Ordnung der partiellen Differentialgleichungen entsprechen; z.B. wird die zweite Ableitung gleich Null gesetzt. Shyy (1985) hat verschiedene Austrittsrandbedingungen für eine Strömung in einem ebenen Kanal sowie in einem Stoßdiffusor ("dump-diffusor") untersucht und erhielt das stabilste Konvergenzverhalten bei der Verwendung expliziter Null-Gradientenbedingungen. Bei einer konvergierten Lösung ist natürlich die Kontinuitätsgleichung am Ausströmrand erfüllt, dies muß jedoch nicht während der Iterationen, besonders zu Anfang, der Fall sein. Es hat sich gezeigt, daß es bei iterativen Verfahren zum Erzielen einer guten Konvergenzrate von Vorteil ist, wenn die integrale Massenbilanz am Ausströmrand immer erfüllt wird. Dies kann durch eine Aufintegration der Massenflüsse an den Einströmrändern und eine entsprechende Korrektur der konvektiven Flüsse an den Ausströmrändern erreicht werden.

Wände

An Wänden wird die Fluidgeschwindigkeit gleich der Wandgeschwindigkeit gesetzt, was im Falle einer festen, undurchlässigen Wand dazu führt, daß der konvektive Fluß den Wert Null annimmt. Der diffusive Fluß entspricht der Wandschubspannung, die folgendermaßen mit der Geschwindigkeit verknüpft ist:

$$\vec{\tau}_w = -\mu \frac{\partial \vec{v}_p}{\partial n} \tag{7.18}$$

Hierbei bedeutet $\vec{v}_p$ die Geschwindigkeit parallel zur Wand und n die Wandnormalenrichtung. Der Gradient in Beziehung (7.18) wird mit Hilfe der Geschwindigkeit im wandnächsten Knotenpunkt sowie der Wandgeschwindigkeit bestimmt. Besonders günstig ist dies bei randorthogonalen Gittern und gitterlinienorientierten Geschwindigkeitskomponenten möglich, da in diesem Falle eine Geschwindigkeitskomponente parallel zur Wand liegt und n in Richtung der dazu senkrecht liegenden Gitterlinie verläuft. Bei kartesischen Geschwindigkeitskomponenten muß zuerst der resultierende Geschwindigkeitsvektor bestimmt werden, der dann in die Komponenten parallel und senkrecht zur Wand zu zerlegen ist.

Die für die Wandschubspannung formulierte Beziehung (7.18) gilt nur im Falle einer laminaren Strömung oder falls bei der Berechnung einer turbulenten Strömung der wandnächste Knotenpunkt innerhalb der viskosen Unterschicht liegt, d.h. $y^+ < 5$ ist. Derartige Berechnungen turbulenter Strömungen setzen sehr viele Gitterpunkte innerhalb der viskosen Unterschicht und des sich anschließenden Übergangsbereichs voraus, um die steilen Gradienten in den Verteilungen der Geschwindigkeit, vor allem jedoch der Turbulenzgrößen, ausreichend numerisch aufzulösen.
Als Randbedingungen für die Skalartransportgleichung können die Werte an den Wänden bzw. deren Gradienten vorgegeben werden. Im Falle der Temperaturgleichung bedeutet dies, daß entweder die Wandtemperatur

$$ T = T_w \tag{7.19a} $$

oder der Wandwärmefluß

$$ q_w = -\frac{\mu}{Pr}\frac{\partial T}{\partial n} \tag{7.19b} $$

vorgeschrieben werden, wobei in Beziehung (7.19b) Pr die molekulare Prandtl-Zahl bedeutet.

Bei Berechnungen, bei denen ein Turbulenzmodell verwendet wird, das nur für vollturbulente Strömungen gültig ist, können die Gleichungen nicht unmittelbar bis an die Wand integriert werden, und die Randbedingungen müssen im wandnächsten Gitterpunkt vorgegeben werden. Bei Grenzschichtströmungen sollte dieser ungefähr in einem Wandabstand von $y^+ \approx 80$ liegen. Die Formulierung der Randbedingungen basiert bei derartigen Berechnungen auf dem logarithmischen Wandgesetz:

$$ \vec{v}_p = \frac{1}{\kappa} ln(E y_p^+)\vec{v}_\tau \tag{7.20} $$

E bedeutet der Rauhigkeitsparameter (E = 9 bei glatten Wänden), κ die von Kármán-

Konstante und $\overleftarrow{v_\tau}$ die Schubspannungsgeschwindigkeit. Es wird angenommen, daß in Wandnähe lokales Gleichgewicht herrscht, d.h. die Produktion der turbulenten kinetischen Energie gleich deren Dissipationsrate ist ($P = \varepsilon$, siehe Gleichung (2.12), (2.13)). Für die Wandschubspannung ergibt sich damit die Gleichung:

$$\vec{\tau}_w = -\frac{\rho c_\mu^{1/4} k^{1/2} \kappa}{ln(E y_p^+)} \vec{v}_p \tag{7.21}$$

die analog wie Gleichung (7.18) zur Bestimmung der diffusiven Flüsse in den Impulsgleichungen ausgewertet werden muß.

Für Skalargrößen können bei der Verwendung eines Turbulenzmodells für hochturbulente Strömungen zum logarithmischen Wandgesetz analoge Beziehungen hergeleitet werden und wie in Launder und Spalding (1974) beschrieben, die Randbedingungen zur Vorgabe der diffusiven Flüsse in den Impulsgleichungen formuliert werden.

<u>Symmetrische Ränder</u>

Weder konvektive noch diffusive Flüsse senkrecht zur Berandung treten bei symmetrischen Rändern auf und die entsprechenden Koeffizienten werden deshalb in den Differenzengleichungen zu Null gesetzt. Bei den Finite-Volumen Verfahren werden an den Seiten der Kontrollvolumina die Werte der Variablen benötigt, was im Falle eines Rand-Kontrollvolumens bedeutet, daß die Variablenwerte auf dem symmetrischen Rand vorhanden sein müssen. Sie können unter der Annahme $\partial\Phi/\partial n = 0$ mit Hilfe von Extrapolationen bestimmt werden, wobei berücksichtigt werden muß, daß n in Wandnormalenrichtung verläuft. Dies führt bei dreidimensionalen Berechnungen mit nicht-orthogonalen Koordinaten zu komplexen Extrapolationsbeziehungen, in welche die Winkel zwischen den Koordinatenrichtungen eingehen (siehe Peric (1985)).

<u>Andere Ränder</u>

Außer den bisher diskutierten Berandungs-Typen können eine Reihe von Rändern auftreten, bei denen entweder jeweils die Werte vorgegeben werden oder die diffusiven Flüsse bekannt sind. Im ersten Fall sind die Berandungen mit Einströmrändern vergleichbar und im zweiten Fall ist eine Behandlung der Randbedingungen analog wie bei Wänden möglich. Als Beispiel lassen sich folgende Berandungstypen aufführen:

-   Poröse Wände
    Es tritt ein konvektiver Fluß durch die Wand auf, d.h. die Geschwindigkeitskomponente senkrecht zur Wand ist verschieden von Null.

- Freie Wasseroberfläche

  Freie Wasseroberflächen werden meist wie Symmetrieebenen behandelt, d.h.
  es treten keine konvektiven und diffusiven Flüsse senkrecht zur Oberfläche auf.
  Physikalisch realistischer ist jedoch die Vorgabe eines konstanten Druckfeldes, das
  z.B. dem Athmosphärendruck entspricht.

- Periodische Ränder

  Bei periodischen Rändern sind an den entprechenden Punkten der Berandung
  gleiche Werte der Variablen, die sich aus den Berechnungen ergeben,
  vorzuschreiben. Es besteht die Möglichkeit, derartige Bedingungen implizit
  vorzugeben, was zu einer Umstrukturierung der Matrix führt. Diese
  Vorgehensweise ist jedoch nur möglich, falls die entsprechenden Punkte der
  Berandung durch eine Koordinatenlinie des numerischen Netzes verbunden sind
  (siehe Rodi und Srivatsa (1980)). Ist dies nicht der Fall, so müssen die Werte
  explizit, z.B. vom vorhergehenden Iterations- oder Zeitschritt, vorgegeben werden.
  Dies führt jedoch zu einer schlechteren Konvergenzrate, und die Werte an den
  Partnerlokationen müssen durch entsprechende Interpolationen berechnet werden
  (siehe Rodi und Srinivas (1989)).

8 Gekoppelte und entkoppelte Berechnungsverfahren

Bei strömungsmechanischen Problemen ist ein gekoppeltes System von nicht-linearen Differentialgleichungen zu lösen. Die Kopplung zwischen den verschiedenen Differentialgleichungen kann dadurch berücksichtigt werden, daß die einzelnen Erhaltungsgleichungen zusammen gelöst werden. Dies bedeutet, daß die Differenzenformeln für die verschiedenen Differentialgleichungen zusammengefaßt und ein großes Gleichungssystem erstellt wird. Um bei diesem die Nicht-Linearität der Konvektionsterme optimal zu erfassen, ist es notwendig, ein Lösungsverfahren für nicht-lineare Gleichungssysteme zu verwenden, das im allgemeinen die Invertierung dieser Matrizen voraussetzt. Die Handhabung von sehr großen Matrizen ist jedoch auf Grund des damit verbundenen Speicherplatzbedarfs schwierig und setzt zumindest bei dreidimensionalen Problemen die Verwendung externer Speicher voraus.

Das gesamte gekoppelte System wird deshalb bei Finiten-Differenzen- und Finiten-Volumen Verfahren selten gelöst, da die sich bei diesen Verfahren zumeist ergebenden Bandstrukturen der Matrizen einfachere Lösungsverfahren ermöglichen. Jedoch werden bei Finite-Element Verfahren auf Grund der voll besetzten Matrizen, die sich durch die Verwendung nicht-strukturierter Netze ergeben, häufig Verfahren zur Lösung des gekoppelten Systems eingesetzt und die oben genannten Schwierigkeiten in Kauf genommen. Bei den Finiten-Differenzen- und Finiten-Volumen Verfahren werden dem gegenüber meist solche Verfahren verwendet, die nur die Lösung kleinerer Matrizen erfordern. Kleinere Matrizen können folgendermaßen erreicht werden:

1. Das Gleichungssystem wird nicht für das gesamte Rechengebiet aufgestellt, sondern dieses wird in verschiedene Gebiete unterteilt, in denen die Gleichungssysteme gelöst werden. Da pro Teilgebiet weniger Knotenpunkte vorliegen, sind die entsprechenden Matrizen kleiner und können leichter umgeformt werden.

2. Die verschiedenen Differentialgleichungen werden nicht zusammen gelöst, sondern die Gleichungssysteme werden getrennt für die einzelnen Differentialgleichungen erstellt und dienen jeweils nur der Berechnung einer Größe.

Bei beiden Vorgehensweisen wird die Gesamtmatrix in zu lösende Teilmatrizen aufgeteilt und die dadurch bedingte Entkopplung muß durch nachgeschaltete Iterationen wieder ausgeglichen werden. Beim Lösen der Teilgebietsmatrizen muß eine Kopplung zwischen den verschiedenen Lösungsgebieten erzielt werden, d.h. ein Informationsaustausch an den Rändern zwischen den Teilgebieten (Zwischenrändern) iterativ gewährleistet sein. Im zweiten Fall müssen die Gleichungssysteme für die verschiedenen Differentialgleichungen iterativ nacheinander gelöst werden, was man als äußere Iteration bezeichnet. Hierbei werden jeweils die aktuellsten Variablenwerte zur Bestimmung der Koeffizienten und des Vektors der rechten Seite verwendet. Durch die Entkopplung wird sowohl die Stabilität des Berechnungsverfahrens wie dessen Konvergenzrate beeinflußt. Dadurch sind verschiedene Maßnahmen zur Optimierung des Verfahrens erforderlich.

Beide Vorgehensweisen haben Vor- und Nachteile, die detailliert von Braaten (1985) im Rahmen von Testberechnungen untersucht wurden. Die Vor- und Nachteile werden im folgenden diskutiert, wobei als gekoppelte Verfahren die Lösungsverfahren bezeichnet werden, bei denen die verschiedenen partiellen Differentialgleichungen zusammen gelöst werden, unabhängig, ob im gesamten Rechengebiet oder nur in Teilgebieten. Bei den sogenannten entkoppelten Verfahren werden die verschiedenen Differentialgleichungen nacheinander gelöst.

Bei letzteren tritt im Falle der inkompressiblen Berechnungsverfahren, die mit Hilfe der Kontinuitätsgleichung und den Impulsgleichungen die Geschwindigkeitskomponenten und das Druckfeld bestimmen, das Problem auf, daß keine explizite Gleichung zur Berechnung des Druckfeldes vorliegt. Die Kontinuitätsgleichung ist hierbei als eine Art Zusatzbedingung anzusehen. Es muß eine Gleichung zur Bestimmung des Druckfeldes abgeleitet werden, in die sowohl die Kontinuitätsgleichung wie die Impulsgleichungen eingehen. Hierbei wird häufig anstatt einer Gleichung für das Druckfeld eine sogenannte Druckkorrekturgleichung abgeleitet zur Korrektur des Druckfeldes sowie auch der Geschwindigkeitskomponenten. Auf die damit verbundenen Vor- und Nachteile wird im Abschnitt über entkoppelte Lösungsverfahren eingegangen.

8.1 Gekoppelte Berechnungsverfahren

Gesamtgebiets-Verfahren

Ein gekoppeltes Berechnungsverfahren ist besonders dann von Vorteil, wenn eine starke Kopplung zwischen den verschiedenen Differentialgleichungen besteht. Dies ist bei der Kontinuitätsgleichung und den Impulsgleichungen immer der Fall. Eine starke Kopplung zwischen dem Geschwindigkeits- und dem Temperaturfeld tritt bei natürlichen Konvektionsproblemen auf. Bei derartigen Strömungen ist eine gekoppelte Lösung der Temperaturgleichung zusammen mit der Kontinuitätsgleichung und den Impulsgleichungen von Vorteil. Galpin und Raithby (1986) haben zweidimensionale Berechnungen durchgeführt, wobei sie die Kontinuitätsgleichung, die Impulsgleichungen und die Temperaturgleichung gekoppelt lösten. Da sie ihr Gleichungssystem jeweils nur für die Kontrollvolumina entlang einer Koordinatenrichtung formulierten, beschränkte sich ihre Kopplung auf eine Raumrichtung. Zur Kopplung in der anderen Richtung führten sie äußere Iterationen durch. Gegenüber einem Berechnungsverfahren, bei dem die Temperaturgleichung entkoppelt gelöst wurde, konnten sie ein bedeutend stabileres Verhalten feststellen, besonders bei Fällen mit hohen Temperatur- und damit Dichteunterschieden. Des weiteren erreichten sie ein bedeutend besseres Konvergenzverhalten. Die Berechnung von laminaren Strömungen führte MacArthur (1986) mit einem Verfahren durch, bei dem die Kontinuitätsgleichung, die beiden Impulsgleichungen sowie die Energiegleichung gekoppelt im gesamten Rechengebiet gelöst werden. Für das resultierende Gleichungssystem setzte er verschiedene direkte Lösungsverfahren ein, die auf der Newton-Raphson-Methode beruhen. Er berechnete natürliche Konvektionsströmungen in einer Nische, wobei er die Boussinesq-Approximation verwendete. Sein Verfahren benötigte bei einem 30x30-Gitter einen Speicherplatz, der an die Kapazitätsgrenze der CRAY-1 heranreicht. Das von ihm entwickelte, gekoppelte Verfahren verglich er mit verschiedenen entkoppelten Lösungsverfahren, und zwar sowohl bezüglich der Stabilität wie auch der Rechenzeit. Beide Vorgehensweisen benötigten ungefähr die gleichen Rechenzeiten. Er konnte mit dem gekoppelten Verfahren Berechnungen bis zu einer Rayleigh-Zahl von $Ra = 10^9$ durchführen. Diese lag um zwei Größenordnungen höher als diejenige bei den entkoppelten Verfahren. Bei den letzteren konnte er Stabilität nur bis zu $Ra = 10^7$ erreichen.

Bei der Lösung von sehr großen Gleichungssystemen treten eine Reihe von Nachteilen auf. Zum einen ist der hohe Speicherplatzbedarf zu nennen. Bei einem 30 x 30 x 30-Gitter und der Berechnung von vier Variablen (u, v, w, p) bedeutet dies, daß 10^5 Unbekannte auftreten und ein Gleichungssystem mit einer 10^5 x 10^5 Matrix zu lösen ist. Auf Grund dieses hohen Speicherplatzbedarfs reicht der Kernspeicher eines Rechners nur in den wenigsten Fällen aus, meist müssen externe Speicher mit schnellem Zugriff eingesetzt werden. Wie Vanka und Leaf (1983) ausführen, sind iterative Lösungsverfahren zur Lösung der gekoppelten Gleichungen nicht effizient und es werden deshalb überwiegend sogenannte direkte Lösungsverfahren eingesetzt (siehe Kapitel 9). Bei diesen wird jedoch der Charakter der Matrizen, die durch die Finite-Volumen-Diskretisierung entstehen, nicht voll ausgenützt. Die Struktur einer solchen Matrix ist für ein zweidimensionales Problem, bei dem die beiden Impulsgleichungen und die Kontinuitätsgleichung für sämtliche Knotenpunkte des numerischen Gitters gekoppelt gelöst werden, in Abb. 51 gezeigt.

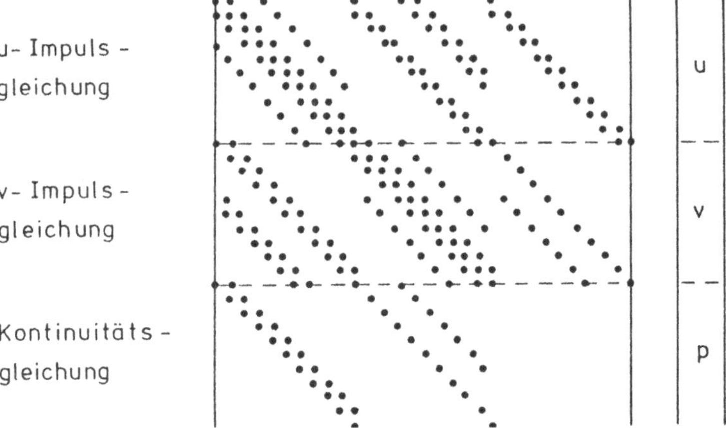

Abb.51: Matrixstruktur bei gekoppeltem Lösungsverfahren; nach Gleichungen geordnet

Bei dieser Matrix sind die Differenzengleichungen für die beiden Impulsgleichungen und die Kontinuitätsgleichung zusammengefaßt, was dazu führt, daß die Diagonalelemente, die aus der Kontinuitätsgleichung resultieren, den Wert Null haben. Es entsteht keine klare Bandstruktur der Matrix. Vanka und Leaf (1983) haben deshalb vorgeschlagen , die Differenzengleichungen für die verschiedenen Differentialgleichungen pro Knotenpunkt zusammenzufassen. Die Struktur der dadurch entstehenden Matrix ist in Abb. 52 gezeigt. Dieses Gleichungssystem besitzt eine blockstrukturierte Matrix und die Diagonalelemente sind verschieden von Null. Dadurch kann besser ausgenützt werden, daß die Matrix schwach besetzt ist, und es können Lösungsverfahren eingesetzt werden, die Diagonal-dominanz der Matrix voraussetzen.

Bei den gekoppelten Berechnungsverfahren müssen zwar auf Grund der direkten Kopplung der Variablen keine äußeren Iterationen durchgeführt werden, jedoch sind letztere auf Grund der Nicht-Linearitäten in den Konvektionstermen und den Quellgliedern erforderlich. Bei einer Linearisierung höherer Ordnung (Newton-Raphson-Verfahren) genügen, wie Braaten (1985) gezeigt hat, nur wenige äußere Iterationen. Die pro Iteration durchzuführenden Rechenoperationen (Invertierung einer Matrix) sind jedoch beträchtlich. Ein großer Nachteil bei den gekoppelten Verfahren ist, daß nur durch eine Umstrukturierung der Matrix die gekoppelte Lösung zusätzlicher Erhaltungs-gleichungen wie z.B. einer Konzentrationsgleichung oder einer Transportgleichung zur Berechnung einer Turbulenzgröße berücksichtigt werden kann. Eine einfachere Möglich-keit besteht darin, diese zusätzlichen Gleichungen entkoppelt zu lösen, wodurch jedoch

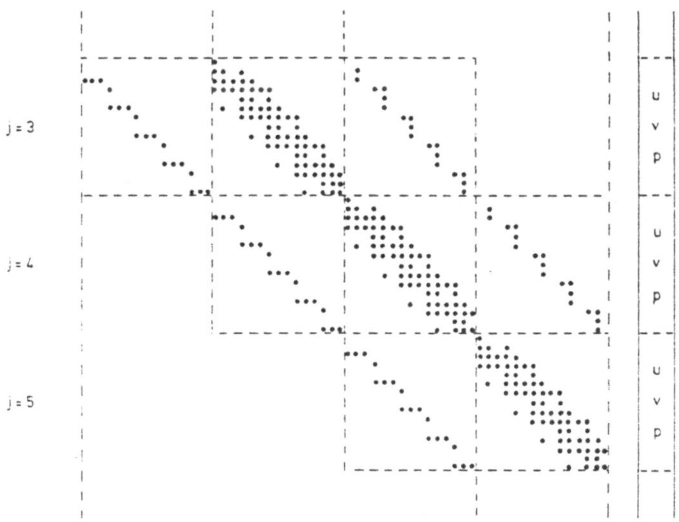

Abb.52: Matrixstruktur bei gekoppeltem Lösungsverfahren; nach Knoten geordnet

wiederum äußere Iterationen notwendig werden und somit die Struktur des Berechnungs-
algorithmus komplexer wird (siehe Vanka (1985a)). Schlußendlich sei noch erwähnt, daß
die bei den gekoppelten Berechnungsverfahren zumeist eingesetzten direkten Gleichungslöser nur schlecht vektorisierbar sind (siehe Kapitel 9).

Wie obige Diskussion zeigt, besteht der Hauptnachteil bei den gekoppelten Berechnungsverfahren in der Handhabung sehr großer Gleichungssysteme. Derartige Verfahren
können deshalb bei dreidimensionalen Problemen nur auf den größten zur Zeit zur
Verfügung stehenden Rechnern und dann auch nur für grobe numerische Gitter eingesetzt
werden. Vanka und Leaf (1983) berechneten mit einem gekoppelten Lösungsverfahren
zweidimensionale, laminare Strömungen in einer Nische oder in einer plötzlichen
Erweiterung. Sie setzten einen gekoppelten Löser mit einer sogenannten "sparse matrix
technique" ein, die speziell auf die in Abb. 52 gezeigte Matrixstruktur zugeschnitten ist
und eine Newton-Raphson-Linearisierung (siehe Kapitel 9) verwendet. Vanka (1985b)
erweiterte das Verfahren zur Lösung dreidimensionaler Probleme und berechnete die
Strömung in einem gekrümmten Kanal, wobei er die Newton-Raphson-Linearisierung in
Ebenen senkrecht zur Hauptströmung einsetzte.

164

<u>Teilgebiets-Verfahren</u>

Eine Verkleinerung der Matrizen bei gekoppelten Lösungsverfahren kann wie schon
erwähnt dadurch erreicht werden, daß die Gleichungssysteme nur für Teilgebiete erstellt
und gelöst werden. Hierzu ist es notwendig, das Berechnungsgebiet zu unterteilen, was
bei speziellen Geometrien, wie in Abb. 53 gezeigt, leicht möglich ist.

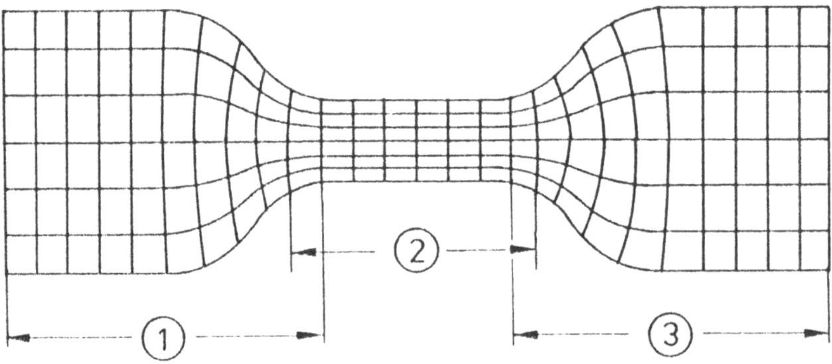

Abb.53: Aufteilung des Berechnungsgebiets bei Teilgebiets-Lösungsverfahren

Die Gleichungssysteme in den verschiedenen Teilgebieten werden nacheinander gelöst,
mit Vorgabe entsprechender Randbedingungen an den Zwischenrändern (siehe markierte
Linien in Abb. 53). Um den Einfluß der Strömung von den benachbarten Teilgebieten zu
berücksichtigen, sind wiederum äußere Iterationen notwendig. Ähnlich wie bei den
Zonen-Berechnungsverfahren sind bei diesen sogenannten "Teilgebiets-Verfahren" eine
Reihe von Fragen für jeden Strömungsfall neu zu beantworten. Zum einen muß
entschieden werden, wie die Geometrie aufgeteilt wird. Ist die Lage der Zwischenränder
nicht geometriebedingt, wie z.B. bei einer Nischenströmung, so kann die Wahl der
Zwischenränder einen großen Einfluß auf die Konvergenzrate der äußeren Iterationen und
damit des Berechnungsverfahrens haben. Zum zweiten müssen die Randbedingungen
entlang der Zwischenränder festgelegt werden. Zur Erhöhung der räumlichen Kopplung
zwischen den Teilgebieten werden meist überlappende Teilgebiete verwendet und nach
der Lösung der Gleichungssysteme globale Korrekturen durchgeführt. Die räumliche
Kopplung stellt das Hauptproblem bei den Teilgebiets-Lösungsverfahren, auch
"subdomain methods" genannt, dar und wurde eingehend von Braaten (1985) untersucht.
Sie bestimmt, wie oft nacheinander die Gleichungssysteme in den verschiedenen
Teilgebieten zu lösen sind. Braaten testete verschiedene Vorgehensweisen und diskutierte
die Vor- und Nachteile von Teilgebiets-Lösungsverfahren. Deren Vorteil liegt darin, daß

weniger Speicherplatz gegenüber den gekoppelten Gesamtgebiets-Lösungsverfahren benötigt wird und damit auch die Invertierung der Matrizen leichter möglich ist. Zudem garantieren sie eine gute Kopplung der Variablen in dem jeweiligen Teilgebiet. Von Nachteil ist jedoch, daß die Konvergenz der Lösung im gesamten Berechnungsgebiet zum einen sehr stark von der Strömungsstruktur und von der Behandlung der Randbedingungen an den Zwischenrändern abhängt. Relativ schlechte Konvergenzraten sind zu erwarten, wenn Rückströmgebiete unterteilt werden, hingegen sind nur wenige äußere Iterationen notwendig, wenn eine parabolische Strömung vorliegt und die Lösung nacheinander in den stromab gelegenen Teilgebieten erzielt wird. Braaten fand, daß ähnlich gute Konvergenzraten bei Teilgebietsmethoden und Gesamtgebietslösungen ohne besondere Korrekturen an den Zwischenrändern nur in parabolischen Strömungen erreicht werden können. Bei Strömungen, bei denen Rückströmgebiete in verschiedene Teilgebiete unterteilt werden, wie z.B. bei der Berechnung einer Nischenströmung, müssen an den Zwischenrändern spezielle Korrekturen durchgeführt werden. Diese sind deshalb erforderlich, da direkt an den Zwischenrändern die Differentialgleichungen nicht erfüllt sind.

Wie Braaten (1985) zeigte, ist es wichtig, globale Korrekturgleichungen so zu lösen, daß eine gute Kopplung zwischen den Teilgebieten gewährleistet ist. Es kann davon ausgegangen werden, daß umso mehr äußere Iterationen notwendig sind, je elliptischer die Strömung ist und je höher die Anzahl der Teilgebiete. Neben Braaten (1985) haben eine Reihe von Autoren Teilgebiets-Lösungsmethoden untersucht und eingesetzt. Vanka (1983) setzte das gekoppelte Lösungsverfahren von Vanka und Leaf (1983), das ursprünglich als Gesamtgebiets-Verfahren entwickelt wurde, ohne spezielle Modifikationen für die Zwischenränder ein. Meakin und Street (1987) untersuchten, in welcher Reihenfolge die Teilgebietslösungen erzielt werden sollen, um bei einem gegebenen Problem und einer gegebenen Unterteilung eine optimale Konvergenz der äußeren Iterationen zu erhalten. Ein spezielles, zweidimensionales Teilgebiets-Lösungsverfahren setzten Galpin et al. (1985) ein. Sie koppelten die Gleichungen entlang einer Koordinatenlinie, d.h. das Gleichungssystem wurde analog zu der in Abb. 52 gezeigten Matrix erstellt, wobei die Knoten nur entlang einer Koordinatenlinie berücksichtigt wurden. In der anderen Koordinatenrichtung wurde das Gesamtgebiet bis zum Erreichen einer konvergierten Lösung mehrmals überstrichen. Gegenüber einem entkoppelten Lösungsverfahren stellten Galpin et al. ein bedeutend besseres Stabilitätsverhalten fest und setzten, wie schon erwähnt, den von ihnen entwickelten "coupled equation line solver" auch zur Berücksichtigung der Geschwindigkeits-Temperaturkopplung ein (siehe Galpin und Raithby (1986)).

166

Führt man die Idee der Unterteilung des Berechnungsgebietes in verschiedene Teilgebiete zur Verkleinerung der Matrizen konsequent weiter, so kommt man zu den sogenannten Punktlösern. Bei diesen entspricht ein Teilgebiet einem Kontrollvolumen bei den Finite-Volumen Verfahren oder einer Gitterzelle bei den Finiten-Differenzen Verfahren. Hierdurch treten so viele Teilgebiete wie Kontrollvolumina auf und der Speicher-platzbedarf für die einzelnen Matrizen ist minimal. Letztere können unter gewissen Annahmen analytisch invertiert werden. Bei den Punktlösern wird zwar die Kopplung zwischen den Variablen vollständig berücksichtigt, jedoch auf Grund der hohen Anzahl von Teilgebieten ist die räumliche Kopplung äußerst schlecht. Nur durch viele äußere Iterationen kann der Einfluß der Strömung an weiter entfernten Kontollvolumina erfaßt werden. Dies ist die Ursache für die schlechte Konvergenzrate, die bei dem von Caretto et al. (1972) vorgestellten Punktlöser nur erzielt werden konnte. Das von Caretto et al. entwickelte Verfahren wurde kaum angewendet. Die Idee des Punktlösers wurde wieder von Vanka (1986a) aufgegriffen, wobei er zwei Neuerungen einführte. Zum einen wählte er eine spezielle Form der Matrix, um die Geschwindigkeitskomponenten an allen Seiten der Kontrollvolumina gleichzeitig berechnen zu können, und zum zweiten setzte er ein Mehrgitterverfahren ein, um eine gute räumliche Kopplung zu erhalten. Er verwendete ein gestaffeltes Gitter, das in Abb.54 für ein zweidimensionales Kontrollvolumen gezeigt wird, und integrierte die u-Impulsgleichung über die Kontrollvolumina (i - 1/2,j) sowie (i+ 1/2,j) und die v-Impulsgleichung über die Kontrollvolumina (i,j - 1/2) sowie (i,j+1/2).

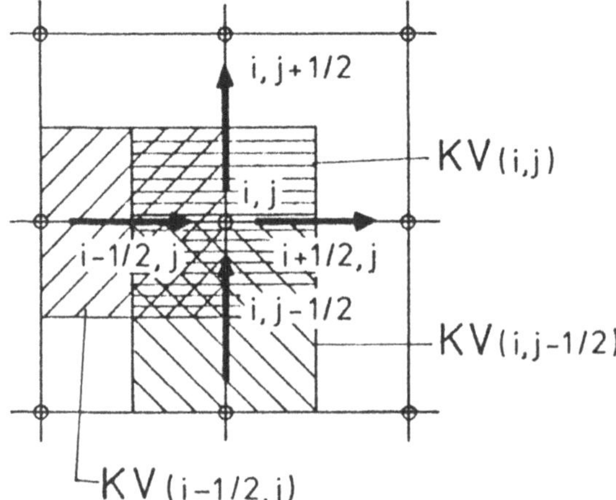

Abb.54: Kontrollvolumina, die bei der SCGS-Methode von Vanka (1986a) berücksichtigt werden

Zusammen mit der über das Kontrollvolumen (i,j) integrierten Kontinuitätsgleichung ergibt sich das folgende Gleichungssystem zur Bestimmung der Variablen $u'_{i-1/2,j}$, $u'_{i+1/2,j}$, $v'_{i,j-1/2}$, $v'_{i,j+1/2}$ sowie p'_{ij}:

$$
\begin{bmatrix}
A^u_{i-1/2,j} & 0 & 0 & 0 & 1/(\rho\Delta x) \\
0 & A^u_{i+1/2,j} & 0 & 0 & -1/(\rho\Delta x) \\
0 & 0 & A^v_{i,j-1/2} & 0 & 1/(\rho\Delta y) \\
0 & 0 & 0 & A^v_{i,j+1/2} & -1/(\rho\Delta y) \\
-1/\Delta x & 1/\Delta x & -1/\Delta y & 1/\Delta y & 0
\end{bmatrix}
\begin{bmatrix}
u'_{i-1/2,j} \\
u'_{i+1/2,j} \\
v'_{i,j-1/2} \\
v'_{i,j+1/2} \\
p'_{i,j}
\end{bmatrix}
=
\begin{bmatrix}
R^u_{i-1/2,j} \\
R^u_{i+1/2,j} \\
R^v_{i,j-1/2} \\
R^v_{i,j+1/2} \\
R^c_{i,j}
\end{bmatrix}
\tag{8.1a}
$$

Das Hochkomma "´" bedeutet, daß das Gleichungssystem (8.1a) zur Bestimmung von Korrekturen gelöst wird, die mit den Variablen durch

$$
\Phi^{n+1} = \Phi^n + \alpha\Phi'
\tag{8.1b}
$$

verknüpft sind, wobei n den Iterationsindex bezeichnet. A^u und A^v sind die Koeffizienten an den Knotenpunkten des jeweiligen u- bzw. v-Kontrollvolumens und R^u, R^v sowie R^c stehen für die Komponenten des Vektors der rechten Seite. Aufgrund der einfachen Struktur der Matrix, kann diese analytisch invertiert werden. Die Grundidee des von Vanka (1986a) vorgeschlagenen "Symmetrical Coupled Gauß-Seidel, (SCGS)"-Verfahrens besteht darin, daß all diejenigen Größen korrigiert werden, die bei der Integration der Kontinuitätsgleichung über das Kontrollvolumen um den Zentralknotenpunkt (i,j) auftreten (siehe Abb. 54). Auf Grund der lokalen Korrekturen, der expliziten Behandlung der Einflüsse weiter entfernter Knotenpunkte im Quellterm sowie der notwendigen Linearisierung der konvektiven Terme müssen bei diesem Verfahren Unterrelaxationsfaktoren verwendet werden. Dies bedeutet, daß in der Korrekturgleichung (8.1b) für α Werte kleiner als 1 eingesetzt werden. Auf das von Vanka (1986a) verwendete Mehrgitterverfahren wird näher in Abschnitt 9.2 eingegangen. Vanka hat die SCGS-Methode in einer Reihe von zweidimensionalen und dreidimensionalen laminaren Strömungen getestet (siehe Vanka (1986a-d)). Die berechneten Strömungen waren zweidimensionale und dreidimensionale Nischenströmungen (1986a,d), zweidimensionale Strömungen über zurückspringende Stufen, die Strömung in einem rechteckförmigen Tank sowie in einer Modell-Brennkammer (1986b) und dreidimensionale Strömungen in einer plötzlichen

168

Erweiterung, einer Brennkammer sowie einem Tank (1986c). Vanka verwendete zum Teil extrem feine Gitter (z.B. 312 x 312-Knotenpunkte bei der zweidimensionalen Nischenströmung) und bis zu fünf verschiedene Gitterebenen bei den Mehrgitterverfahren. Für die obigen Testprobleme konnte er äußerst gute Konvergenzraten und kurze Rechenzeiten erreichen, besonders bei kleinen Reynolds-Zahlen. Bei höheren Reynolds-Zahlen mußte er kleinere Unterrelaxationsfaktoren verwenden, wodurch sich schlechtere Konvergenzraten ergaben. Vanka und Krazinski (1988) setzten das SCGS-Verfahren auch bei der Berechnung turbulenter Strömungen ein. Sie verwendeten das k-ε Turbulenzmodell und lösten zusätzlich mehrere Transportgleichungen für verschiedene chemische Reaktionen, sowie zur Berücksichtigung einer Feststoff-Phase eine Bewegungsgleichung für Teilchen. Für die beiden Geschwindigkeitskomponenten sowie das Druckfeld wurde das SCGS-Verfahren verwendet, die anderen Gleichungen wurden entkoppelt gelöst. Eine konvergierte Lösung konnten Vanka und Krazinski nur dadurch erreichen, daß sie die Koeffizienten A^u und A^v zuerst für alle Kontrollvolumina bestimmten, danach die Korrekturen entsprechend dem Gleichungssystem (8.1a) für alle Kontrollvolumina berechneten und mit den nach Gleichung (8.1b) korrigierten Werten anschließend wiederum die Koeffizientenberechnungen durchführten. Eine derartige Vorgehensweise führt zu einem Relaxationseffekt bei der Bestimmung der Koeffizienten. Dieser war notwendig, da ansonsten durch die lokalen Korrekturen (Gleichung (8.1b)) die Koeffizienten der benachbarten Kontrollvolumina so stark geändert wurden, daß kein konvergentes Verfahren erreicht werden konnte. Die Mehrgittermethode wurde nur bei der Lösung der Kontinuitätsgleichung und der beiden Impulsgleichungen eingesetzt und nicht bei den Skalartransportgleichungen. Auf Grund der Abspeicherung der Koeffizienten A^u und A^v im gesamten Rechengebiet wird ein bedeutend höherer Speicherplatz benötigt, und einer der Vorteile von Punktlösern geht hierdurch verloren. Wie Vanka (1986e) weiter feststellte, ist eine globale Berechnung und Abspeicherung der Koeffizienten auch in vielen Fällen bei drallbehafteten Strömungen notwendig.

8.2 Entkoppelte Berechnungsverfahren

Bei den entkoppelten Berechnungsverfahren werden die Differentialgleichungen nacheinander gelöst und die Kopplung zwischen den Variablen durch äußere Iterationen erreicht. Die hierbei auftretenden Matrizen sind bedeutend kleiner als bei den gekoppelten Verfahren. Deshalb werden die Gleichungssysteme immer im gesamten Berechnungsgebiet gelöst, wodurch eine vollständige räumliche Kopplung erzielt wird. Da bis auf die Kontinuitätsgleichung die verschiedenen Erhaltungsgleichungen die gleiche Struktur haben und sich somit ähnliche Matrizen ergeben, können bei den entkoppelten

Berechnungsverfahren relativ leicht zusätzliche Gleichungen berücksichtigt werden. Die einzelnen Matrizen sind schwach besetzt und haben überwiegend Bandstruktur. Hierdurch können spezielle Löser (siehe Kapitel 9) eingesetzt werden, welche die Struktur der Matrizen ausnützen. Auf Grund der äußeren Iterationen zur Erfassung der Kopplung zwischen den verschiedenen Differentialgleichungen sind Unterrelaxationen notwendig. Ein Nachteil bei den entkoppelten Lösungsverfahren ist, daß wie schon erwähnt zur Bestimmung des Druckes bei inkompressiblen Strömungen keine explizite Gleichung vorliegt. Die Kontinuitätsgleichung muß deshalb so umgeformt werden, daß die resultierende Gleichung die Bestimmung des Druckfeldes ermöglicht. Die globale Konvergenz des Verfahrens, d.h. die Konvergenzrate der äußeren Iterationen hängt sehr stark davon ab, wie diese modifizierte Kontinuitätsgleichung die Geschwindigkeits-Druckkopplung beschreibt.

Die entkoppelten inkompressiblen Berechnungsverfahren lassen sich in drei Klassen einteilen:

- Verfahren, die künstliche Kompressibilität verwenden (pseudo- oder artificial compressibility methods)

- Verfahren, bei denen Differentialgleichungen zur Berechnung des Druckfeldes gelöst werden.

- Verfahren, bei denen Druckkorrekturgleichungen gelöst werden.

Im folgenden werden die Grundlagen dieser verschiedenen Verfahren vorgestellt und deren Vor- und Nachteile diskutiert.

8.2.1 Verfahren mit künstlicher Kompressiblität

Die Methode der künstlichen Kompressibilität wurde zuerst von Chorin (1967a,b) vorgeschlagen und basiert auf der Lösung einer modifizierten Kontinuitätsgleichung, die einer kompressiblen Kontinuitätsgleichung (siehe Gleichung (2.1)) ähnelt. Bei der letzteren tritt der zeitabhängige Dichteterm auf, der über die Zustandsgleichung (2.4) mit dem Druck in Verbindung steht. Bei konstanter Temperatur stellt die Zustandsgleichung eine Proportionalität zwischen dem Druck und der Dichte dar. Auf Grund der konstanten Dichte tritt bei der inkompressiblen Kontinuitätsgleichung der zeitabhängige Dichteterm nicht auf. Gemäß der obigen Proportionalität zwischen dem Druck- und dem Dichtefeld wird bei dem Verfahren der künstlichen Kompressibilität ein zeitabhängiger Druckterm in die inkompressible Kontinuitätsgleichung eingefügt und führt zu:

$$\frac{1}{\rho_0}\frac{\partial p}{\partial t} + \beta \nabla \cdot \vec{v} = 0 \tag{8.2}$$

β stellt den Proportionalitätsfaktor dar. Die verschiedenen Formulierungen der Kontinuitätsgleichung bei Verfahren der künstlichen Kompressibilität sind auf Gleichung (8.2) zurückzuführen. In (8.2) tritt der Druck explizit auf und das Druckfeld kann somit nach der Berechnung der Geschwindigkeitskomponenten bestimmt werden. Als Randbedingung wird entlang freier Oberflächen meist das Druckfeld vorgeschrieben und an Eintritts- und Austrittsrändern sowie entlang von Wänden und Symmetrieebenen Gradientenbedingungen verwendet.

Gleichung (8.2) ergibt nur dann eine physikalisch sinnvolle Lösung, wenn ein stationärer Zustand erreicht wird, d.h. für $\partial p/\partial t = 0$. Dann geht Gleichung (8.2) in die ursprüngliche inkompressible Kontinuitätsgleichung über. Deshalb wird das Verfahren der künstlichen Kompressibilität überwiegend nur zur Berechnung stationärer Strömungen eingesetzt. Eine Berechnung instationärer Strömungen ist prinzipiell dadurch möglich, daß zusätzlich der physikalische Zeitschritt t´ eingeführt wird und für jeden Zeitschritt t' Gleichung (8.2) gelöst wird, d.h. t als numerischer Zeitschritt interpretiert wird.

Der Proportionalitätsfaktor β besitzt die Dimension einer Geschwindigkeit zum Quadrat und muß, wie Chang und Kwak (1984) gezeigt haben, bei der Berechnung der Pseudoschallgeschwindigkeit c_{PS} sowie der Pseudo-Machzahl Ma_{PS}, die folgendermaßen definiert sind

$$c_{P_s} = \sqrt{\vec{v}\vec{v} + \beta} \qquad Ma_{P_s} = \frac{\vec{v}\vec{v}}{\sqrt{\vec{v}\vec{v} + \beta}} \tag{8.3}$$

berücksichtigt werden. Die Wahl von Proportionalitätsfaktoren $\beta > 0$ führt zu Pseudo-Machzahlen kleiner als 1. Dies bedeutet, daß durch das Hinzufügen des zeitabhängigen Drucktermes subsonische Strömungen berechnet werden, d.h. der Charakter der Differentialgleichungen sich dadurch nicht geändert hat. Der Proportionalitätsfaktor β muß so gewählt werden, daß optimale Konvergenz, d.h. ein schnelles Erreichen eines stationären Endzustands gewährleistet wird. Die Wahl eines optimalen β ist eines der Hauptprobleme bei den künstlichen Kompressiblitäts-Verfahren und schließt sich an die Überlegungen in Abschnitt 2.3 über die Einsetzbarkeit kompressibler Verfahren bei niedrigen Machzahlen an. Wie Gleichung (8.3) zeigt, ergeben sich bei großen Werten für β sehr kleine Pseudo-Machzahlen, die zu Konvergenzproblemen führen können.

Zur Bestimmung eines optimalen Proportionalitätsfaktors wurden einer Reihe von Arbeiten durchgeführt. Rizzi und Eriksson (1985) berechneten die Strömung um Zylinder, Turbinenschaufeln und Tragflügel mit Hilfe eines expliziten Drei-Schritt Runge-Kutta Verfahrens durch Lösen der inkompressiblen Euler-Gleichungen. Sie untersuchten in Abhängigkeit von β, die Eigenwerte des Differentialgleichungssystems, um das Stabilitätsverhalten des Verfahrens zu bestimmen. Als optimal fanden sie, wenn β proportional der Zuströmgeschwindigkeit zum Quadrat gewählt wird, wobei sie jedoch eine untere Schranke für β vorgaben, um Pseudo-Machzahlen von $Ma_{PS} \approx 1$ zu vermeiden. Allerdings führten sie keine Konvergenzvergleiche bei verschiedenen β's durch. Chang und Kwak (1984) lösten die dreidimensionalen Navier-Stokes-Gleichungen und untersuchten den Einfluß von β auf das physikalische und numerische Verhalten des Verfahrens. Sie fanden dieses sehr sensibel gegenüber der Wahl von β und mußten untere Grenzen für β angeben, um die Physik richtig wiedergeben zu können, und obere Grenzen, um numerische Stabilität des Verfahrens zu sichern. Diese Schranken waren für interne Strömungen einschränkender als für externe Umströmungen. Michelassi und Benocci (1987) lösten die Navier-Stokes-Gleichungen in nicht-orthogonalen, krummlinigen Koordinaten, wobei sie die approximative Faktorisierung von Beam und Warming (1978) verwendeten. Sie berechneten die Strömung in einem Diffusor, über eine zurückspringende Stufe sowie über eine Düne und einen Block. Bei den Berechnungen verwendeten sie überwiegend für β den Wert 1. Soh (1987) berechnete Kanalströmungen sowie Strömungen in rotierenden, gekrümmten, sich verengenden Kanälen. Er löste die inkompressiblen Navier-Stokes Gleichungen, wobei er Zentraldifferenzen und eine ADI-Methode verwendete. Überwiegend setzte er β gleich drei mal der lokalen Geschwindigkeit zum Quadrat, stellte jedoch sehr unterschiedliche Rechenzeiten bei verschiedenen Werten für β fest. Bei einer Änderung von β um den Faktor 5 konnte er bei gleicher Anzahl von Zeitschritten nur ein Residuum erreichen, das um einen Faktor 10^3 höher lag.

Die obigen Beispiele von Berechnungen laminarer und turbulenter Strömungen mit orthogonalen oder allgemeinen krummlinigen Koordinatensystemen zeigen, daß die Konvergenzrate sehr stark von der Wahl des Proportionalitätsfaktors β abhängt. Bisher konnten keine eindeutigen Regeln zur Bestimmung von β, besonders bei der Berechnung von komplexen Strömungen unter Berücksichtigung von Turbulenzmodellen, erstellt werden. Zudem geht β gemäß Beziehung (8.3) unmittelbar in die Courant-Friedrich-Levi-

Bedingung als charakteristische Geschwindigkeit $\beta^{1/2}$ ein, wodurch die Wahl eines stabilen Zeitschrittes sehr stark von β abhängt. Abschließend sei eine Arbeit von Choi und Merkle (1985) erwähnt, welche die Strömung in einer Düse zum einen durch Lösen der inkompressiblen Euler-Gleichungen mit Hilfe eines Verfahrens der künstlichen Kompressiblität und zum zweiten durch Lösen der kompressiblen Euler-Gleichungen berechnen. Sie führten Berechnungen im Bereich Ma = 0.05 - 0.5 durch und stellten bei ihren eindimensionalen Tests gute Konvergenzeigenschaften der beiden Verfahren fest. Durch die Wahl der approximativen Faktorisierung von Beam und Warming (1978) ergaben sich jedoch bei den zweidimensionalen Berechnungen auf Grund der Steifheit der Matrizen bei kleinen Machzahlen unterschiedliche Konvergenzeigenschaften. Durch geschickte Wahl von β konnten bei dem Verfahren der künstlichen Kompressibilität schneller Ergebnisse erzielt werden als beim Lösen der kompressiblen Euler-Gleichungen. Im letzteren Fall konnte das Konvergenzverhalten jedoch dadurch verbessert werden, daß die zu lösende Matrix präkonditioniert wurde.

8.2.2 Verfahren, bei denen eine Gleichung zur Bestimmung des Druckfeldes gelöst wird

Eine Differentialgleichung vom Poisson-Typ zur Bestimmung des Druckfeldes kann dadurch abgeleitet werden, daß die Divergenz der Impulsgleichung (Gleichung (2.2)) gebildet wird. Für eine inkompressible Strömung ($\rho = \rho_0$) ergibt sich die Beziehung:

$$\nabla^2 p = -\frac{\partial}{\partial t}\nabla \cdot (\rho_0 \vec{v}) - \nabla \cdot (\nabla \cdot \rho_0 \vec{v}\vec{v} - \overset{\Rightarrow}{\tau}) + \nabla \cdot \vec{f} \qquad (8.4)$$

In (8.4) tritt sowohl innerhalb der Zeitableitung wie auch in Verbindung mit dem Spannungstensor $\overset{\Rightarrow}{\tau}$ die Kontinuitätsgleichung auf, die im inkompressiblen Fall folgendermaßen lautet:

$$\nabla \cdot (\rho_0 \vec{v}) = 0 \qquad (8.5a)$$

Wird diese Beziehung in Gleichung (8.4) eingesetzt, so folgt unter Vernachlässigung der äußeren Kräfte $\vec{f}$:

$$\nabla^2 p = -\nabla \cdot (\nabla \cdot \rho_0 \vec{v}\vec{v}) \qquad (8.5b)$$

Harlow und Welch (1965) testeten erstmals die Verwendung einer Poisson-Gleichung zur Bestimmung des Druckfeldes. Sie stellten fest, daß ihr Verfahren nicht konvergent war, wenn Beziehung (8.5b) verwendet wurde. Die Ursache hierfür liegt in der Tatsache, daß die Kontinuitätsgleichung (8.5a) nur für eine konvergierte Lösung erfüllt ist. Während des iterativen Vorgehens liegt ein Geschwindigkeitsfeld vor, das die Kontinuitätsgleichung nicht erfüllt. Diese Tatsache wird jedoch in Gleichung (8.5b) zur Berechnung des Druckfeldes nicht berücksichtigt und führt zu einem instabilen Druckfeld. Zu dessen Bestimmung ist es daher unbedingt notwendig, Gleichung (8.4) zu verwenden. Wie Harlow und Welch (1965) weiter feststellten, ist hierbei eine spezielle Diskretisierung des zeitabhängigen Termes zu verwenden. Diese geht von der Annahme aus, daß zum neuen Zeitschnitt t^{n+1} die Kontinuitätsgleichung erfüllt ist und führt zu der folgenden diskretisierten Form des zeitabhängigen Termes:

$$\frac{\partial}{\partial t} \nabla \cdot (\rho_0 \vec{v}) = \frac{\nabla \cdot (\rho_0 \vec{v})|_{n+1} - \nabla \cdot (\rho_0 \vec{v})|_n}{\Delta t} = -\frac{\nabla \cdot (\rho_0 \vec{v})|_n}{\Delta t} \qquad (8.5c)$$

Die Lösung der Poisson-Gleichung (8.4) ist sehr aufwendig, da besonders bei der Verwendung krummliniger Koordinaten sehr viele Terme in der Differentialgleichung auftreten. Deren Diskretisierung führt zu dem Problem, daß ein konservatives, mit den Impulsgleichungen konsistentes Diskretisierungsverfahren zu wählen ist (siehe Roache (1972), Issa (1983)). Für Gleichung (8.4) müssen an allen Rändern Randbedingungen für das Druckfeld vorgegeben werden. Da bei den Erhaltungsgleichungen für inkompressible Strömungen nur Druckgradienten bzw. zweite Ableitungen des Druckfeldes auftreten, ist das absolute Niveau des Druckes nicht von Bedeutung, sondern nur die Variation des Druckfeldes. In der Eintrittsebene wird deshalb meist ein Referenzdruck vorgegeben und an den anderen Rändern Neumannsche Randbedingungen spezifiziert. Hierbei wird der Gradient senkrecht zum Rand gleich Null gesetzt oder gleich einem Wert, der aus der vereinfachten Impulsgleichung normal zur Wand bestimmt wird. Das oben erwähnte Problem einer konsistenten Diskretisierung sowie das aufwendige Lösen der Poisson-Gleichung (8.4) führten dazu, daß diese relativ selten zur Bestimmung des Druckfeldes verwendet wird. Ghia et al. (1979, 1981) setzten sie zur Berechnung der zweidimensionalen Nischenströmung sowie der zweidimensionalen Strömung in Kanälen mit plötzlicher Verengung ein, wobei sie auch die Diskretisierung des Zeittermes (siehe Gleichung (8.5c)) untersuchten.

8.2.3 Verfahren, bei denen eine Druckkorrekturgleichung gelöst wird

Grundlagen des Druckkorrekturalgorithmus

Die grundlegende Idee bei der Herleitung einer Druckkorrekturgleichung ist, eine Verknüpfung der Impulsgleichungen und der Kontinuitätsgleichung, und zwar der diskretisierten Formen dieser Gleichungen, herzustellen. Durch die Verwendung der diskretisierten Formen treten keine Probleme bezüglich einer konsistenten Diskretisierung auf. Mit Hilfe einer Druckkorrekturgleichung wird das gekoppelte System der partiellen Differentialgleichungen folgendermaßen gelöst (aus Gründen der Übersichtlichkeit werden die folgenden Ausführungen für eindimensionale Probleme formuliert):

(i) Lösung der Impulsgleichung mit einem geschätzten Druckfeld p*. Es ergibt sich die approximative Geschwindigkeitsverteilung u*, die nicht die Kontinuitätsgleichung erfüllt.

(ii) Lösung der Druckkorrekturgleichung zur Bestimmung der Druckkorrektur p´und der Geschwindigkeitskorrektur u´, die mit den approximativen Werten p*, u* folgendermaßen verknüpft sind:

$$p = p^* + p' \qquad u = u^* + u' \tag{8.6}$$

(iii) Korrektur des Druck- und Geschwindigkeitsfeldes mit Hilfe von Beziehung (8.6)

(iv) Rücksprung zu (i), Durchführung der äußeren Iterationen, falls eine konvergierte Lösung noch nicht erreicht ist.

Die Herleitung der Druckkorrekturgleichung sei anhand des eindimensionalen, gestaffelten Gitters mit der in Abb. 55 gezeigten Anordnung der Variablen dargelegt.

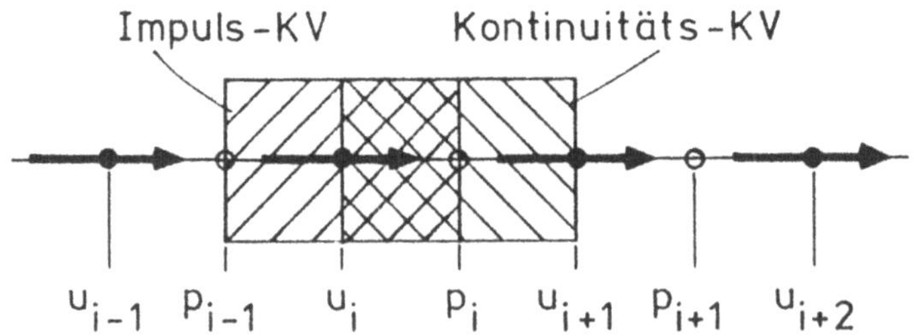

Abb.55: Eindimensionales gestaffeltes Gitter

Die Integration der Kontinuitätsgleichung ergibt

$$u_{i+1} - u_i = 0 \tag{8.7a}$$

und die Integration der Impulsgleichung führt zu der folgenden Beziehung zur Bestimmung der u_i:

$$u_i = \sum a^i_{nb} u_{nb} + S^i + D^i(p_i - p_{i-1}) \tag{8.7b}$$

$a_{nb}{}^i$ sind die Koeffizienten und u_{nb} die Geschwindigkeiten der Nachbarpunkte, S^i ist der Quellterm und D^i bezeichnet eine geometrische Größe. Wird die Impulsgleichung mit dem geschätzten Druckfeld p* gelöst, so ergibt sich eine analoge Beziehung für u^*_i:

$$u^*_i = \sum a^i_{nb} u^*_{nb} + S^i + D^i(p^*_i - p^*_{i-1}) \tag{8.7c}$$

Eine Gleichung für die Geschwindigkeitskorrektur u'_i läßt sich durch Differenzbildung von Beziehung (8.7c) und (8.7b) herleiten

$$u'_i = \sum a^i_{nb} u'_{nb} + D^i(p'_i - p'_{i-1}) \tag{8.7d}$$

in der die Druckkorrekturen p´ auftreten. Wird die Beziehung (8.6) für die Geschwindigkeit in die diskretisierte Kontinuitätsgleichung (8.7a) eingesetzt, so ergibt sich

$$u_{i+1} - u_i = 0 = \underbrace{u^*_{i+1} - u^*_i}_{-\dot{m}_i} + u'_{i+1} - u'_i \tag{8.7e}$$

und umgeformt

$$u'_{i+1} - u'_i = \dot{m}_i \tag{8.7f}$$

Dies ist eine Massenbilanzbeziehung für die Geschwindigkeitskorrekturen, bei der $\dot{m}_i$ den Massendefekt darstellt, der dadurch entsteht, daß die mit dem geschätzten Druckfeld p* berechnete u*-Geschwindigkeitsverteilung nicht die Kontinuitätsgleichung erfüllt. Gleichung (8.7d) kann in analoger Weise für das Kontrollvolumen (i+1) formuliert werden. Durch Einsetzen in Gleichung (8.7f) ergibt sich damit eine Beziehung zur Bestimmung der Druckkorrektur p´:

$$\sum a_{nb}^{i+1} u_{nb}' - \sum a_{nb}^{i} u_{nb}' + D^{i+1}(p_{i+1}' - p_i') - D^{i}(p_i' - p_{i-1}') = \dot{m}_i \qquad (8.7\text{g})$$

Gleichung (8.7g) verknüpft die Druckkorrekturen an den Knoten (i-1), i und (i+1) und ist in ihrer Struktur ähnlich der diskretisierten Form einer Poisson-Gleichung. Sie kann in das folgende lineare Gleichungssystem umgeformt werden

$$p_i' = \sum a_{nb}^{i} \, p_{nb}' + S^i \qquad (8.7\text{h})$$

das die gleiche Form wie die diskretisierte Transportgleichung besitzt (siehe Gleichung (7.5a)).

Bei der Druckkorrekturgleichung (8.7g) treten auch Geschwindigkeitskorrekturen an den Nachbarknoten auf, die unbekannt sind. Verschiedene Druckkorrekturverfahren unterscheiden sich nun zum einen darin, wie diese Terme approximiert werden, und zum zweiten, ob aus Beziehung (8.7g) und in Verbindung mit Gleichung (8.7d) die Geschwindigkeits- und Druckkorrekturen berechnet werden, oder ob weitere Gleichungen zur Bestimmung der Druckkorrekturen abgeleitet werden. Ist eine konvergierte Lösung erreicht, so erfüllt die Geschwindigkeitsverteilung die Kontinuitätsgleichung und für den Massendefekt gilt: $\dot{m}_i = 0$. Da damit Beziehung (8.7g) bei einer konvergierten Lösung identisch erfüllt ist ($0 \equiv 0$), ist die Lösung des gekoppelten Systems der Differentialgleichungen unabhängig von der Form der Druckkorrekturgleichung. Somit sind verschiedenste Vereinfachungen der Druckkorrekturgleichung (8.7g) möglich, die allerdings so gewählt werden sollten, daß eine schnelle Konvergenz der äußeren Iterationen erreicht wird.

Bei dem SIMPLE (Semi-Implicit Method for Pressure Linked Equations) -Verfahren von Patankar und Spalding (1972), das als Ausgangsmodell für die verschiedenen Druckkorrekturverfahren angesehen werden kann, wird der Einfluß der Geschwindigkeitskorrekturen der Nachbarpunkte vollständig vernachlässigt. Diese starke Vereinfachung führt zu den folgenden Beziehungen für die Geschwindigkeitskorrekturen und die Druckkorrekturgleichung:

$$u_i' = D^i(p_i' - p_{i-1}') \qquad (8.8\text{a})$$

$$D^{i+1}(p'_{i+1} - p'_i) - D^i(p'_i - p'_{i-1}) = \dot{m}_i \tag{8.8b}$$

Die obige Herleitung der eindimensionalen Druckkorrekturgleichung kann in analoger Weise auf zwei- und dreidimensionale Probleme erweitert werden und führt zu einer Beziehung, bei der im zweidimensionalen Fall fünf Punkte und im dreidimensionalen Fall sieben Punkte miteinander verknüpft werden. Die resultierende Matrix ist ähnlich derjenigen, die bei der Diskretisierung der Impulsgleichung mit zentralen Differenzen entsteht, so daß die gleichen Lösungsverfahren eingesetzt werden können. Bei der Verwendung nicht-orthogonaler Koordinaten können, wie Gleichung (3.13) zeigt, pro Impulsgleichung Druckableitungen in mehreren Raumrichtungen auftreten. Hierdurch müssen in der Druckkorrekturgleichung mehr Punkte miteinander verknüpft werden, wodurch zusätzliche Approximationen notwendig werden. Hierauf wird am Ende des Abschnitts 8.2.3 näher eingegangen.

Bei der Vorgabe der Randbedingungen für das Gleichungssystem (8.7a) ist zu unterscheiden, ob entlang eines Randes die Geschwindigkeits- oder die Druckverteilung bekannt ist. Der erstere Fall tritt bei Eintrittsebenen und Wänden auf, entlang derer auf Grund der bekannten Geschwindigkeit u die Geschwindigkeitskorrektur u´ gleich Null ist. Hieraus folgt mit Hilfe von Gleichung (8.8a) für den Gradienten der Druckkorrektur: $\partial p'/\partial n = 0$. Im zweiten Fall, z.B. an freien Oberflächen, ist der Druck bekannt, d.h. $p = p^*$ und deshalb als Randbedingung p´= 0 vorzuschreiben. Analog zur Vorgabe der Randbedingungen für die allgemeine Transportgleichung (7.1) wird in Austrittsebenen der Gradient der Druckkorrektur zu Null gesetzt.

Die Druckkorrekturgleichung (8.7g) wurde für ein gestaffeltes Gitter mit versetzten Kontrollvolumina (siehe Abbildung 55) abgeleitet. In analoger Weise kann eine Druckkorrekturgleichung bei der Verwendung nicht-gestaffelter Gitter hergeleitet werden. Die Lage der Kontrollvolumina ist in Abb. 40 gezeigt und wie in Kapitel 6 dargelegt wurde, werden nach Integration der Kontinuitätsgleichung die Geschwindigkeiten an den Seiten der Kontrollvolumina, d.h. an den Stellen (i+1/2) und (i-1/2) benötigt. Die Geschwindigkeiten sind dort nicht abgespeichert und müssen aus den Werten an den Knotenpunkten interpoliert werden. Wie Rhie (1981), Peric (1985), Majumdar (1986) sowie Majumdar et al. (1989) gezeigt haben, müssen hierbei spezielle Interpolationen verwendet werden (siehe Gleichung (6.4b)), um ein stabiles Verfahren zu erhalten. Wird Gleichung (6.4b) und die Aufsplittung gemäß Gleichung (8.6) in die integrierte

178

Kontinuitätsgleichung eingesetzt, so ergibt sich eine zu Gleichung (8.7g) analoge Druckkorrekturgleichung. Eine detaillierte Herleitung für allgemeine krummlinige Koordinaten ist in Peric (1985) sowie Majumdar (1986) gegeben.

Der Vorteil bei der Verwendung einer Druckkorrekturgleichung gegenüber der Verwendung einer Poisson-Gleichung für das Druckfeld besteht darin, daß zum einen die zu lösende Gleichung einfacher ist und zum zweiten, da von den algebraischen, diskretisierten Gleichungen ausgegangen wird, keine Probleme bzgl. einer konsistenten Diskretisierung bestehen. Des weiteren sind die Randbedingungen für das Druck-korrekturfeld p´ einfacher. Um ein effizientes Berechnungsverfahren zu erhalten, ist es jedoch wichtig, daß die Geschwindigkeits-Druckkopplung durch die Druckkorrektur-gleichung gut beschrieben wird, und damit eine schnelle Konvergenz der äußeren Iterationen erreicht werden kann. Bei verschiedenen Druckkorrekturverfahren kommen unterschiedlich vereinfachte Formen der oben abgeleiteten Druckkorrekturgleichung zum Einsatz. Die gängigsten Verfahren werden im folgenden aufgeführt, ihr Prinzip kurz dargelegt und ihr Konvergenzverhalten beschrieben.

<u>Beispiele von Druckkorrekturverfahren</u>

Bei dem SIMPLE-Verfahren von Patankar und Spalding (1972) werden, wie schon erwähnt, die Geschwindigkeitskorrekturen an den Nachbarknoten vernachlässigt. Hierdurch wird die Geschwindigkeits-Druckkopplung nur unvollständig beschrieben und es sind deshalb starke Unterrelaxationen sowohl für das Geschwindigkeits- wie auch das Druckfeld erforderlich. Durch die Vernachlässigung der Geschwindigkeitskorrekturen an den Nachbarknoten hat jedoch die Matrix für die Druckkorrekturgleichung bei zweidimensionalen Problemen Penta-Diagonalgestalt und das Gleichungssystem kann deshalb mit gängigen Methoden gelöst werden.

Bei dem SIMPLEST-Verfahren von Spalding (1980) werden bei der Herleitung der Druckkorrekturgleichung die konvektiven Terme explizit und die diffusiven Terme implizit behandelt. Die letzteren werden an den Nachbarknoten vernachlässigt, was zu einem unterschiedlichen Verhalten des SIMPLEST-Verfahrens bei kleinen und großen Reynolds-Zahlen führt. Bei kleinen Reynolds-Zahlen verhält es sich ähnlich wie das SIMPLE-Verfahren und erfordert starke Unterrelaxationsfaktoren. Bei großen Reynolds-Zahlen, bei denen der konvektive Anteil dominiert, ist das Verfahren annähernd explizit, erfordert keine Unterrelaxationsfaktoren, die Konvergenzrate ist jedoch auf Grund der Explizität schlecht.

Analog wie beim SIMPLE-Verfahren werden bei dem SIMPLER-Verfahren von Patankar (1981) die Geschwindigkeiten korrigiert. Zusätzlich wird eine Poisson-Gleichung für das Druckfeld gelöst. Dadurch wird eine bessere Konvergenz der äußeren Iterationen erreicht, da bei der Lösung der Druckgleichung keine Approximationen über den Einfluß der Nachbarpunkte gemacht werden müssen. Die verschiedenen Gleichungen werden in der folgenden Reihenfolge gelöst: Druckgleichung, Impulsgleichung, Druckkorrekturgleichung. Gegenüber dem SIMPLE-Verfahren von Patankar und Spalding (1972) können bedeutend höhere Unterrelaxationsfaktoren verwendet werden und das Verfahren benötigt deshalb eine geringere Anzahl äußerer Iterationen.

Das PISO-Verfahren von Issa (1985) ist in seinem ersten Korrekturschritt identisch mit dem SIMPLE-Verfahren. Zusätzlich wird eine weitere Druckkorrekturgleichung gelöst, bei der die Geschwindigkeitskorrekturen an den Nachbarknoten nicht vernachlässigt werden. Das Verfahren ist ähnlich dem SIMPLER-Verfahren, die Differentialgleichungen werden jedoch in einer unterschiedlichen Reihenfolge gelöst: Impulsgleichung, erste Druckkorrekturgleichung, zweite Druckkorrekturgleichung.

Van Doormaal und Raithby (1984) entwickelten das SIMPLEC-Verfahren, bei dem angenommen wird, daß die Geschwindigkeitskorrekturen an den Nachbarpunkten gleich groß wie diejenigen am Zentralknotenpunkt sind. Dadurch wird der Einfluß der Nachbarpunkte besser als bei der SIMPLE-Methode berücksichtigt. Die Druckkorrekturgleichung hat die gleiche Struktur wie beim SIMPLE-Verfahren. Es ist jedoch keine Unterrelaxation des Druckfeldes erforderlich und die Konvergenz des Verfahrens ist deshalb besser.

Bei dem SIMPLEX-Verfahren von van Doormaal und Raithby (1985) wird der Einfluß weiter entfernter Druckwerte durch die lokale Druckdifferenz approximiert. Der Vorteil dieser Vorgehensweise besteht darin, daß bei einer Gitterverfeinerung die Konvergenzrate nicht abnimmt, da der Einfluß weiter entfernter Knoten berücksichtigt wird. Jedoch müssen bei diesem Verfahren mehr Rechenoperationen pro äußerer Iteration durchgeführt werden, um den Quellterm in der Druckkorrekturgleichung zu bestimmen.

Außer den oben aufgeführten gängigen Verfahren wurden weitere Druckkorrekturgleichungen entwickelt, die jedoch bisher kaum Verbreitung gefunden haben (siehe z.B. Latimer und Pollard (1985), Connell und Stow (1986)).

Die Stabilität und Effizienz der vorgestellten Druckkorrekturverfahren wurden in einer Reihe von Arbeiten für verschiedenste Strömungen untersucht. Van Doormaal und Raithby (1984) berechneten die Strömung über eine zurückspringende Stufe sowie in einem Tank mit dem SIMPLE-, SIMPLER- und SIMPLEC-Verfahren. Sie untersuchten den Einfluß der Unterrelaxationsfaktoren auf die Konvergenzgeschwindigkeit und fanden bei dem SIMPLE-Verfahren eine sehr starke Abhängigkeit. Als bestes stuften sie das SIMPLEC-Verfahren ein, gefolgt von dem SIMPLER- und dem SIMPLE-Verfahren. Braaten (1985) berechnete die Strömung über eine zurückspringende Stufe sowie die durch eine bewegte Wand induzierte Strömung in einer Nische mit dem SIMPLE-, SIMPLEC-, SIMPLEST- und SIMPLER-Verfahren. Er untersuchte den Speicherplatzbedarf und bestimmte die von den verschiedenen Verfahren benötigte Rechenzeit. Am wenigsten Speicherplatz benötigten das SIMPLE- und SIMPLEC-Verfahren, gefolgt von dem SIMPLEST-Verfahren. Bedeutend mehr Speicherplatz mußte bei dem SIMPLER-Verfahren bereitgestellt werden. Die kürzesten Rechenzeiten erzielte er mit dem SIMPLEST-Verfahren, die höchsten ergaben sich mit der SIMPLE-Methode. Bei Berechnungen auf sehr feinen Gittern untersuchten van Doormaal und Raithby (1985) das Verhalten des SIMPLE-, SIMPLER-, SIMPLEC- und SIMPLEX-Verfahrens bei verschiedenen Unterrelaxationsfaktoren und konnten ein relativ robustes Verhalten der von ihnen entwickelten SIMPLEX-Methode feststellen. Die Strömung in einer plötzlichen Rohrerweiterung sowie die drallbehaftete Strömung in einer Modellbrennkammer berechneten Jang et al. (1986) mit dem SIMPLER-, SIMPLEC- und PISO-Verfahren. Sie fanden, daß PISO bedeutend robuster und effizienter als das SIMPLER- und das SIMPLEC-Verfahren ist. Traten in der Strömung jedoch starke Temperatur-Geschwindigkeitskopplungen auf, so stellte sich das PISO-Verfahren als weniger effizient heraus.

Zusammenfassend kann festgestellt werden, daß das SIMPLER- und das PISO-Verfahren aufgrund des deutlich höheren Speicherplatzbedarfs weniger zur Berechnung dreidimensionaler Strömungen in allgemeinen krummlinigen Koordinaten geeignet sind. Mit optimal eingestellten Unterrelaxationsverfahren ist das SIMPLE-Verfahren mit dem SIMPLEC-Verfahren vergleichbar. Letzteres erlaubt deutlich höhere Unterrelaxationsfaktoren und findet mehr und mehr Verbreitung.

Druckkorrekturverfahren bei krummlinigen Koordinaten

Bei Berechnungsverfahren, die allgemeine krummlinige Koordinaten verwenden, treten pro Richtung der Basisvektoren zwei Druckterme im zweidimensionalen Fall auf (drei im

Dreidimensionalen). Die zu Gleichung (8.7b) analoge Beziehung für die Geschwindigkeitskomponenten lautet:

$$u_e = \sum a_{nb} u_{nb} + S^e + D_1^e(p_E - p_P) + D_2^e(p_{ne} - p_{se}) \tag{8.9}$$

Beziehung (8.9) gilt für die Geschwindigkeitskomponente an der Ostseite des
Kontrollvolumens (siehe Abb.56). Die Werte für p_E und p_P sind abgespeichert, die
entsprechenden Druckwerte p_{ne} und p_{se} an der Nord- und Südseite des Kontrollvolumens
sind mit Hilfe der benachbarten Druckwerte zu interpolieren. Der zweite Druckterm ist
gleich Null bei orthogonalen Gittern. Werden die zu Gleichung (8.9) analogen
Beziehungen für die Geschwindigkeiten an den anderen Seiten der Kontrollvolumina
mitberücksichtigt, so ergibt sich eine Verknüpfung von 9 Druckwerten im zweidimensionalen und von 19 Knotenpunkten im dreidimensionalen Fall. Bei der Lösung der
resultierenden Druckkorrekturgleichungen sind nun zwei Vorgehensweisen möglich. Zum
einen können alle Knoten berücksichtigt werden, was zu einer stärker besetzten Matrix
führt und es müssen zur Lösung des Gleichungssystems entsprechende Lösungsverfahren eingesetzt werden. Diese Vorgehensweise hat den Vorteil, daß alle physi-

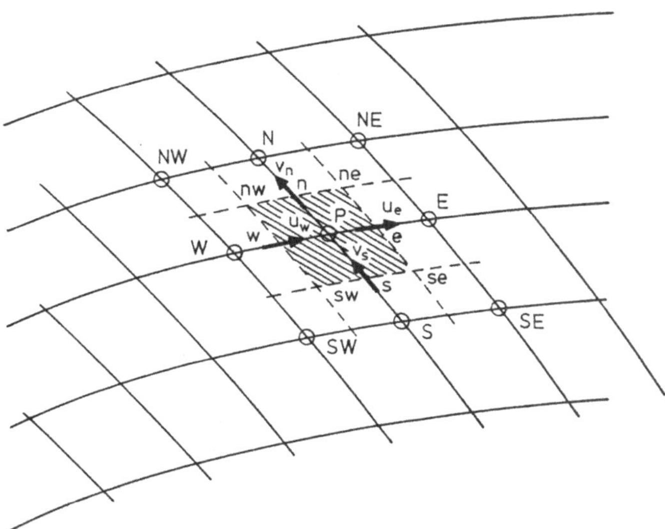

Abb.56: In der Druckkorrekturgleichung benötigte Druckwerte (O) bei allgemeinen
krummlinigen Koordinaten

kalisch wichtigen Einflüsse erfaßt werden und auch bei sehr verzerrten numerischen Gittern eine gute Kopplung zwischen dem Geschwindigkeits- und dem Druckfeld gewährleistet ist. Hierdurch werden zwar weniger äußere Iterationen benötigt, die Rechenzeit pro Iterationsschritt ist jedoch höher. Die zweite Vorgehensweise geht von der Überlegung aus, daß der zweite Druckterm in Gleichung (8.9) bei orthogonalen Gittern gleich Null ist und nur bei nicht-orthogonalen Gittern von Bedeutung ist. Da wie oben erwähnt die Druckkorrekturgleichung nur approximativen Charakter haben muß, kann der zweite Druckterm vernachlässigt werden. Daraus ergibt sich im Zweidimensionalen der übliche 5-Punkte-Stern für die Druckkorrekturgleichung und es können gängige Lösungsverfahren für Penta-Diagonalmatrizen verwendet werden. Analog kann bei dreidimensionalen Problemen die Druckkorrekturgleichung vereinfacht werden. Die zweite Vorgehensweise bringt keine Nachteile bei nahezu orthogonalen Gittern mit sich. Sind die numerischen Gitter jedoch sehr stark verzerrt, so führt sie zu einer schlechteren Konvergenzrate in den äußeren Iterationen. Jedoch wird pro Iterationsschritt weniger Rechenzeit auf Grund der engeren Bandbreite der Matrizen benötigt. Peric (1987) entwickelte ein Lösungsverfahren für 9-Diagonal-Matrizen, das auf dem Verfahren von Stone (1968) (siehe Kapitel 9) basiert. Mit diesem führte er Strömungsberechnungen mit einem Verfahren durch, das bzgl. der Druckkorrekturgleichung sowohl auf der ersten wie auf der zweiten Vorgehensweise basiert. Mit zunehmender Nicht-Orthogonalität des Gitters konnte er mit der ersten Vorgehensweise bedeutend effizienter Ergebnisse erzielen.

<u>Druckkorrekturverfahren für Strömungen mit variabler Dichte</u>

Die obige Herleitung der Druckkorrekturgleichung sowie die anschließende Diskussion wurden für Strömungen mit konstanter Dichte durchgeführt, da der Extremfall der inkompressiblen Strömungen ein Schwerpunkt der vorliegenden Arbeit ist. Entkoppelte Berechnungsverfahren, bei denen eine Druckkorrekturgleichung zur Bestimmung des Druckfeldes gelöst wird, sind jedoch auch in der Lage, Strömungen mit variabler Dichte zu berechnen. Hierbei werden die Geschwindigkeiten mit Hilfe der Impulsgleichungen berechnet, aus der Druckkorrekturgleichung ergeben sich die Korrekturen für das Geschwindigkeits- und das Druckfeld, die Energiegleichung dient der Berechnung der Temperaturverteilung, die zusammen mit der Zustandsgleichung das Dichtefeld ergibt. Der Unterschied zu einem Verfahren, das konstante Dichte voraussetzt, besteht darin, daß bei der Herleitung der Druckkorrekturgleichung eine Dichtekorrektur ρ' zu berücksichtigen ist. Die entsprechende Vorgehensweise wird von van Doormaal et al. (1987) beschrieben und basiert auf der Annahme, daß der Massenfluß (ρu) gemäß der Beziehung

$$\rho u = \rho u^* + \rho^* u - \rho^* u^* \tag{8.10}$$

approximiert werden kann. Wird diese Beziehung in die diskretisierte Kontinuitätsgleichung eingesetzt, so ergibt sich eine Druckkorrekturgleichung, in der die Dichtekorrektur ρ' auftritt. Diese ist mit Hilfe der Zustandsgleichung (2.4) durch die Druckkorrektur p' zu ersetzen. Van Doormaal et al. (1987) berechneten die Strömung um eine mit Ma = 2 senkrecht angeströmte Platte und konnten zufriedenstellende Ergebnisse erzielen. Die entsprechende Erweiterung zur Erfassung dichteabhängiger Einflüsse wurde von Issa et al. (1986) für das PISO-Verfahren durchgeführt. Issa und Lockwood (1977) setzten ein ähnliches Verfahren zur Berechnung von subsonischen, transsonischen und supersonischen Strömungen mit Stößen ein. Zusätzlich führten sie ein richtungsabhängiges Differenzenschema zur Approximation des Druckgradienten ein, um bei supersonischen Strömungen die Einflußzonen richtig wiedergeben zu können.

8.3 Vergleich gekoppelter und entkoppelter Berechnungsverfahren

Die Vor- und Nachteile gekoppelter und entkoppelter Berechnungsverfahren wurden schon detailliert bei der Vorstellung der entsprechenden Methoden diskutiert. Zusammenfassend läßt sich feststellen, daß gekoppelte Verfahren eine gute Kopplung zwischen den Variablen gewährleisten und weiterhin bei Gesamtgebiets-Berechnungsverfahren auch die räumliche Kopplung gesichert ist. Bei Teilgebiets- und Punktlösungsverfahren sind zusätzliche Maßnahmen wie Blockkorrekturen oder Mehrgitter-Korrekturen notwendig, um eine gute räumliche Kopplung zu erreichen. Von Nachteil ist der hohe Speicherplatzbedarf bei Gesamtgebiets-Lösungsverfahren und weiterhin können zusätzliche Erhaltungsgleichungen nur durch Umstrukturierung des Verfahrens berücksichtigt werden. Es hat sich gezeigt, daß bei einer starken Kopplung der Variablen, z.B. Temperatur-Geschwindigkeitskopplung, gekoppelte Verfahren eindeutige Vorteile ergeben.

Bei entkoppelten Berechnungsverfahren ist die räumliche Kopplung gewährleistet und es können leicht zusätzliche Differentialgleichungen berücksichtigt werden. Der Speicherplatzbedarf ist auf Grund der kleineren Matrizen bedeutend geringer und es werden meist der Matrixstruktur angepaßte Gleichungslöser eingesetzt. Um die Kopplung zwischen den Differentialgleichungen zu gewährleisten, sind äußere Iterationen notwendig, die jedoch Unterrelaxationen erfordern. Von Nachteil ist weiterhin, daß keine explizite Gleichung zur Bestimmung des Druckfeldes vorliegt und deshalb entweder das Verfahren der künstlichen Kompressibilität verwendet werden muß oder spezielle Druckgleichungen oder Druckkorrekturgleichungen abgeleitet werden müssen.

Direkte Vergleiche zwischen gekoppelten und entkoppelten Lösungsverfahren wurden kaum durchgeführt. Braaten (1985) führte Vergleichsberechnungen für Nischenströmungen und Strömungen über eine zurückspringende Stufe in einem Reynoldszahl-Bereich von Re = 0.1 - 1000 durch. Er verglich Gesamtgebiets- und Teilgebiets-Verfahren mit entkoppelten Berechnungsverfahren. Die Gesamtgebiets-Verfahren benötigten ungefähr den vierfachen Speicherplatz der Teilgebiets-Lösungsverfahren, die wiederum achtmal so viel Speicherplatz wie die entkoppelten Berechnungsverfahren benötigten. In den meisten Fällen ergaben sich bei dem SIMPLE-Verfahren die längsten Rechenzeiten, ungefähr gleich lange Rechenzeiten benötigten die Teilgebiets-Lösungsverfahren, bei denen keine speziellen Maßnahmen zur Verbesserung der räumlichen Kopplung durchgeführt wurden. Die besten Rechenzeiten stellten sich bei den Gesamtgebiets-Berechnungsverfahren ein, die jedoch auf Grund des sehr hohen Speicherplatzbedarfs nur auf Gittern mit 42 x 42 Knoten eingesetzt werden konnten. Als optimal stellten sich die Teilgebiets-Verfahren mit speziellen Korrekturen zur Verbesserung der räumlichen Kopplung heraus, da sie weniger Speicherplatz und annähernd die gleichen Rechenzeiten wie die Gesamtgebiets-Verfahren benötigen. Braaten und Shyy (1986a) dehnten diese Untersuchungen auf Berechnungsverfahren mit krummlinigen Koordinaten aus und berechneten Strömungen in gekrümmten sowie konvergent-divergenten Kanälen. Sie untersuchten den Einfluß der Reynolds-Zahl sowie der Nicht-Orthogonalität des numerischen Gitters auf die benötigten Rechenzeiten und zwar bei Gesamtgebiets- und entkoppelten Berechnungsverfahren. Die Gesamtgebiets-Verfahren erforderten auf Grund der Berücksichtigung der gemischten Ableitungen einen bedeutend höheren Speicherplatz als Verfahren für orthogonale Gitter. Es ergaben sich jedoch gleiche Rechenzeiten bei verschiedenen Reynolds-Zahlen sowie Gitterverzerrungen. Dem gegenüber benötigten die entkoppelten Verfahren mit wachsender Nicht-Orthogonalität des numerischen Gitters höhere Rechenzeiten auf Grund der expliziten Behandlung der gemischten Ableitungen.

9 Lösung algebraischer Gleichungssysteme

9.1 Direkte und iterative Lösungsverfahren

Je nachdem, ob eine gekoppelte oder entkoppelte Vorgehensweise gewählt wird, ergeben sich verschiedene Matrizenstrukturen. Außerdem wird die Struktur der Matrizen und damit verbunden deren Lösungseigenschaften durch eine Reihe von Faktoren beeinflußt, die im folgenden dargelegt werden. Bei den gekoppelten Lösungsverfahren hängt die Matrixstruktur davon ab, ob die Differenzengleichungen nach Differentialgleichungen oder nach Knoten geordnet werden (siehe Abb. 51, 52). Weiterhin wird die Struktur der Matrizen von der gewählten Diskretisierung beeinflußt. Je mehr Knotenpunkte zur Approximation der Differentialquotienten bzw. Flüsse herangezogen werden, desto breiter ist die Bandstruktur der Matrizen. Da die Erhaltungsgleichungen abgesehen von den Quelltermen ähnlich sind, haben bei der entkoppelten Vorgehensweise die verschiedenen Matrizen die gleiche Struktur. Die Diskretisierung der Poisson-Gleichung für das Druckfeld bzw. die Druckkorrekturgleichung führt ebenfalls zu einer Matrix mit Bandstruktur, die zudem symmetrisch ist, was bei den Matrizen, die für die verschiedenen Transportgleichungen hergeleitet werden, nicht der Fall ist. Schlußendlich wird die Lösungseigenschaft der Matrizen von der vorliegenden Strömung beeinflußt, da auf Grund der nicht-linearen Konvektionsterme die Geschwindigkeiten in die Koeffizienten der Gleichungssysteme eingehen. Die Aufzählung der die Matrizen beeinflussenden Faktoren zeigt, daß es sehr schwierig ist, allgemeine Aussagen über deren Konditionierung zu machen.

Zur Lösung der Gleichungssysteme können zwei grundlegend verschiedene Klassen von Verfahren eingesetzt werden. Bei den direkten Lösungsverfahren wird bis auf Rundungsfehler die exakte Lösung nach einer endlichen Anzahl von Rechenoperationen erreicht. Diese Aussage gilt jedoch nur bei linearen Gleichungssystemen. Bei den nicht-linearen, strömungsmechanischen Erhaltungsgleichungen ist eine Linearisierung notwendig, die ein mehrmaliges, direktes Lösen der linearisierten Gleichungssysteme erfordert. Die zweite Klasse von Verfahren sind iterative Lösungsverfahren, bei denen, ausgehend von einer Anfangsnäherung, der Lösungsvektor iterativ verbessert wird. Der Einsatz von direkten Lösungsverfahren bei der entkoppelten Vorgehensweise ist nicht sinnvoll, da auf Grund der durchzuführenden äußeren Iterationen eine genaue Lösung der einzelnen Differentialgleichung pro äußerer Iteration nicht erforderlich ist. Bei den wenigen, bisher bekannten gekoppelten Berechnungsverfahren werden direkte Löser eingesetzt. Im folgenden werden die Vor- und Nachteile verschiedener direkter Lösungsverfahren bei gekoppelten Berechnungsverfahren und verschiedener iterativer Lösungsverfahren bei entkoppelten Berechnungsverfahren diskutiert. Im Rahmen dieser Arbeit können jedoch die verschiedensten Verfahren zur Lösung von Gleichungssystemen nicht ausführlich vorgestellt werden. Hierzu sei auf die Standardwerke von Varga (1962), Faddejew und Faddejewa (1973) sowie Hageman und Young (1981) verwiesen. Hier sollen nur gängige Verfahren beleuchtet werden, die sich bei der Lösung strömungsmechanischer Probleme durchgesetzt haben.

Die Effizienz eines Lösungsverfahrens kann nach den Kriterien der benötigten Rechenzeit sowie des Speicherplatzbedarfs beurteilt werden. Beide werden von einer ganzen Reihe von Faktoren beeinflußt. Bei iterativen Lösungsverfahren hängt die benötigte Rechenzeit von der Anzahl der Rechenoperationen pro Iteration sowie der Anzahl der Iterationen zum Erreichen einer konvergierten Lösung, d.h. der Konvergenzrate, ab. Iterative Löser, bei denen ausgehend von einem Schätzwert der Lösungsvektor schrittweise verbessert wird, können auch als Verfahren interpretiert werden, bei denen die Komponenten eines Fehlervektors, der die Differenz zur exakten Lösung darstellt, gedämpft, d.h. verkleinert werden. Bei der Anwendung von Mehrgitter-Verfahren, die detailliert in Abschnitt 9.2 beschrieben werden, ist es wichtig, daß die iterativen Lösungsverfahren gewisse Glättungseigenschaften besitzen. Dies bedeutet, daß die Reduzierung des Fehlers nicht so bedeutend gegenüber einem glatten Fehlerverlauf ist.

Bei den direkten Lösungsverfahren für nicht-lineare Differentialgleichungen wird die Effizienz durch die gewählte Linearisierung beeinflußt, da durch sie bestimmt wird, wie oft das gesamte Gleichungssystem iterativ mit jeweiligem Neuberechnen der Koeffizienten gelöst werden muß. Ein weiteres Kriterium ergibt sich aus der Tatsache, daß die heutigen Superrechner meist keine Skalarrechner sind, sondern Spezialrechner. Sie haben eine bestimmte Rechnerarchitektur, die für einen optimalen Einsatz eine gewisse algorithmische Struktur der Programme erfordern. Zum einen sind die Parallelrechner zu nennen, bei denen gewisse Aufgaben gleichzeitig, parallel abgearbeitet werden, und zum zweiten die Vektorrechner, bei denen nach einem Fließbandsystem Vektoroperationen ausgeführt werden. Bei der optimalen Anpassung der Programme an die Architektur der verschiedenen Rechner stellen die Gleichungslöser eines der Hauptprobleme dar. Als weiteres Kriterium zur Beurteilung der Effizienz von Lösungsverfahren für algebraische Gleichungssysteme ist deshalb deren Vektorisierbarkeit bzw. Parallelisierbarkeit zu nennen. Hierauf wird näher in Abschnitt 9.3 eingegangen.

9.1.1 <u>Direkte Verfahren zur Lösung algebraischer Gleichungssysteme</u>

Zur Linearisierung der algebraischen Gleichungssysteme, die auf Grund der Nicht-Linearität der strömungsmechanischen Erhaltungsgleichungen notwendig ist, gibt es zwei verschiedene Möglichkeiten. Zum einen die sogenannte sukzessive Substitution oder Picard-Linearisierung. Bei dieser werden die Koeffizienten mit den Werten aus der vorhergehenden Iteration berechnet und somit das folgende Gleichungssystem gelöst:

$$\vec{A}\,(\vec{\Phi}^n)\cdot\vec{\Phi}^{n+1} = \vec{b} \tag{9.1}$$

$\vec{\phi}^{n+1}$ bezeichnet den zu berechnenden Vektor, n den Iterationsindex. Die Picard-Linearisierung ist linear konvergent und die schwache Besetztheit der Matrizen bleibt erhalten. Zum zweiten kann die sogenannte Newton-Raphson-Linearisierung verwendet werden. Bei dieser wird das Gleichungssystem $\vec{\vec{A}}\vec{\phi} = \vec{b}$ in das folgende Funktional umgeformt:

$$\vec{F}(\vec{\Phi}) = \vec{\vec{A}}\,\vec{\Phi} - \vec{b} = 0 \tag{9.2a}$$

Dieses wird iterativ mit Hilfe der Beziehung

$$\vec{\Phi}^{n+1} = \vec{\Phi}^n - \left(\frac{\partial\vec{F}}{\partial\vec{\Phi}}\right)\Bigg|_n^{-1} \cdot \vec{F}(\vec{\Phi}^n) \tag{9.2b}$$

gelöst, wobei $(\partial\vec{F}/\partial\vec{\phi})|_n$ die Jacobi-Matrix darstellt, die mit den Werten der n-ten Iteration berechnet wird. Ist die Ausgangsmatrix $\vec{\vec{A}}$ schwach besetzt, so ist dies auch bei der Jacobi-Matrix der Fall. Das Verfahren ist quadratisch konvergent, jedoch wird pro Iteration mehr Rechenzeit als bei der Picard-Linearisierung auf Grund der Berechnung der Jacobi-Matrix benötigt. Anstatt Gleichung (9.2b) wird meist die Beziehung

$$\left(\frac{\partial\vec{F}}{\partial\vec{\Phi}}\right)\Bigg|_n (\Delta\vec{\Phi}^{n+1}) = -\vec{F}(\vec{\Phi}^n) \tag{9.2c}$$

verwendet $(\Delta\vec{\phi}^{n+1} = \vec{\phi}^{n+1} - \vec{\phi}^n)$, die deutlich die Parallelität zu der Vorgehensweise bei der Picard-Linearisierung erkennen läßt. Bei dieser ist $\vec{\vec{A}}(\vec{\phi}^n)$ die Koeffizientenmatrix, wohingegen bei der Newton-Raphson-Linearisierung die Koeffizientenmatrix von der Jacobi-Matrix gebildet wird. Braaten (1985) hat mit beiden Linearisierungsmethoden zum einen die Strömung über eine zurückspringende Stufe und zum zweiten die durch eine bewegte Wand induzierte Nischenströmung berechnet. Zur Erfassung der Nichtlinearität waren bei der Picard-Linearisierung 10 Iterationen und bei der Newton-Raphson-Linearisierung 5 Iterationen notwendig. Vanka und Leaf (1983) benötigten zum Erreichen einer konvergierten Lösung mit Hilfe der Newton-Raphson-Linearisierung je nach verwendetem numerischen Gitter zwischen 6 und 10 Iterationen für eine Nischenströmung und 12 bis 24 Iterationen für eine Strömung über eine zurückspringende Stufe.

Als direkte Verfahren zur Lösung der linearen Gleichungssysteme (9.1) und (9.2c) wird zumeist eine der folgenden 3 Methoden eingesetzt. Am häufigsten wird die Gauß-Elimination verwendet, bei der die Koeffizientenmatrix in eine obere Dreiecksmatrix überführt wird und sich danach durch Rücksubstitution der Lösungsvektor ergibt. Bei dieser Vorgehensweise werden jedoch "Nicht-Null Elemente" erzeugt, d.h. eine eventuelle Bandstruktur der Ausgangsmatrix bleibt außer bei Tridiagonalmatrizen nicht erhalten. Bei einer N x N -Matrix ist der Rechenaufwand proportional N^3, wobei N das Produkt aus Knotenpunkt-Anzahl und Anzahl der Differentialgleichungen ist. Eine vereinfachte Gauß-Elimination ist der sogenannte Thomas-Algorithmus zur Lösung von Gleichungssystemen mit Tridiagonalmatrizen. Der hierbei benötigte Rechenaufwand ist proportional N. Eine zweite Möglichkeit zur direkten Lösung linearer Gleichungssysteme besteht in der Matrixinversion, die zum Beispiel durch die Gauß-Elimination erreicht werden kann. Zum dritten besteht die Möglichkeit einer Matrixzerlegung nach dem Cholesky-Verfahren, das jedoch nur für symmetrische Matrizen eingesetzt werden kann. Bei den genannten direkten Lösungsverfahren sind keine bestimmten Matrixstrukturen, wie zum Beispiel Bandstruktur oder Diagonaldominanz der Matrix, notwendig. Desweiteren müssen keine Unterrelaxationsfaktoren verwendet werden, da die Kopplung zwischen den Differentialgleichungen automatisch berücksichtigt wird. Als Nachteil bei den direkten Lösungsverfahren sind die auf Grund der großen Anzahl von Rechenoperationen (proportional N^3) auftretenden Rundungsfehler zu nennen, die jedoch durch die Methode der Pivotisierung reduziert werden können. Nachteilig ist weiterhin, daß während des Lösungsvorgangs "Null-Elemente" besetzt werden, d.h. eine eventuelle Bandstruktur der Matrix (siehe Abb.52) bleibt nicht erhalten, wodurch ein höherer Speicherplatz benötigt wird. Aufgrund des hohen Speicherplatzbedarfs bei den direkten Lösungsverfahren wurden deshalb spezielle Algorithmen entwickelt, bei denen nur die Koeffizienten einer kleinen Anzahl von Gleichungen im Kernspeicher vorhanden sind. Diese sogenannten "Out-Off-Core Solvers" benötigen jedoch, wie z.B. Hood (1976) ausführte, bedeutend mehr Rechenzeit auf Grund des sogenannten Seitenblätterns, d.h. dem Ein- und Auslesen der Koeffizienten. Weiterhin wurden Methoden entwickelt, bei denen zum einen die Erzeugung von "Nicht-Null-Elementen" vermieden wird und die zum zweiten durch die Verwendung einer kompakten Indizierung die schwache Besetztheit von Matrizen ausnützen, so daß bedeutend weniger Speicherplatz benötigt wird. Diese sogenannten "Sparce-Matrix-Methoden" wurden z.B. von Eisenstat et al. (1977a,b) und Zlatev et al. (1981) eingesetzt. Die hohen Rechenzeiten, die bei den direkten Lösungsverfahren zur Invertierung der Matrizen benötigt werden, führten bei der Lösung von nichtlinearen Problemen zur Entwicklung spezieller Faktorisierungs-methoden. Hierbei ist die von Concus und Golub (1973) vorgeschlagene D´Yakonov-Iteration zu nennen, bei der $(\partial \vec{F}/\partial \vec{\phi})|_n$ (siehe Gleichung (9.2c)) nicht bei jeder Iteration neu berechnet wird. Diese Vorgehensweise ist dadurch gerechtfertigt, daß mit wachsender Iterationsanzahl $\Delta \vec{\Phi}^{n+1}$ gegen Null strebt. Die Vektorisierung von direkten Lösungs-verfahren ist schwierig auf Grund der auftretenden rekursiven Algorithmen (siehe Abschnitt 9.3).

Neben den genannten direkten Lösungsverfahren werden Methoden verwendet, die zur Lösung spezieller Gleichungen entwickelt wurden und modifiziert auch zur Lösung der Navier-Stokes Gleichungen eingesetzt werden können. Hierunter fallen z.B. die Verfahren zur Lösung von Poissongleichungen, bei denen die nichtlinearen konvektiven Terme explizit im Quellterm berücksichtigt werden. In diesem Zusammenhang seien die sogenannten "Laplacian-Driver-Methoden" genannt (siehe Otte und Thiele (1977)), bei denen die Gleichungen mit Hilfe von Fast-Fourier Transformationen gelöst werden, oder die zyklische Reduktion der Poisson-Gleichungen, erstmalig vorgeschlagen von Buzbee et al. (1970). Da diese Verfahren die Konvektionsterme nur explizit im Quellterm berücksichtigen nimmt ihre Konvergenzrate jedoch mit wachsender Bedeutung der Konvektionsterme, d.h. mit steigender Reynolds-Zahl ab.

Bei der Berechnung praxisrelevanter Probleme, bei denen Differenzenverfahren höherer Ordnung, krummlinige Koordinaten oder eventuell nichtstrukturierte Netze verwendet werden, muß die Beurteilung der oben dargelegten Vor- und Nachteile von direkten Lösungsverfahren teilweise modifiziert werden. So sind bei Differenzenverfahren höherer Ordnung die Matrizen stärker besetzt, so daß die Bandbreite der Matrizen größer ist und somit das Erzeugen von "Nicht-Null-Elementen" weniger problematisch ist. Die Bandstruktur von Matrizen geht bei der Verwendung von nichtstrukturierten Gittern völlig verloren, so daß bei derartigen Gittern direkte Lösungsverfahren von Vorteil sind, da sie keine Bandstruktur voraussetzen. Wie Dwyer und Matsuno (1987) gezeigt haben, bleibt bei Berechnungen mit krummlinigen Koordinaten die Effizienz von direkten Lösungsverfahren mit steigender Nichtorthogonalität erhalten, was bei iterativen Lösungsverfahren nicht unbedingt der Fall ist.

Zusammenfassend kann gesagt werden, daß die Hauptnachteile bei den direkten Lösungsverfahren auf Grund der beschränkten Rechnerkapazitäten auftreten. Die steigende Speicherplatzkapazität moderner Rechenanlagen führt jedoch dazu, daß diese Nachteile in Zukunft nicht so bedeutend sein werden. Hinzu kommt, daß bei einer Reihe von mehr und mehr eingesetzten Methoden (Differenzenverfahren höherer Ordnung, Verfahren für allgemeine krummlinige Koordinaten oder nichtstrukturierte Netze) direkte Lösungsverfahren Vorteile versprechen, so daß sie in Zukunft von größerer Bedeutung sein werden.

9.1.2 Iterative Verfahren zur Lösung algebraischer Gleichungssysteme

Vor- und Nachteile iterativer Lösungsverfahren

Im folgenden werden für entkoppelte Berechnungsverfahren iterative Methoden zur Lösung algebraischer Gleichungssysteme vorgestellt. Iterativ bezieht sich in diesem Zusammenhang nicht auf die äußeren Iterationen zur Kopplung der verschiedenen Differentialgleichungen, sondern auf die Lösung der Gleichungssysteme für die einzelnen Differentialgleichungen.

Als Vorteil bei den iterativen Lösungsverfahren ist deren geringer Speicherplatzbedarf zu nennen. Weiterhin bleiben die Bandstrukturen der Matrizen während des iterativen Lösungsvorgangs meist erhalten und es werden keine zusätzlichen "Nicht-Null-Elemente" erzeugt. Der Rechenaufwand pro Iteration ist gering, variiert jedoch bei den verschiedenen iterativen Lösungsverfahren. Von Nachteil ist, daß auf Grund der entkoppelten Vorgehensweise die Kopplung zwischen den Differentialgleichungen durch äußere Iterationen erreicht werden muß. Letztere erfordern Unterrelaxationsfaktoren, um die Stabilität des Berechnungsverfahrens zu gewährleisten, wodurch die Konvergenzrate reduziert wird. Analog wie bei den direkten Verfahren ist eine Linearisierung der Gleichungssysteme notwendig. Da diese iterativ gelöst werden, wird hierbei ausschließlich die Picard-Linearisierung angewendet, die jedoch nur linear konvergent ist. Viele iterative Lösungsverfahren sind zum einen auf gewisse Matrizenstrukturen zugeschnitten und setzen zum zweiten bestimmte Matrixeigenschaften voraus. Da bei verschiedenen Diskretisierungsverfahren sich die Bandstrukturen der Matrizen ändern, müssen je nach den eingesetzten Differenzenformeln unterschiedliche iterative Lösungsverfahren verwendet werden, es sei denn, daß die zusätzlichen Knotenpunkte explizit berücksichtigt werden. Da bei nichtstrukturierten Netzen die Bandstrukturen der Matrizen verloren gehen, können viele der iterativen Lösungsverfahren bei derartigen Gittern nicht mehr eingesetzt werden. Ein weiterer Nachteil ist, daß bei einigen der iterativen Lösungsverfahren Diagonaldominanz der Matrix oder die Erfüllung gewisser Zeilen-/Spaltensummenkriterien vorausgesetzt wird, was bei der Wahl der Diskretisierungsverfahren sowie der Entscheidung, ob der Einfluß der Werte an gewissen Knotenpunkten explizit oder implizit behandelt wird, berücksichtigt werden muß.

Bei den iterativen Lösungsverfahren muß die Frage nach einem geeignet gewählten Konvergenzkriterium beantwortet werden. Hierbei spielt das Konvergenzverhalten als Funktion der Anzahl der durchgeführten Iterationen eine Rolle. Dieses wird mit entscheidend davon beeinflußt, welche der in den Differenzenformeln auftretenden Knotenwerte explizit und welche implizit behandelt werden. Je mehr Knotenwerte explizit in den Quelltermen Berücksichtigung finden, desto langsamer ist im allgemeinen die Konvergenz des iterativen Lösungsverfahrens. Ob eine konvergierte Lösung erreicht wurde, kann zum einen dadurch beurteilt werden, daß die Lösungsvektoren vor und nach einem Iterationsschritt verglichen werden und die Iterationen beendet werden, wenn deren Differenz einen gewissen Wert unterschreitet. Dieses Kriterium birgt jedoch die Gefahr in sich, daß es bei einer sehr langsamen Konvergenz des Iterationsverfahrens erfüllt ist, obwohl das Gleichungssystem noch nicht genau genug gelöst ist. Deshalb wird meist ein Kriterium gewählt, das auf der folgenden Überlegung basiert: Wenn eine konvergierte Lösung des Gleichungssystems erzielt wurde, muß für jedes Kontrollvolumen Gleichung (7.5a) erfüllt sein. Ist eine konvergierte Lösung noch nicht erreicht, tritt in jedem Kontrollvolumen das folgende Residuum auf:

$$R = a_P \Phi_P - \sum_{nb} a_{nb} \Phi_{nb} - S \qquad (9.3a)$$

das meist dimensionslos betrachtet wird, d.h. zum Beispiel bei der Kontinuitätsgleichung mit dem integralen Massenfluß normiert wird. Die normierten Residuen R^* werden über alle Kontrollvolumina aufsummiert. Es wird angenommen, daß eine konvergierte Lösung dann vorliegt, wenn diese Summe kleiner als eine vorgegebene Schranke ϵ ist. Hierzu werden die beiden folgenden Beziehungen verwendet:

$$\sum_{i,j,k} |R^*| < \epsilon \qquad (9.3b)$$

$$\sqrt{\sum_{i,j,k} R^{*2}} < \epsilon \qquad (9.3c)$$

192

Bei den meisten Berechnungsverfahren wird sowohl der oben genannte Vergleich der Lösungsvektoren wie auch das Residuumkriterium zur Beurteilung einer konvergierten Lösung herangezogen.

<u>Beispiele iterativer Lösungsverfahren</u>

Die folgenden iterativen Lösungsverfahren werden anhand eines Gleichungssystems beschrieben, das sich aus der Diskretisierung der zweidimensionalen Transportgleichung mit Zentral- oder Hybrid-Differenzen (CDS oder HDS) ergibt, d.h. bei dem in jeder Raumrichtung 3 Punkte miteinander verknüpft werden. Eine derartige Diskretisierung führt zu der in Abb.57a dargestellten Penta-Diagonalmatrix.

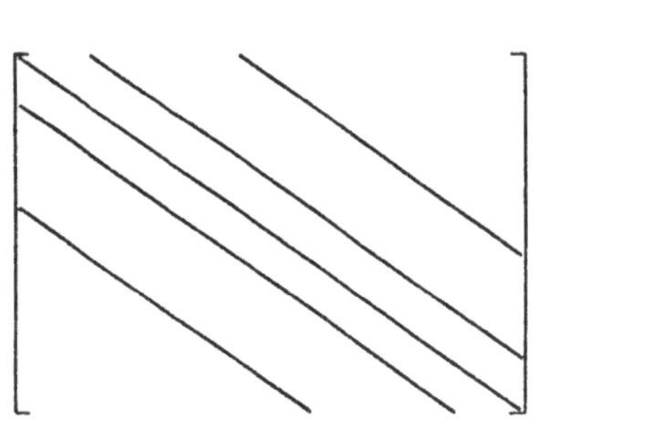

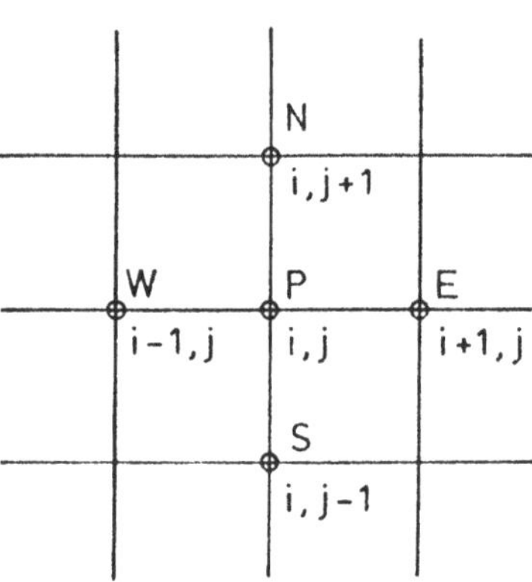

Abb.57a: Penta-Diagonalmatrix   Abb.57b: Kompaß-Notation

Die Differenzenformel für ein Kontrollvolumen lautet:

$$a_P \Phi_{i,j} = a_W \Phi_{i-1,j} + a_E \Phi_{i+1,j} + a_S \Phi_{i,j-1} + a_N \Phi_{i,j+1} + S \qquad (9.4)$$

In Beziehung (9.4) wurde die Kompaß-Notation verwendet (siehe Abb.57b) und i und j durchlaufen alle Kontrollvolumen in aufsteigender Reihenfolge.

Bei dem Gesamtschritt- oder auch Jacobi-Verfahren werden zur Bestimmung des Zentralknotenwertes alle Nachbarwerte zum vorhergehenden Iterationsschritt n genommen:

$$a_P \Phi_{i,j}^{n+1} = a_W \Phi_{i-1,j}^{n} + a_E \Phi_{i+1,j}^{n} + a_S \Phi_{i,j-1}^{n} + a_N \Phi_{i,j+1}^{n} + S \qquad (9.5a)$$

Es ist keine Bandstruktur der Matrix erforderlich, ap muß ungleich Null sein und da keine Rekursionen auftreten, ist das Gesamtschrittverfahren sehr gut vektorisierbar.

Das Einzelschritt- oder Gauß-Seidel-Verfahren verwendet die Beziehung

$$a_P \Phi_{i,j}^{n+1} = a_W \Phi_{i-1,j}^{n+1} + a_E \Phi_{i+1,j}^{n} + a_S \Phi_{i,j-1}^{n+1} + a_N \Phi_{i,j+1}^{n} + S \qquad (9.5b)$$

bei der i und j das numerische Gitter in aufsteigender Reihenfolge durchlaufen. An den Nachbarknotenpunkten wird jeweils der aktuelle Wert eingesetzt. Bei Knotenpunkten, deren Indizes kleiner als (i,j) sind, bedeutet dies, daß die Werte schon für den Iterationsschritt n+1 zur Verfügung stehen. Es ist keine Bandstruktur notwendig, wiederum muß a_p ungleich Null sein. Das Konvergenzverhalten ist besser als bei dem Gesamtschrittverfahren, jedoch wird die Konvergenzrate bei feineren Gittern schlechter. Bei dem sogenannten Zebra-Gauß-Seidel-Verfahren durchlaufen die Indizes (i,j) anstatt jeden Wert, nur jeden zweiten Wert in i- oder j-Richtung, wodurch ein Zebramuster der Lösungsstruktur entsteht. Diese Vorgehensweise hat gewisse Vorteile bei der Vektorisierung, da zwei Halbfelder entstehen, auf die wechselweise zugegriffen wird. Durchlaufen i und j jeden zweiten Wert, so daß als Lösungsstruktur ein Schachbrettmuster entsteht, so spricht man vom sogenannten red-black-Gauß-Seidel-Verfahren. Bei diesem werden zuerst die Kontrollvolumina auf den schwarzen und dann diejenigen auf den weißen Feldern abgearbeitet. Das Verfahren hat ähnliche Vorteile bei der Vektorisierung wie das oben genannte Zebra-Gauß-Seidel-Verfahren. Bei sämtlichen Varianten des Gauß-Seidel-Verfahrens besteht die Möglichkeit durch die Verwendung von Überrelaxationsfaktoren, die Konvergenz bedeutend zu erhöhen.

Beim Linienrelaxationsverfahren werden die Werte entlang einer Linie implizit berücksichtigt. Die folgende Rekursionsformel ist für eine implizite Behandlung entlang einer j = const.-Linie geschrieben (siehe Abb.58):

$$a_P \Phi_{i,j}^{n+1} - a_W \Phi_{i-1,j}^{n+1} - a_E \Phi_{i+1,j}^{n+1} = a_S \Phi_{i,j-1}^{n} + a_N \Phi_{i,j+1}^{n} + S \qquad (9.5c)$$

Die linke Seite von Gleichung (9.5c) ist eine Tridiagonalmatrix und das entsprechende Gleichungssystem kann mit Hilfe des Thomas-Algorithmus gelöst werden, wobei sämtliche Werte auf der rechten Seite des Gleichungssystems bekannt sind. Die Lösung im gesamten Berechnungsgebiet wird dadurch erreicht, daß Gleichung (9.5c) für die verschiedenen j = const.-Linien gelöst wird. Anstatt einer impliziten Behandlung der Werte entlang einer j = const. - Linie ist ein analoges Vorgehen entlang von

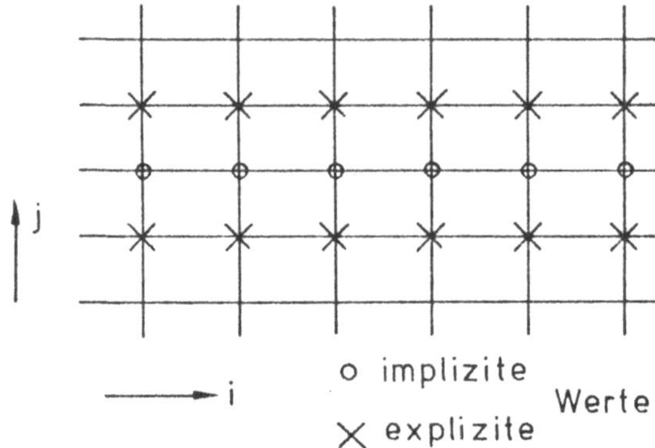

Abb.58: Linienrelaxationsverfahren entlang einer j=const.-Linie

i = const.-Linien möglich. Bei parabolischen Strömungen ist die Konvergenzrate am besten, wenn Werte entlang von Linien senkrecht zur Hauptströmung miteinander verbunden werden, bei elliptischen Strömungen, wenn in die verschiedenen Koordinatenrichtungen alternierend vorgegangen wird, um eine möglichst implizite Verknüpfung der Knotenpunkte in sämtlichen Raumrichtungen zu erreichen. Diese Vorgehensweise ist ähnlich derjenigen bei den ADI-Verfahren (siehe Kapitel 7, Gleichung (7.17a-c)). Bei dem Linienrelaxationsverfahren wird eine Bandmatrix und deren Diagonaldominanz vorausgesetzt. Die Verwendung von Überrelaxationsfaktoren kann eine bedeutende Verbesserung der Konvergenz bringen. Das Linienrelaxationsverfahren ist besonders bei feinen Gittern bedeutend schneller als das Gauß-Seidel-Verfahren. Auf Grund der Rekursivität des Algorithmus ist es jedoch schlecht zu vektorisieren.

Wie oben erwähnt, steigt die Konvergenzrate mit wachsender Implizität des Algorithmus. Beim Linienrelaxationsverfahren werden die Werte entlang einer Linie implizit behandelt, die Werte in den anderen Koordinatenrichtungen dahingegen explizit, wodurch nur eine schlechte Kopplung dieser Werte erreicht wird. Beim Verfahren der unvollständigen LU-Zerlegung von Stone (1968), auch "Strongly Implicit Procedure (SIP)" genannt, wird eine bessere Implizität in beiden Koordinatenrichtungen erzielt. Hierzu wird eine die Matrix $\vec{A}$ approximierende Matrix $\vec{A}_{ap}$ in eine untere und obere Dreiecksmatrix $\vec{L}$ und $\vec{U}$ zerlegt, welche die Basis des Iterationsverfahrens sind. Eine derartige Zerlegung ist jedoch nur bei einer Septdiagonalmatrix möglich. Das SIP-Verfahren von Stone kann formelmäßig folgendermaßen beschrieben werden:

Zu lösen ist das Gleichungssystem:

$$\vec{A}\,\vec{\Phi} = \vec{b} \qquad (9.6a)$$

Die Septdiagonalmatrix $\vec{\vec{A}}_{ap}$ sei folgendermaßen definiert:

$$\vec{A}_{ap} = \vec{A} + \vec{C} \qquad (9.6b)$$

Für den Fehlervektor $\Delta\vec{\phi}^{n+1} = \vec{\phi}^{n+1} - \vec{\phi}^{n}$ wird die folgende Rekursionsvorschrift definiert:

$$\vec{\vec{A}}_{ap}\Delta\vec{\Phi}^{n+1} = \vec{b} - \vec{A}\,\vec{\Phi}^{n} \qquad (9.6c)$$

Die Zerlegung der approximativen Matrix $\vec{\vec{A}}_{ap}$ in die untere Dreiecksmatrix $\vec{\vec{L}}$ und die obere Dreiecksmatrix $\vec{\vec{U}}$ führt zu:

$$\vec{\vec{L}}\,\vec{\vec{U}}\,\Delta\vec{\Phi}^{n+1} = \vec{b} - \vec{A}\,\vec{\Phi}^{n} \qquad (9.6d)$$

Mit Hilfe des Vektors

$$\vec{\Psi}^{n+1} = \vec{\vec{U}}\,\Delta\vec{\Phi}^{n+1} \qquad (9.6e)$$

kann die Iterationsvorschrift bei dem SIP-Verfahren wie folgt geschrieben werden:

$$\vec{\vec{L}}\,\vec{\Psi}^{n+1} = \vec{b} - \vec{A}\,\vec{\Phi}^{n}$$

$$\vec{\vec{U}}\,\Delta\vec{\Phi}^{n+1} = \vec{\Psi}^{n+1}$$

$$\vec{\Phi}^{n+1} = \vec{\Phi}^{n} + \Delta\vec{\Phi}^{n+1} \qquad (9.6f)$$

Die Matrix $\vec{\vec{C}}$ muß so gewählt werden, daß zum einen $\vec{\vec{L}}$ und $\vec{\vec{U}}$ eine untere und obere Tridiagonalmatrix ergeben und zum zweiten die Implizität möglichst weitgehend erhalten bleibt. Stone (1968) wählte für $\vec{\vec{C}}$ eine Septdiagonalmatrix, deren zusätzliche zwei Diagonalen den Einfluß des Nordwest- und des Südost-Knotens wiedergeben. Mit dieser Matrix durchgeführte Berechnungen zeigten jedoch eine schlechte Konvergenz des Verfahrens. Deshalb schlug Stone vor, die weiteren fünf Diagonalen der Matrix $\vec{\vec{C}}$ so zu modifizieren, daß der Einfluß der zusätzlichen zwei Diagonalen annähernd wieder rückgängig gemacht wird. Eine entsprechende Beziehung für die in Abb. 59 mit Kreuzen gekennzeichneten Knotenwerte leitete er mit Hilfe einer Taylorreihenentwicklung ab und wichtete die durchzuführenden Modifikationen mit einem Parameter α. Für $\alpha=0$ werden die mit Kreuzen bezeichneten Knotenwerte nicht modifiziert und $\alpha = 1$ bedeutet, daß der Einfluß der beiden zusätzlichen Diagonalen weitestgehend rückgängig gemacht wird. Bei dem SIP-Verfahren müssen zusätzlich fünf Diagonalen abgespeichert werden und der Rechenaufwand pro Iteration ist etwa doppelt so hoch wie bei dem Linienrelaxationsverfahren. Auf Grund der stärkeren impliziten Kopplung werden jedoch weniger

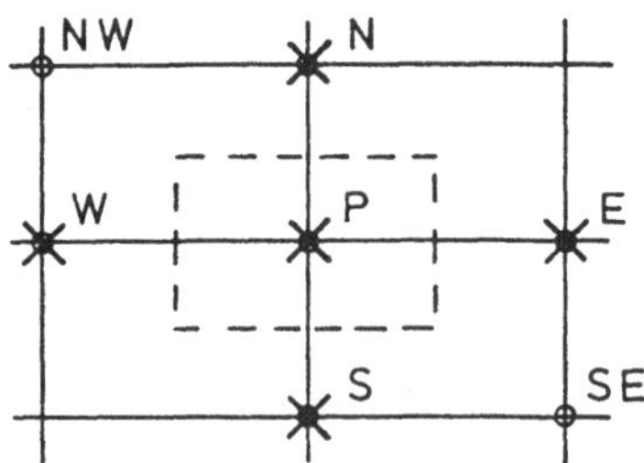

Abb.59: Modifikation der Koeffizienten an den mit x bezeichneten Knoten beim SIP-Verfahren von Stone (1968)

Iterationen benötigt und die Rechenzeit zur Erzielung einer konvergierten Lösung ist meist bedeutend geringer. Bei der Lösung der mit der unteren bzw. der oberen Tridiagonalmatrix $\vec{L}$ und $\vec{U}$ gebildeten Gleichungssysteme müssen rekursive Algorithmen verwendet werden, wodurch das Verfahren von Stone äußerst schlecht vektorisierbar ist. Es wird mittlerweile jedoch sehr häufig bei der Berechnung strömungsmechanischer Probleme eingesetzt und findet mehr und mehr Verbreitung. Eigene Berechnungen zeigen, daß beste Konvergenzraten mit $\alpha \approx 0,9$ erzielt werden können.

Die oben vorgestellten Methoden sind die innerhalb der Strömungsmechanik am meisten verbreiteten, iterativen Lösungsverfahren, wobei das Linienrelaxationsverfahren und der SIP-Algorithmus von Stone am häufigsten eingesetzt werden. Für diese Verfahren wurden eine Reihe von Erweiterungen entwickelt, die im folgenden kurz angeschnitten werden sollen.

Um die Elliptizität einer Strömung optimal zu erfassen, wird das Linienrelaxationsverfahren bei zweidimensionalen Problemen alternierend in zwei Richtungen, bei dreidimensionalen in drei verschiedene Koordinatenrichtungen eingesetzt. Eine weitere Möglichkeit besteht darin, entlang der Diagonalen des von den Indizes gebildeten Quaders voranzuschreiten, wie es Spalding (1981) vorgeschlagen hat. Rastogi (1986) griff diese Idee auf und testete mit einer leicht modifizierten Version die Effizienz des Verfahrens bei der Berechnung einer laminaren Strömung in einem Würfel. Gegenüber der üblichen Vorgehensweise bei dem Linienrelaxationsverfahren konnte er eine um den Faktor 2 reduzierte Rechenzeit erreichen.

Lin (1985) erweiterte die SIP-Methode von Stone (1968) durch Einführen von zwei zusätzlichen Parametern zur Optimierung der Konvergenzrate. Das von ihm vorgeschlagene Verfahren wurde jedoch bisher kaum getestet.

Schneider und Zedan (1981) entwickelten das sogenannte "Modified Strongly Implicit (MSI)"-Verfahren, das auf der SIP-Methode basiert. Mit dem MSI-Verfahren kann ein Neunpunkte-Differenzenstern implizit erfaßt werden; die Lösung von Gleichungssystemen, die aus einer Fünfpunkte-Diskretisierung resultieren, ist durch eine entsprechende Reduktion des Verfahrens möglich. Die von Schneider und Zedan durchgeführten Testrechnungen beziehen sich nur auf die Lösung einer Temperaturgleichung und zeigen zum einen, daß das MSI-Verfahren weniger empfindlich bezüglich der Wahl des Parameters α ist und zum zweiten für einen großen Bereich von Seitenverhältnissen der Maschenweiten eingesetzt werden kann. Gegenüber der SIP-Methode stellten sie eine Rechenzeiteinsparung um den Faktor 2 - 4 fest. In zwei weiteren Arbeiten (Schneider und Zedan (1984), Zedan und Schneider (1985)) setzten sie das MSI-Verfahren sowie den SIP-Algorithmus von Stone als iterative Verfahren zur Lösung eines Systems gekoppelter Gleichungen ein.

Ähnlich wie Schneider und Zedan (1981) entwickelte Peric (1987) einen Lösungsalgorithmus für eine Neun-Diagonalmatrix, der auf der SIP-Methode basiert. Bei Peric´s Verfahren treten nur sieben von Null verschiedene Diagonalen bei der oberen und unteren Dreiecksmatrix auf, wodurch gegenüber dem MSI-Verfahren weniger Speicherplatz und Rechenzeit benötigt wird. Wird das von Peric entwickelte Verfahren auf eine Pentadiagonalmatrix angewendet, so reduziert es sich auf den SIP-Algorithmus von Stone. In einem Vergleich des Linienrelaxationsverfahrens, der SIP- und der MSI-Methode sowie dem von ihm entwickelten Verfahren fand Peric (1987), daß sein Verfahren mit wachsender Nicht-Orthogonalität des numerischen Gitters eine reduzierte Sensitivität bezüglich der Wahl des Parameters α aufweist und zudem sich bessere Konvergenzraten ergeben. Bei den anderen getesteten iterativen Lösungsverfahren ergaben sich hingegen höhere Sensitivitäten und schlechtere Konvergenzraten. Im Falle eines sehr feinen Gitters mit starker Nicht-Orthogonalität stellte er eine um den Faktor 8 reduzierte Rechenzeit gegenüber dem nächstbesten Verfahren, dem MSI-Verfahren von Schneider und Zedan, fest.

Zu den iterativen Lösungsverfahren kann zusammenfassend festgestellt werden, daß sie eine umso bessere Konvergenzrate haben, je impliziter sie sind. Sie setzen meist Bandstrukturen voraus, die auch bei der Verwendung von Differenzenverfahren höherer Ordnung oder von allgemeinen krummlinigen Koordinaten dadurch erreicht werden können, daß die entsprechenden Terme explizit im Quellterm berücksichtigt werden. Hierdurch nimmt jedoch die Konvergenzrate ab. Bei dreidimensionalen Problemen werden Linien-Löser alternierend in die drei verschiedenen Richtungen angewendet, Ebenen-Löser alternierend in zwei verschiedene Richtungen. Für Berechnungen mit allgemeinen krummlinigen Koordinaten sind wegen der eventuell auftretenden negativen Koeffizienten und der Notwendigkeit möglichst alle Knoten in der Druckkorrektur-gleichung (siehe Gleichung (8.9)) zu erfassen, Lösungsverfahren am besten geeignet, bei denen nur geringe Anforderungen an die Matrizen gestellt werden und möglichst breite Bandmatrizen gelöst werden können. Diese Forderungen werden am besten von der SIP-Methode von Stone (1968), dem MSI-Verfahren von Schneider und Zedan (1981) sowie dem von Peric (1987) entwickelten Lösungsverfahren erfüllt.

9.1.3 Konjugierte Gradientenmethoden

Die konjugierten Gradientenverfahren sind zwischen den direkten und den iterativen Lösungsverfahren anzusiedeln. Bei ihnen wird nach einer endlichen Anzahl von Schritten ausgehend von einer Anfangsnäherung iterativ eine exakte Lösung erreicht. Bei einer (M x M)-Matrix werden theoretisch M Schritte benötigt, auf Grund der numerischen Rundungsfehler sind jedoch im allgemeinen mehr Schritte notwendig.

Die konjugierten Gradientenverfahren basieren auf dem Prinzip des steilsten Abstiegs, dessen Grundidee im folgenden erläutert wird.

$\vec{\vec{A}}$ sei eine symmetrische, positiv definite Matrix und es sei das Gleichungssystem (9.6a) zu lösen. Es wird das Funktional

$$F(\vec{\Phi}) = \frac{1}{2}\vec{\Phi}^{T}\vec{\vec{A}}\,\vec{\Phi} - \vec{b}^{T}\vec{\Phi} \qquad (9.7a)$$

definiert, das mit der Annahme, daß $\vec{\eta}$ eine Lösung des Gleichungssystems (9.6a) darstellt und unter Verwendung der symmetrischen Eigenschaft von $\vec{\vec{A}}$ folgendermaßen dargestellt werden kann:

$$F(\vec{\Phi}) = F(\vec{\eta}) + \frac{1}{2}\left((\vec{\Phi} - \vec{\eta})^T \vec{\vec{A}} \,(\vec{\Phi} - \vec{\eta})\right) \qquad (9.7b)$$

Auf Grund der positiven Definitheit von $\vec{\vec{A}}$ ist das Funktional (9.7b) minimal, wenn $\vec{\phi}$ eine Lösung des Gleichungssystems (9.6a) darstellt. Die Aufgabe bei den konjugierten Gradientenmethoden besteht nun darin, den Vektor $\vec{\phi}$ zu finden, bei dem das Funktional F ein Minimum annimmt. Eine maximale Änderung des Funktionals F ergibt sich in Richtung des Gradienten von F, für den gilt:

$$\nabla F(\vec{\Phi}) = \vec{b} - \vec{\vec{A}}\,\vec{\Phi} = \vec{r} \qquad (9.7c)$$

Damit kann der folgende iterative Algorithmus definiert werden:

$$\vec{\Phi}^{n+1} = \vec{\Phi}^n + \lambda_n \cdot \nabla F(\vec{\Phi}^n) = \vec{\Phi}^n + \lambda_n \vec{r}^{\,n} \qquad (9.7d)$$

λ_n ist so zu wählen, daß $F(\vec{\phi}^{n+1})$ minimal wird. Mit Hilfe von Gleichung (9.7a) ergibt sich für λ_n:

$$\lambda_n = ((\vec{r}^{\,n})^T \vec{r}^{\,n})/((\vec{r}^{\,n})^T \vec{\vec{A}}\,\vec{r}^{\,n}) \qquad (9.7e)$$

Der iterative Algorithmus (9.7d) wird als Methode des steilsten Abstiegs bezeichnet. Die verschiedenen Residuenvektoren $\vec{r}^{\,n}$ sind für verschiedene n orthogonal zueinander. Da nach M Schritten diese Eigenschaft nur noch vom Nullvektor erfüllt wird, bedeutet dies: $\vec{r}^{\,n} = 0$, d.h. das Residuum verschwindet. Damit ist das Gleichungssystem (9.6a) gelöst.

Die oben skizzierte Methode des steilsten Abstiegs ist im allgemeinen schlecht konvergent, wenn die Eigenwerte der Matrix $\vec{\vec{A}}$ sehr verschieden sind, was bei strömungsmechanischen Problemen meist der Fall ist. Im allgemeinen wird deshalb ein iterativer Algorithmus verwendet, bei dem der Lösungsvektor nicht entlang des Residuenvektors $\vec{r}^{\,n}$ gesucht wird, sondern entlang eines Vektors $\vec{p}^{\,n}$, der eine Linearkombination aus den Residuenvektoren $\vec{r}^{\,i}$ mit i = 1,n darstellt. Diese klassische konjugierte Gradientenmethode wurde ursprünglich von Hestenes und Stiefel (1952) vorgeschlagen.

Die Äquivalenz der Lösung des Gleichungssystems (9.6a) und der Minimierung des Funktionals (9.7a) setzt voraus, daß die Matrix $\vec{\vec{A}}$ symmetrisch ist. Ist dies nicht der Fall, so wird anstatt (9.6a) das folgende Gleichungssystem

$$\vec{\vec{B}}\,\vec{\Phi} = \vec{\vec{A}}^{\,T}\,\vec{\vec{A}}\,\vec{\Phi} = \vec{\vec{A}}^{\,T}\vec{b} \tag{9.8}$$

betrachtet, dessen Matrix $\vec{\vec{B}}$ nun symmetrisch ist. Derartige Verfahren werden als bikonjugierte Gradientenmethoden bezeichnet und müssen zur Lösung der allgemeinen Transportgleichung (7.1) verwendet werden. Die konjugierten Gradientenmethoden setzen keine Bandstruktur der Matrizen voraus, jedoch können die effizientesten Ergebnisse mit schwach besetzten Matrizen erzielt werden. Es ist keine Diagonaldominanz erforderlich, die Verfahren sind sehr robust, erfordern jedoch zusätzlichen Speicherplatz. Der Hauptvorteil bei den konjugierten Gradientenmethoden besteht darin, daß sie fast vollständig vektorisiert werden können. Sie werden deshalb in den letzten Jahren vermehrt bei der Lösung strömungsmechanischer Probleme eingesetzt.

Wie oben erwähnt, wird bei den konjugierten Gradientenverfahren bei einer (M x M)-Matrix eine exakte Lösung nach M-Schritten erreicht. M ist die Anzahl der Knotenpunkte bei einem entkoppelten Berechnungsverfahren. Bei diesen wird jedoch nicht eine exakte Lösung der einzelnen Gleichungssysteme angestrebt, da auf Grund der Nichtlinearität und der Kopplung der Differentialgleichungen die Koeffizienten der Matrizen nur approximative Werte darstellen und durch äußere Iterationen verbessert werden müssen. Deshalb werden die Residuen der einzelnen Gleichungssysteme nur auf einen gewissen Prozentsatz reduziert. Für ein effizientes, entkoppeltes Berechnungsverfahren ist somit von Bedeutung, daß bei den ersten Iterationen zur Lösung eines Gleichungssystems die Konvergenzrate besonders hoch ist, d.h. die Residuen sehr stark reduziert werden. Bei den konjugierten Gradientenverfahren hängt der Residuenverlauf sehr stark von den Eigenschaften der Matrizen ab, bei stark unterschiedlichen Eigenwerten ist er im allgemeinen schlecht. Er kann jedoch durch eine sogenannte Präkonditionierung verbessert werden, die eine bessere Verteilung der Eigenwerte zum Ziel hat. Dies bedeutet, daß anstatt des Gleichungssystems (9.6a) das Gleichungssystem

$$\vec{\vec{C}}\,\vec{\Phi} = \vec{\vec{D}}^{\,-1}\,\vec{\vec{A}}\,\vec{\Phi} = \vec{\vec{D}}^{\,-1}\vec{b} \tag{9.9}$$

gelöst wird. Die Matrix $\vec{\vec{D}}$ ist hierbei so zu wählen, daß die Matrix $\vec{\vec{C}}$ eine bessere Eigenwertverteilung besitzt. Es wurden eine Reihe verschiedenster Präkonditionierungsverfahren entwickelt, die teilweise in der Bibliotheks-Software der verschiedenen

Rechenzentren zur Verfügung stehen (siehe Schönauer et al. (1985)). Kightley und Jones (1985) sowie Kightley (1986) vergleichen verschiedene Präkonditionierungen bei der Berechnung turbulenter Strömungen und weisen auf deren große Bedeutung bezüglich der Effizienz des Berechnungsverfahrens hin.

Inwiefern die Ergebnisse solcher Arbeiten verallgemeinert werden können, erscheint fraglich, da Untersuchungen von Majumdar und Franke (1989) ergaben, daß die Effizienz von konjugierten Gradientenverfahren stark von der Matrixstruktur und damit von der zu berechnenden Strömung abhängt. Für diese Untersuchungen wurden zwei Strömungs-fälle ausgewählt (laminare Nischenströmung und turbulente Strömung über eine zurückspringende Stufe) und es wurde das Verhalten der verschiedenen Lösungs-algorithmen für die Koeffizientenmatrizen der u-Impulsgleichung, der Druckkorrektur-gleichung sowie der Transportgleichung für die turbulente kinetische Energie untersucht. Hierbei wurden vorwiegend konjugierte Gradientenmethoden getestet, da sie die beste Vektorisierbarkeit versprechen und als Referenzfall wurde der SIP-Algorithmus von Stone (1968), soweit wie möglich vektorisiert, herangezogen. Tabelle 1 zeigt die Rechenzeiten, die von den verschiedenen Methoden auf einem Vektorrechner CYBER 205 benötigt werden, um eine Reduzierung auf 10% der Ausgangs-Residuen zu erreichen. Dies ist im allgemeinen ausreichend, da die Algorithmen linearisierte Differenzengleichungen, die nicht-lineare Differentialgleichungen approximieren, lösen und deshalb die verschiedenen Matrizen, wie oben angedeutet, nacheinander iterativ gelöst werden müssen. Die ersten drei Methoden, unter der Überschrift LINSOL zusammengefaßt , sind drei verschiedene Versionen von konjugierten Gradienten-methoden (PRES 20, BICO, Polyalgorithm), die innerhalb des Programmpakets LINSOL (Müller et al. (1985)) des Rechenzentrums der Universität Karlsruhe zur Verfügung stehen. Weiterhin wurden konjugierte Gradientenmethoden für symmetrische Matrizen (Druckkorrekturgleichung), die verschiedene Präkonditionierungen verwenden, getestet. Letztere dienen der Approximation der Inversen der Koeffizientenmatrix, die zur Auffindung der Gradientenrichtung benötigt wird. Zur Approximation dieser Inversen können beispielsweise Faktorisierungsverfahren wie der SIP-Algorithmus von Stone oder die Neumann-Reihenentwicklung (Neumann Präkonditionierung, Dubois et al. (1979)) verwendet werden. Weiterhin wurden bi-konjugierte Gradientenmethoden (Wong (1979)) für asymmetrische Matrizen getestet. Die Schlußfolgerungen aus den Untersuchungen können folgendermaßen zusammengefaßt werden:

Problem	Variable	LINSOL RZ, Uni Karlsruhe			Konjugierte Gradienten-Methode für symm. Matrizen			Bi-konjugierte Gradienten-Methode für unsymm. Matrizen			Stone Algorithmus teilweise vektorisiert
		Pres 20	BICO	Polyalgorithm.	keine Prä-kond.	Stone-Prä-kond.	Neu-mann Präkond.	keine Prä-kond.	Stone-Prä-kond.	Neu-mann Präkond	
Laminare Nischenstr. Re=100; 100x100 Gitter; Messung nach 50 Iterationen	u-Geschw. (unsymmetrisch)	0.055	.045	0.055	–	–	–	0.043	0.093	0.052	0.081
	Druck-korrektur (symmetr.)	0.975	.475	0.606	0.424	nicht konvergiert	0.353	4.442	0.387	nicht konvergiert	2.9
Turb. Ström. in einer zurückspr. Stufe; Re=100000 200x50 Gitter; Messung nach 50 Iterationen	u-Geschw. (unsymmetrisch)	0.070	.075	0.070	–	–	–	0.084	0.092	0.073	0.081
	Druck-korrektur (symmetr.)	0.759	.631	0.569	4.718	nicht konvergiert	nicht konvergiert	0.600	1.785	0.995	0.290
	turb. kinet. Energie (unsymmetrisch)	0.066	.095	0.065	–	–	–	0.049	0.092	0.052	0.081

Tabelle 1: Rechenzeitbedarf (Sek.) der Algorithmen zur Reduktion der Residuen auf 10% ihres Anfangswertes

1. Die Effizienz der Lösungsverfahren hängt sehr stark von der Problemstellung ab. Für die Nischenströmung ist die bi-konjugierte Methode ohne Präkonditionierung bedeutend schneller als der teilweise vektorisierte Stone-Algorithmus, wohingegen für die zurückspringende Stufe der SIP-Algorithmus von Stone trotz seiner minimalen Vektorisierbarkeit schneller konvergiert als die bi-konjugierte Methode.

2. Im allgemeinen wird durch Präkonditionierung nur eine minimale Beschleunigung der bi-konjugierten Gradientenmethoden erreicht.

3. Die bi-konjugierte Methode ohne Präkonditionierung scheint deshalb optimal für Vektormaschinen, wohingegen Stone´s unvollständige LU-Zerlegung bei Skalar-maschinen im allgemeinen die kürzesten Rechenzeiten verspricht.

9.2 Mehrgittermethoden

9.2.1 Grundlagen von Mehrgittermethoden

Mehrgitteralgorithmus

Mehrgittermethoden dienen der Konvergenzbeschleunigung von iterativen Verfahren. Bei einem iterativen Verfahren wird ausgehend von einem Startvektor die geschätzte Lösung schrittweise verbessert. Wie genau nach einer gewissen Anzahl von Iterationen die algebraischen Differenzengleichungen, welche die diskretisierte Form der Differential-gleichung darstellen, erfüllt sind, drückt das in Gleichung (9.3a) definierte Residuum aus. Dieses wird für jedes Kontrollvolumen berechnet und die Summe über alle Kontrollvolumina gibt an, wie gut im gesamten Rechengebiet der Lösungsvektor das algebraische Gleichungssystem erfüllt. In Abb. 60a ist ein typischer Residuenverlauf in Abhängigkeit der Iterationsanzahl aufgetragen. Zu Beginn der Iterationen werden die Residuen stark reduziert, danach stellt sich ein annähernd asymptotischer Verlauf ein. Die Ursache hierfür liegt darin begründet, daß kurzwellige Fehler besser als langwellige gedämpft werden. Abb. 60b zeigt die räumliche Verteilung der lokalen Residuen zu Beginn sowie nach fünf und zehn Iterationen. Die hochfrequenten Fehler sind schon nach fünf Iterationen gedämpft, wohingegen bei den niederfrequenten Fehlern sich auch nach zehn Iterationen keine Verbesserung einstellt. Eine quantitative Analyse des Fehlerverhaltens bei iterativen Lösungsverfahren kann mit Hilfe der Fourier-Analyse durchgeführt werden. Ob eine Fehlerverteilung als hochfrequent oder niederfrequent anzusehen ist, hängt vom verwendeten numerischen Gitter ab, d.h. von dem Verhältnis

von Wellenlänge zu Gittermaschenweite. Dieser Tatsache wird bei den Mehrgitter-
methoden Rechnung getragen.

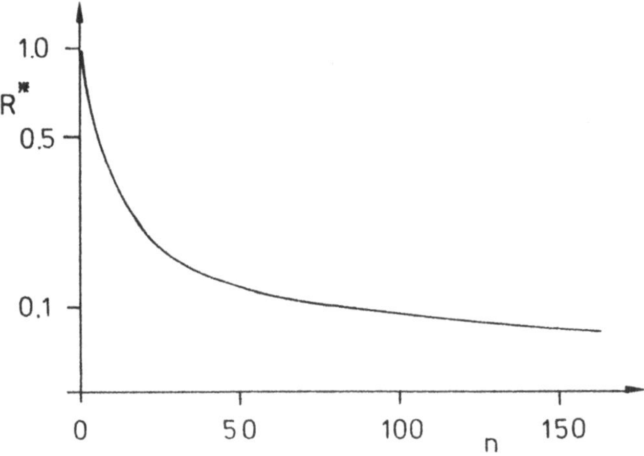

Abb.60a: Residuenverlauf in Abhängigkeit der Iterationsanzahl

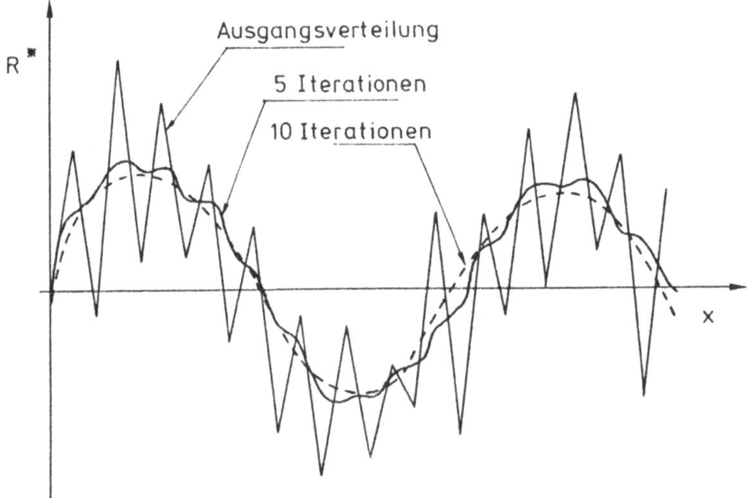

Abb.60b: Räumlicher Residuenverlauf; Ausgangsverteilung sowie Verteilungen nach 5
und 10 Iterationen

Ausgehend von einem Startvektor werden einige Iterationen auf einem feinen Gitter, auf
dem die Lösung erzielt werden soll, durchgeführt. Hierbei ist von Bedeutung, daß die
sich ergebende Residuenverteilung glatt ist. Deshalb werden in der Mehrgitter-

Terminologie die iterativen Lösungsverfahren auch als Glätter oder Glättungsverfahren bezeichnet. Eine glatte Verteilung der Residuen ist wichtig, damit beim Übergang auf das gröbere Gitter keine Informationen verloren gehen. Auf dem gröberen Gitter, das sich z.B. aus der Verdopplung der Maschenweite ergibt, wird dann eine Gleichung zur Bestimmung des Fehlervektors gelöst. Hier werden die niederfrequenten Fehleranteile besser geglättet. Die so erhaltene Fehlerverteilung wird anschließend auf das Feingitter zur Verbesserung des Lösungsvektors interpoliert.

Diese qualitative Beschreibung der Vorgehensweise bei einem Zweigitter-Verfahren zur Lösung einer linearen Differentialgleichung kann formelmäßig folgendermaßen zusammengefaßt werden:

Zu lösen ist die lineare Differentialgleichung

$$\vec{\vec{L}}\,\vec{\Phi} = \vec{s} \qquad\qquad (9.10a)$$

der nach der Diskretisierung auf einem numerischen Gitter mit Maschenweite h das lineare Differenzengleichungssystem

$$\vec{\vec{L}}_h\vec{\Phi}_h = \vec{s}_h \qquad\qquad (9.10b)$$

entspricht. $\overleftarrow{\phi_h}^j$ sei eine approximative Lösung von Gleichung (9.10b), die nach j-Iterationen erhalten wurde. Sie hat bezüglich der exakten Lösung $\overleftarrow{\phi_h}^*$ des linearen Gleichungssystems den Fehler:

$$\Delta\vec{\Phi}_h^j = \vec{\Phi}_h^* - \vec{\Phi}_h^j \qquad\qquad (9.10c)$$

Zur Berechnung der Fehlerverteilung auf dem Grobgitter wird das lokale Residuum, auch Defekt genannt, benötigt, das folgendermaßen definiert ist:

$$\vec{d}_h^{\,j} := \vec{s}_h - \vec{\vec{L}}_h\vec{\Phi}_h^j \qquad\qquad (9.10d)$$

Für den Defekt gilt bei linearen Differentialgleichungen die sogenannte Defektgleichung:

$$\vec{\vec{L}}_h\Delta\vec{\Phi}_h^j = \vec{d}_h^{\,j} \qquad\qquad (9.10e)$$

Entsprechende Beziehungen wie für das Feingitter mit einer Maschenweite h können für das Grobgitter mit H = 2h formuliert werden. Ein Mehrgitterzyklus besteht nun aus folgenden Rechenschritten:

1. Berechnung einer Approximation $\vec{\phi}_h^{\,j}$ auf dem Feingitter durch ν_1-malige Lösung (auch Glättung bzw. Relaxation genannt) des linearen Gleichungssystems (9.10b).

2. Berechnung der Defektverteilung nach Gleichung (9.10d)

3. Bestimmung der Defektverteilung auf dem Grobgitter mit Maschenweite H durch Interpolation des Defekts auf das Grobgitter mit Hilfe des Restriktionsoperators $\overset{\Rightarrow}{I}_h^{\,H}$:

$$\vec{d}_H^{\,j} = \overset{\Rightarrow}{I}{}_h^{\,H}\, \vec{d}_h^{\,j} \qquad (9.10f)$$

4. Lösung der Defektgleichung (9.10e) auf dem Grobgitter zur Bestimmung der Fehlerverteilung $\Delta\vec{\phi}_H$.

5. Interpolation der Fehlerverteilung auf das Feingitter mit Hilfe des Interpolationsoperators $\overset{\Rightarrow}{I}_H^{\,h}$ gemäß der Beziehung:

$$\Delta\vec{\Phi}_h = \overset{\Rightarrow}{I}{}_H^{\,h}\, \Delta\vec{\Phi}_H \qquad (9.10g)$$

6. Korrektur des Lösungsvektors:

$$\vec{\Phi}_h^{\,j+1} = \vec{\Phi}_h^{\,j} + \Delta\vec{\Phi}_h \qquad (9.10h)$$

7. ν_2-Nachrelaxationen, um eine glatte Verteilung des Lösungsvektors auf dem Feingitter zu erhalten (siehe Gleichung (9.10b))

Das oben skizzierte Verfahren für zwei Gitter wird als "Correction Scheme (CS)" bezeichnet und ist optimal nur zur Lösung linearer Differentialgleichungen geeignet. Abb.61 zeigt den Ablauf in Form eines Flußdiagramms. Bei einem Zweigitter-Verfahren wird nur zwischen zwei Gittern variiert, wobei auf dem Grobgitter die Defektgleichung (9.10e) zur Bestimmung der Fehlerverteilung gelöst wird. Hierbei kann die gleiche Problematik wie bei der Ausgangsgleichung (9.10b) bezüglich der Dämpfung von niederfrequenten Anteilen der Fehlerverteilung auftreten. Von Vorteil ist deshalb ein Übergang zu einem dritten Gitter mit einer Maschenweite $\tilde{H} = 2H = 4h$, auf dem eine Defektgleichung zur

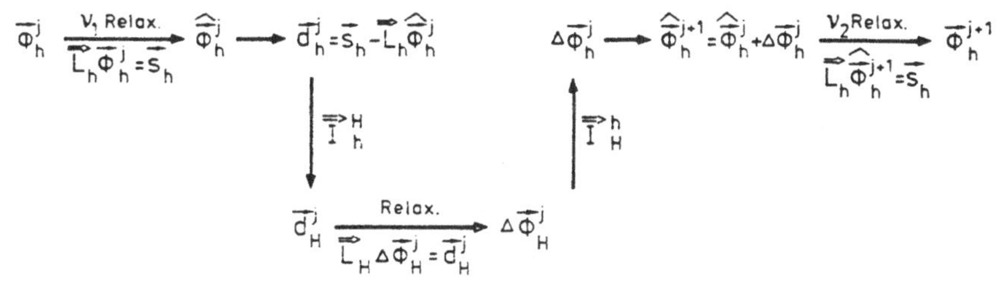

$$\vec{\Phi}_h^j \xrightarrow[\vec{L}_h\vec{\Phi}_h^j=\vec{s}_h]{V_1\,\text{Relax.}} \widehat{\vec{\Phi}}_h^j \longrightarrow \vec{d}_h^j=\vec{s}_h-\vec{L}_h\widehat{\vec{\Phi}}_h^j \qquad\qquad \Delta\vec{\Phi}_h^j \longrightarrow \widehat{\vec{\Phi}}_h^{j+1}=\widehat{\vec{\Phi}}_h^j+\Delta\vec{\Phi}_h^j \xrightarrow[\vec{L}_h\widehat{\vec{\Phi}}_h^{j+1}=\vec{s}_h]{V_2\,\text{Relax.}} \vec{\Phi}_h^{j+1}$$

$$\Big\downarrow \vec{I}_h^{\,H} \qquad\qquad\qquad\qquad\qquad \Big\uparrow \vec{I}_H^{\,h}$$

$$\vec{d}_H^j \xrightarrow[\vec{L}_H\Delta\vec{\Phi}_H^j=\vec{d}_H^j]{\text{Relax.}} \Delta\vec{\Phi}_H^j$$

Abb.61: Flußdiagramm für ein Zweigitter-Verfahren

Bestimmung der Fehlerverteilung des Fehlers gelöst wird. Bei einer Erweiterung der in Gleichung (9.10a-h) beschriebenen Vorgehensweise auf mehrere Gitter spricht man von einem sogenannten Mehrgitter-Verfahren. Im allgemeinen werden maximal fünf Gitter eingesetzt.

<u>Full-Approximation-Scheme.</u> Das als "Correction Scheme" bezeichnete Verfahren ist nur für lineare Gleichungssysteme optimal, da die Defektgleichung (9.10e) nur für lineare Gleichungen gültig ist. Zur Lösung nicht-linearer Differentialgleichungen muß das sogenannte "Full-Approximation Scheme (FAS)" eingesetzt werden. Ausgangspunkt dieses Verfahrens ist die Beziehung

$$\vec{A}_h\vec{\Phi}_h^* = \vec{A}_h(\vec{\Phi}_h^j + \Delta\vec{\Phi}_h^j) = \vec{s}_h = \vec{d}_h^j + \vec{A}_h\vec{\Phi}_h^j \qquad (9.11a)$$

die mit Hilfe der Gleichungen (9.10c und d) hergeleitet werden kann, wobei anstatt $\vec{L}$ der nicht-lineare Operator $\vec{A}$ eingesetzt wird. Transformation von Gleichung (9.11a) auf das Grobgitter führt zu:

$$\vec{A}_H\tilde{\vec{\Phi}}_H = \vec{I}_h^{\,H}\vec{d}_h^j + \vec{A}_H(\vec{I}_h^{\,H}\vec{\Phi}_h^j) \qquad (9.11b)$$

Diese Beziehung wird anstatt Gleichung (9.10e) auf dem Grobgitter zur Bestimmung der Verteilung $\tilde{\phi}_H$ gelöst. Auf dem Feingitter wird danach der Lösungsvektor gemäß der Beziehung

$$\vec{\Phi}_h^{j+1} = \vec{\Phi}_h^j + \vec{I}_H^{\,h}(\tilde{\vec{\Phi}}_H - \vec{I}_h^{\,H}\vec{\Phi}_h^j) \qquad (9.11c)$$

korrigiert. Beim FAS wird im Gegensatz zum CS auf dem Grobgitter keine Fehlerverteilung, sondern eine Approximation einer Grobgitterlösung $\tilde{\phi}_H$ bestimmt. Hierbei tritt zusätzlich der zweite Term in Gleichung (9.11b) auf, d.h. die Feingitterlösung muß auf das Grobgitter restringiert werden.

Die oben gemachten Ausführungen beschreiben zusammenfassend die Vorgehensweise bei Mehrgitter-Methoden. Eine ausführliche Darstellung der Grundzüge sowie einer Reihe von Variationen und Erweiterungen sind in den Arbeiten von Federenko (1964), Brandt (1977), Hackbusch und Trottenberg (1982) sowie Hackbusch (1985) gegeben. Spezielle Probleme bei der Lösung der strömungsmechanischen Erhaltungsgleichungen beschreibt Brandt (1984) und in Brand et al. (1986) ist eine sehr umfangreiche Referenzliste von Arbeiten auf dem Gebiet der Mehrgitter-Methoden gegeben.

<u>Komponenten von Mehrgitterverfahren</u>

Wie Abb. 61 zeigt, bestehen bei dem Einsatz von Mehrgitter-Methoden eine Reihe von Möglichkeiten: Es muß festgelegt werden, welches Relaxationsverfahren sowie welche Interpolationen und Restriktionen verwendet werden. Des weiteren muß die Art der Gittervergröberung gewählt werden und die Anzahl der Vor- und Nachrelaxationen ist zu bestimmen. Weiterhin muß entschieden werden, wann auf das nächstgröbere oder nächstfeinere Gitter übergegangen wird. Unter den vielen in der obigen Literatur beschriebenen Möglichkeiten seien hier die innerhalb der numerischen Strömungsmechanik gängigsten vorgestellt.

<u>Glättungsverfahren.</u> Die innerhalb der Mehrgitter-Terminologie als Glättungsverfahren bezeichneten iterativen Lösungsverfahren wurden in Abschnitt 9.1.2 vorgestellt. Bei einem Einsatz von Mehrgitter-Methoden ist hierbei nicht so sehr deren Fehlerreduktion von Bedeutung, sondern vielmehr, wie gut sie in der Lage sind, eine glatte Residuenverteilung zu erzeugen. Wie in Abschnitt 9.1.2 ausgeführt wurde, werden bei der Lösung von strömungsmechanischen Problemen meist Linienrelaxationsverfahren, die SIP-Methode von Stone (1968) oder konjugierte Gradientenmethoden eingesetzt. Linienrelaxations-Verfahren sowie die SIP-Methode haben sich als gute Glätter erwiesen (siehe Kettler (1982)). Bei numerischen Gittern mit großen Seitenverhältnissen der Gittermaschen, bei denen die Elliptizität des Differenzenoperators verloren geht, hat sich als besonders gutes Glättungsverfahren die SIP-Methode herausgestellt. Wie Thole und Trottenberg (1985) gezeigt haben, kann auch bei dreidimensionalen Problemen die SIP-Methode, alternierend in verschiedenen Richtungen mit guter Effizienz eingesetzt werden. Konjugierte Gradienten-Methoden haben weniger gute Glättungseigenschaften.

<u>Gittervergröberung.</u> Bei der Wahl der Grobgitter muß unterschieden werden, ob ein Finite-Differenzen- oder ein Finite-Volumen Verfahren verwendet wird. Als allgemein am günstigsten hat sich eine Verdoppelung der Gittermaschenweite, d.h. $H = 2h$, herausgestellt. In einigen Spezialfällen (siehe Brandt (1984), Hackbusch (1985)) hat sich eine Gittervergröberung mit $H < 2h$ als besser erwiesen. Bei einem Finite-Differenzen Verfahren führt eine sogenannte gleichförmige Gittervergröberung mit $H = 2h$ zu dem in Abb. 62a gezeigten Fein- und Grobgitter.

Abb.62a: Fein- und Grobgitter bei Finite-Differenzen Verfahren

Hierbei fallen die Grobgitterpunkte mit den Feingitterpunkten zusammen. Bei einem Finite-Volumen Verfahren werden bei gleichförmiger Gittervergröberung auf dem Grobgitter Kontrollvolumina mit doppelter Seitenlänge verwendet und es ergibt sich das in Abb. 62b gezeigte Fein- und Grobgitter. Hier liegen die Mittelpunkte der Grobgitter-Kontrollvolumina nicht auf den Mittelpunkten der Feingitter-Kontrollvolumina.

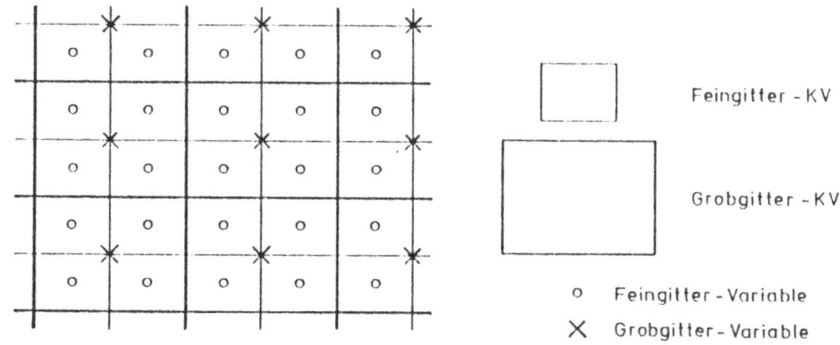

Abb.62b: Fein- und Grobgitter bei Finite-Volumen Verfahren

<u>Interpolation und Restriktion.</u> Mit Hilfe des Interpolationsoperators $\overrightarrow{I_H^h}$ müssen die Defekte und bei der FAS-Methode auch die $\tilde{\phi}_H$ -Verteilungen vom groben auf das feine Gitter interpoliert werden, was auch als Prolongation bezeichnet wird. Bei der Restriktion werden die Defekte und bei der FAS-Methode auch die Feingitterlösung von dem Fein- auf das Grobgitter mit Hilfe des Operators $\overrightarrow{I_h^H}$ übergeben. Sowohl bei der Prolongation wie auch der Restriktion müssen Werte interpoliert werden und es wurden hierfür verschiedenste Interpolationen vorgeschlagen. Wie Hackbusch (1985) ausführt, genügen bei der Lösung einer Differentialgleichung 2. Ordnung stückweise lineare Interpolationen für die Prolongation. Es muß unterschieden werden, ob zur Interpolation alle 8 Nachbarpunkte (Neunpunkt-Prolongation) oder nur 6 Nachbarpunkte (Siebenpunkt-Prolongation) bzw. 4 Nachbarpunkte (Fünfpunkt-Prolongation) verwendet werden. Diese Angaben beziehen sich auf ein zweidimensionales numerisches Gitter, wie es z.B. in Abb. 62a gezeigt wird. Zur Restriktion gibt es diesen Prolongationen entsprechende Beziehungen. So entspricht das sogenannte "full weighting" der Neunpunkt Prolongation und das "half-weighting" der Fünfpunkt-Prolongation. Je mehr Nachbarpunkte für die Prolongation bzw. Restriktion verwendet werden, desto besser wird der Einfluß der Nachbarknoten berücksichtigt. Hierdurch erhöht sich zwar der Rechenaufwand, der jedoch gering ist im Vergleich zu den Rechenzeiten, die für die übrigen Komponenten von Mehrgitter-Methoden benötigt werden. Im allgemeinen hat sich die Neunpunkt-Prolongation sowie die "full weighting"-Restriktion durchgesetzt. Die Interpolations-formeln können mit Hilfe der Abstände der Nachbarpunkte abgeleitet werden und sind unterschiedlich bei nicht-äquidistanten und äquidistanten Gittern. Bei krummlinigen Koordinaten liegen die Knotenpunkte nicht entlang von x = const.- bzw. y = const.-Linien, sondern entlang von ξ = const.- bzw. η=const.-Linien. Bilineare Interpolationen, die physikalische Koordinaten zugrunde legen, können daher bei starker Drehung und Nicht-Orthogonalität des numerischen Gitters zu Fehlern führen. Meist werden jedoch auch bei der Verwendung allgemeiner krummliniger Koordinaten bilineare Interpolationen verwendet. Bei den Finite-Volumen Verfahren sind die Interpolationsformeln verschieden von denjenigen bei den Finiten-Differenzen Verfahren. Bei ersteren ist zu berücksichtigen, daß Grobgitterpunkte nicht mit den Feingitterknoten zusammenfallen. Es ergeben sich asymmetrische Interpolationsformeln, wie z.B. die folgende Beziehung für die Interpolation der Werte an dem in Abb. 63 gezeigten Feinggitterknotenpunkt:

$$\Phi_{IF,JF} = \frac{3}{4}\left\{\frac{3}{4}\Phi_{IG,JG} + \frac{1}{4}\Phi_{IG+1,JG}\right\} + \frac{1}{4}\left\{\frac{3}{4}\Phi_{IG,JG+1} + \frac{1}{4}\Phi_{IG+1,JG+1}\right\} \quad (9.12)$$

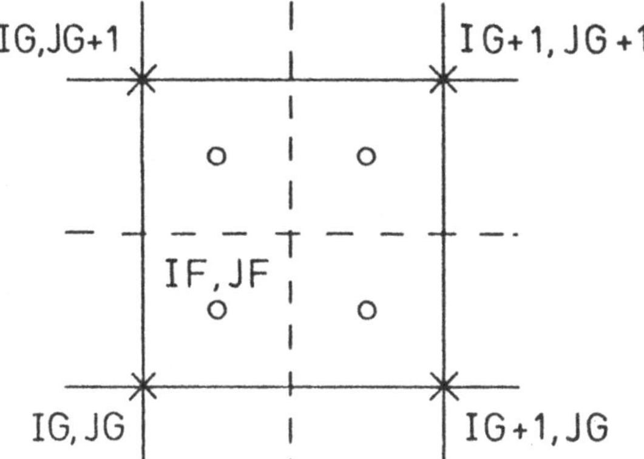

Abb.63: Prolongation bei Finite-Volumen Verfahren

<u>Zyklenwahl und Zyklensteuerung.</u> Bei dem in Abb. 61 dargestellten Wechsel von Fein- auf Grobgitter spricht man von einem sogenannten V-Zyklus. Andere Muster des Wechsels zwischen Fein- und Grobgitter sind in Abb. 64 gezeigt, und zwar für ein Mehrgitter-Verfahren mit vier Gitterebenen.

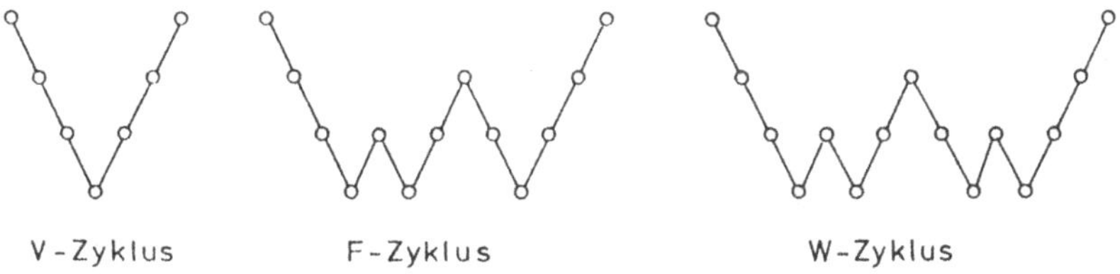

Abb.64: Verschiedene Zyklen bei Mehrgitter-Verfahren

Ein teilweises Zurückgehen auf feinere Gitter führt zu einem stabileren Verfahren und hat sich in manchen Fällen als konvergenzbeschleunigend herausgestellt. Im allgemeinen werden jedoch V-Zyklen verwendet, da sie bezüglich der Stabilität ausreichend sind. Bei der sogenannten "Full MultiGrid (FMG)"-Methode wird nicht vom Feingitter ausgegangen und dann auf das Grobgitter restringiert, sondern das Gleichungssystem wird auf dem Grobgitter zuerst gelöst. Diese Grobgitterlösung dient als eine möglichst gute Anfangsverteilung für das nächstfeinere Gitter. Für ein FMG-Verfahren mit vier Gitterebenen ergibt sich das in Abb. 65 gezeigte Flußdiagramm. Da die FMG-Methode algorithmisch leicht implementiert werden kann, wird sie meist eingesetzt.

212

Bei der Zyklenwahl muß auch festgelegt werden, wieviel Vor- und Nachrelaxationen durchgeführt werden sollen, wann auf das nächstgröbere bzw. nächstfeinere Gitter übergegangen werden soll und wie genau die Lösung auf dem gröbsten Gitter berechnet werden soll. Hierbei gibt es zwei verschiedene Vorgehensweisen. Bei der ersten wird die Zahl der Vor- und Nachrelaxationen von vornherein festgelegt, wohingegen bei der zweiten der Gitterwechsel und die Anzahl der Vor- und Nachrelaxationen v_1 und v_2 abhängig vom Konvergenzverhalten des Mehrgitter-Verfahrens gemacht werden. Wie

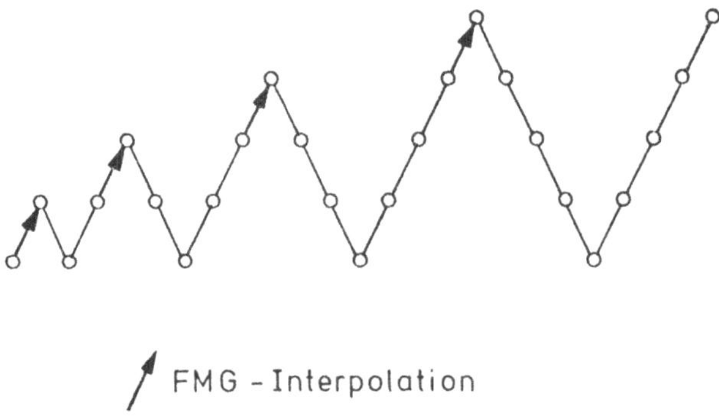

Abb.65: Full MultiGrid-Verfahren (FMG)

Brandt (1984) vorschlug, sind $v_1 = 2$ Vorrelaxationen bei sehr guten Glättungsverfahren ausreichend, ansonsten sollte für v_1 der Wert 3 gewählt werden. Weiterhin ist eine Nachrelaxation in den meisten Fällen ausreichend. Bei der Lösung von komplexen Problemen, wie z.B. von gekoppelten Systemen nicht-linearer, steifer Differentialgleichungen können eventuell mehr Relaxationen günstiger sein. Allgemein kann gesagt werden, daß, um eine gute Konvergenzrate des Mehrgitter-Verfahrens zu erreichen, die zu prolongierenden bzw. restringierenden Verteilungen glatt sein müssen, so daß bei den verschiedenen Interpolationen kein Informationsverlust auftritt.

Bei der zweiten Vorgehensweise werden die Zyklen nicht festgelegt, sondern hängen von dem Konvergenzverhalten des Mehrgitter-Verfahrens ab. Beim Übergang auf ein gröberes Gitter gibt es zwei Möglichkeiten der Steuerung. Zum einen kann auf ein gröberes Gitter übergegangen werden, wenn das Verhältnis der Residuen von zwei hintereinander ausgeführten Glättungsschritten einen gewissen Wert überschreitet, d.h. das Relaxationsverfahren nicht weiter glättet. Dies ist dann der Fall, wenn die hochfrequenten Fehleranteile schon geglättet sind und die niederfrequenten Anteile besser auf dem Grobgitter geglättet werden können. Eine zweite Möglichkeit besteht darin, die Residuen bis auf einen gewissen Prozentsatz des Ausgangsresiduums zu reduzieren, und dann auf das Grobgitter überzugehen. Bei einem Mehrgitter-Verfahren mit variabler Steuerung stellen sich Zyklen ein, die von vornherein nicht vorhersehbar sind. Hierin liegt die Problematik einer derartigen Vorgehensweise, da bei schlecht gewählten Parametern die Gefahr besteht, daß das Mehrgitter-Verfahren zwischen verschiedenen Gittern hin und her springt. Bei der Berechnung strömungsmechanischer Probleme wurden solche "adaptive cycles" von Vanka (1986a) sowie Arakawa et al. (1987) eingesetzt. Im allgemeinen hat sich jedoch die Verwendung fester Zyklen mit vorgegebener Wahl für ν_1 und ν_2 durchgesetzt.

<u>Blockkorrektur-Verfahren</u>

Abschließend sei auf die sogenannten "additive-correction"- oder "block-correction"-Methoden hingewiesen, die insofern mit Mehrgitter-Methoden verwandt sind, da auch bei ihnen auf gröberen Gittern, die nicht notwendigerweise durch Maschenweitenverdopplung erhalten werden, sondern allgemeiner strukturiert sein können, Korrekturen zur Verbesserung der Feingitterlösung berechnet werden. Erste Vorschläge hierzu wurden von Settari und Aziz (1973) gemacht. Bei dem von ihnen entwickelten Verfahren werden für das Grobgitter die Kontrollvolumina in einer Spalte oder Zeile zusammengefaßt. Auf diesem Gitter werden Korrekturen berechnet, so daß die Summe der Residuen auf dem Grobgitter gleich Null ist. Dadurch wird ähnlich wie beim Mehrgitter-Verfahren eine bessere Dämpfung niederfrequenter Fehleranteile erreicht. Hutchinson und Raithby (1986) sowie van Doormaal et al. (1986) haben diese Idee aufgegriffen und das sogenannte "additive correction multigrid" -Verfahren entwickelt, für das jedoch, bis auf einige Testfälle, keine Erfahrungen vorliegen.

9.2.2 <u>Mehrgitter-Verfahren zur Lösung der strömungsmechanischen Erhaltungsgleichungen</u>

Bei strömungsmechanischen Problemen muß das in den Gleichungen (2.1-2.4) dargestellte gekoppelte System nicht-linearer Differentialgleichungen gelöst werden. Auf Grund der Kopplung sowie der Nicht-Linearität der Differentialgleichungen konnten bei praxisrelevanten, strömungsmechanischen Problemen mit komplexen Berandungen die bei der Lösung einer elliptischen linearen Differentialgleichung erzielten Beschleunigungsfaktoren, die je nach numerischem Gitter sowie dem gestellten Problem Faktoren von über 100 erreichen, bisher nicht erzielt werden. Im folgenden seien kurz die bei den strömungsmechanischen Erhaltungsgleichungen zusätzlich auftretenden Problemkreise beschrieben und weiterhin skizziert, was bisher erreicht werden konnte.

Ein Problempunkt ergibt sich bei der Anwendung gestaffelter Gitter (siehe Kapitel 6). Oft werden, wie in Abb.34 gezeigt, bei Finite-Volumen Verfahren verschiedene Kontrollvolumina für die einzelnen Variablen verwendet. Wie weiterhin in Abb. 62b dargestellt ist, werden die Grobgitter der Kontrollvolumina durch Summation der Feingitter-Kontrollvolumina erhalten. Bei der Verwendung eines gestaffelten Gitters muß dies für die vier verschiedenen Kontrollvolumina (im Dreidimensionalen) erfolgen. Außerdem müssen auf Grund der Tatsache, daß die Grobgitterpunkte nicht auf den Feingitterpunkten liegen, sehr aufwendige Beziehungen für die Prolongation und Restriktion eingesetzt werden. Zusammenfassend ergeben sich somit deutliche Nachteile bei der Verwendung eines gestaffelten Gitters in Verbindung mit Mehrgitter-Methoden.

Wie in Abschnitt 7.2 dargelegt wurde, werden bei der Lösung der strömungs-mechanischen Erhaltungsgleichungen sehr oft hybride Diskretisierungsverfahren eingesetzt. Dies bedeutet, daß abhängig von der lokalen Peclet-Zahl verschiedene Differenzen-formeln verwendet werden. Das Umschalten von einem Differenzenverfahren auf das andere erfolgt bei einem gewissen Wert der Peclet-Zahl. Bei dem HDS von Spalding (1972) wird beispielsweise bei einer Peclet-Zahl von $Pe = 2$ von den in Abb. 43b skizzierten Zentraldifferenzen auf das in Abb. 43a dargestellte aufwärts gerichtete Differenzenverfahren umgeschaltet. Da die lokale Peclet-Zahl von der Maschenweite des numerischen Gitters abhängt, kann dies bedeuten, daß auf dem Feingitter in großen Gebieten ein anderes Diskretisierungsverfahren als auf dem Grobgitter eingesetzt wird. Hierdurch kann, wie später gezeigt wird, die Konvergenzrate des Mehrgitterverfahrens kleiner werden.

Die Lösung des Systems der strömungsmechanischen Erhaltungsgleichungen kann entweder durch ein gekoppeltes oder ein entkoppeltes Berechnungsverfahren erzielt werden. Je nach eingesetztem Verfahren sind unterschiedliche Vorgehensweisen bei der Anwendung von Mehrgittermethoden notwendig.

<u>Gekoppelte Berechnungsverfahren</u>

Bei den Gesamtgebiets-Berechnungsverfahren wird das Gleichungssystem überwiegend mit Hilfe direkter Verfahren gelöst, so daß hier Mehrgitter-Methoden nicht in Frage kommen. Bei den Punktlösern oder von Linden et al. (1988a,b) bezeichneten "box-relaxations" werden die Differenzengleichungen für ein Kontrollvolumen zusammenge-faßt und die Werte der Variablen an den Kontrollvolumen-Seiten korrigiert. Punktlöser wurden erstmalig von Vanka (1986a) in Verbindung mit Mehrgitter-Methoden eingesetzt, wobei als Glättungsverfahren das "Symmetric-Coupled Gauß-Seidel-Verfahren" (siehe Gleichung (8.1)) eingesetzt wurde. Punktlöser geben sehr gut die Kopplung zwischen den Variablen wieder, die räumliche Kopplung ist hingegen sehr schlecht. Durch den Einsatz der Mehrgitter-Methode konnte Vanka (1986a) eine sehr viel bessere räumliche Kopplung erreichen, da auf Grund des Übergangs auf gröbere Gitter der Einfluß weit entfernter Punkte schneller berücksichtigt wurde. Gaskell et al. (1987) berechnete eine zweidimensionale Nischenströmung mit dem von Vanka vorgeschlagenen Verfahren und zwar mit und ohne Verwendung einer Mehrgitter-Methode. Bei einem numerischen Gitter mit 31 x 31 Knotenpunkten konnten sie Beschleunigungsfaktoren von 100 für eine Reynolds-Zahl von Re = 100 und von 15 für eine Reynolds-Zahl von Re=1000 erreichen. Linden et al. (1988a,b) setzen auch Punktlöser in Verbindung mit Mehrgitter-Methoden für Gleichungssysteme ein, bei denen in der Kontinuitätsgleichung künstliche Kompressibilitätsterme eingefügt sind. Die Matrixstruktur der Gleichungssysteme ist ähnlich derjenigen in Gleichung (8.1), jedoch ist der Wert des Koeffizienten an der letzten Komponente der Hauptdiagonalen verschieden von Null.

<u>Entkoppelte Berechnungsverfahren</u>

Bei den entkoppelten Berechnungsverfahren wird jeweils für eine Differentialgleichung das Gleichungssystem aufgestellt und die Kopplung zwischen den Differential-gleichungen durch äußere Iterationen berücksichtigt. Mehrgitter-Verfahren können hierbei auf zwei verschiedene Weisen eingesetzt werden. Zum einen kann die Mehrgitter-Methode jeweils nur zum Lösen der einzelnen Differentialgleichungen verwendet werden. Zum zweiten besteht die Möglichkeit, Mehrgitter-Methoden bei der Lösung des Gesamtsystems einzusetzen, d.h. daß alle Gleichungen nacheinander auf einem Gitter relaxiert werden und danach auf das gröbere Gitter übergegangen wird.

a) Mehrgitter-Methoden für Einzelgleichungen

Da bei der Anwendung von Mehrgitter-Methoden zur Lösung der Einzelgleichungen die äußere Iteration bei entkoppelten Berechnungsverfahren unverändert bleibt, muß die im ersten Abschnitt skizzierte Vorgehensweise bei Mehrgitter-Methoden nicht modifiziert werden. Die meiste Rechenzeit bei entkoppelten Berechnungsverfahren wird zur Lösung der Druck- bzw. Druckkorrekturgleichung benötigt und die Mehrgitter-Anwendungen beschränken sich deshalb oft auf die Lösung der Druck- bzw. Druckkorrekturgleichung. Entsprechende Arbeiten haben Lonsdale und Walsh (1984), Theodossiou und Sousa

(1986), Barcus (1987) sowie Braaten und Shyy (1987) vorgestellt. Die Konvergenzrate bei der Lösung der Druckkorrekturgleichung konnte zwar bei allen Arbeiten drastisch verbessert werden, der Einfluß auf das Konvergenzverhalten des Gesamtsystems, d.h. auf die Anzahl der durchzuführenden äußeren Iterationen war jedoch gering. Barcus (1987) verglich Berechnungen mit einer Eingitter- und einer Mehrgitter-Methode, letztere angewandt auf die Druckkorrekturgleichung und die beiden Impulsgleichungen, und stellte eine Reduzierung der Rechenzeit um 5% fest. Ursache für den geringen Einfluß einer schnellen Lösung der Druckkorrekturgleichung auf die Konvergenz des Gesamtsystems ist zum einen die Tatsache, daß die Kopplung zwischen den Differentialgleichungen durch den Einsatz einer Mehrgitter-Methode zur Lösung der Druckkorrekturgleichung nicht verbessert wird. Zum zweiten werden bei entkoppelten Berechnungsverfahren die Einzelgleichungen nicht vollständig gelöst, sondern deren Residuen nur um einen gewissen Prozentsatz reduziert. Aufgrund dieser Vorgehensweise ist ein schnelles Erreichen einer exakten Lösung der Einzelgleichung, wie es durch den Einsatz von Mehrgitter-Methoden möglich ist, nur bedingt von Vorteil.

b) Mehrgitter-Methoden für das Gesamtsystem

Bei den entkoppelten Berechnungsverfahren werden zuerst die Impulsgleichungen bis zum Erreichen eines gewissen Residuums gelöst. Mit den verbesserten Geschwindigkeitswerten werden danach die Druckkorrekturen bestimmt und das Druck- und Geschwindigkeitsfeld so korrigiert, daß die Kontinuitätsgleichung erfüllt ist. Dies bedeutet, daß eine Verbesserung des Geschwindigkeitsfeldes nicht alleine mit Hilfe der Impulsgleichungen bestimmt wird, sondern kombiniert aus Impulsgleichungen und Druckkorrekurgleichung, d.h. es besteht keine eineindeutige Zuordnung zwischen den Differentialgleichungen und den hieraus berechneten Größen. Die Lösung der strömungsmechanischen Erhaltungsgleichungen ist somit ein Spezialfall der von Brandt (1984) bezeichneten "distributive relaxation". Bei diesen Verfahren werden die Variablen mit Hilfe mehrerer Gleichungen bestimmt. Wie Brandt ausführt, ist bei einer derartigen Vorgehensweise von Bedeutung, daß bei der Korrektur der Geschwindigkeiten die Residuen, die sich nach der Lösung der Impulsgleichungen ergeben, nicht oder nur minimal verändert werden. Für den effizienten Einsatz eines Mehrgitter-Verfahrens ist somit nicht nur ein gutes Glättungsverfahren ausschlaggebend, sondern zusätzlich die Verwendung einer Druckkorrekturgleichung, die obige Bedingungen erfüllt und bei der ein glatter Residuenverlauf erhalten bleibt. Brandt und Dinar (1979) sowie Brandt (1980) haben das "distributed Gauß-Seidel"-Verfahren entwickelt, bei dem zur Erfüllung der Kontinuitätsgleichung die Geschwindigkeitsverteilung sowie das Druckfeld mit Hilfe einer Gitterfunktion so korrigiert werden, daß in Kontrollvolumen-Mitte die Kontinuitätsgleichung diskret erfüllt wird. Fuchs und Zhao (1984) setzten dieses Verfahren zur Berechnung einer Rohrströmung ein.

Die verschiedenen in Abschnitt 8.2.3 vorgestellten Druckkorrektur-Methoden können als "distributive-relaxation" bezeichnet werden und ihre Effizienz in Verbindung mit Mehrgitter-Verfahren hängt davon ab, wie sie die oben dargestellten Forderungen von Brandt (1984) erfüllen. Arakawa et al. (1987), Barcus et al. (1987) sowie Sivaloganathan und Shaw (1987) setzten als erste Mehrgitter-Verfahren in Verbindung mit einer Druckkorrekturgleichung ein. Arakawa et al. (1987) lösten die zweidimensionalen, inkompressiblen Navier-Stokes-Gleichungen mit Hilfe eines Finite-Volumen Verfahrens, das gestaffelte Gitter verwendet. Sie setzten ein FAS-FMG-Mehrgitter-Verfahren ein und berechneten die laminare Nischenströmung sowie die Strömung über eine zurück-springende Stufe und zwar sowohl mit einem gekoppelten wie mit einem entkoppelten Berechnungsverfahren. Als gekoppeltes Berechnungsverfahren verwendeten sie den von Vanka (1986a) vorgeschlagenen Punktlöser, wobei sie zur Relaxation das "Symmetric Coupled Gauß-Seidel (SCGS)"-Verfahren und ein "Coupled Line Successive Overrelaxation (CLSOR)"-Verfahren verwendeten. Bei den entkoppelten Berechnungs-verfahren untersuchten sie die Effizienz verschiedener Druckkorrektur-Methoden in Verbindung mit Mehrgitter-Verfahren und zwar für das SIMPLE-, SIMPLEC-, PISO- und SIMPLEST-Verfahren. Ihre Untersuchungen zeigen, daß die Effizienz sehr problemabhängig ist, und zwar sowohl bezüglich des Strömungstyps wie auch der Reynolds-Zahl. Ihr bestes Mehrgitter-Verfahren war um einen Faktor 10 - 80 schneller als das beste Eingitter-Verfahren.

Barcus et al. (1987) setzten ein Finite-Volumen Verfahren, das nicht-gestaffelte Gitter verwendet, zur Lösung der zweidimensionalen, inkompressiblen Navier-Stokes-Gleichungen ein. Sie berechneten ebenfalls die laminare Nischenströmung sowie die Strömung über eine zurückspringende Stufe, und zwar mit einem CS-FMG-Verfahren, das die SIMPLE-Methode verwendet. Im Vergleich mit ihrem Eingitter-Verfahren erhielten sie bei der Nischenströmung Beschleunigungsfaktoren bei $Re = 100$ von ca. 200 und bei $Re = 5000$ von ca. 20.

Die von Barcus et al. (1987) gemachten Vorschläge zur Implementierung eines Mehrgitter-Verfahrens wurden von Orth (1989) aufgegriffen. Er baute in das von Majumdar (1986) entwickelte entkoppelte Berechnungsverfahren, das allgemeine krummlinige Koordinaten verwendet, eine FAS-FMG-Methode ein. Dieses Mehrgitter-

Verfahren enthält zwei Besonderheiten, die von der Vorgehensweise bei üblichen Mehrgitter-Verfahren abweichen. Zum einen wird der Quellterm auch auf dem Grobgitter gesondert berücksichtigt. In den Quelltermen treten, wie in Abschnitt 7.2.3 beschrieben, der Druckgradient, gemischte Ableitungen sowie weitere Terme auf, die Variablen enthalten, die mit Hilfe der anderen Differentialgleichungen berechnet werden. Da die Quellterme bei einem Mehrgitter-Zyklus als konstant beim Übergang auf ein anderes Gitter angenommen werden, sind deren Einflüsse nur jeweils um eine Feingitter-iteration versetzt berücksichtigt. Deshalb verwendet Orth (1989) anstatt Gleichung (9.11b) die Beziehung

$$\vec{A}_H \tilde{\vec{\Phi}}_H = \vec{I}\,_h^H \vec{d}_h^{\,j} - \vec{I}\,_h^H \vec{s}_h + \vec{A}_H \left(\vec{I}\,_h^H \vec{\Phi}_h^{\,j} \right) + \vec{s}_H \qquad (9.13)$$

auf dem Grobgitter bei der explizit der Quellterm $\overrightarrow{s_H}$ auf dem Grobgitter in die Berechnung einfließt. Weiterhin können bei dem von Orth (1989) entwickelten Verfahren besonders einfache Beziehungen für die Restriktion des Defekts eingesetzt werden, da auf Grund der Standardvergröberung ein Kontrollvolumen ,auf dem Grobgitter vier Kontrollvolumina des Feingitters entspricht (im Zweidimensionalen, siehe Abb. 62b). Zur Bestimmung des Defekts auf dem Grobgitter werden deshalb die Residuen der vier Feingitter-Kontrollvolumina aufsummiert. Analog können zur Bestimmung der Koeffizienten der Matrix $\overset{=>}{A_H}$ die ein- und ausströmenden Massen- und Impulsflüsse auf dem Grobgitter durch Addition der entsprechenden Flüsse auf dem Feingitter erhalten werden.

Effizienz von Mehrgitterverfahren bei praxisrelevanten strömungsmechanischen Problemen

Die oben aufgeführten Beschleunigungsraten für Mehrgitter-Verfahren, die in den Arbeiten von Gaskell et al. (1987), Arakawa et al. (1987) sowie Barcus et al. (1987) erhalten wurden, haben gezeigt, daß die Effizienz von Mehrgitter-Verfahren mit ansteigender Reynolds-Zahl sinkt. Hierfür sind zwei Gründe zu nennen. Zum einen werden mit wachsender Reynolds-Zahl die Konvektionsterme bedeutender und der elliptische Charakter der Differentialgleichungen dadurch reduziert. Zum zweiten können auf Grund des Umschaltens bei hybriden Diskretisierungsverfahren Effizienzverluste auftreten. Orth (1989) hat das Verhalten des von ihm eingesetzten Mehrgitter-Verfahrens in Abhängigkeit der Reynolds-Zahl untersucht und zwar bei einer durch eine bewegte Wand induzierten Nischenströmung. Abb. 66 zeigt die Anzahl der Feingitter-Iterationen in Abhängigkeit der Reynolds-Zahl für ein 42 x 42- und ein 82 x 82-Gitter, und zwar bei

Verwendung des HDS von Spalding (1972) sowie des "upwind-schemes" von Courant et al. (1952). Berechnungen mit einem Eingitter-Verfahren ergaben, daß für das grobe Gitter ca. 200 und für das feine Gitter ca. 700 Iterationen benötigt wurden. Bei Re=100 sind wie Abb.66 zeigt für beide Gitter sowie mit beiden Diskretisierungsverfahren ungefähr die gleiche Anzahl von Feingitter-Iterationen notwendig. Mit wachsender Reynolds-Zahl wird das Mehrgitter-Verfahren jedoch weniger effizient, wobei die durchzuführenden Feingitter-Iterationen bei dem hybriden Differenzenschemata stärker ansteigen als bei dem aufwärts gerichteten. Dieses Verhalten tritt bei allen bisher bekannten Arbeiten zur Lösung der strömungsmechanischen Erhaltungsgleichungen auf und bedarf noch weiterer Untersuchungen.

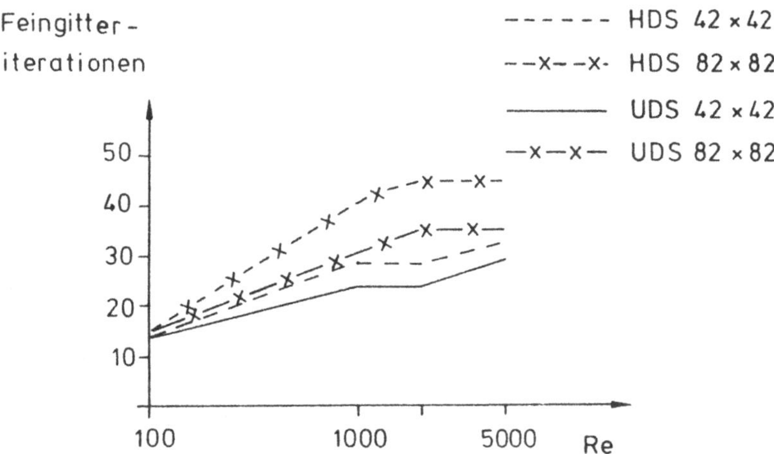

Abb.66: Anzahl der Feingitter-Iterationen in Abhängigkeit der Reynoldszahl

Beim Einsatz von Mehrgitter-Verfahren in Verbindung mit allgemeinen krummlinigen Koordinaten treten automatisch Seitenverhältnisse der Gittermaschen auf, die verschieden von Eins sind. Zu diesem Problemkreis hat Orth (1989) zweidimensionale Testrechnungen durchgeführt und zwar mit dem Linienrelaxations-Verfahren und der SIP-Methode von Stone (1968), wobei er ersteres auch alternierend einsetzte. Orth konnte das Ergebnis von Kettler (1982) sowie Thole und Trottenberg (1985) bestätigen, daß entweder die SIP-Methode oder das Linienrelaxations-Verfahren alternierend eingesetzt werden müssen, um eine gute Effizienz des Mehrgitterverfahrens zu erhalten. Auch zum Problemkreis der gemischten Ableitungen bei nicht-orthogonalen Koordinatensystemen führte Orth (1989) Berechnungen mit numerischen Gittern durch, deren Schnittwinkel von $\alpha = 90^{o}$ bis $\alpha = 45^{o}$ variierten. Er berechnete die laminare Strömung in einem Kanal. Die in Abb.67 dargestellten Ergebnisse zeigen die benötigten Rechenzeiten für das

220

Eingitter- und das Mehrgitter-Verfahren bei einer Reynolds-Zahl von Re = 100. Auch bei kleinen Winkeln α (stark nichtorthogonales Gitter) bleibt die Effizienz des Mehrgitter-Verfahrens erhalten, das bei dem verwendeten 42 x 42-Gitter ungefähr sechsmal schneller war als das Eingitter-Verfahren.

Bei der Berechnung einer laminaren Strömung in einem Diffusor mit allgemeinen krummlinigen Koordinaten konnte Orth (1989) bei einem 82 x 66-Gitter einen Beschleunigungsfaktor von 11 bei der Zahl der Feingitter-Iterationen und einen Faktor von 5,5 bei der benötigten Rechenzeit gegenüber einem Eingitter-Verfahren erhalten.

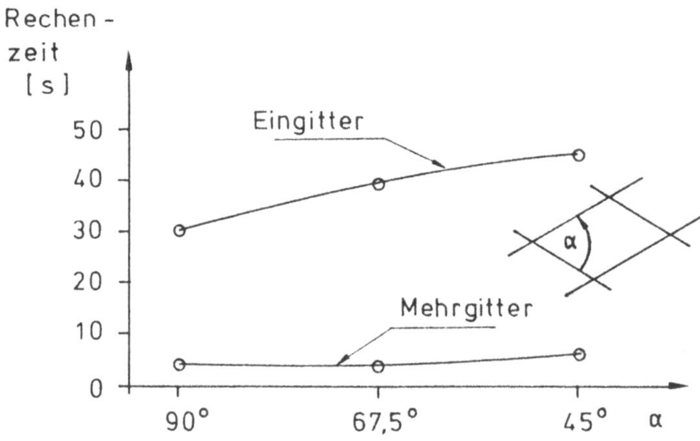

Abb.67: Rechenzeiten in Abhängigkeit der Nichtorthogonalität des numerischen Gitters

Die obigen Ausführungen zeigen, daß die Konvergenzbeschleunigung mit Hilfe von Mehrgitter-Verfahren bei der Lösung strömungsmechanischer Probleme besonders bei höheren Reynolds-Zahlen und komplexen Berandungen lange nicht so gut ist, wie bei der Lösung einer einzelnen, linearen, elliptischen Differentialgleichung. Bei allgemeinen krummlinigen Koordinaten wurden Mehrgitter-Verfahren bisher kaum getestet und in Verbindung mit Turbulenzmodellen zeigen die bisher durchgeführten Arbeiten kaum befriedigende Ergebnisse (siehe Phillips et al. (1985)). Hierfür können, zumindest bezüglich der Verwendung des k-ε Turbulenzmodells, zwei Ursachen genannt werden. Zum einen sind die k und ε Gleichungen steife Differentialgleichungen, d.h. ihre Eigenwerte liegen weit auseinander. Deshalb können bei derartigen Differentialgleichungen nur schlechte Glättungsraten erzielt werden. Zum zweiten wurde bisher nur die Standardversion des k-ε Turbulenzmodells in Verbindung mit Mehrgitter-Verfahren eingesetzt, wodurch Probleme bei der Anwendung der Wandfunktionen auftreten. Bei letzteren werden die Randbedingungen am wandnächsten Knotenpunkt vorgegeben, dessen Entfernung von der Wand beim Fein- und Grobgitter unterschiedlich ist. Dies bedeutet, daß bei einem Mehrgitter-Verfahren mit Standardvergröberung und vier verschiedenen Gittern für das gröbste Gitter ein wandlogarithmischer Bereich angenommen wird, der achtmal so groß als beim feinsten Gitter ist. Hierdurch werden unterschiedliche physikalische Randbedingungen vorgegeben. Zudem können beim feinsten Gitter die wandnächsten Punkte in die viskose Unterschicht fallen, in der das logarithmische Wandgesetz nicht mehr gültig ist. Eine Möglichkeit zur Umgehung dieses Problems besteht darin, Versionen von Turbulenzmodellen für niedrige Reynoldszahlen einzusetzen, bei denen die Differentialgleichungen bis unmittelbar an die Wand integriert werden. Derartige Turbulenzmodelle wurden jedoch für elliptische Strömungen, für die Mehrgitter-Verfahren von Interesse sind, bisher kaum getestet.

Zusammenfassend kann festgestellt werden, daß bei der Lösung von einzelnen Differentialgleichungen mit Hilfe von Mehrgitter-Verfahren Konvergenzbeschleunigungen erzielt werden können, wie mit keinem anderen Verfahren. Mehrgitter-Verfahren sind von der Theorie her optimal, da der Aufwand zur Lösung eines Gleichungssystems proportional der Anzahl der Knotenpunkte ist. Die bei der Lösung von Einzelgleichungen erzielten Beschleunigungsfaktoren konnten bisher bei der Lösung des gekoppelten Systems der nicht-linearen strömungsmechanischen Erhaltungsgleichungen bei der Lösung praxisrelevanter Probleme nicht erreicht werden. Laufende Arbeiten beschäftigen sich mit der Verbesserung der Effizienz bei höheren Reynolds-Zahlen, bei der Verwendung allgemeiner krummliniger Koordinaten sowie bei dem Einsatz von Turbulenzmodellen. Es sollte jedoch nicht vergessen werden, daß zur Lösung der strömungsmechanischen Erhaltungsgleichungen der algorithmische Aufwand beim Einsatz eines Mehrgitter-Verfahrens sehr viel höher ist. Der Quellcode eines Programms erhöht sich leicht um 100%.

9.3 Einsatz von Vektor- und Parallelrechnern

Rechnerarchitekturen

Die in Abb. 1a gezeigte Steigerung der Rechengeschwindigkeiten heutiger Großrechenanlagen ist nur durch den Einsatz von modernen Rechnerarchitekturen möglich. Die schnellsten heute zur Verfügung stehenden elektronischen Rechenanlagen, ausgelegt für schnelle Gleitkommaoperationen, sind fast ausschließlich Vektorrechner. In letzter Zeit werden jedoch mehr und mehr sogenannte Parallelrechner entwickelt. Die beiden genannten Rechnertypen sind Vertreter von Rechnerarchitekturen, die von Flynn (1966) folgendermaßen klassifiziert wurden:

- SISD (single instruction - single data)
  Bei diesen traditionellen "von-Neumann-Rechnern" werden die Operationen mit den einzelnen Gleitkommazahlen hintereinander ausgeführt. Diese Rechner werden auch als Skalarrechner bzw. Universalrechner bezeichnet.

- SIMD (single instruction - multiple data)
  Die einzelnen Operationen werden hintereinander ausgeführt, jedoch mit Vektoren. Rechner dieser Klasse werden als Vektorrechner bezeichnet.

- MIMD (multiple instruction - multiple data)
  Bei diesen Rechnern sind mehrere Prozessoren und Speicher, mit der Fähigkeit zur Kommunikation und Kooperation auf verschiedenen Ebenen, zu sogenannten Parallelrechnern zusammengeschlossen.

In Abb.68 ist am Beispiel der Gleitkommamultiplikation zweier Vektoren die unterschiedliche Vorgehensweise bei Skalarrechnern und Vektorrechnern dargestellt. Bei dem Skalarrechner werden 11 Schritte benötigt, bis jeweils zwei Komponenten der beiden Vektoren miteinander multipliziert sind. Unter der Annahme, daß für jeden Schritt ein Takt benötigt wird, bedeutet dies, daß nach 11 Takten eine Komponente des Ergebnisvektors berechnet ist, die nächste Komponente ergibt sich wieder nach 11 Takten usw.. Beim Vektorrechner hingegen wird, nachdem die ersten beiden Komponenten die sogenannte Vektorpipeline durchlaufen haben, d.h. nach einer gewissen "start-up time", nach jedem Takt eine neue Komponente des Ergebnisvektors erhalten. Die Zeit, die nach der "start-up-time" zur vollständigen Ausführung der Vektormultiplikation benötigt wird, wird als sogenannte "stream-time" bezeichnet.

Obige vereinfachte Darstellung läßt erkennen, daß eine optimale Abarbeitung bei einem Vektorrechner zum einen nur dann gewährleistet ist, wenn keine Komponenten eines Vektors benötigt werden, die sich noch innerhalb der Vektorpipeline befinden. Rekursive Algorithmen sollten somit nicht verwendet werden. Zum zweiten werden dicht gepackte Vektoren benötigt, um kontinuierlich Daten zur Durchführung der Operationen vorliegen zu haben. Dies wird bei gewissen Compilern durch entsprechendes Umspeichern automatisch erreicht, wozu jedoch Rechenzeit benötigt wird. Zum dritten sind lange Vektoren von Vorteil, um das Verhältnis von "start-up-time" zu "stream-time" möglichst

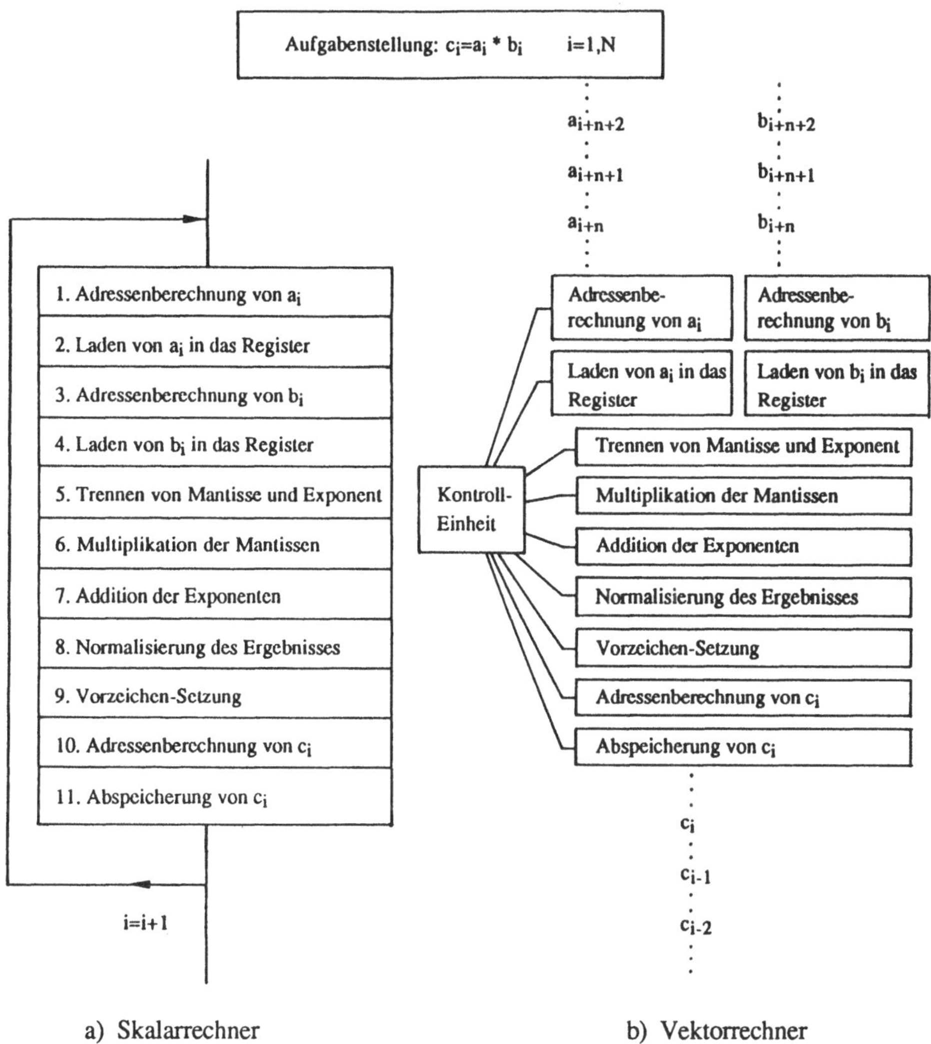

Abb.68: Gleitkomma-Multiplikation zweier Vektoren

klein zu halten. Zum vierten sollten immer die gleichen Operationen durchgeführt werden, Abfragen, d.h. "if-statements" sind möglichst zu vermeiden.

Wie gut ein Programm vektorisierbar ist, d.h sich kürzere Rechenzeiten auf einem Vektorrechner auf Grund der beschriebenen Vorgehensweise ergeben, hängt davon ab, wie gut die oben genannten Bedingungen erfüllt werden. Als Beschleunigungsfaktor wird das Verhältnis der benötigten Rechenzeit beim Skalarmode zu derjenigen beim

Vektormode bezeichnet. Ein optimaler Datenfluß, der hohe Beschleunigungsfaktoren ermöglicht, ist bei bestehenden Programmen oft nur durch größere Programm-Umstrukturierungen zu erreichen. Entsprechende Datenstrukturen und Datenflüsse sollten schon bei der Auslegung eines Programms berücksichtigt werden. Die Effizienz zweier Berechnungsverfahren kann sehr unterschiedlich auf einem Skalar- und einem Vektorrechner sein, da eventuell das langsamere Verfahren besser zu vektorisieren ist und deshalb mit ihm Berechnungen auf dem Vektorrechner schneller durchgeführt werden können, als mit dem auf dem Skalarrechner schnelleren Berechnungsverfahren. Inwiefern gewisse Algorithmen bei der Vektorisierung Schwierigkeiten bereiten, ist sehr compilerabhängig. Moderne Compiler können bedeutend mehr Algorithmen vektorisieren als die Compiler der Vektorrechner der ersten Generation. Zudem besteht die Möglichkeit, maschinenspezifische, vektorisierbare Befehle einzusetzen. Hierbei sollten diese in Modulen zusammengefaßt werden, um bei einem Übergang auf andere Rechner die entsprechenden Module leicht austauschen zu können.

Die Vorgehensweise bei der Multiplikation zweier Vektoren auf einem Parallelrechner ist in Abb.68c skizziert.

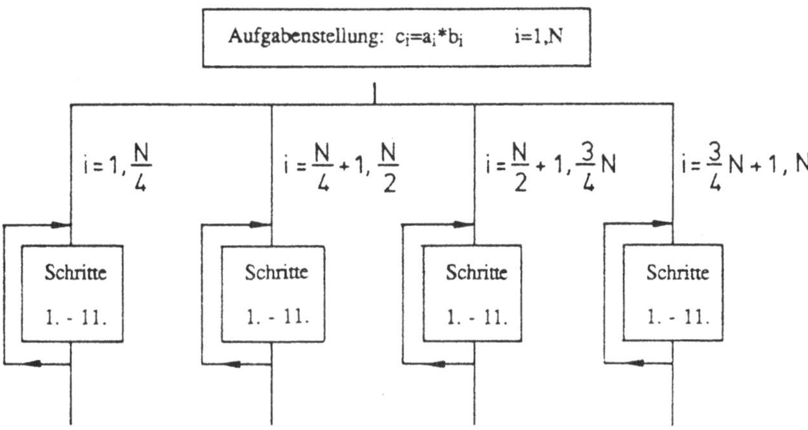

Abb.68c: Gleitkomma-Multiplikation zweier Vektoren bei Parallelrechnern

Hierbei werden die durchzuführenden Operationen auf die verschiedenen Prozessoren verteilt. Bei dem hier gezeigten Beispiel besteht keine Notwendigkeit, auf Werte, die in anderen Prozessoren bearbeitet werden, zurückzugreifen. Dies ist jedoch bei anderen Aufgabenstellungen notwendig, d.h. es muß im allgemeinen bei Parallelrechnern die Möglichkeit bestehen, auf Daten benachbarter Prozessoren zurückgreifen zu können.

Es wurden verschiedene Parallelrechner-Architekturen zur Verteilung der Aufgaben auf die verschiedenen Prozessoren, und zur Gewährleistung eines reibungslosen Datenzugriffs entwickelt. In Abb. 69 ist eine hierarchische Pyramidenstruktur sowie eine Kubus- und Gitterstruktur gezeigt.

Ein effizienter Einsatz von Parallelrechnern ist dann gewährleistet, wenn zum einen das Verbindungsnetzwerk zwischen den verschiedenen Prozessoren konfliktarm ist und zum zweiten möglichst wenig sequentielle Programmteile, d.h. Programmteile, die nacheinander abgearbeitet werden müssen, vorhanden sind. Als Effizienzfaktor wird das Verhältnis der Rechenzeit, die ein einzelner Prozessor benötigt, zu der Rechenzeit, die der Parallelrechner benötigt, multipliziert mit der Anzahl der Prozessoren, bezeichnet.

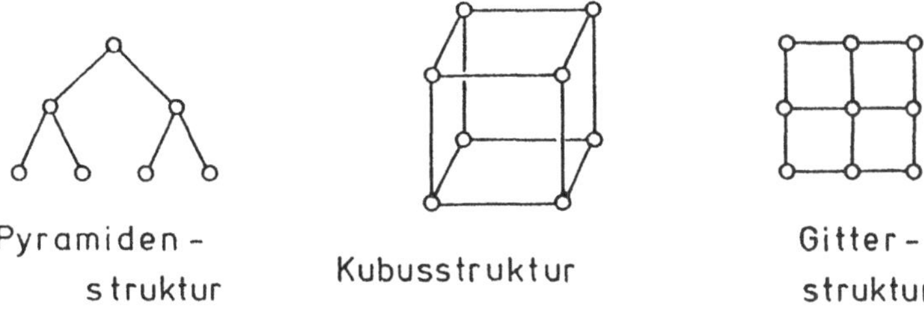

Abb.69: Parallelrechner-Strukturen

Die heutigen Superrechner sind fast ausschließlich Vektorrechner, so daß die folgenden Ausführungen sich auf Vektorrechner-Architekturen beschränken. Bei einem Vektorrechner ist die obere Grenze der Rechengeschwindigkeit durch die Leistungsfähigkeit eines einzelnen Prozessors gegeben. Beim Parallelrechner kann die Rechengeschwindigkeit durch den Einsatz einer größeren Anzahl von Prozessoren erhöht werden, der Effizienzfaktor nimmt dadurch eventuell ab. Die schnellsten elektronischen Rechenanlagen der Zukunft werden wohl Parallelrechner sein, deren einzelne Prozessoren Vektorrechner sind. Um die effektive Leistung eines Vektorrechners zu beurteilen, darf nicht nur die Rechengeschwindigkeit der Vektoreinheit herangezogen werden, sondern auch diejenige der Skalareinheit. Dies ist umso wichtiger, je schlechter die verwendeten Programme vektorisierbar sind. Des weiteren ist das Ein- und Ausgabe-Verhalten des Vektorrechners von Bedeutung, da bei komplexen, dreidimensionalen Problemen der Kernspeicher in vielen Fällen zu klein ist und somit ein wesentlicher Teil der Rechenzeit eventuell durch Ein- bzw. Auslesen der Daten verbraucht wird.

Vektorisierbarkeit verschiedener Programmkomponenten

Wie oben gezeigt, muß, um die schnellsten heute zur Verfügung stehenden elektronischen Rechenanlagen optimal einzusetzen, die Programmstruktur der Rechnerarchitektur angepaßt werden. Da die Rechnerarchitektur jedoch sehr maschinenabhängig ist, kann hier keine umfassende Darstellung von optimalen Programmstrukturen gegeben werden. Letztere ist in dem Buch von Hockney und Jesshope (1983) gegeben. Im folgenden werden die einzelnen Komponenten eines numerischen Berechnungsverfahrens zur Lösung der strömungsmechanischen Erhaltungsgleichungen bezüglich ihrer Vektorisierbarkeit betrachtet. Anschließend werden einige Hinweise gegeben, welche Algorithmen möglichst vermieden werden sollten.

Die Komponenten eines Computerprogramms zur Lösung der strömungsmechanischen Erhaltungsgleichungen können folgendermaßen klassifiziert werden:

1. Hauptprogramm
(Steuerung des Programmablaufs, Aufruf von Unterprogrammen)

2. Einmalige Operationen
(Dateneingabe, Gittererzeugung, Berechnung geometrischer Größen,
Anfangsbelegung der Felder, Auswertung der Endergebnisse, Datenausgabe)

3. Koeffizientenberechnung
(Berechnung der Matrix des Gleichungssystems)

4. Quelltermberechnung
(rechte Seite des Gleichungssystems)

5. Vorgabe der Randbedingungen

6. Lösen der Gleichungssysteme

Das Hauptprogramm ist auf Grund der auftretenden Abfragen sowie Unterprogrammaufrufen kaum vektorisierbar. Im allgemeinen benötigt es jedoch sehr wenig Rechenzeit. Die "einmaligen Operationen" sind teilweise gut vektorisierbar, wie z.B. die Berechnung der geometrischen Größen. Die benötigte Rechenzeit zur Durchführung der "einmaligen Operationen" ist gering im Vergleich zu den unter Punkt 3. - 6. zusammengefaßten iterativen Komponenten, die eventuell sehr häufig eingesetzt werden müssen. Bei letzteren kann sehr viel Rechenzeit eingespart werden, wenn sie gut vektorisierbar sind. In Tabelle 2a und 2b sind die für die Komponenten 3. - 6. benötigten Rechenzeiten zur Berechnung einer dreidimensionalen, laminaren Nischenströmung gezeigt. Es sind die absoluten und relativen Rechenzeiten für eine Iteration gegeben, die mit der Skalareinheit und der Vektoreinheit einer CRAY-2 (Tabelle 2a) sowie einer VP-400EX (Tabelle 2b) benötigt wurden. Weiterhin sind die Beschleunigungsfaktoren f (Rechenzeit Skalarmode/Rechenzeit Vektormode) eingetragen. Die Rechnungen wurden mit einem entkoppelten Berechnungsverfahren für allgemeine krummlinige Koordinaten (siehe Orth (1989)) durchgeführt und zwar mit einem 12 x 12 x 12-Gitter, bei dem die Hälfte der Punkte Randpunkte sind, und mit einem 66 x 66 x 66-Gitter, bei dem 9% der Punkte auf die Berandung fallen. Zur Lösung der Gleichungssysteme wurde das SIP-Verfahren von Stone (1968) verwendet. Wie anhand der Rechenzeiten der Skalareinheiten zu sehen ist, wird zur Bestimmung der Quellterme sehr viel Rechenzeit benötigt. Die Ursache hierfür liegt in der großen Anzahl von Termen, die bei einem Berechnungsverfahren für allgemeine krummlinige Koordinaten auf Grund der gemischten Ableitungen in den Quelltermen auftreten. Gute Beschleunigungsfaktoren treten bei den Koeffizienten- sowie den Quelltermberechnungen auf. Klein sind die Beschleunigungsfaktoren bei der Vorgabe der Randbedingungen sowie dem Lösen der Gleichungssysteme. Bei letzterem ist dies auf die rekursive Struktur des SIP-Algorithmus zurückzuführen. Bei den Randbedingungen treten Abfragen auf, so daß deren Vorgabe kaum vektorisierbar ist. Sowohl beim groben wie beim feinen Gitter werden die längsten Rechenzeiten im Vektormode für die Quelltermberechnung sowie für das Lösen der Gleichungssysteme benötigt. Auf Grund der erreichten Beschleunigungsfaktoren sind bei der Quelltermberechnung jedoch kaum weitere Verbesserungen zu erzielen. Durch den Einsatz eines besser vektorisierbaren Lösers ist dies beim Lösen der Gleichungssysteme zu erreichen. Hierbei muß jedoch berücksichtigt werden, daß das SIP-Verfahren ein sehr gutes Konvergenzverhalten besitzt, so daß es, obwohl schlechter vektorisierbar, bezüglich der Rechenzeit dennoch effizient sein kann. Beim groben Gitter wird zur Vorgabe der Randbedingungen beträchtliche Rechenzeit benötigt, so daß hier die Vektorisierbarkeit verbessert werden sollte. Beim feinen Gitter schlägt die hierfür benötigte Rechenzeit kaum zu Buche. Obige Aussagen gelten sowohl für die CRAY-2 wie die VP-400EX. Bei letzterer konnten jedoch höhere Beschleunigungsfaktoren erreicht werden.

Komponente	12x12x12 - Gitter			66x66x66 - Gitter		
	Skalar.	Vektor.	f	Skalar.	Vektor.	f
3. Koeffizienten-berechnung	0.12s/14%	0.01s/7%	12	18.9s/13%	1.74s/9%	11
4. Quelltermbe-rechnung	0.63s/71%	0.05s/39%	13	102.8s/73%	9.36s/46%	11
5. Randbeding-ungen	0.03s/4%	0.03s/23%	1	1.13s/1%	1.15s/5%	1
6. Lösen d. Gleichungs-Syst.	0.10s/11%	0.04s/31%	3	18.6s/13%	8.18s/40%	2

Tabelle 2a: Rechenzeiten und Beschleunigungsfaktoren auf der CRAY 2

Komponente	12x12x12 - Gitter			66x66x66 - Gitter		
	Skalar.	Vektor.	f	Skalar.	Vektor.	f
3. Koeffizienten-berechnung	0.12s/14%	0.003s/4%	40	20.0s/13%	0.3s/3%	66
4. Quelltermbe-rechnung	0.57s/68%	0.01s/14%	57	108s/73%	2.0s/18%	54
5. Randbeding-ungen	0.04s/5%	0.02s/27%	2	1.4s/1%	0.7s/6%	2
6. Lösen d. Gleichungs-Syst.	0.11s/13%	0.04s/55%	3	18.7s/13%	8.0s/73%	2

Tabelle 2b: Rechenzeiten und Beschleunigungsfaktoren auf der VP-400EX

Die obige Aufschlüsselung des Rechenzeitbedarfs eines numerischen Berechnungsverfahrens zeigt, wo Verbesserungen hinsichtlich der Vektorisierbarkeit notwendig sind. Bei
der Optimierung eines Berechnungsverfahrens sollte eine derartige Rechenzeitbestimmung
unbedingt durchgeführt werden. Es hat sich gezeigt, daß in vielen Fällen für

Vektorrechner optimierte Programme auch auf Skalarmaschinen kürzere Rechenzeiten benötigen.

Im folgenden werden einige Hinweise gegeben, welche Algorithmen und Programmaufrufe im allgemeinen vermieden werden sollten, um eine gute Vektorisierbarkeit bei verschiedenen Compilern zu erreichen.

- Es sollten keine mehrfach geschachtelten Schleifen auftreten. Wenn doch, sollte der Endwert des Laufindex der inneren Schleife gleich der Dimension der Matrixspalte sein. Hierbei muß berücksichtigt werden, daß in FORTRAN mehrdimensionale Felder spaltenweise abgespeichert werden.

- Die Laufvariablen sollten nicht innerhalb der Schleife berechnet werden.

- Rekursive Algorithmen, bei denen auf einzelne Komponenten eines Vektors zugegriffen wird, sollten nicht eingesetzt werden.

- Die Verwendung von "if-Anweisungen" sollte vermieden werden, da derartige Abfragen ein Springen innerhalb eines Instruktions- bzw. Datenstroms erfordern und somit schlecht vektorisierbar sind.

- Es sollten keine Zahlen in Tabellen gesucht werden. Derartige Operationen sind immer mit Abfragen verbunden.

- Die Verwendung von möglichst langen Vektoren garantiert ein kleines Verhältnis von "start-up-time" zu "stream-time" und damit bessere Beschleunigungsfaktoren.

Die in Tabelle 2a und 2b aufgeführten Rechenzeiten zeigen, daß die Vorgabe der Randbedingungen sowie das Lösen der Gleichungssysteme am schlechtesten vektorisierbar waren. Besser ist die Vorgabe von Randbedingungen dann vektorisierbar, wenn ein Algorithmus gewählt wird, bei dem Knoten mit gleichartigen Randbedingungen (z.B. Eintrittsränder, Wände) zusammengefaßt werden, so daß dicht gepackte Vektoren entstehen. Diese können dann effizienter eine Vektorpipeline durchlaufen. Eine derartige Vorgehensweise erfordert zum einen, daß die Abfragen außerhalb der Schleifen durchgeführt werden. Zum zweiten müssen Zeiger gesetzt werden, die markieren, ob und welche Seitenfläche eines Kontrollvolumens eine Randfläche darstellt und weiterhin, welche Art von Randbedingung an dieser Fläche vorgegeben werden muß. Was die

230

Vektorisierung der Verfahren zur Lösung der Gleichungssysteme betrifft, so sind die direkten Verfahren im allgemeinen äußerst schlecht vektorisierbar (auf Grund der durchzuführenden Matrizeninversion). Bei den iterativen Lösungsverfahren sind einige gut vektorisierbar, diese haben jedoch meist eine schlechte Konvergenzrate, so daß auch auf Vektorrechnern hohe Rechenzeiten benötigt werden. Im folgenden werden abschließend die Vektorisierungseigenschaften der in Abschnitt 9.1.2 vorgestellten iterativen Lösungsverfahren nochmals kurz zusammengefaßt:

- Gesamtschritt-/Jacobi-Verfahren: gut
- Einzelschritt-/Gauß-Seidel-Verfahren: schlecht
- Zebra-Gauß-Seidel-Verfahren: gut
- Red-black-Gauß-Seidel-Verfahren: gut
- Linienrelaxationsverfahren: schlecht
- Stone´s SIP-Verfahren und erweiterte Versionen: schlecht
- Konjugierte Gradientenmethoden: gut
- Präkonditionierungsverfahren: teilweise schlecht

10 Dreidimensionales Berechnungsverfahren für allgemeine krummlinige Koordinaten

Im Teil A und Teil B dieser Arbeit werden der Stand der Forschung sowie neueste Entwicklungen bei der Berechnung von Strömungen mit komplexen Berandungen beschrieben. In diesem Kapitel wird ein dreidimensionales Berechnungsverfahren vorgestellt, dessen Konzeption anhand der diskutierten Vor- und Nachteile ausgearbeitet wurde. Kapitel 11 beschreibt Beispiele von Strömungsberechnungen, die mit Hilfe dieses Verfahrens durchgeführt wurden. Es werden sowohl zweidimensionale wie dreidimensionale Beispiele gezeigt sowie laminare und turbulente Berechnungen. Die Ergebnisse werden, falls möglich, mit Ergebnissen anderer Berechnungsverfahren oder mit Meßdaten verglichen.

10.1 Aufgabenstellung und Auswahl der Komponenten

Aufgabenstellung

Die Aufgabenstellung bestand darin, ein dreidimensionales Verfahren zur Berechnung von Strömungen mit komplexen Berandungen zu entwickeln. Das Verfahren sollte auch für den Grenzfall inkompressibler Strömungen, wie sie z.B. im Wasserbau oder bei Gebäudeumströmungen auftreten, einsetzbar sein. Bei derartigen Strömungen treten oft große Bereiche auf, in denen die turbulenten Schwankungen und dadurch bedingt der turbulente Austausch eine ausschlaggebende Rolle spielen. In dem Verfahren sollte deshalb ein Turbulenzmodell eingebaut sein, das nicht nur für Wandgrenzschichten zufriedenstellende Ergebnisse liefert, sondern auch zur Berechnung von Strömungen mit Ablösegebieten eingesetzt werden kann. Mit dem Verfahren sollte es möglich sein, zusätzliche Differentialgleichungen, die den Wärmeaustausch, Stoffaustausch, Verbrennungen oder Mehrphasenströmungen beschreiben, zu lösen.

Auswahl der Komponenten des numerischen Berechnungsverfahrens

Unter den in Teil A und Teil B dieser Arbeit beschriebenen Komponenten sind jene auszuwählen, mit denen ein Verfahren konstruiert werden kann, das der Aufgabenstellung entspricht. Die verschiedenen Vor- und Nachteile sollen hier nicht wiederholt werden, sondern die ausgewählten Komponenten werden kurz beschrieben und das Hauptkriterium, das zu deren Auswahl führte, genannt. Einige der Festlegungen sind offensichtlich durch die Aufgabenstellung gegeben. Andere Entscheidungen bedurften gewisser Voruntersuchungen, deren Ergebnisse teilweise in den vorigen Kapiteln schon vorgestellt wurden, auf die jedoch hier nochmals hingewiesen wird.

Das Berechnungsverfahren verwendet allgemeine nicht-orthogonale Koordinaten. Nicht-orthogonale Koordinaten wurden deshalb gewählt, da bei komplexen dreidimensionalen Problemen die Generierung orthogonaler Koordinaten nicht gewährleistet ist und nicht-orthogonale Koordinaten leichter zu generieren sind. Zur Gittererzeugung werden sowohl differentielle wie auch algebraische Verfahren eingesetzt. Es wurden Verfahren ausgewählt, die glatte Gitter durch die Verwendung von Poisson-Gleichungen bei den differentiellen oder von Splines bei den algebraischen Verfahren gewährleisten. Weiterhin werden meist randorthogonale Gitter eingesetzt, die mit Hilfe spezieller Kontrollfunktionen generiert werden können. Zur Oberflächengitter-Erzeugung werden algebraische Verfahren verwendet.

Testrechnungen zur Erzeugung orthogonaler Gitter wurden mit dem Verfahren von Mobley und Stewart (1980) durchgeführt und sind in Abb. 25a und Abb. 25b dargestellt. Sie ergaben ein Verschieben der Randpunkte, speziell an der Hinterkante des Kreiszylinders, und zeigen deutlich die Problematik bei der Erzeugung orthogonaler Gitter auf. Verschiedene numerische Gitter, bei deren Generierung die Randpunkte, die Randmaschenweiten sowie die Randwinkel vorgegeben werden, sind in Abb. 14, Abb. 27a und Abb. 27b dargestellt. Diese Gitter wurden mit dem Verfahren von Naar und Schönung (1986), das auf einem Vorschlag von Sorenson (1980) beruht, erzeugt. Randorthogonale Gitter besitzen Vorteile sowohl bezüglich der Genauigkeit wie auch der Konvergenz des numerischen Berechnungsverfahrens.

Das numerische Berechnungsverfahren verwendet primitive Variablen, d.h. die Erhaltungsgleichungen werden für das Geschwindigkeits- und Druckfeld gelöst, da bei dreidimensionalen Problemen die Verwendung von primitiven Variablen eindeutige Vorteile besitzt und die Ergebnisse anschaulich dargestellt werden können.

Da verschiedenste Arten von Strömungen berechnet werden sollen, sind keinerlei Vereinfachungen der Navier-Stokes-Gleichungen möglich. Es wird die konservative Form der Erhaltungsgleichungen mit kartesischen Geschwindigkeitskomponenten verwendet. Hierdurch treten keine Zentrifugal- bzw. Coriolis-Terme auf und damit verbundene Probleme bzw. dadurch bedingte Anforderungen an die Glattheit des numerischen Gitters können vermieden werden. Bei kartesischen Geschwindigkeitskomponenten entstehen keine Probleme mit aufwärtsgerichteten Differenzen, die das von

Galpin et al. (1986) vorgeschlagene "vector-upwinding" notwendig machen (siehe Abb. 49).

Zur Lösung der strömungsmechanischen Erhaltungsgleichungen wird ein Finite-Volumen Verfahren eingesetzt. Für derartige Verfahren liegen die größten Erfahrungen auf dem strömungsmechanischen Gebiet, vor allem bei Verwendung von Turbulenzmodellen, die zur Lösung praxisrelevanter Probleme benötigt werden, vor. Das Finite-Volumen Verfahren wird als Gesamtgebiets-Berechnungsverfahren eingesetzt. Da auch inkompressible Strömungen berechnet werden sollen, wird ein sogenanntes inkompressibles Verfahren verwendet, bei dem Strömungen bis zu $Ma = 0$ berechnet werden können. Bei diesem werden die Geschwindigkeiten aus den Impulsgleichungen, das Druckfeld aus einer Druckkorrekturgleichung und die Dichteverteilung über die Enthalpie- und die Zustandsgleichung bestimmt.

Es wurde eine nicht-gestaffelte Variablenanordnung gewählt, da bei dieser pro Knotenpunkt nur ein Kontrollvolumen auftritt. Hierdurch wird zum einen weniger Speicherplatz als bei einer gestaffelten Anordnung benötigt und zum zweiten ist die Vorgehensweise übersichtlicher, was besonders bei dreidimensionalen Problemen und bei Mehrgitter-Verfahren von Bedeutung ist. Eine nicht-gestaffelte Anordnung erfordert jedoch spezielle Maßnahmen, um die Entkopplung von Geschwindigkeit und Druckfeld und damit verbundene Oszillationen zu vermeiden. Hierzu wurden verschiedene Voruntersuchungen durchgeführt, die in Majumdar (1986) dokumentiert sind.

Als Turbulenzmodell wurde die Standardversion des k-ε Turbulenzmodells ausgewählt. Für dieses Turbulenzmodell liegen umfangreiche Erfahrungen auch bei der Berechnung komplexer Probleme vor. Das Berechnungsverfahren ist jedoch so konstruiert, daß leicht andere Turbulenzmodelle eingesetzt werden können. Ergebnisse erster Testberechnungen liegen für ein sogenanntes Zonen-Turbulenzmodell vor, und zwar für ein Zweischichten-Modell, bei dem im Außenbereich die Standardversion des k-ε Turbulenzmodells und im wandnahen Bereich das Eingleichungs-Modell von Norris und Reynolds (1975) verwendet werden.

In dem Berechnungsverfahren sind verschiedene Diskretisierungsverfahren sowohl bezüglich der zeitlichen wie auch der räumlichen Diskretisierung implementiert. Als zeitliches Diskretisierungsverfahren ist zum einen das implizite Euler-Verfahren erster Ordnung und zum zweiten die in Gleichung (7.16e) dargestelle implizite Diskretisierung zweiter Ordnung eingebaut. Letztere wurde gewählt, um bei einer zeitlichen Diskre-

234

tisierung höherer Ordnung die räumlichen Terme nur zu einem einzigen Zeitpunkt auswerten zu müssen. Es sind verschiedene räumliche Differenzenverfahren eingebaut, die es ermöglichen, sowohl Berechnungen mit stabilen Diskretisierungsverfahren niedriger Ordnung wie auch mit Verfahren höherer Ordnung, die eine gute numerische Auflösung gewährleisten, durchführen zu können.

Es wurde ein entkoppeltes Lösungsverfahren gewählt, um bei dreidimensionalen Berechnungen die Handhabung von sehr großen Matrizen zu vermeiden. Auf Grund des geringeren Speicherplatzbedarfs gegenüber einem gekoppelten Verfahren ist es möglich, numerische Gitter zu verwenden, die eine ausreichende Auflösung auch bei komplexeren Problemen ermöglichen. Desweiteren können bei entkoppelten Lösungsverfahren leichter zusätzliche Gleichungen, die den Wärme- und Stofftransport oder Mehrphasenströmungen beschreiben, berücksichtigt werden. Zur Bestimmung des Druckfeldes wird eine Druckkorrekturgleichung gelöst.

Zur Lösung der Gleichungssysteme werden iterative Verfahren eingesetzt. Hierbei werden Verfahren verwendet, die zum einen eine gute Konvergenzrate und zum zweiten gute Glättungseigenschaften besitzen. Auch hier wurde die Modul-Technik gewählt, d.h. die Gleichungslöser können leicht ausgetauscht werden. Zur Lösung der Gleichungssysteme wurde außerdem ein Mehrgitter-Verfahren ausgewählt, das auf das Gesamtsystem angewendet wird. Es wird eine FAS-FMG-Methode verwendet, um das nicht-lineare, gekoppelte System zu lösen. Hierzu wurden umfangreiche Voruntersuchungen durchgeführt: Abb. 66 zeigt den Einfluß der Reynolds-Zahl auf die Anzahl der Feingitter-Iterationen bei Verwendung eines aufwärtsgerichteten und eines hybriden Differenzenverfahrens und in Abb. 67 ist der Einfluß nicht-orthogonaler Gitter auf die benötigten Rechenzeiten dargestellt. Keine Berechnungen mit dem Mehrgitter-Verfahren wurden bisher für turbulente Strömungen durchgeführt.

10.2 Beschreibung des numerischen Berechnungsverfahrens

10.2.1 Gittererzeugungsverfahren

Das numerische Gitter muß auf Grund der für das Finite-Volumen Verfahren zur Lösung der strömungsmechanischen Erhaltungsgleichungen ausgewählten Komponenten keine speziellen Anforderungen erfüllen. Dies bedeutet, daß jegliche Gitter zum Einsatz kommen können, bei denen sich Gitterlinien nicht überschneiden. Für die Stabilität, Konvergenzrate und Genauigkeit des numerischen Berechnungsverfahrens ist es jedoch von Vorteil, wenn das generierte Gitter glatt, möglichst orthogonal (zumindestens randorthogonal) und nicht zu verzerrt ist. Deshalb wurden für das numerische Berechnungsverfahren eine Reihe von Gittergenerierungsverfahren entwickelt, die je nach Problemstellung zum Einsatz kommen und im folgenden kurz beschrieben werden.

Zweidimensionales differentielles Gittererzeugungsverfahren

Dieses Gittererzeugungsverfahren basiert auf einem Vorschlag von Sorenson (1980) und ist detailliert in Naar und Schönung (1986) beschrieben.

Zur Gittererzeugung werden die invertierten Poisson-Gleichungen gelöst, und zwar mit Dirichlet-Randbedingungen, d.h. fixierter Lage der Randpunkte. Die Kontrollfunktionen (Quellterme in den Poisson-Gleichungen) werden so bestimmt, daß im differentiellen Fall, d.h. verschwindender Maschenweite, ein Gitter mit vorgegebenen Randmaschenweiten und Randwinkeln generiert wird. Die entsprechenden Beziehungen für die Quellterme werden durch Grenzwertbetrachtungen entlang der Berandung abgeleitet. Da in die Quellterme die zweiten Ableitungen der Lösung der Poisson-Gleichungen eingehen, müssen erstere iterativ berechnet werden. Um Stabilität des Verfahrens zu erhalten, sind deshalb Unterrelaxationen notwendig. In den Quelltermen treten zusätzlich Konstanten auf, mit denen gesteuert werden kann, wie weit der Randeinfluß (Randmaschenweite, Randwinkel und Randkontur) sich ins Innere des Berechnungsgebiets fortpflanzt. Das lineare Gleichungssystem wird mit Hilfe des Linienrelaxationsverfahrens gelöst.

Das von Naar und Schönung (1986) entwickelte Programmpaket ist zur Generierung von C- und H-Gittern ausgelegt. Da bei C-Gittern die genaue äußere Randlage oft nicht von großer Bedeutung ist (z.B. bei der Berechnung von Umströmungen), besteht bei dem Programm die Möglichkeit, den äußeren Rand sowie den Schnitt zur Hinterkante anwenderfreundlich, automatisch zu generieren. Weiterhin können mehrfach zusammenhängende H-Netze generiert werden und das Programm besitzt eine ausführliche Check-Routine, um Fehler bei der Vorgabe der Berandungen zu erkennen.

Dieses Gittererzeugungsverfahren wird meist dann eingesetzt, wenn die Glattheit des Gitters und die Orthogonalität in Wandnähe von Bedeutung sind, wie z.B. bei Wärmeübergangsberechnungen.

Dreidimensionales algebraisches Gittererzeugungsverfahren

Dieses Verfahren verwendet das von Gordon und Hall (1973) vorgeschlagene Prinzip der transfiniten Interpolationen und ist in Zhu et al. (1988) beschrieben.

Zur Fortsetzung der Randabbildung ins Innere des Gebietes wird die Boole'sche Summenprojektion verwendet. Als Interpolationsfunktionen werden hierbei kubische Splines eingesetzt, wodurch zum einen glatte Gitter auf Grund der Glattheitseigenschaften der Splines erzeugt werden können und zum zweiten beliebig viele Trennlinien/-ebenen vorgegeben werden können. Letzteres ist zu einer optimalen Gittersteuerung und Vermeidung von Netzüberschneidungen notwendig. Zur Vorgabe der Trennlinien/-ebenen wurde eine anwenderfreundliche Vorgehensweise entwickelt: Es müssen nur wenige Punkte vorgegeben werden, mit deren Hilfe das algebraische Gittergenerierungsverfahren danach die Trennlinien automatisch durch diese Punkte legt. Hierbei werden Informationen über die Randkontur sowie die Randpunktlage verwendet. Das oben skizzierte Verfahren kann auch zur algebraischen Generierung zweidimensionaler Gitter eingesetzt werden. Weiterhin steht eine dreidimensionale, modifizierte Version zur Verfügung, bei der das oben beschriebene algebraische Gittererzeugungsverfahren zur Generierung der Oberflächengitter verwendet wird und das dreidimensionale Netz im Innern des Gebietes mit Hilfe einer dreidimensionalen Version des oben beschriebenen differentiellen Verfahrens erzeugt wird.

Hybrides differentiell-algebraisches Gittererzeugungsverfahren

Bei dem in Zhu et al. (1989) beschriebenen Netzerzeugungsverfahren werden die bei algebraischen Verfahren zur Vermeidung von Netzüberschneidungen unbedingt notwendigen Trennlinien/-ebenen mit Hilfe eines differentiellen Gittererzeugungsverfahrens gelegt. Für das differentielle Verfahren wird nur wenig Rechenzeit benötigt, da zum Legen der Trennlinien wenige Gitterpunkte ausreichen. Die Randkontur muß jedoch ausreichend genau erfaßt werden. Die generierten Gitterlinien dienen als Trennlinien für das algebraische Gittergenerierungsverfahren, mit dessen Hilfe ein beliebig feines numerisches Netz erstellt wird.

Als differentielles Gittergenerierungsverfahren wird das von Sorenson (1980) entwickelte Verfahren eingesetzt. Dies bedeutet, daß die invertierten zweidimensionalen Poisson-Gleichungen gelöst werden, allerdings mit einem gegenüber Sorenson modifizierten Quellterm. Da die auftretenden Kontrollfunktionen nicht die Randmaschenweite steuern müssen, dies wird durch das algebraische Verfahren erreicht, werden bei dem von Zhu et al. (1989) entwickelten Verfahren Kontrollfunktionen verwendet, mit deren Hilfe Randorthogonalität an allen vier Rändern erreicht wird. Entsprechende Beziehungen für die Kontrollfunktionen werden mit Hilfe der bilinearen transfiniten Abbildungen abgeleitet. Zur Generierung des Feingitters, d.h. zur algebraischen Gittergenerierung, werden bi-kubische Splines eingesetzt. Zu deren Bestimmung muß ein algebraisches Gleichungssystem gelöst werden. Der rechenzeitaufwendige Teil hängt hierbei jedoch nur von dem generierten Grobgitter, d.h. dem durch das differentielle Gittergenerierungsverfahren erzeugten numerischen Netz ab. Damit ist es möglich, äußerst schnell bei gegebenen Trennlinien verschiedenste Feingitter zu erzeugen, die eine gewünschte Konzentration von Gitterlinien bzw. gewisse Randmaschenweiten besitzen.

Bei dem von Zhu et al. (1989) entwickelten hybriden Gittererzeugungsverfahren treten zum einen durch die einfache Erzeugung von Trennlinien keine Netzüberschneidungen auf und weiterhin ist die Generierung von randorthogonalen Gittern möglich.

<u>Markierung der Randkontrollvolumina</u>

Bei der Generierung der numerischen Gitter, insbesondere der Oberflächengitter bzw. bei zweidimensionalen Problemen der Punkteverteilung auf der Berandung, werden die entsprechenden Randkontrollvolumina markiert. Die Markierung betrifft zum einen, welche der auftretenden Kontrollvolumina, Randkontrollvolumina sind, zum zweiten, welche Kontrollvolumina-Seiten den Rand darstellen und zum dritten, welcher Typus von Randbedingungen an dieser Seite vorzugeben ist. Treten im Innern des Berechnungsgebietes sogenannte "geblockte Kontrollvolumina" auf, die einen umströmten Körper darstellen, so werden entsprechende Markierungen auch an diesen Kontrollvolumina vorgegeben.

Die Informationen über die Randkontrollvolumina werden zusammen mit den Koordinaten des erzeugten numerischen Gitters an das numerische Verfahren zur Lösung der strömungsmechanischen Erhaltungsgleichungen übergeben.

10.2.2 <u>Lösungsverfahren für die strömungsmechanischen Erhaltungsgleichungen</u>

Das numerische Verfahren zur Lösung der strömungsmechanischen Erhaltungsgleichungen ist ausführlich in den Veröffentlichungen von Majumdar (1986), Rodi et al. (1987), Majumdar et al. (1988) sowie Majumdar et al. (1989) beschrieben und Einzel-

238

heiten über das eingesetzte Mehrgitter-Verfahren sind in Orth (1989) dargelegt. Im folgenden sollen deshalb nur die wichtigsten Merkmale des numerischen Verfahrens zusammengefaßt werden.

<u>Erhaltungsgleichungen</u>

Die zu lösenden partiellen Differentialgleichungen in konservativer Form können für den stationären Fall in allgemeinen krummlinigen Koordinaten für kartesische Geschwindigkeitskomponenten wie folgt geschrieben werden:

$$\frac{\partial}{\partial x_i}(C_i \Phi + D_i^{\Phi}) = J S_{\Phi} \tag{10.1}$$

Gleichung (10.1) verwendet die Euler-Summation, d.h. es wird über Terme mit gleichen Indizes summiert. ϕ ist die zu berechnende Variable, x_i bezeichnet die krummlinigen Koordinaten (siehe Abb.71), C_i den Konvektionsterm, D_i^{ϕ} den Diffusionsterm und S_{ϕ} den Quellterm. J steht für die Jacobi-Determinante. In Tabelle 3 sind die Konvektions-, Diffusions- und Quellterme für die einzelnen Erhaltungsgleichungen aufgelistet und zwar für die Kontinuitätsgleichung (a), die Impulsgleichungen (b), die Erhaltungsgleichung für die turbulente kinetische Energie k (c), die Dissipationsrate ε (d) sowie die Totalenthalpie H (e). U_i bezeichnet den Massenfluß und P die Turbulenzenergieproduktion.

Zur Schließung des Gleichungssystems werden folgende algebraische Beziehungen benötigt:
Wirbelviskositätsbeziehung

$$\mu_t = c_{\mu} \rho \frac{k^2}{\epsilon} \tag{10.2}$$

Verknüpfung von Temperatur und Totalenthalpie

$$H = c_p T + \frac{v_l v_l}{2} + k \tag{10.3}$$

Zustandsgleichung:

$$p = \rho R T \tag{10.4}$$

Die Differentialgleichung (10.1) sowie die Beziehungen in Tabelle 3 sind für voll turbulente Strömungen unter Vernachlässigung des Einflusses der molekularen Viskosität formuliert.

	Φ_i	C_i	D_i^Φ	S_Φ
a)	1	U_i	0	0
b)	v_k	U_i	$-\dfrac{\mu}{J}\left(B_j^i\dfrac{\partial v_k}{\partial x_j}+\beta_j^i\omega_k^j\right)$	$-\dfrac{1}{J}\dfrac{\partial}{\partial x_j}(p\beta_k^j)$
c)	k	U_i	$-\dfrac{\mu}{\sigma_k J}\left(B_j^i\dfrac{\partial k}{\partial x_j}\right)$	$P-\rho\epsilon$
d)	ϵ	U_i	$-\dfrac{\mu}{\sigma_\epsilon J}\left(B_j^i\dfrac{\partial\epsilon}{\partial x_j}\right)$	$c_{\epsilon1}\dfrac{\epsilon}{k}P-c_{\epsilon2}\rho\dfrac{\epsilon^2}{k}$
e)	H	U_i	$-\dfrac{\mu}{Pr\,J}\left(B_j^i\dfrac{\partial H}{\partial x_j}\right)$	$\dfrac{1}{J}\dfrac{\partial}{\partial x_j}\left[\dfrac{\mu}{J}\left(v_l\dfrac{\partial v_l}{\partial x_k}B_k^j+v_l\omega_l^m\beta_m^j\right)-\dfrac{\mu}{Pr\,J}\dfrac{\partial\frac{v_l v_l}{2}}{\partial x_n}B_n^j\right]$

$$J=\left|\frac{\partial y_i}{\partial x_i}\right| \qquad \beta_j^i=\text{Kofaktoren von }\frac{\partial y_i}{\partial x_j}\text{ in }J \qquad B_j^i=\beta_l^i\beta_l^j$$

$$U_i=\rho v_j\beta_j^i \qquad\qquad \omega_k^j=\frac{\partial v_j}{\partial x_l}\beta_k^l$$

$$P=\frac{\mu}{J}\left(\frac{\partial v_l}{\partial x_n}\beta_j^n+\frac{\partial v_j}{\partial x_m}\beta_l^m\right)\left(\frac{\partial v_l}{\partial x_n}\beta_j^n\right)$$

Tabelle 3: Konvektions-, Diffusions- und Quellterme in den Erhaltungsgleichungen

Die Modellkonstanten sind auf Seite 13 gegeben. Bei der Berechnung laminarer Strömungen werden Gleichung (c) und (d) in Tabelle 3 sowie Gleichung (10.2) nicht benötigt. μ entspricht dann der molekularen Viskosität, ansonsten der effektiven Viskosität. Werden Strömungen mit konstanter Dichte berechnet, so werden Gleichung (e) in Tabelle 3 sowie die Gleichungen (10.3) und (10.4) nicht benötigt.

<u>Lage der Kontrollvolumina und Variablenanordnung</u>

Gleichung (10.1) wird mit Hilfe eines Finite-Volumen Verfahrens gelöst, das eine nicht-gestaffelte Anordnung der Variablen verwendet. Die durch die numerische Gitter-generierung erzeugten Koordinaten bilden die Eckpunkte der Kontrollvolumina und die Variablen sind in Kontrollvolumen-Mitte, wie Abb. 70 für den zweidimensionalen Fall zeigt, abgespeichert.

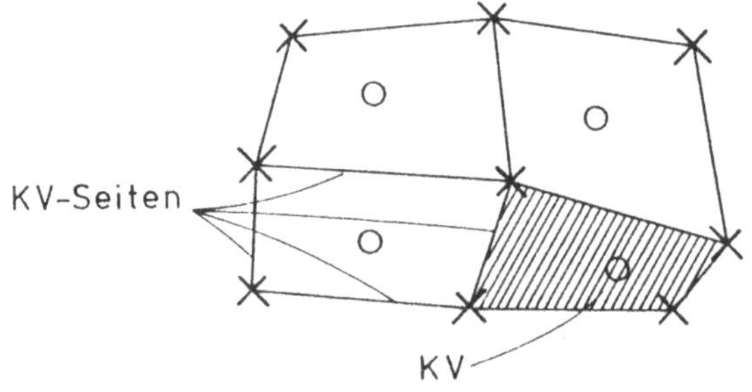

Abb.70: Kontrollvolumina und Anordnung der Variablen

<u>Integration der Erhaltungsgleichungen</u>

Die differentiellen, strömungsmechanischen Erhaltungsgleichungen werden mit Hilfe des Gauß-Theorems über die Kontrollvolumina integriert. Die dadurch sich ergebenden Beziehungen für die Flüsse stellen eine Bilanz der ein- und austretenden Flüsse dar. Die Flüsse an den Kontrollvolumen-Seiten werden mit Hilfe der Variablenwerte, die in Kontrollvolumen-Mitte gespeichert sind, approximiert. Sie setzen sich aus den konvek-tiven Flüssen $C_i \phi$ sowie den diffusiven Flüssen D_i^{ϕ} zusammen, wobei die letzteren nochmals in einen Normal-Anteil ($j = i$ in Tabelle 3) und einen Kreuzfluß-Anteil ($j \neq i$) aufgeteilt werden.

Nach der Integration der Erhaltungsgleichungen treten in den Bilanzbeziehungen die Kofaktoren β_j^i auf, die aus den geometrischen Größen b_j^i und Δx_i gemäß der Beziehung

$$\beta_j^i = b_j^i \Delta x_i / (\Delta x_1 \cdot \Delta x_2 \cdot \Delta x_3) \tag{10.5}$$

bestimmt werden. Die geometrischen Größen sind in Abb. 71 für ein zweidimensionales Kontrollvolumen eingetragen.

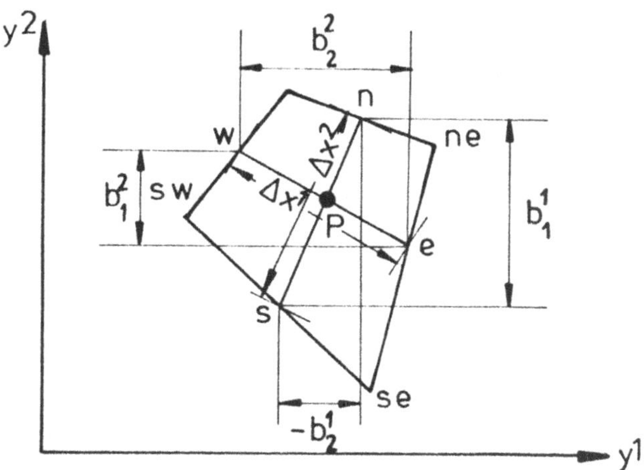

Abb.71: Definition der geometrischen Größen

In den integrierten Differenzengleichungen tritt die Jacobi-Determinante nicht explizit auf, da sie mit Hilfe der Beziehung

$$dV = J \cdot \Delta x_1 \cdot \Delta x_2 \cdot \Delta x_3 \tag{10.6}$$

durch das physikalische Volumen der Kontrollvolumina ersetzt werden kann. Somit muß eine Berechnung der Jacobi-Determinante, die bei nicht-glatten Gittern zu Problemen führen könnte, nicht durchgeführt werden, sondern es treten nur die in Abb. 71 gezeigten geometrischen Größen auf.

Diskretisierungsverfahren

Zur Bestimmung der konvektiven Flüsse $C_i \phi$, wobei $C_i = U_i$ anhand der Beziehung in Tabelle 3 berechnet wird, können verschiedene Diskretisierungsverfahren eingesetzt werden: das hybride Differenzenverfahren HDS von Spalding (1972), das lineare Aufwind-Differenzenverfahren LUDS von Price et al. (1966) sowie das quadratische Aufwind-Differenzenverfahren QUICK von Leonard (1979). Die Transportgleichungen

242

für die Turbulenzgrößen k und ε werden immer mit dem HDS gelöst. Bei dem LUDS- sowie dem QUICK-Verfahren wird der Einfluß weiter entfernter Knoten explizit berücksichtigt, so daß im zweidimensionalen Fall eine Penta- und im dreidimensionalen eine Sept-Diagonalmatrix entsteht.

Der Normal-Anteil des Diffusionsflusses D_i^ϕ wird mit Hilfe von Zentraldifferenzen approximiert, die als Differenz zwischen den Werten an den Nachbarknoten und dem Wert am Zentralknoten formuliert werden können. Zur Approximation des Kreuzfluß-Anteils werden die Werte der Variablen an den Kontrollvolumen-Seiten benötigt. Zu deren Bestimmung werden lineare Interpolationen verwendet und die Kreuzfluß-Anteile werden explizit in den Quelltermen berücksichtigt, um Probleme mit nicht-negativen Koeffizienten zu vermeiden.

Die Berechnung der Quellterme erfolgt vorwiegend mit Hilfe linearer Interpolationen. Die Druckwerte an den Kontrollvolumen-Seiten werden linear aus den entsprechenden Werten an den Knotenpunkten interpoliert. Der Produktionsterm für die turbulente kinetische Energie wird wie auch der Enthalpie-Quellterm in Kontrollvolumen-Mitte bestimmt, wobei für die entsprechenden Gradientenbildungen lineare Interpolationen verwendet werden.

Die Diskretisierung der strömungsmechanischen Erhaltungsgleichungen führt zu einem System von Differenzengleichungen, das die in Beziehung (7.5a) gegebene Form besitzt. Der Quellterm wird gemäß Gleichung (7.5b) bzw. Gleichung (7.14) linearisiert.

Bei instationären Berechnungen (Gleichung (10.1) ist für den stationären Fall geschrieben) wird für die zeitliche Diskretisierung entweder ein implizites Euler-Verfahren erster Ordnung (Gleichung (7.16b)) oder das in Gleichung (7.16e) gezeigte implizite Differenzenverfahren zweiter Ordnung verwendet. Bei letzterem fließen die Werte zu drei Zeitebenen ein und die räumlichen Terme müssen nur für den Zeitpunkt t^{n+1} ausgewertet werden.

Die Randbedingungen werden gemäß der in Kapitel 7 beschriebenen Vorgehensweise vorgegeben, wobei die Informationen über die bei der numerischen Gittergenerierung markierten Kontrollvolumina einfließen.

Entkoppeltes Lösungsverfahren und Druckkorrekturgleichung

Die in Gleichung (10.1) und in Tabelle 3 aufgeführten Differentialgleichungen werden nacheinander gelöst. Um die Kopplung zwischen den Differentialgleichungen zu berücksichtigen, werden äußere Iterationen durchgeführt, bis eine konvergierte Lösung des Gesamtsystems erhalten wird. Hierbei wird zur Berücksichtigung der Geschwindigkeits-Druck-Kopplung eine Druckkorrekturgleichung gelöst. Es wird entweder das von Patankar und Spalding (1972) entwickelte Druckkorrekturverfahren SIMPLE oder das SIMPLEC-Verfahren von van Doormaal und Raithby (1984) eingesetzt, die beide in Kapitel 8 beschrieben sind. Um Oszillationen bei nicht-gestaffelter Anordnung der Variablen zu vermeiden, werden jedoch anstatt linearer Interpolationen zur Bestimmung der Massenflüsse U_i an den Kontrollvolumen-Seiten die in Gleichung (6.4b) formulierten Impulsinterpolationen verwendet. Die so berechneten Massenflüsse U_i werden zur Bestimmung der Konvektionsterme in sämtlichen Erhaltungsgleichungen verwendet. Bei dem Druckkorrekturverfahren wird die Annahme verwendet, daß in der Druckkorrekturgleichung nur der Normaldruckanteil von Bedeutung ist, d.h. der letzte Term in Gleichung (8.9) wird vernachlässigt. Dadurch entsteht eine Druckkorrekturgleichung zur Bestimmung der Druckkorrekturen p´, die eine Penta- bzw. Sept-Diagonalform der Matrizen im Zweidimensionalen bzw. Dreidimensionalen besitzt, und die analog wie die anderen Erhaltungsgleichungen gelöst werden kann. Die äußeren Iterationen werden entsprechend der in Kapitel 8 beschriebenen Vorgehensweise durchgeführt.

Lösung der Gleichungssysteme

Die Differenzengleichungen (7.5a) sind jeweils für eine Differentialgleichung zu lösen, wobei zur Linearisierung der konvektiven Terme die Picard-Linearisierung (siehe Gleichung (9.1)) eingesetzt wird.

Zur Lösung der linearen Gleichungssysteme stehen verschiedene iterative Lösungsverfahren zur Verfügung: das Linienrelaxationsverfahren (Gleichung (9.5c)), das SIP-Verfahren von Stone (1968), das Neun-Diagonal-Lösungsverfahren von Peric (1987) sowie die konjugierte Gradientenmethode (BICO) von Müller et al. (1985). Zumeist wird im Zweidimensionalen das SIP-Verfahren von Stone (1968) eingesetzt.

Da zur Kopplung der Differentialgleichungen äußere Iterationen durchgeführt werden, werden die Einzelgleichungen nicht vollständig gelöst, sondern das Residuum auf 10%

bis 20% des Eingangswertes reduziert und dann zur nächsten Differentialgleichung übergegangen.

Bei stationären Berechnungen wird als Startwert ein Geschwindigkeitsfeld verwendet, das die Kontinuitätsgleichung erfüllt, und das Druckfeld wird zu Null gesetzt.

Mehrgitterverfahren

Mit dem numerischen Verfahren können sowohl Berechnungen mit der Eingitter- wie auch der Mehrgitter-Methode durchgeführt werden. Die Berechnung von turbulenten Strömungen erfolgte bisher nur mit der Eingitter-Methode.

Als Mehrgitterverfahren wird ein FAS-FMG-Verfahren eingesetzt, das auf das Gesamtsystem angewendet wird, d.h. das Druckkorrekturverfahren wird als "distributive relaxation" verwendet. Hierbei wird gesondert der Quellterm auf dem Grobgitter, wie in Gleichung (9.13) dargestellt, berücksichtigt. Es werden zwei bis drei Vorrelaxationen und eine Nachrelaxation verwendet und auf dem gröbsten Gitter wird das Gleichungssystem so lange iterativ gelöst, bis ein gewisses vorgegebenes Residuum erreicht wird. Analog wird eine Schranke für das Residuum vorgeschrieben, die erreicht werden muß, bevor von dem lokal feinsten Gitter auf die nächstfeinere Gitterebene übergegangen wird. Als Glättungsverfahren wird die SIP-Methode von Stone (1968) eingesetzt. Es wird die Standardvergröberung (siehe Abb. 62b) verwendet sowie eine Neun-Punkte-Prolongation und die "full weighting"-Restriktion.

Programmablauf und Datenstruktur

Das numerische Berechnungsverfahren ist in FORTRAN 77 geschrieben. Es besitzt eine modulare Bauweise, so daß Komponenten wie das Turbulenzmodell oder das Verfahren zur Lösung der algebraischen Gleichungssysteme leicht ausgetauscht werden können. Die Variablen sind für jeweils eine Gitterebene nacheinander abgespeichert, um bei zu kleinem Kernspeicher ein unnötiges Seitenblättern zu vermeiden, wenn auf einer Gitterebene (z.B. beim Eingitterverfahren) gearbeitet wird. Weiterhin sind alle Variablen in eindimensionalen Feldern abgelegt, um eine gute Vektorisierung sowie einen schnellen Datenzugriff bei der Verwendung der Mehrgitter-Methode zu gewährleisten. Durch den gewählten Aufbau des numerischen Berechnungsverfahrens wird eine optimale Vektorisierung erreicht, jedoch werden keine speziellen, maschinenbezogenen Befehle verwendet.

11 Beispiele zwei- und dreidimensionaler Strömungsberechnungen

Im folgenden werden Beispiele von Strömungsberechnungen vorgestellt, die mit dem im letzten Kapitel beschriebenen Verfahren für allgemeine krummlinige Koordinaten durchgeführt wurden. Ergebnisse werden für zweidimensionale und dreidimensionale, stationäre und instationäre Berechnungen gezeigt. Da der Schwerpunkt dieser Arbeit auf der numerischen Lösung der strömungsmechanischen Differentialgleichungen liegt, wurden vorwiegend laminare Strömungen ausgewählt, um Fragen der Gültigkeit von Turbulenzmodellen zu vermeiden.

Für jeden Testfall wird eine Kurzbeschreibung der Strömung gegeben und deren praktische Bedeutung dargelegt. Es wird das numerische Gitter beschrieben sowie die Vorgabe der Randbedingungen. Danach werden die Details des Berechnungsverfahrens sowie Angaben über die benötigte Rechenzeit und den Speicherplatzbedarf gegeben. Es folgt die Beschreibung der Ergebnisse, wobei, falls vorhanden, Vergleiche mit anderen Berechnungen bzw. mit Messungen durchgeführt werden.

11.1 Zweidimensionale Strömungsberechnungen

<u>Laminare Nischenströmung</u>

Ein Standard-Testfall für numerische Berechnungsverfahren ist die zweidimensionale, laminare Nischenströmung, die durch eine bewegte Wand induziert wird. Durch letztere stellt sich eine wirbelförmige Strömung in der Nische ein. Die Lage des Wirbelzentrums ist abhängig von der Reynolds-Zahl, die mit der Geschwindigkeit der bewegten Wand U sowie der Nischenbreite H gebildet wird. Bei höheren Reynolds-Zahlen treten zusätzlich Gegenwirbel in den Ecken auf.

Die Berechnungen, genauer beschrieben von Orth (1989), wurden für Re=100, Re=1000 sowie Re = 5000 durchgeführt. Es wurde ein uniformes kartesisches Gitter mit 128 x 128 Kontrollvolumina verwendet. Als Diskretisierungsverfahren wurde das HDS von Spalding (1972) eingesetzt, als Druckkorrekturalgorithmus das SIMPLE-Verfahren von Patankar und Spalding (1972) und die Gleichungen wurden mit Hilfe des SIP-Algorithmus von Stone (1968) gelöst. Für alle drei Reynolds-Zahlen wurden die Berechnungen unter Verwendung der Mehrgitter-Methode (MG) durchgeführt, wobei fünf Gitterebenen eingesetzt wurden und pro Zyklus drei Vorrelaxationen und eine

Nachrelaxation verwendet wurde. Die Lösung wurde als konvergiert angenommen, wenn das mit ρU^2 normierte Impulsresiduum einen Wert von $\varepsilon = 10^{-5}$ unterschritt. Für die Reynolds-Zahl Re = 100 wurde zum Vergleich eine Eingitterrechnung (EG) durchgeführt. Auf einer VP-400EX wurden jeweils die folgende Anzahl von Feingitteriterationen sowie die folgende Rechenzeit benötigt:

	MG			EG
Re	100	1000	5000	100
Iter.	18	20	40	1050
CPU [sec]	11,8	19,4	34,7	~600

Der Speicherplatzbedarf betrug 6,5 Mbytes. Der normierte Residuenverlauf in Abhängigkeit der Feingitteriterationen ist in Abb. 72 dargestellt. Für Re = 100 ergibt sich ein nahezu optimaler, linearer Verlauf des Residuums in der halb-logarithmischen Auftragung. Die schon in Kapitel 9 beschriebene Verschlechterung des Mehrgitterverfahrens stellt sich bei der Reynolds-Zahl Re = 5000 ein. Der Residuenverlauf der Eingitterrechnung zeigt bei den ersten 50 Iterationen den typischen asymptotischen Verlauf, der zu einer äußerst geringen Residuenreduktion bei höheren Iterationen führt.

Zum Vergleich werden im folgenden die Rechenergebnisse von Ghia et al. (1982) herangezogen. Diese wurden mit Hilfe der $\Psi-\omega$-Formulierung erzielt, wobei ein Gitter mit 129 x 129-Knotenpunkten verwendet wurde. Die von Orth (1989) berechnete Lage der Wirbelzentren sowie die Geschwindigkeitsvektoren für die drei Reynolds-Zahlen sind in Abb.73a und Abb.73b dargestellt. Die bewegte Wand liegt bei y/H=1. Mit wachsender Reynolds-Zahl verschiebt sich das Zentrum des Hauptwirbels von der rechten oberen Ecke zu der geometrischen Mitte der Nische hin. Zusätzliche Wirbel stellen sich bei den höheren Reynolds-Zahlen Re = 1000 bzw. Re = 5000 ein. In der Lage der Wirbelzentren treten kleine Abweichungen zwischen den von Orth (1989) und Ghia et al. (1982) erhaltenen Ergebnissen auf. Die Profile der u- bzw. v-Geschwindigkeiten entlang des vertikalen bzw. horizontalen Schnitts durch den geometrischen Mittelpunkt der Nische sind für die drei Reynolds-Zahlen in Abb. 74 dargestellt. Für Re = 100 ergibt sich eine sehr gute Übereinstimmung sowohl bezüglich der Lage wie auch der Werte der Extrema. Geringfügig kleinere v-Geschwindigkeiten wurden von Orth für Re = 1000 berechnet. Deutliche Unterschiede ergeben sich für Re = 5000 und zwar sowohl in der u- wie in der v-Geschwindigkeit. Die Lage der Extrema stimmen jedoch bei beiden Berechnungen überein. Bei höheren Reynolds-Zahlen wandern die Extrema näher an die Wand und dadurch bedingt treten steilere Geschwindigkeitsgradienten auf. Letztere werden auf Grund der bei der HDS-Diskretisierung auftretenden numerischen Diffusion verschmiert, was zu kleineren Extremwerten bei der Berechnung von Orth (1989) führt.

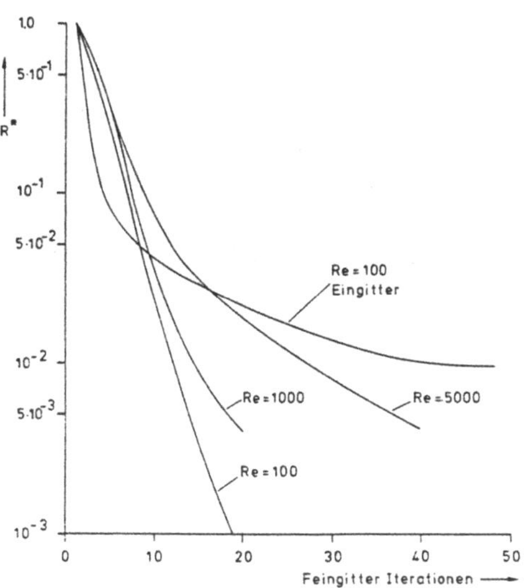

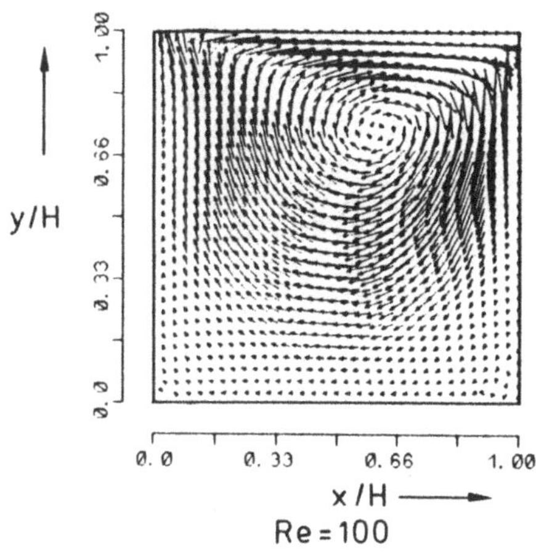

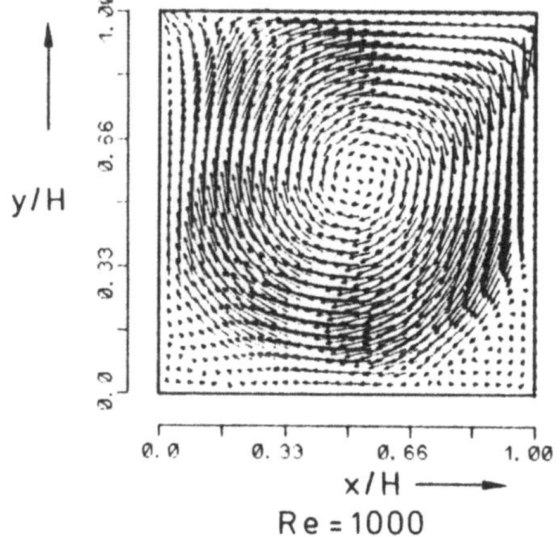

Abb.72: Residuenverlauf in Abhängigkeit
der Feingitteriterationen

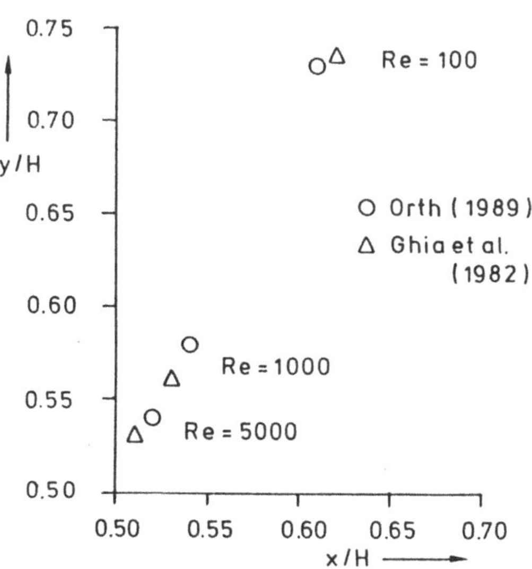

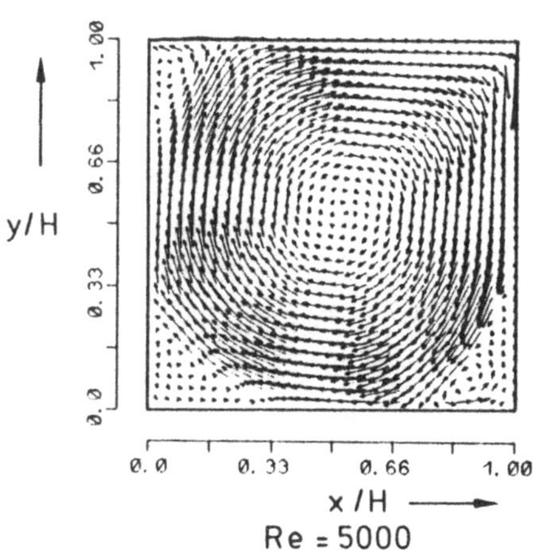

Abb.73a: Lage der Wirbelzentren

Abb.73b: Geschwindigkeitsvektoren

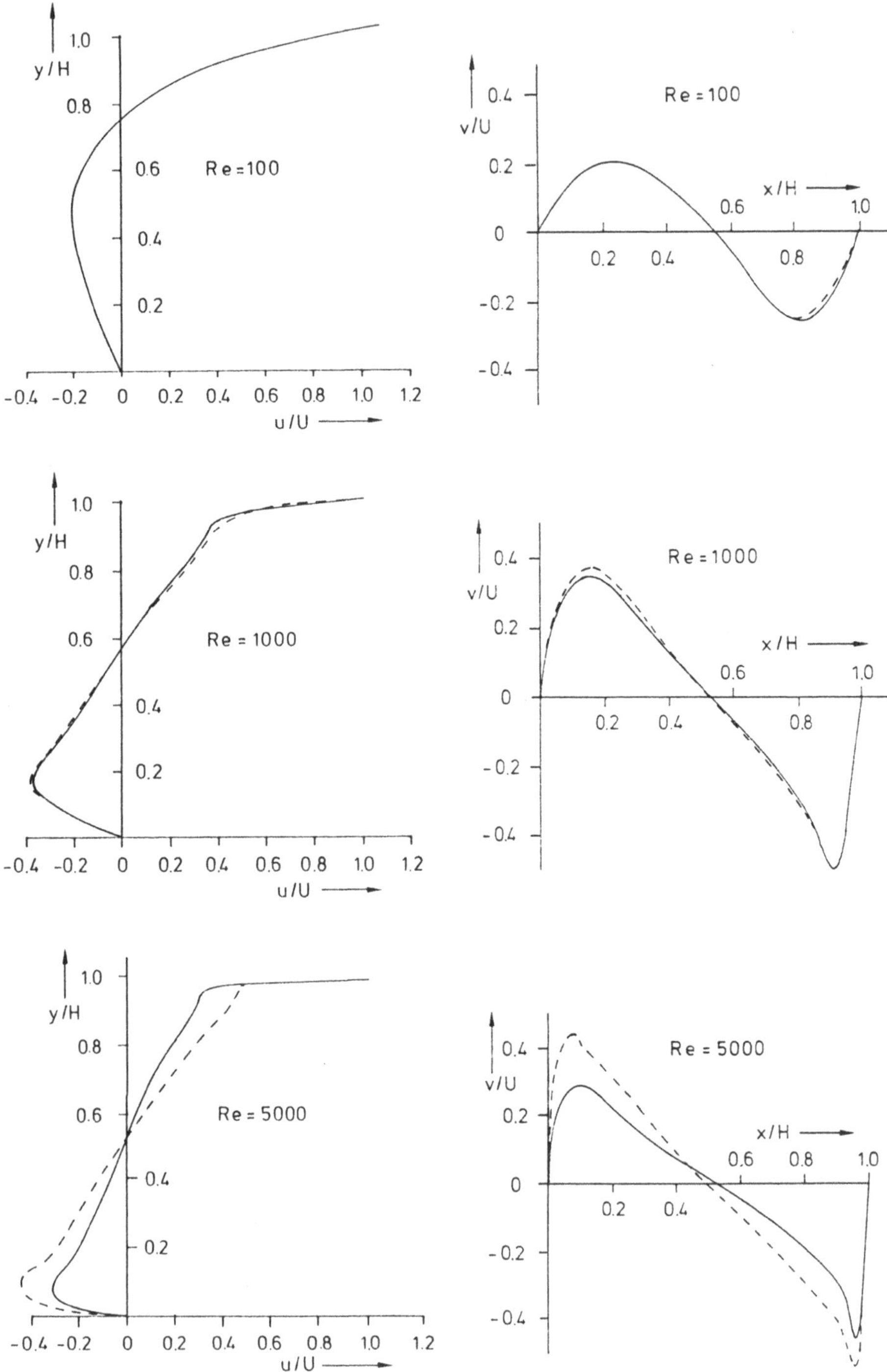

Abb.74: u- bzw. v- Geschwindigkeitsverteilungen entlang des vertikalen bzw.
horizontalen Schnitts durch den Nischenmittelpunkt
Orth (1989) ——— ; Ghia et al. (1982) ------

Turbulente Strömung in einem Absetzbecken

Absetzbecken werden zur Klärung von Abwasser eingesetzt und hierbei insbesondere zur Beseitigung des Feststoffanteils. Um eine optimale Klärung des Abwassers zu erhalten, muß das Absetzbecken entsprechend ausgelegt werden, d.h. die Strömung in dem Absetzbecken muß optimiert werden. Die Auslegung betrifft sowohl die Geometrie des Absetzbeckens, hierbei besonders die Bodenform, wie auch den eventuellen Einbau von Tauch- und Prallwänden. Ziel ist es, eine möglichst lange Durchflußzeit des Abwassers zu erreichen, damit sich der Feststoffanteil absetzen kann.

Numerische Berechnungen wurden von Lyn und Zhang (1989) für ein kreisförmiges Absetzbecken, dessen Strömung von McCorquodale (1976) experimentell untersucht wurde, durchgeführt. McCorquodale bestimmte zum einen die Streichlinien mit Hilfe eines Farb-Tracers und des weiteren wurden von ihm für verschiedene Konfigurationen die Durchflußkurven vermessen. In Abb. 75 ist die Draufsicht sowie Seitenansicht des kreisförmigen Absetzbeckens dargestellt. Das Wasser wird an der Achse zugeführt, fließt radial nach außen, wobei die Strömung unmittelbar nach der Zuführung durch eine Tauchwand umgelenkt wird, und fließt am Außenrand über einen Überfall ab. Die Strömung ist nicht streng axialsymmetrisch, da für die Zu- bzw. Abströmung einzelne Rohre verwendet werden. Für die Rechnung wurde jedoch Axialsymmetrie angenommen.

Das Rechengebiet sowie das numerische Gitter sind in Abb. 76 dargestellt. Das Gitter wurde in den Gebieten verfeinert, in denen starke Gradienten der Strömung zu erwarten sind; so in dem Bereich um die Tauchwand sowie in Bodennähe, hierbei besonders in der Nähe der Bodenschwelle. Es wurde ein numerisches Gitter mit 118 x 84 Kontrollvolumina eingesetzt. In der Eintrittsebene wurde eine uniforme, parallele Zuströmung angenommen mit einem Turbulenzgrad von 5,8%. Die Reynolds-Zahl betrug Re = 7200, gebildet mit der Zuströmgeschwindigkeit $\bar{u}$ und der Höhe h_{in}. Die Wasseroberfläche wurde als Symmetrielinie behandelt und zur Vorgabe der Randbedingungen entlang der Wände wurde das logarithmische Wandgesetz verwendet. Am Austritt wurden Null-Gradienten-Bedingungen vorgeschrieben. Die Berechnungen wurden mit dem HDS von Spalding (1972), dem SIMPLEC-Druckkorrekturverfahren von van Doormaal und Raithby (1984) sowie dem SIP-Verfahren von Stone (1968) durchgeführt. Als Konvergenzkriterium wurde $\varepsilon = 10^{-3}$ verwendet, wofür ca. 1000-Iterationen auf einer Siemens 7881 benötigt wurden. Dies führte zu einer Rechenzeit von 132 Minuten (nicht-vektorisiert) sowie einem Speicherplatzbedarf von ca. 5 Mbyte.

250

Aus den Messungen von McCorquodale (1976) liegen wenige zum Vergleich geeignete Meßdaten vor. In Abb. 77 sind die gemessenen und berechneten Stromlinien dargestellt. Die Strömung wird nach der Zuführung von der Tauchwand stark umgelenkt und löst an der Bodenschwelle ab. Es ergibt sich eine starke Aufwärtsbewegung und die Strömung legt an der freien Oberfläche oberhalb der Bodenschwelle an. Dahinter stellt sich ein großes Rezirkulationsgebiet ein. Dieses Verhalten der Strömung wird von den Berechnungen qualitativ richtig wiedergegeben. Die berechneten Werte der Stromfunktion unterscheiden sich jedoch von den gemessenen, was auf verschiedene Gründe zurückgeführt werden kann: zum einen auf die große Meßungenauigkeit bei der Bestimmung der Stromlinien und zum zweiten auf die Annahme einer axialsymmetrischen Strömung bei der Berechnung. Des weiteren ist die Frage zu stellen, inwiefern das k-ε-Turbulenzmodell, das nur für voll-turbulente Strömungen gilt, bei dieser Strömung angewendet werden kann, da auf Grund der Rezirkulationsgebiete Bereiche mit sehr kleinen Geschwindigkeiten auftreten.

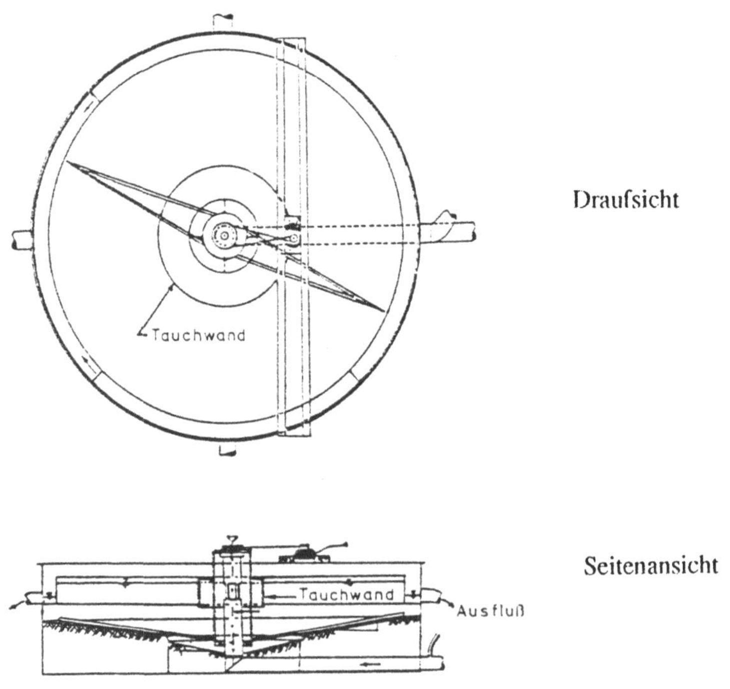

Abb.75: Skizze des Absetzbeckens

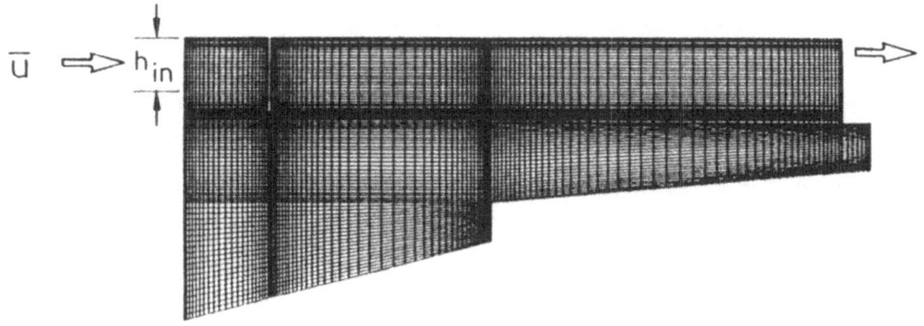

Abb.76:   Numerisches Gitter

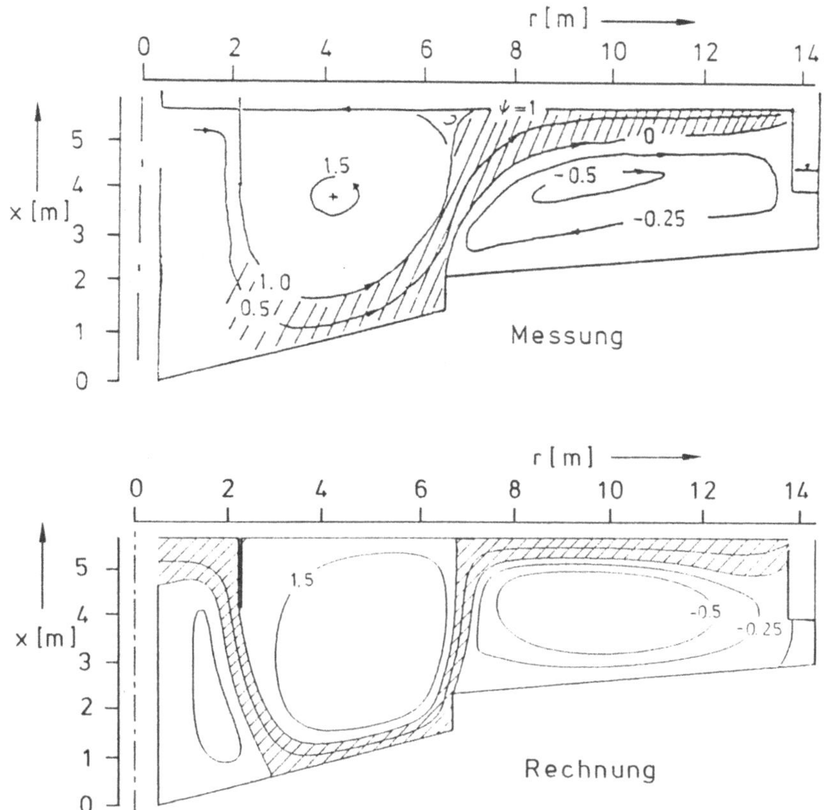

Abb.77:   Experimentell bestimmte (McCorquodale (1976)) und berechnete (Lyn und
Zhang (1989)) Stromlinien

<u>Instationäre turbulente Strömung in einem Turbinengitter</u>

Die Strömung in einer Turbine ist auf Grund der Wechselwirkungen zwischen dem Lauf-
und dem Leitrad instationär. Wie in Abb. 78 skizziert ist, wird die Zuströmung durch die
Nachlaufdellen der vorhergehenden Schaufelreihe gestört. Die durch den Leitrad-Kanal
wandernden Nachlaufdellen beeinflussen vor allem den Wärmeübergang am Leitrad, da
die Nachlaufströmung hochturbulent ist und deshalb zu einem entsprechenden Wandern
des laminar-turbulenten Umschlags auf der Schaufeloberfläche führt.

Da eine Rechnung im Gesamtsystem zeitlich sich verändernde Ränder notwendig machen
würde und damit äußerst komplex wäre, wurden die Berechnungen nur im Leitradkanal
durchgeführt, der in Abb. 79 zusammen mit dem numerischen Gitter dargestellt ist. Als
Randbedingung in der Eintrittsebene werden die sich zeitlich verändernden Profile der
Geschwindigkeitskomponenten sowie der Turbulenzgrößen vorgegeben. Sie werden mit
Hilfe von analytischen Korrelationen erzeugt, die die Nachlaufdellen des Laufrades
simulieren und aus Meßdaten bei der Umströmung von Kreiszylindern erhalten wurden
(siehe Schönung et. al. (1988)). Zur Vorgabe der Randbedingungen an den Schaufelwänden wird das logarithmische Wandgesetz verwendet (siehe Kapitel 7). Entlang der
periodischen Ränder werden iterativ Werte so vorgegeben, daß an den periodischen
Punkten der gleiche Strömungszustand beschrieben wird.

Die Kennzahlen einer instationären Strömung in einem Turbinengitter sind zum einen die
Reynolds-Zahl, gebildet mit der mittleren Zuströmgeschwindigkeit u sowie der
Sehnenlänge der Leitradschaufel L und zum zweiten die Strouhal-Zahl St=fL/u, wobei f
die Frequenz der sich in der Eintrittsebene vorbeibewegenden Nachlaufdellen ist. Die
Strouhal-Zahl ist ein Maß für die Instationarität der Strömung. Als weitere Kennzahl ist
der Zuströmwinkel α von Bedeutung, der sich aus dem Verhältnis der Umdrehungs-
geschwindigkeit des Laufrades und der Zuströmgeschwindigkeit ergibt.

Die im folgenden vorgestellten Ergebnisse wurden für eine Strömung mit
$$\text{Re} = 2.3 \times 10^5, \ \text{St} = 1.23 \ \text{und} \ \alpha = 43^{\circ}$$
berechnet. Diese Kennzahlen entsprechen den typischen Werten in einer Gasturbine. Die
Berechnungen wurden auf einem Gitter mit 57 x 20 Kontrollvolumina durchgeführt und
es wurden die Erhaltungsgleichungen für die ensemble-gemittelten Größen gelöst, um die
durch die Nachlaufströmung bedingten periodischen Fluktuationen direkt zu erfassen. Die
stochastischen Fluktuationen wurden mit Hilfe der Standardversion des k-ε-
Turbulenzmodells simuliert. Zur zeitlichen Diskretisierung wurde das implizite Euler-

Verfahren mit 40 Zeitschritten pro Periode verwendet. Es wurden das HDS-Differenzenverfahren von Spalding (1972) und das SIMPLE-Verfahren von Patankar und Spalding (1972) eingesetzt. Die algebraischen Gleichungen wurden mit dem SIP-Verfahren von Stone (1968) gelöst. Zum Erreichen einer voll periodischen Strömung wurden 8 Zyklen berechnet, wobei die Ergebnisse im letzten Zyklus ausgewertet wurden. Für die berechneten 320 Zeitschritte, wobei pro Zeitschritt 10 Iterationen durchgeführt wurden, waren auf einer Siemens 7881 ca. 50 Minuten Rechenzeit (nicht-vektorisiert) bei einem Speicherplatzbedarf von 4,5 Mbyte notwendig.

Da die in den Gitterkanal eintretenden Nachlaufdellen sehr hohe turbulente kinetische Energie besitzen, ist die Instationarität der Strömung und das Wandern der Nachlaufdellen durch den Gitterkanal am besten anhand der Isolinien der turbulenten kinetischen Energie zu erkennen. Diese werden in Abb. 80 zu drei verschiedenen Zeitpunkten gezeigt, wobei, um einen besseren optischen Eindruck zu erhalten, die Ergebnisse in zwei benachbarten Gitterkanälen dargestellt sind. Die Nachlaufdellen treten mit ca. 45° in den Leitrad-Kanal ein und bewegen sich in der Eintrittsebene nach oben. Das stark turbulenzbehaftete Fluid trifft auf die Vorderkante der Leitradschaufel auf und beeinflußt hier sehr stark den Wärmeübergang. Weiterhin entstehen hohe turbulente Intensitäten auf Grund der Turbulenzproduktion in der Schaufel-Grenzschicht, hierbei besonders entlang der Saugseite. Die zeitlich gemittelte Strömung ist anhand der Geschwindigkeitsvektoren in Abb. 81 dargestellt. Die Strömung wird stark umgelenkt und es sind deutlich die sich ausbildenden Grenzschichten sowie die Nachlaufdelle hinter der Leitradschaufel zu erkennen. Der vergrößerte Ausschnitt der Geschwindigkeitsvektoren zeigt die Strömung unmittelbar in Vorderkantennähe. Für die Schaufelbelastung ist die zeitlich gemittelte Druckverteilung, vor allem aber die Verteilung der Druckschwankungen, die sich auf Grund der periodischen Strömung ergibt, von Interesse. Die Isolinien der Druckschwankungen sind in Abb.82 dargestellt und charakterisieren die Gebiete, in denen an den Schaufelwänden hohe Druckschwankungen auftreten.

Wie dieses Berechnungsbeispiel zeigt, ist das Programm in der Lage, äußerst komplexe instationäre Strömungen zumindest qualitativ richtig zu beschreiben. Quantitative Vergleiche konnten für den vorliegenden Strömungsfall nicht durchgeführt werden, da entsprechende Meßdaten nicht vorlagen.

254

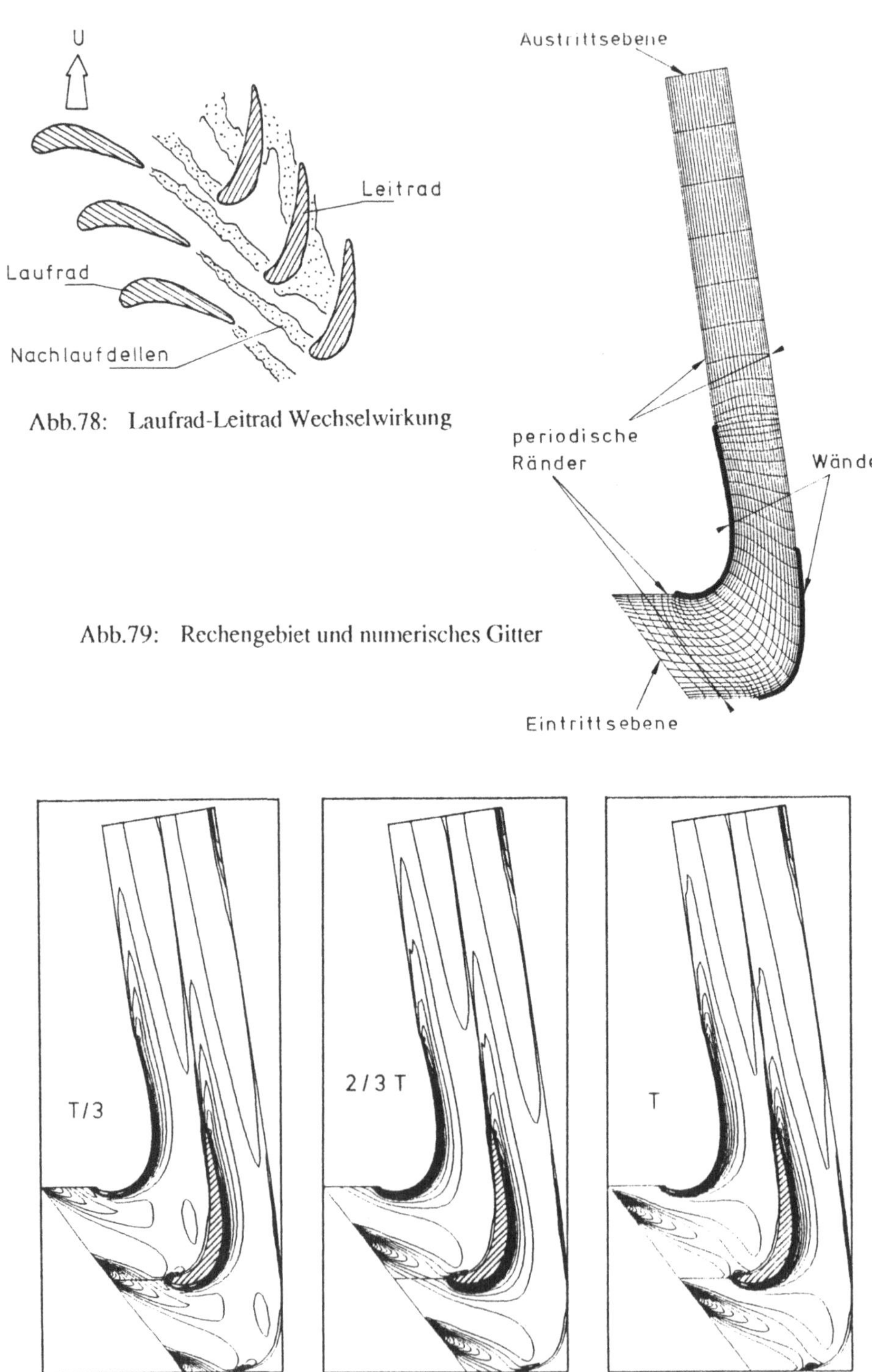

Abb.78:   Laufrad-Leitrad Wechselwirkung

Abb.79:   Rechengebiet und numerisches Gitter

Abb.80:   Isolinien der turbulenten kinetischen Energie zu drei Zeitpunkten

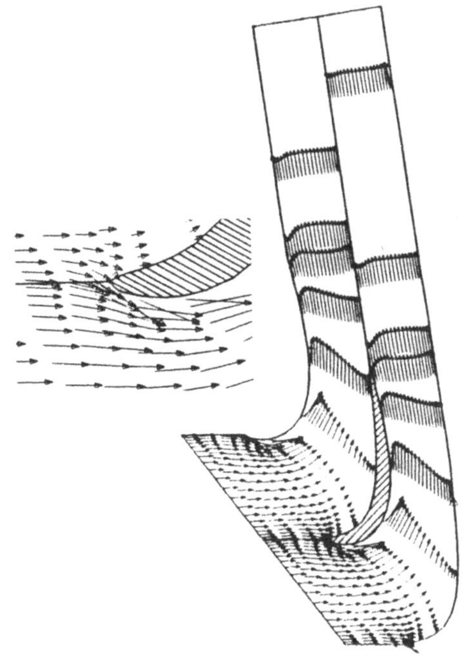

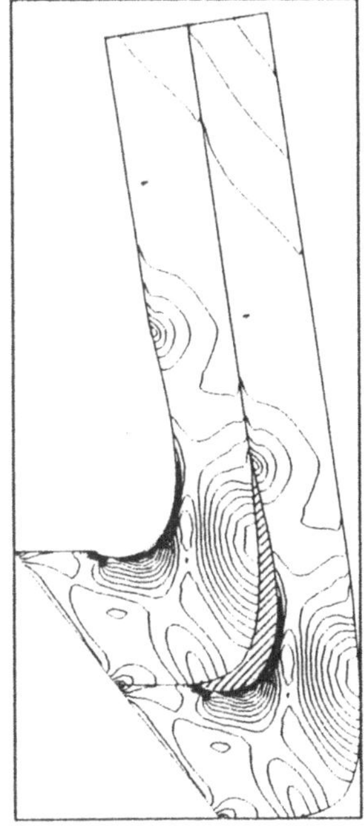

Abb.81: Zeitlich gemittelte Geschwindigkeitsvektoren; Detailvergrößerung der
Vorderkante

Abb.82: Isolinien der Druckschwankungen
$(\sqrt{(<p>-\overline{p})^2})$

11.2 Dreidimensionale Strömungsberechnungen

Laminare Strömung in einer würfelförmigen Nische

Bei der dreidimensionalen, laminaren Strömung in einer Nische, induziert durch eine
bewegte Wand, bilden sich sehr komplexe Wirbelstrukturen aus. Meßdaten für eine
dreidimensionale, laminare Nischenströmung liegen nicht vor. Rechnungen führte Vanka
(1986a) unter Verwendung des "Symmetric Coupled Gauß-Seidel-Verfahrens" durch.
Dieses verwendet primitive Variablen und zur Lösung der Gleichungssysteme ein
gekoppeltes Verfahren. Vanka setzte für seine Berechnungen ein 64 x 64 x 64-Gitter ein.

Orth (1989) berechnete mit dem in Kapitel 10 vorgestellten Verfahren die
dreidimensionale, laminare Strömung in einer Nische für eine Reynolds-Zahl von
Re=1000. Eine Skizze der Nische sowie die Lage des Koordinatensystems sind in
Abb.83 gegeben. Die Rechnung wurde mit einem uniformen, kartesischen Gitter mit

42 x 42 x 42 Kontrollvolumina durchgeführt. An den Wänden wurden die Haftbedingungen für die Geschwindigkeitskomponenten vorgegeben und es wurde das HDS-Differenzenverfahren von Spalding (1972) sowie der SIMPLE-Druckkorrektur-algorithmus von Patankar und Spalding (1972) eingesetzt. Die algebraischen Gleichungssysteme wurden mit dem von Peric (1987) entwickelten Algorithmus gelöst, der auf der SIP-Methode von Stone (1968) aufbaut. Es wurde ein Mehrgitter-Verfahren mit drei Gitterebenen eingesetzt, mit jeweils drei Vorrelaxationen und einer Nachrelaxation. Als Konvergenzkriterium wurde $\varepsilon = 10^{-4}$, basierend auf dem normierten Impulsresiduum, verwendet. Zum Erreichen einer konvergierten Lösung waren sieben Feingitteriterationen notwendig, die auf einer VP-400EX 42,5 Sekunden Rechenzeit bei 40 Mbyte Speicherplatz benötigten.

Die Ergebnisse sind in Form von Geschwindigkeitsvektoren dargestellt, und zwar so weit möglich in den von Vanka (1986a) gewählten Ebenen. Abb.84 enthält die Geschwindigkeitsvektoren in verschiedenen x-y-Ebenen an den vier angegebenen z/H-Lokationen. z/H = 0 ist die Ebene an der unteren Wand und z/H = 0.5 die Symmetrieebene. In der ersten Ebene (z/H = 0.0125) ist der Wirbel nur sehr schwach ausgebildet und nimmt bis zur Symmetrieebene hin zu. Das Zentrum des Wirbels wandert nahezu in die Nischenmitte. Die Lage der Wirbelzentren in den verschiedenen Ebenen stimmt gut mit den von Vanka (1986a) erhaltenen Ergebnissen überein. In den Ecken treten kleine Gegenwirbel auf. Abb.85 enthält die Geschwindigkeitsvektoren in vier verschiedenen y-z-Ebenen. In der linken (x/H = 0,3125) bzw. in der rechten (x/H = 0,7125) Ebene treten starke Aufwärts- bzw. Abwärtsbewegungen auf, die sich auf Grund des großräumigen Wirbels ergeben. In den beiden Mittenebenen entsteht ein komplexes System von Wirbelstrukturen mit bis zu vier Eckenwirbeln. Die Struktur dieser Wirbel sowie deren Lage stimmt gut mit den Ergebnissen von Vanka überein.

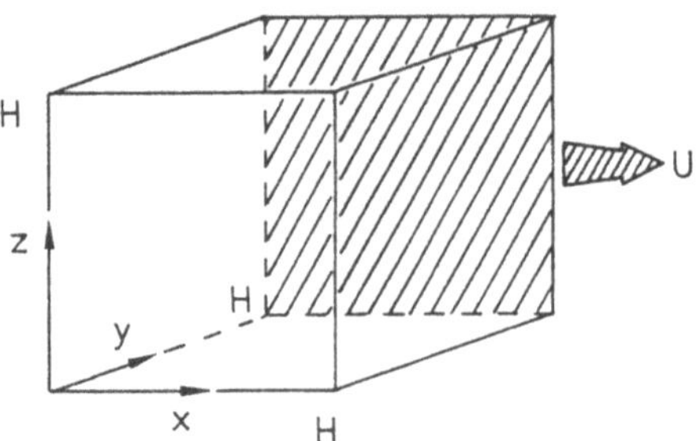

Abb.83: Lage des Koordinatensystems und der bewegten Wand

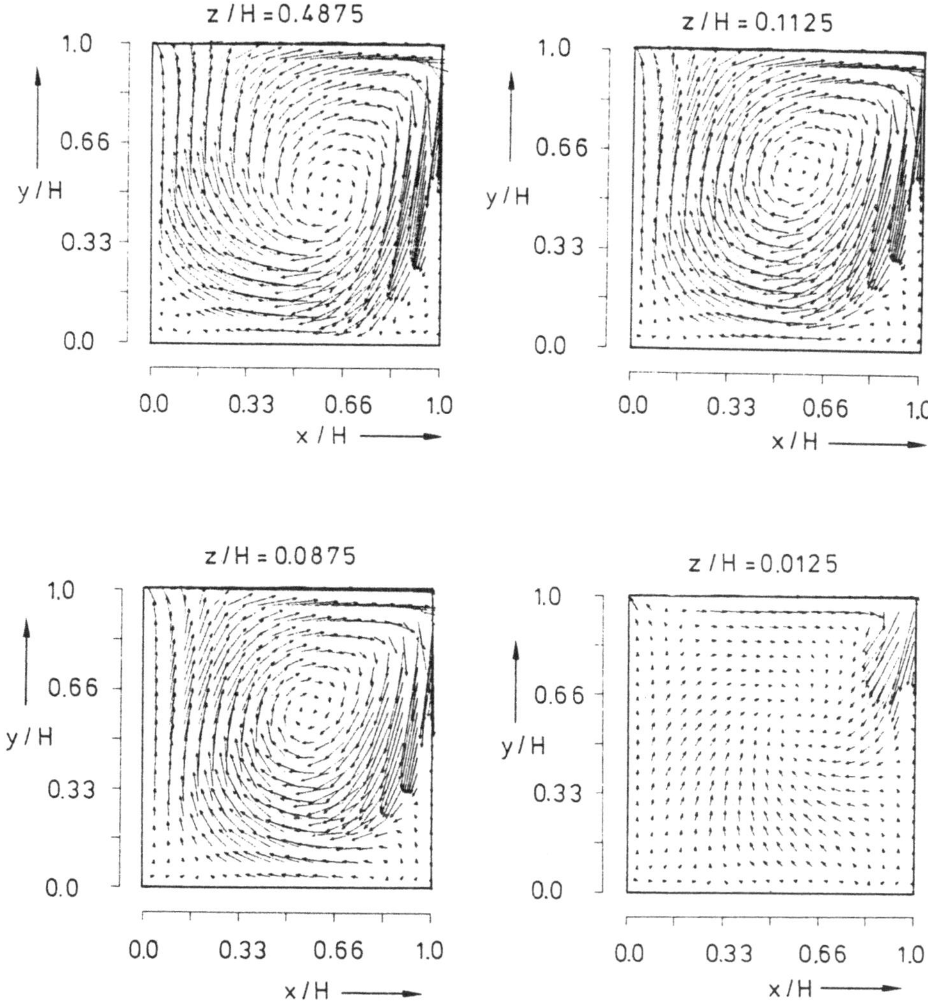

Abb.84: Geschwindigkeitsvektoren in vier x-y-Ebenen

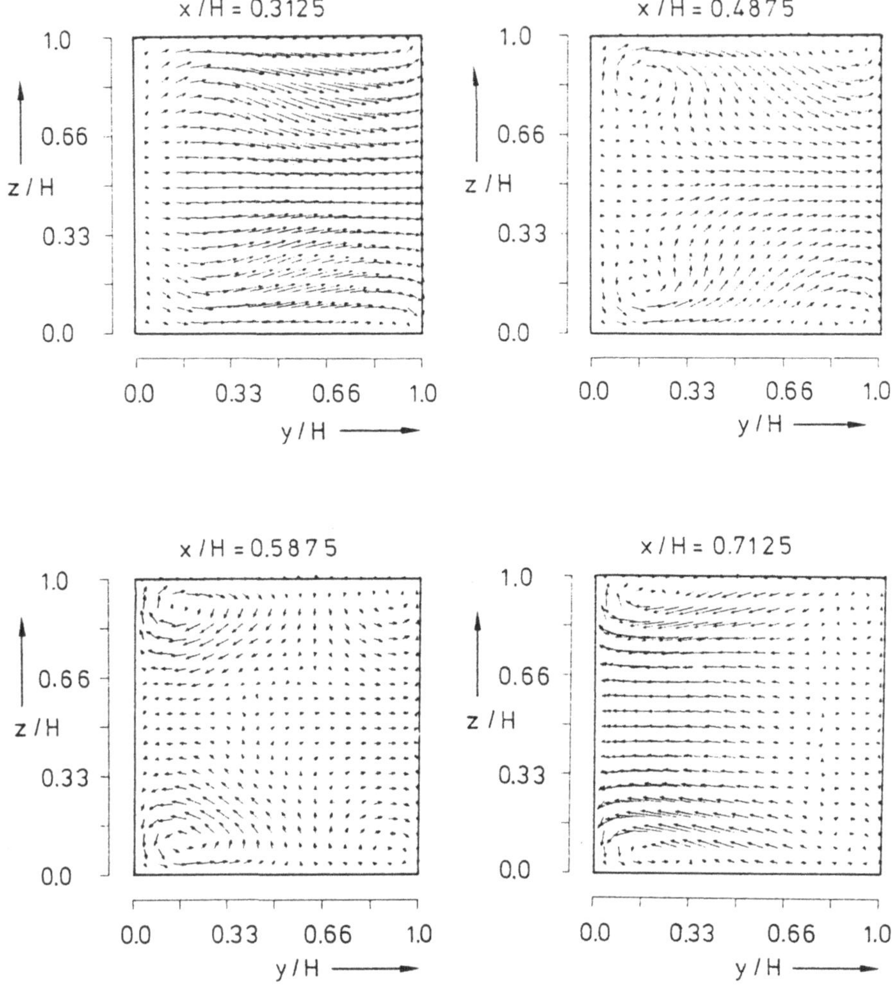

Abb.85:   Geschwindigkeitsvektoren in vier y-z-Ebenen

Laminare, sich entwickelnde Strömung in einem Rohr mit quadratischem Querschnitt

Sich entwickelnde Strömungen in Rohren mit quadratischen Querschnitten treten in verschiedenen maschinenbaulichen Komponenten auf. Derartige Strömungen haben Beavers et al. (1970) sowie Goldstein und Kreid (1967) experimentell untersucht. Beavers et al. führten Druckmessungen in rechteckförmigen Rohren mit Seitenlängen-verhältnissen zwischen 1:1 und 59:1 für sich entwickelnde Strömungen durch. Goldstein und Kreid (1967) setzten die Laser-Doppler-Anemometrie ein, zur Vermessung der Geschwindigkeitsverteilung in einer sich entwickelnden Strömung in einem Rohr mit quadratischem Querschnitt. Bei beiden Arbeiten wurden die Untersuchungen für verschiedene Reynolds-Zahlen durchgeführt. Die Ergebnisse können jedoch bei rein laminaren Strömungen unabhängig von der Reynolds-Zahl dargestellt werden, wenn die Lauflänge durch die Zuström-Reynoldszahl dividiert wird.

Die Berechnungen von Majumdar (1989) wurden deshalb nur für eine Reynolds-Zahl von $Re = u \, D_h/v = 50$ durchgeführt. u bedeutet die mittlere Geschwindigkeit in der Eintritts-ebene und D_h der hydraulische Durchmesser. Eine Skizze des Rechengebietes sowie der verwendeten Randbedingungen ist in Abb. 86 gegeben. Die Berechnungen wurden nur in einem Viertel des Strömungsgebietes durchgeführt mit Wänden und Symmetrieebenen an jeweils zwei Seiten des quadratischen Rohres. In der Eintrittsebene wurde ein uniformes Profil für die Geschwindigkeit vorgeschrieben und in der Austrittsebene Null-Gradienten-Bedingungen. Die Berechnungen wurden mit einem numerischen Gitter mit 30 x 10 x 10 Kontrollvolumina, das uniform in der y-z-Ebene ist, durchgeführt. Es wurde das HDS von Spalding (1972) eingesetzt sowie das SIMPLE-Druckkorrekturverfahren von Patankar und Spalding (1972). Die algebraischen Gleichungen wurden mit Hilfe des Algorithmus von Peric (1987) gelöst. Um ein Konvergenzkriterium von $\varepsilon = 10^{-4}$, basierend auf dem normierten Massenresiduum, zu erreichen, waren 194 Iterationen notwendig. Dafür wurden auf einer VP-400EX 64 Sekunden Rechenzeit bei einem Speicherplatzbedarf von 2,44 Mbyte benötigt.

Die sich ergebende normierte Druckverteilung ist in Abb. 87 als Funktion der Lauflänge dargestellt. Zusätzlich sind die für die verschiedenen Reynolds-Zahlen erhaltenen Meßergebnisse von Beavers et al. (1970) eingetragen. Die auf Grund der dünnen Grenzschichten sich ergebende hohe Wandreibung führt zu einem starken Druckabfall unmittelbar am Eintritt in das quadratische Rohr. Die berechneten Werte stimmen gut mit den gemessenen überein, die geringfügigen Abweichungen sind auf das relativ grobe Gitter von nur 10 x 10 Knotenpunkten pro Querschnittsebene zurückzuführen. Die

stromab sich entwickelnde Strömung ist in Abb.88 anhand der Rohrmittengeschwindigkeit verglichen, wobei die Messungen von Goldstein und Kreid (1967)
verwendet wurden. Wie hier zu sehen, ist die Strömung am Ende des Rechengebietes
noch nicht voll entwickelt. Die berechneten Geschwindigkeitsprofile an drei verschiedenen stromab gelegenen Positionen in der Symmetrieebene sind in Abb. 89 im
Vergleich mit den Messungen von Goldstein und Kreis (1967) dargestellt und stimmen
mit diesen sehr gut überein.

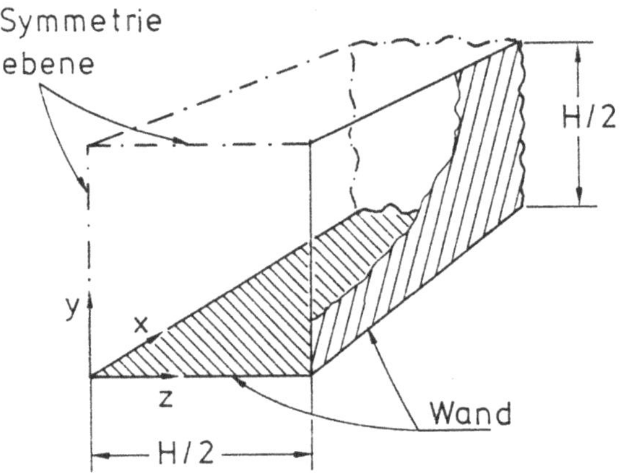

Abb.86:   Rechengebiet und Randbedingungen

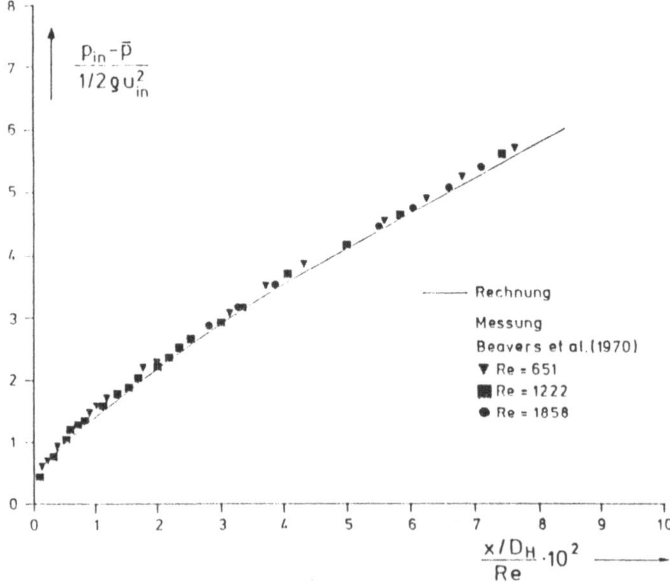

Abb.87:   Verlauf der normierten Druckverteilung
in Abhängigkeit der Lauflänge

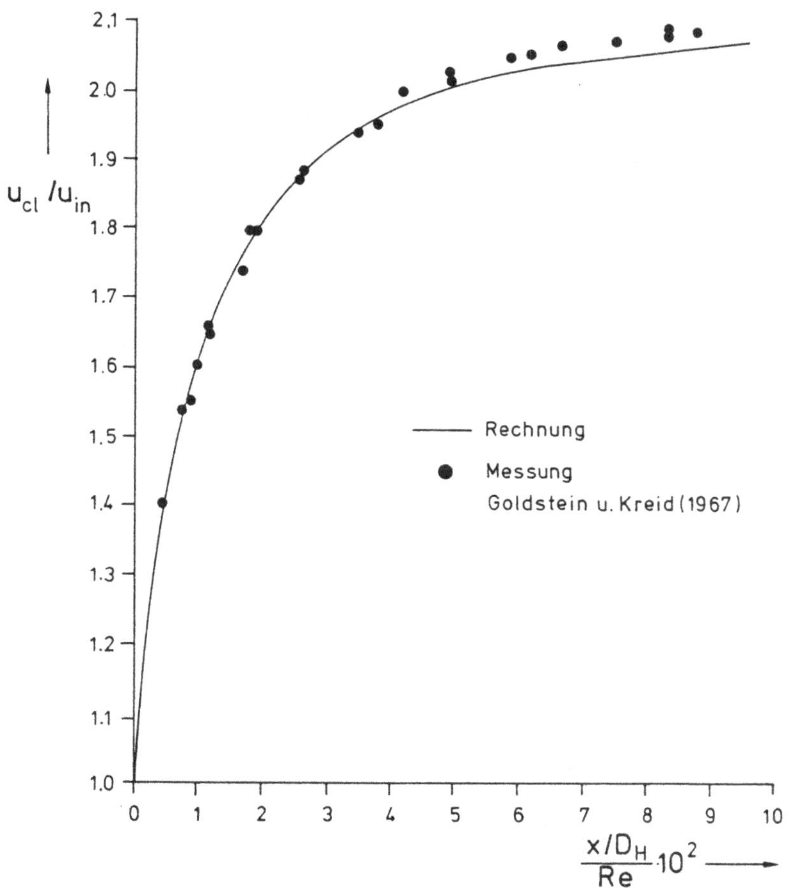

Abb.88:   Rohrmittengeschwindigkeit als Funktion der Lauflänge

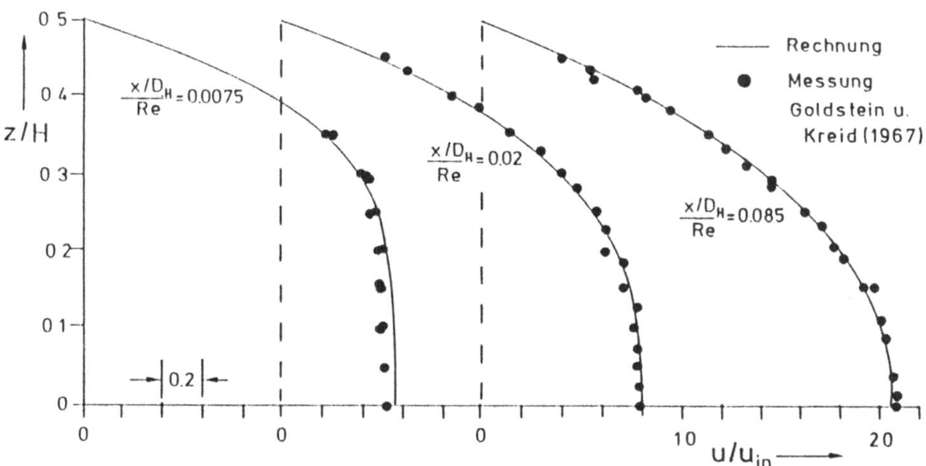

Abb.89:   Geschwindigkeitsprofile in der Symmetrieebene für drei verschiedene
Lauflängen

Dreidimensionale Strömung in einem 90°-Rohrkrümmer

Bei einer Strömung in einem Rohrkrümmer ist die sich ausbildende Strömungsstruktur von besonderem Interesse, da durch sie zum einen der Druckverlust und zum zweiten der Wärmeübergang in einem Rohr bestimmt wird. Auf Grund der in einem Rohrkrümmer auftretenden Zentrifugalkräfte bilden sich stark dreidimensionale Strukturen aus, die zu einer Sekundärströmung in Querrichtung führen.

Die Strömung in einem Rohrkrümmer wurde von Majumdar et al. (1989) berechnet, und zwar für eine Strömungskonfiguration, die von Enayet et al. (1982) untersucht wurde. Enayet et al. führten LDA-Geschwindigkeitsmessungen in einem Rohrkrümmer, dessen Krümmungsradius 2,8 mal dem Rohrdurchmesser war, durch, und zwar für drei verschiedene Reynolds-Zahlen.

Auf Grund der sich ergebenden Symmetrie der Strömung wurde die Berechnung nur in der oberen Hälfte des Rohres durchgeführt. Das Rechengebiet sowie das numerische Gitter sind in Abb. 90 dargestellt. In der Eintrittsebene wurde die von Enayet et al. vermessene Geschwindigkeitsverteilung vorgegeben. Für $x_2 = D/2$ wurden Wandbedingungen und für $x_3 = 0$, $x_3 = \Pi/2$ sowie $x_2 = 0$ Symmetriebedingungen vorgeschrieben. Es wurde ein numerisches Gitter mit 30 x 20 x 20 Kontrollvolumina verwendet. Die Berechnungen wurden mit dem HDS-Differenzenschema von Spalding (1972), dem Druckkorrektur-Algorithmus SIMPLE von Patankar und Spalding (1972) sowie dem Lösungsalgorithmus von Peric (1987) durchgeführt. Zum Erreichen des Konvergenzkriteriums von $\varepsilon = 10^{-4}$, gebildet mit dem normierten Massenresiduum, waren 132 Iterationen notwendig, die auf einer VP-400EX 118 Sekunden Rechenzeit bei einem Speicherplatz von 7,52 Mbyte benötigten.

Die im folgenden vorgestellten Rechenergebnisse wurden für eine Reynolds-Zahl von Re=1093, gebildet mit der mittleren Zuströmgeschwindigkeit $\bar{u}$ sowie dem Rohrdurchmesser D, erzielt. Abb. 91 zeigt die berechneten Geschwindigkeitsvektoren in der Symmetrieebene ($x_3 = 0$ bzw. $x_3 = \Pi/2$). Stromab verschiebt sich das Geschwindigkeitsmaximum nach außen, was auf die durch die Zentrifugalkraft sich entwickelnde Sekundärströmung zurückzuführen ist. Letztere kann deutlich anhand der in Abb. 92 dargestellten Geschwindigkeitsvektoren in verschiedenen Querschnitten gesehen werden. Die Geschwindigkeitsvektoren werden in drei Ebenen des Rohrkrümmers ($\theta = 30°$, $60°$ und $75°$) sowie in einer Ebene des geraden Rohrstückes ($x/D = 1$) gezeigt. Die stärkste Sekundärströmung liegt bei $\theta = 30°$ vor, sie ist bei $\theta = 60°$ geringfügig kleiner und ist in der letzten Ebene fast vollständig verschwunden. Ein Vergleich mit den experimentellen Ergebnissen ist in Abb. 93 gegeben, und zwar anhand der Isotachen, die Linien konstanter Geschwindigkeit in Haupströmungsrichtung darstellen. Die Ebenen sind die gleichen wie in Abb.92. Die qualitative Übereinstimmung mit den Messungen ist zufriedenstellend und die Strömungsstruktur wird richtig berechnet. Die Lage der Maximalwerte der Geschwindigkeiten stimmt mit den Messungen gut überein, die Werte sind jedoch geringfügig kleiner und gewisse Feinstrukturen werden von dem Berechnungsverfahren nicht vollständig erfaßt. Ursache hierfür ist die numerische Diffusion, die auf Grund der Diskretisierung erster Ordnung auf dem relativ groben Gitter von 20 x 20 Kontrollvolumina in Querrichtung auftritt.

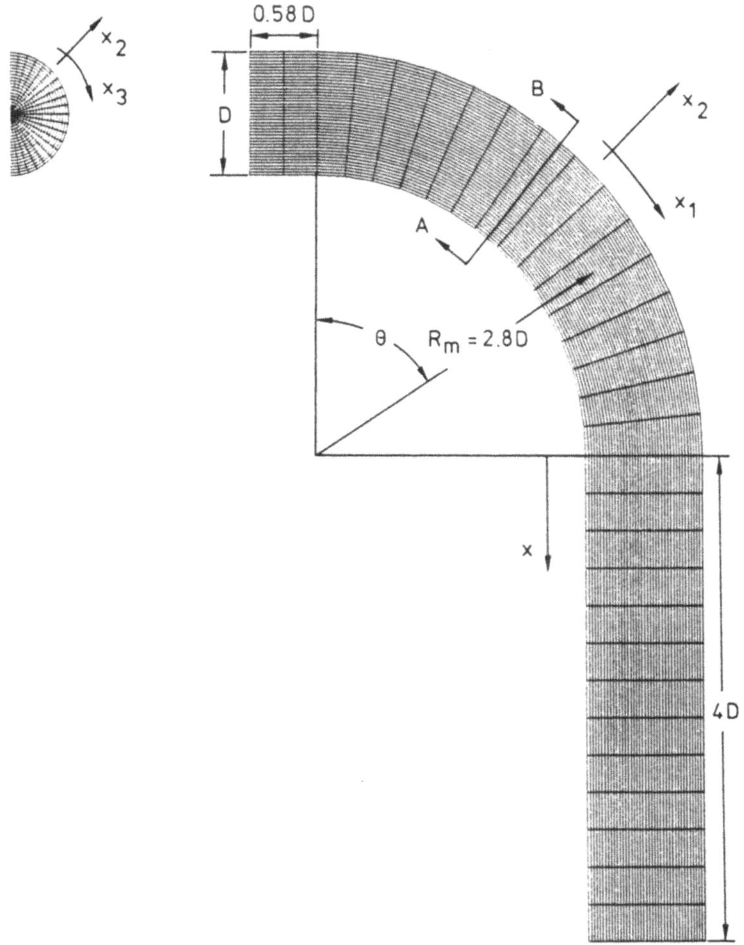

Abb.90:   Rechengebiet und numerisches Gitter

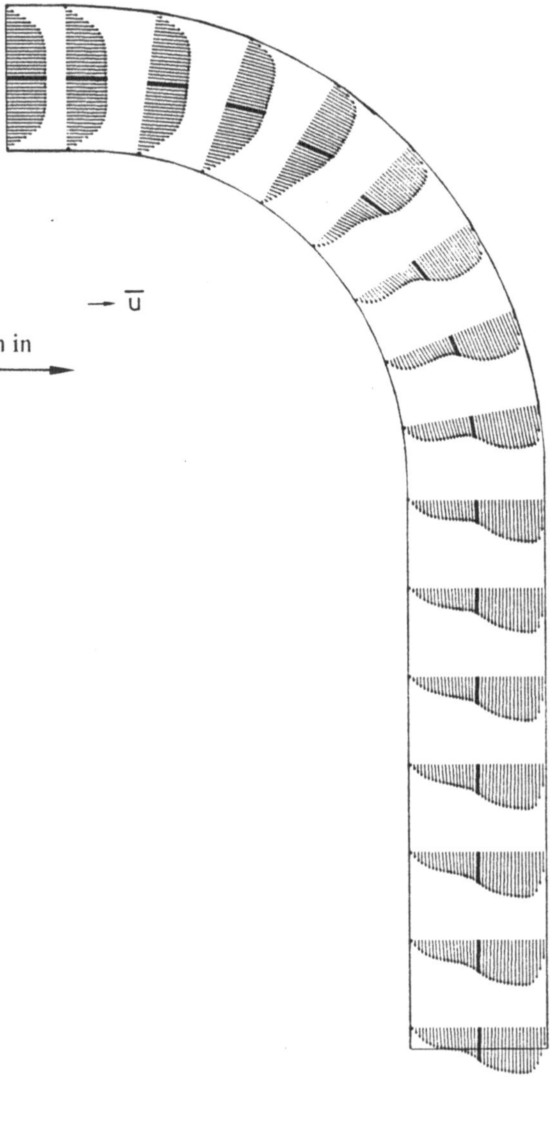

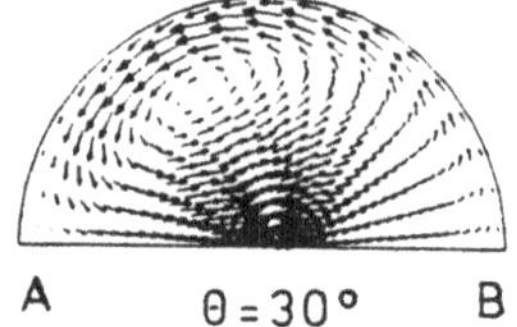

Abb.91: Geschwindigkeitsvektoren in
der Symmetrieebene

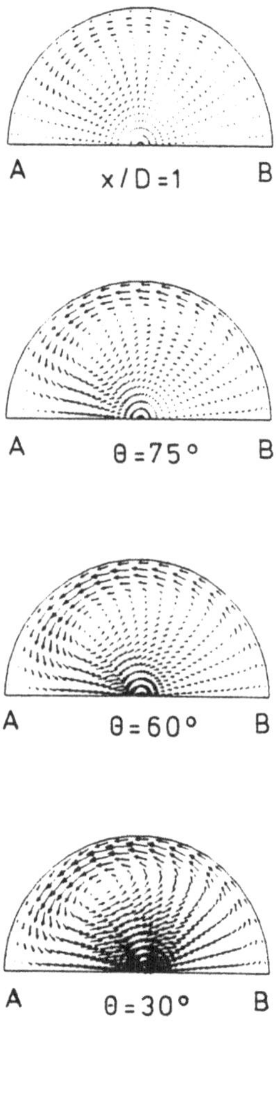

Abb.92: Geschwindigkeitsvektoren in
vier Querschnitten

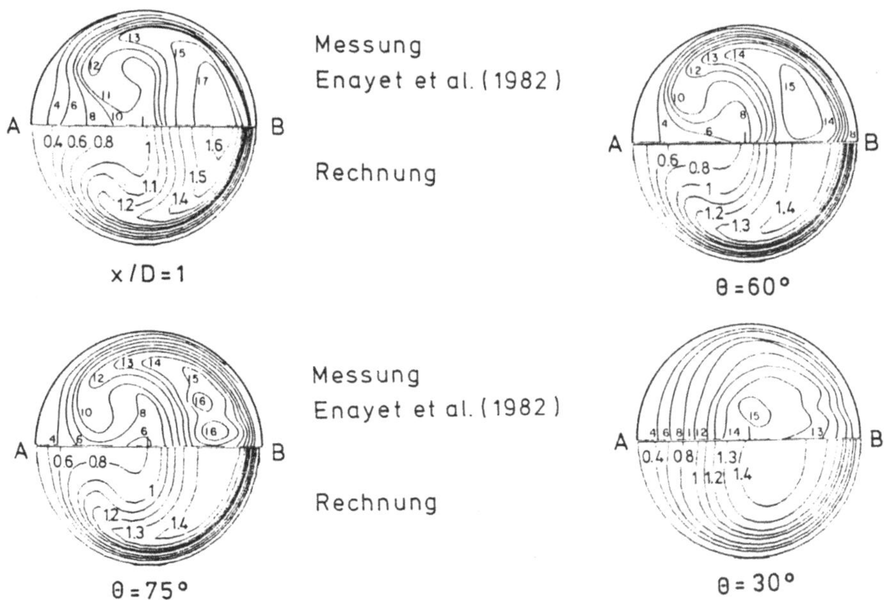

Abb.93: Gemessene und berechnete Isotachen in vier Querschnitten

Laminare Strömung in einem S-förmigen Diffusor

S-förmige Diffusoren treten häufig bei Strömungsmaschinen auf, um verschiedene Komponenten miteinander zu verbinden. Zur Berechnung einer derartigen Strömung wurde von Majumdar (1989) der von Rojas et al. (1983) untersuchte S-förmige Diffusor ausgewählt, der in Abb. 94 zusammen mit dem numerischen Gitter gezeigt wird. Er besteht aus zwei Kreisbogenstücken von 22,5° und einem Krümmungsradius von 280 mm. Der Querschnitt des Diffusors geht linear von einem quadratischen Querschnitt mit 40 x 40 mm^2 in der Eintrittsebene in einen rechtecksförmigen Querschnitt mit 60 x 40 mm^2 in der Austrittsebene über. Rojas et al. (1983) führten LDA-Geschwindigkeitsmessungen für eine Strömung mit Re = 790, gebildet mit der mittleren Zuströmgeschwindigkeit u sowie dem hydraulischen Durchmesser D_h, durch. Aus Symmetriegründen wurde die Strömung nur in der oberen Hälfte (bezüglich x_3) des Diffusors berechnet. Das hierfür verwendete, in Abb. 94 gezeigte Gitter besitzt 30 x 28 x 12 Kontrollvolumina. In der Eintrittsebene wurden die gemessenen Profile vorgegeben und in der Austrittsebene Null-Gradienten-Bedingungen vorgeschrieben. Entlang der drei

Wände $x_2=0$, $x_2=B$ sowie $x_3=H/2$ wurden die üblichen Haftbedingungen für die Geschwindigkeiten und für die Ebene $x_3 = 0$ wurden Symmetriebedingungen angenommen. Die Rechnungen wurden mit dem HDS-Differenzenverfahren von Spalding (1972), dem Druckkorrektur-Algorithmus SIMPLE von Patankar und Spalding (1972) sowie dem Lösungsalgorithmus von Peric (1987) durchgeführt. Zum Erreichen eines Konvergenzkriteriums von $\varepsilon=10^{-4}$ waren 103 Iterationen notwendig, die auf einer VP-400EX 93 Sekunden Rechenzeit bei einem Speicherplatzbedarf von 6,9 Mbyte benötigten.

Durch die beiden konkav und konvex gekrümmten Kreisbögen, die zusammen den S-förmigen Diffusor ergeben, stellt sich eine sehr komplexe dreidimensionale Strömung ein. Diese ergibt sich hauptsächlich auf Grund der Zentrifugalkräfte, die im ersten und zweiten Teil des Diffusors entgegengesetzt gerichtet sind. Durch den sich erweiternden Querschnitt befindet sich zudem die Strömung in Ablösenähe. Rojas et al. konnten jedoch mit Hilfe von Strömungssichtbarmachungs-Versuchen keine Strömungsablösung feststellen. Abb. 95 enthält die normierten Druckisobaren $((p_{in} - p)/\rho/2u^2)$ in der Symmetrieebene ($x_3 = 0$) und an der Wand ($x_3 = H/2$). In der Symmetrieebene steigt der Druck entlang der inneren Wand zuerst auf einen Wert von 0,1 an und fällt dann im zweiten, entgegengesetzt gekrümmten Teil auf einen Wert von -0,1 ab. Entlang der äußeren Wand ergibt sich zuerst ein Abfall auf -0,08 und dann ein Anstieg auf 0,02. Auf Grund der verschiedenen Krümmungen im ersten und zweiten Teil des S-förmigen Diffusors ergibt sich somit eine Druckverteilung, die bezüglich der inneren und äußeren Wand einen entgegengesetzten Verlauf besitzt. Eine ähnliche Druckverteilung, jedoch geringfügig schwächer ausgeprägt, stellt sich an der oberen Wand ein. Für die zwei in Abb. 94 eingezeichneten Ebenen A-A und B-B sind in Abb.96 die berechneten Isotachen, d.h. die Linien konstanter Geschwindigkeit normal zur Querschnittsebene, dargestellt und mit den Meßdaten von Rojas et al. (1983) verglichen. Es ergibt sich eine zufriedenstellende Übereinstimmung sowohl bezüglich der Struktur der Isolinien wie auch bezüglich der angenommenen Maximalwerte. Besonders deutlich ist die in der Ebene B-B sich ergebende Dreidimensionalität der Strömung zu sehen. Ein detaillierter Vergleich zwischen berechneten und gemessenen Geschwindigkeitsprofilen ist in Abb.97 und Abb.98 für die Geschwindigkeitsprofile in der A-A- bzw. B-B-Ebene gegeben. Abb.97a sowie Abb.98a enthalten die mit der mittleren Zuströmgeschwindigkeit normierten Geschwindigkeitskomponenten u_s^* normal zur Ebene und in Abb. 97b bzw. Abb. 98b sind die normierten Geschwindigkeitskomponenten u_r^* in radialer Richtung, d.h. in x_2-Richtung, gezeigt. Die Profile sind als Funktion von $r^* = x_2/B$ aufgetragen und für verschiedene z^*-Ebenen mit $z^* = x_3/(H/2)$ dargestellt. Die berechnete Geschwindigkeitsverteilung in Normalenrichtung stimmt in der Ebene A-A sehr gut mit den gemessenen Werten überein und gibt das Maximum an der inneren Wand richtig wieder. Demgegenüber wird die radiale Geschwindigkeitskomponente u_r^* in der A-A-Ebene zu klein berechnet, vor allem in Nähe der Symmetrieebene. Dies deutet darauf hin, daß die Sekundärströmung zu klein berechnet wird. In der Ebene B-B stimmen die Geschwindigkeiten in Hauptströmungsrichtung zufriedenstellend überein. Die starke Asymmetrie der Strömung mit einem hohen Maximum in der Nähe der inneren Wand und einem starken Abfall der Geschwindigkeit nach außen hin wird von den Berechnungen richtig wiedergegeben. Diese Asymmetrie tritt vor allem in der Nähe der Symmetrieebene, d.h. bei kleinen z^*-Werten auf und ist in der Nähe der oberen Wand nicht so stark ausgeprägt. Die Radialkomponenten der Geschwindigkeit u_r^* sind bedeutend kleiner als in der A-A-Ebene.

Die komplexe Struktur der dreidimensionalen Strömung wird von dem Berechnungsverfahren richtig erfaßt und die berechneten Werte stimmen im allgemeinen zufriedenstellend mit den gemessenen überein. Die zu gering berechnete Sekundärströmung ist wahrscheinlich auf das Auftreten von numerischer Diffusion zurückzuführen.

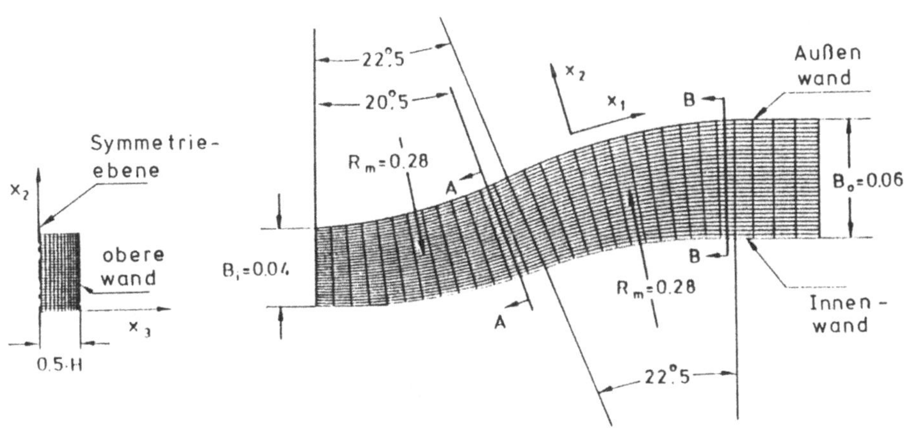

Abb.94: S-förmiger Diffusor und numerisches Gitter

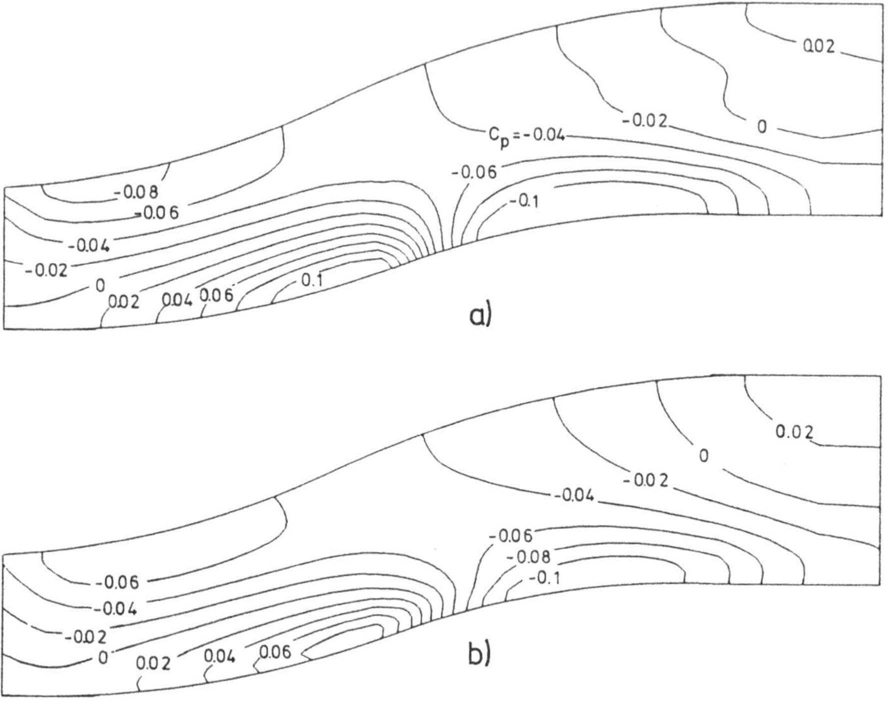

Abb.95: Isobaren-Verteilung
a) Symmetrieebene ($x_3=0$)
b) Wand ($x_3=H/2$)

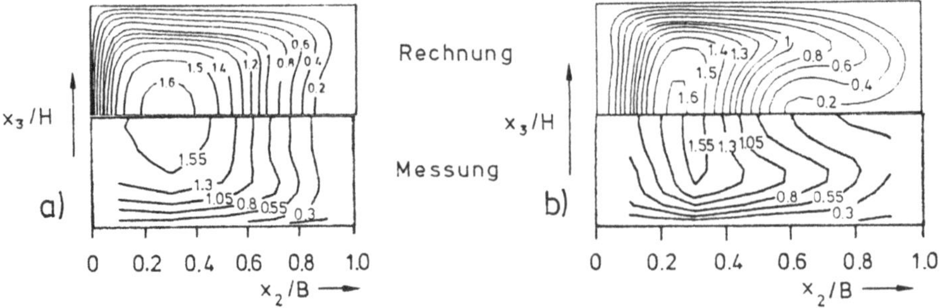

Abb.96: Gemessene und berechnete Isotachen
a) Ebene A-A
b) Ebene B-B

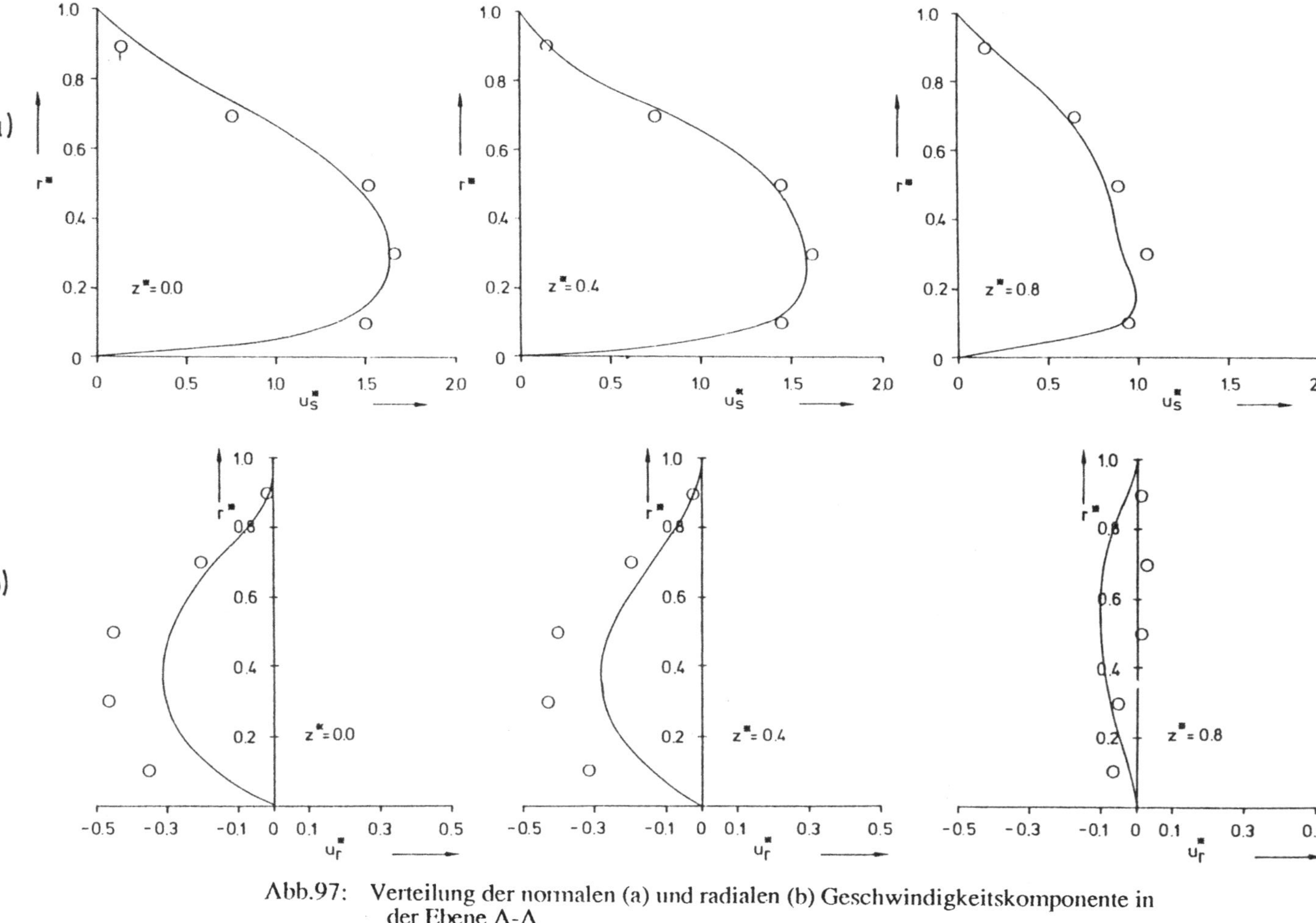

Abb.97: Verteilung der normalen (a) und radialen (b) Geschwindigkeitskomponente in der Ebene Λ-Λ

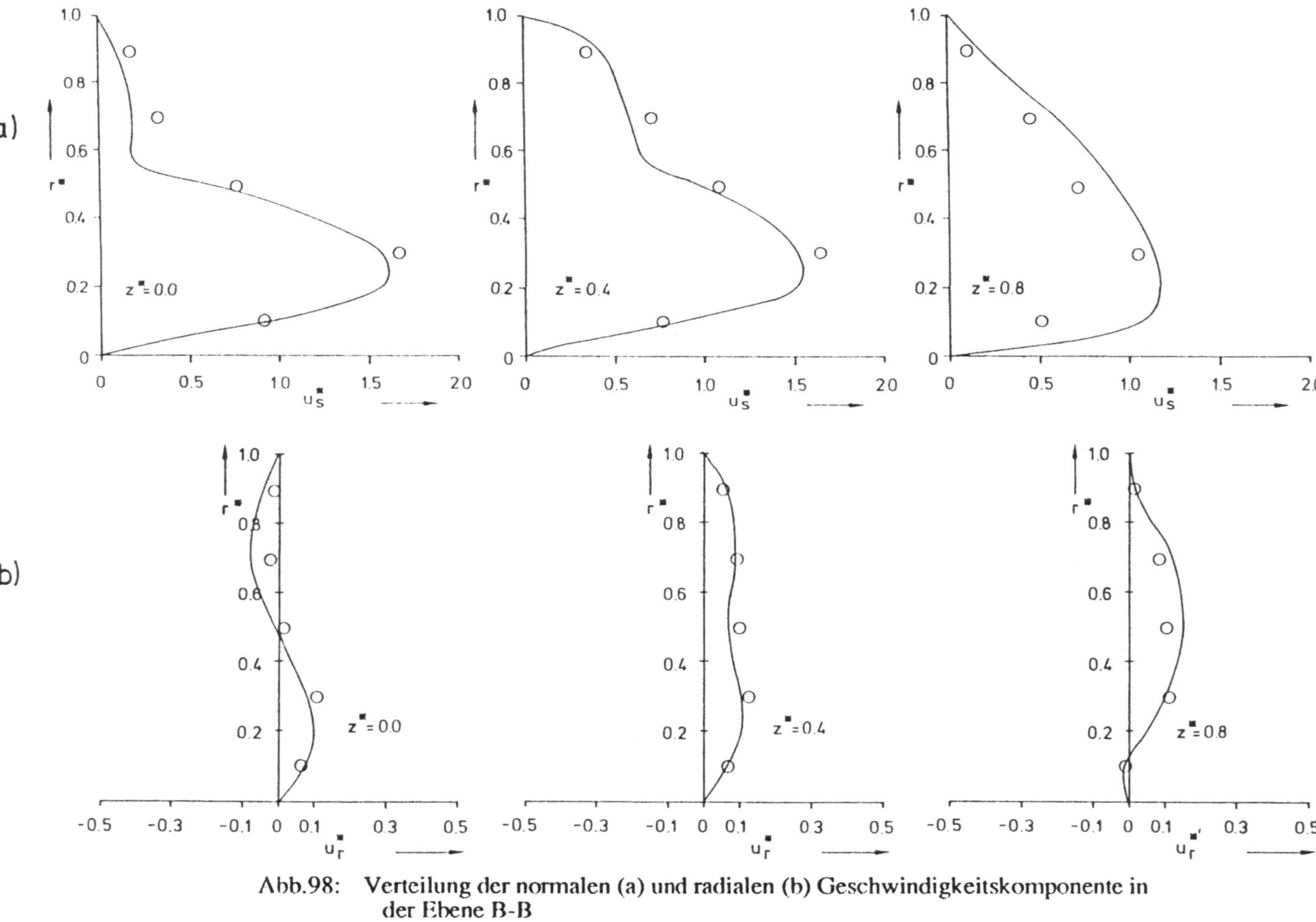

Abb.98: Verteilung der normalen (a) und radialen (b) Geschwindigkeitskomponente in der Ebene B-B

Laminare Strömung um einen Zylinder in einem Kanal

Die laminare Strömung um einen Zylinder, senkrecht zwischen zwei Platten angeordnet, ist von Bedeutung bei mit Rippen versehenen Wärmetauschern. Für einen derartigen Fall haben Kiehm et al. (1986) experimentelle Untersuchungen durchgeführt, und zwar für eine Reynolds-Zahl von Re = 67, gebildet mit der Zuströmgeschwindigkeit u sowie dem Zylinderdurchmesser D. Sie haben gezeigt, daß die Strömung stationär ist und keine instationäre Wirbelablösungen bei einem Verhältnis von Kanalhöhe zu Zylinderdurchmesser von H/D=3 und einem Verhältnis von Kanalhöhe zu Kanalbreite von H/B = 0,36 auftritt.

Die Berechnungen von Majumdar et al. (1989) wurden deshalb mit dem stationären Verfahren durchgeführt und das Berechnungsgebiet aus Symmetriegründen auf ein Viertel des Kanalquerschnitts beschränkt. Das verwendete Rechengebiet sowie das numerische Gitter mit 68 x 28 x 10 Kontrollvolumina ist in Abb.99 gezeigt. In der Eintrittsebene wird eine voll entwickelte parabolische Strömung vorgegeben und in der Austrittsebene Null-Gradienten-Bedingungen. Symmetriebedingungen wurden in der Ebene $y_2 = 0$ sowie $y_3 = H/2$ vorgeschrieben und Haftbedingungen wurden für die Geschwindigkeitskomponenten an den beiden Wänden $y_2 = B/2$ sowie $y_3 = 0$ verwendet. Die Rechnung wurde mit dem HDS-Differenzenverfahren von Spalding (1972), dem SIMPLE-Druckkorrekturalgorithmus von Patankar und Spalding (1972) sowie dem Lösungsalgorithmus von Peric (1987) durchgeführt. 170 Iterationen wurden zum Erreichen eines Residuums von $\varepsilon = 10^{-4}$ benötigt. Hierfür waren auf einer VP-400EX 270 Sekunden Rechenzeit und ein Speicherplatzbedarf von 12,91 Mbytes notwendig.

Die Geschwindigkeitsvektoren in drei verschiedenen y_3-Ebenen sind in Abb.100 dargestellt. An der unteren Wand ($y_3/H = 0,018$) löst die Wandgrenzschicht in der Nähe des vorderen Staupunkts des Kreiszylinders ab und es bildet sich ein Hufeisenwirbel aus. Die Grenzschicht um den Zylinder löst bei einem Winkel von $\theta = 125°$ ab und hinter dem Zylinder bildet sich ein vertikaler Wirbel aus, der sich bis ungefähr 0,7D hinter dem Kreiszylinder erstreckt. Die Zuströmgeschwindigkeit in der mittleren Ebene ($y_3/H = 0,16$) ist bedeutend höher als in der Nähe der unteren Wand und die Strömung löst deshalb am vorderen Staupunkt nicht ab. In der Symmetrieebene ($y_3/H = 0,5$) ergibt sich eine Strömungsstruktur, die ähnlich derjenigen in der mittleren Ebene ist, und es stellt sich eine Ablösung der Länge 0,72D ein. Dieser Wert stimmt mit der von Kiehm et al. (1986) gemessenen Ablöselänge überein. Die Geschwindigkeitsvektoren in der vertikalen Symmetrieebene sind in Abb. 101 dargestellt. In dieser Darstellung ist besonders gut der

Hufeisenwirbel am vorderen Staupunkt zu erkennen. Das Ablösegebiet hinter dem Zylinder, in dem negative Geschwindigkeiten auftreten, erstreckt sich unmittelbar in Zylindernähe bis an die Symmetrieebene.

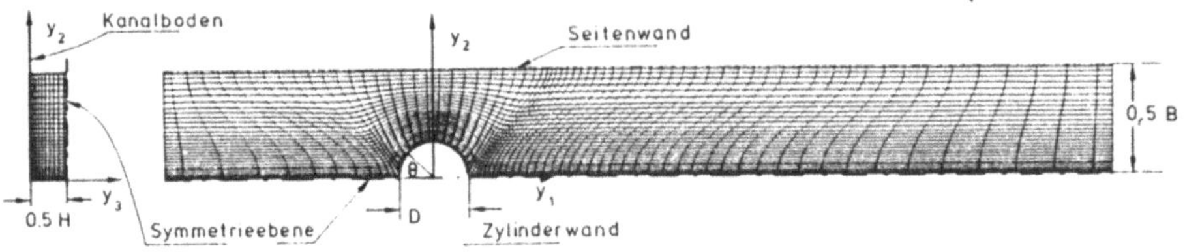

Abb.99: Rechengebiet und numerisches Gitter

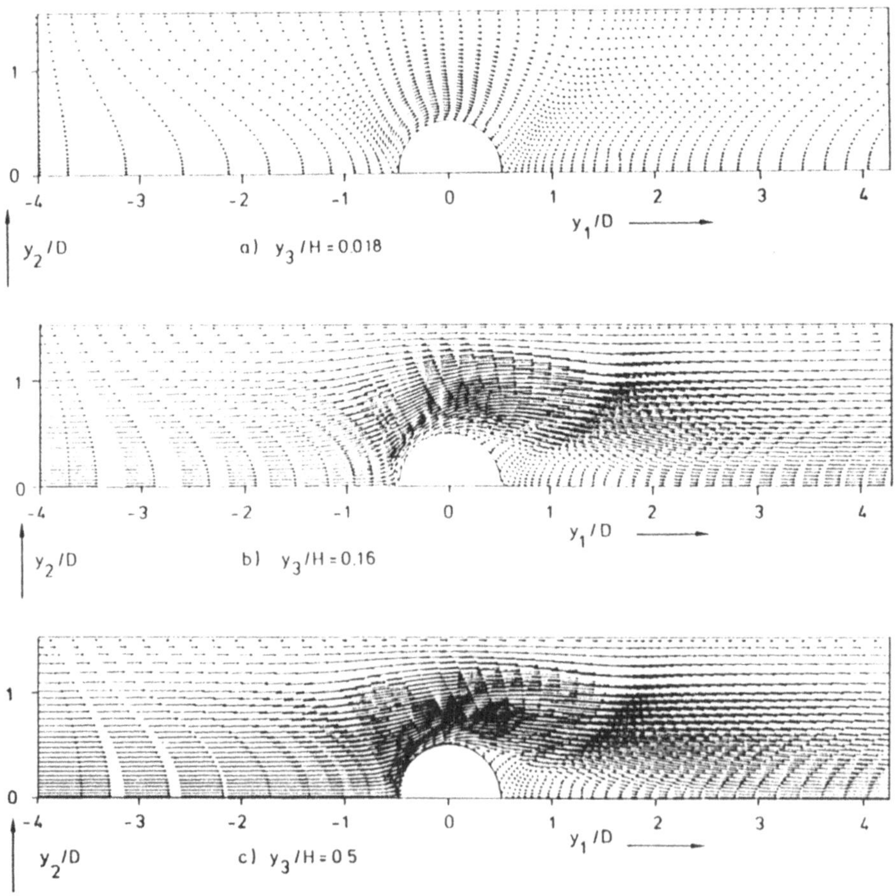

Abb.100:   Geschwindigkeitsvektoren in drei horizontalen Ebenen

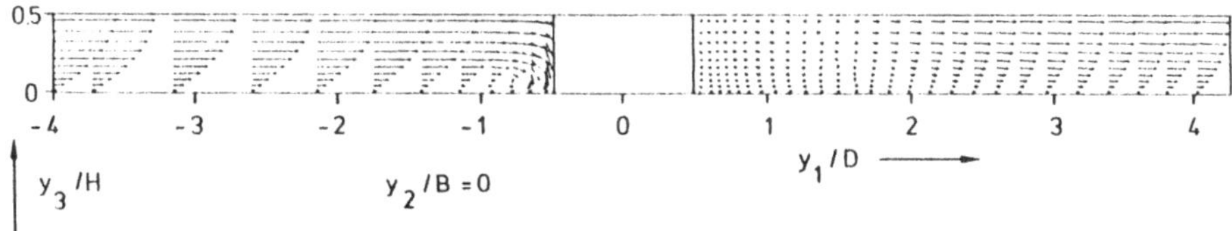

Abb. 101: Geschwindigkeitsvektoren in der vertikalen Symmetrieebene

Zusammenfassung

Die in diesem Kapitel vorgestellten Rechenergebnisse wurden alle mit dem in Kapitel 10 beschriebenen Berechnungsverfahren erzielt. Es wurden sowohl einfache Testbeispiele vorgestellt wie Anwendungen aus dem Bauingenieurwesen und dem Maschinenbau. Im allgemeinen stimmen die berechneten Ergebnisse zufriedenstellend mit den Ergebnissen anderer Rechnungen oder, falls vorhanden, mit Meßdaten überein. Es konnten die vielfältigen Anwendungsmöglichkeiten des Verfahrens gezeigt werden, das so entwickelt wurde, daß bezüglich der Berechnung von Strömungen mit allgemeinen krummlinigen Koordinaten keine prinzipiellen Einschränkungen vorliegen.

12 Zusammenfassung und Schlussfolgerungen

Die in den letzten Jahren enorm gestiegenen Kapazitäten heutiger Superrechner haben dazu geführt, daß die numerische Strömungsmechanik, bei der zur Lösung eines strömungsmechanischen Problems die Erhaltungsgleichungen numerisch gelöst werden, einen immer größeren Stellenwert besonders bei der Berechnung praxisrelevanter Probleme erhält. In der vorliegenden Arbeit werden der Stand der Forschung sowie neueste Entwicklungen auf dem Gebiet der Berechnung von Strömungen mit komplexen Berandungen dargelegt. Der Schwerpunkt der Untersuchungen liegt auf den sogenannten inkompressiblen Verfahren. Die verschiedenen Vorgehensweisen bei den Finite-Volumen-Verfahren werden detailliert beschrieben, verglichen und beurteilt.

Zuerst werden die Grundgleichungen in vektorieller Form vorgestellt. Es werden mögliche Vereinfachungen der strömungsmechanischen Erhaltungsgleichungen diskutiert, die entweder zu den nicht-viskosen oder zu den grenzschichtartigen Erhaltungsgleichungen führen. Die Verwendung verschiedener Koordinatensysteme wird hinsichtlich der Berechnung von Strömungen in allgemeinen Geometrien diskutiert. Verschiedene Formulierungen der Erhaltungsgleichungen in allgemeinen krummlinigen Koordinaten werden verglichen. Die schwach-konservative, semi-konservative sowie streng konservative Darstellung der strömungsmechanischen Erhaltungsgleichungen werden untersucht und die jeweiligen Vor- und Nachteile diskutiert.
In dem Kapitel über numerische Methoden zur Lösung der Navier-Stokes-Gleichungen werden zuerst die Eigenschaften dieser partiellen Differentialgleichung und die daraus resultierenden Anforderungen an das numerische Lösungsverfahren zusammengefaßt. Danach wird auf die Grundprinzipien der Finiten-Differenzen-, Finiten-Volumen- und Finiten-Analytischen Verfahren eingegangen. Anschließend wird das Grundprinzip der Finiten-Element Verfahren erklärt und die bei der Lösung der strömungsmechanischen Erhaltungsgleichungen verwendeten Komponenten werden detailliert beschrieben. Eine vergleichende Übersicht stellt die Finiten-Volumen- und die Finiten-Element Verfahren gegenüber und zeigt die parallelen Entwicklungen auf.
Verschiedene numerische Verfahren, die auf den klassischen konformen Abbildungen, der algebraischen sowie der differentiellen Gittererzeugung beruhen, werden vorgestellt und beurteilt. Die Verwendung von adaptiven Gittern, die sowohl auf einer globalen wie einer lokalen Gitterverfeinerung beruhen, wird beschrieben.
Die bei den sogenannten inkompressiblen Verfahren häufig eingesetzte gestaffelte Anordnung der Variablen wird der nicht-gestaffelten gegenübergestellt und eventuell

auftretende Entkopplungsprobleme diskutiert. Verschiedene Möglichkeiten, letztere bei einer nicht-gestaffelten Anordnung zu vermeiden, werden beschrieben.

Die Grundlagen der Diskretisierung bei Finite-Volumen Verfahren werden erklärt. Bei den räumlichen Diskretisierungsverfahren wird auf offene, kompakte und lokal-analytische Differenzenverfahren eingegangen und die Lagrange-Methoden werden beschrieben. Ausführlich wird der Problemkreis der numerischen Diffusion sowie numerisch bedingter Oszillationen untersucht und spezielle Modifikationen, die bei der Verwendung von allgemeinen krummlinigen Koordinaten notwendig sind, erörtert. Verschiedene explizite und implizite Verfahren zur Diskretisierung des zeitabhängigen Termes werden vorgestellt.

Gesamtgebiets-, Teilgebiets- und Punkt-Lösungsverfahren werden beschrieben. Die verschiedenen Vorgehensweisen bei der Verwendung von entkoppelten Lösungsverfahren werden dargestellt. Es wird auf Verfahren, die künstliche Kompressiblität verwenden, eingegangen sowie Verfahren vorgestellt, bei denen eine Poisson-Gleichung für das Druckfeld oder eine Druckkorrekturgleichung gelöst werden. Die verschiedenen Möglichkeiten zur Lösung algebraischer Gleichungssysteme werden erörtert und die innerhalb der Strömungsmechanik gängigen direkten und iterativen Verfahren sowie die konjugierten Gradientenverfahren beschrieben und verglichen. Die Grundlagen der bei der Lösung von partiellen Differentialgleichungen mehr und mehr eingesetzten Mehrgitter-Verfahren werden erklärt und deren Einsatz bei der Lösung strömungsmechanischer Probleme beschrieben. Im Anschluß daran werden die Rechnerarchitekturen bei Vektor- und Parallelrechnern kurz skizziert und die damit verbundenen Anforderungen an die Struktur eines numerischen Berechnungsverfahrens erörtert.

Abschließend wird ein dreidimensionales Berechnungsverfahren für allgemeine krumm-linige Koordinaten beschrieben, dessen Konzeption anhand der in den vorhergehenden Kapiteln diskutierten Vor- und Nachteile erarbeitet wurde. Es werden sowohl zwei-dimensionale wie dreidimensionale, laminare und turbulente Strömungsberechnungen vorgestellt, die mit Hilfe dieses Verfahrens durchgeführt wurden.

Der Vergleich der verschiedenen Vorgehensweisen bei der Berechnung von Strömungen läßt eine Reihe von Schlußfolgerungen zu, die die verschiedenen Teile eines Berech-nungsverfahrens betreffen.

Die Erhaltungsgleichungen müssen so formuliert sein, daß komplexe, dreidimensionale Probleme berechnet werden können. Deshalb werden im allgemeinen primitive Variable verwendet. Auf Grund der komplexen Berandungen, die bei praxisrelevanten Problemen auftreten, müssen krummlinige Koordinatensyteme verwendet werden. Hierbei setzen sich mehr und mehr nicht-orthogonale Koordinaten durch, trotz der dadurch bedingten größeren Anzahl von Termen in den Erhaltungsgleichungen. Nicht-orthogonale Gitter sind jedoch einfacher als orthogonale zu erzeugen und ermöglichen eine bessere Steuerung der Gitterpunktdichte. Des weiteren ist im Dreidimensionalen die Ortogonalität von Gittern im allgemeinen nicht gewährleistet. Als optimal sind randorthogonale Koordinatensysteme anzusehen, die in Wandnähe, d.h. in Gebieten, in denen die größten Probleme bezüglich der Genauigkeit und Konvergenz eines Verfahrens auftreten können, annähernd orthogonale Gittermaschen besitzen. Die Formulierung der Erhaltungsgleichungen erfolgt im allgemeinen in semi-konservativer bzw. streng-konservativer Form. Beide Formulierungen werden gleich häufig angewendet, wobei letztere jedoch immer mehr eingesetzt wird. Eine semi-konservative Formulierung erfolgt mit gitterlinienorientierten Geschwindigkeiten. Sie besitzt den Nachteil, daß Umverteilungsglieder wie Zentrifugal- und Coriolis-Terme auftreten, die gewisse Glattheitseigenschaften des numerischen Gitters erfordern. Von Vorteil ist, daß die Randbedingungen einfacher zu implementieren sind, besonders bei randorthogonalen Gittern. Eine streng konservative Formulierung setzt raumfeste Geschwindigkeitskomponenten voraus, es werden überwiegend kartesische Geschwindigkeitskomponenten verwendet. Bei dieser Formulierung treten keine Umverteilungsglieder auf und damit müssen auch keine entsprechenden Anforderungen an die Gitterglattheit gestellt werden.

Unter den verschiedenen <u>numerischen Methoden zur Lösung der Navier-Stokes-Gleichungen</u> haben sich heute überwiegend Finite-Differenzen- bzw. Finite-Volumen- und Finite-Element Verfahren durchgesetzt. Bei den Finite-Volumen Verfahren liegt bedeutend mehr Erfahrung auf dem Gebiet der Strömungsmechanik, besonders bei der Berechnung von turbulenten Strömungen vor. Ein Vergleich zeigt, daß ähnliche Ansätze verwendet werden, um die bei den Navier-Stokes-Gleichungen auftretenden Probleme zu lösen. Hierbei bewegen sich die Entwicklungen bei den Finiten-Volumen- und bei den Finiten-Element Verfahren aufeinander zu. Finite-Element-Verfahren besitzen den Vorteil, daß leicht lokale Netzverfeinerungen durchgeführt werden können. Demgegenüber liegt, wie schon erwähnt, bei den Finiten-Volumen Verfahren mehr Erfahrung vor und sie benötigen im allgemeinen geringere Rechenzeiten.

Zur Lösung praxisrelevanter Probleme werden die verschiedensten <u>numerischen Gitter,</u> wie H-, C- und O-Gitter eingesetzt. Weiterhin finden bei komplexen Problemen zusammengesetzte, blockstrukturierte Gitter Verwendung, besonders bei mehrfach zusammenhängenden Gebieten. Es kommen hauptsächlich algebraische und differentielle

Gittergenerierungsverfahren zum Einsatz. Die algebraischen besitzen den Vorteil, daß sie schnell sind und ein interaktives Arbeiten ermöglichen. Von Nachteil ist, daß die Gefahr von Netzüberschneidungen größer ist und im allgemeinen mehr Erfahrung beim Anwender vorliegen muß. Differentielle Gittergenerierungsverfahren, die meistens auf der Lösung von elliptischen Differentialgleichungen zweiter Ordnung beruhen, führen zu glatten Gittern und es muß weniger Erfahrung beim Anwender vorliegen. Von Nachteil sind jedoch die längeren Rechenzeiten. Adaptive Gitter werden bisher bei subsonischen Strömungen nur selten eingesetzt. Hierbei werden zumeist Verfahren mit einer Neuverteilung der Gitterpunkte verwendet, weniger Verfahren, bei denen Gitterpunkte neu eingefügt werden. Die letztere Vorgehensweise führt im allgemeinen Fall zu den nicht-strukturierten Netzen, die bei den Finiten-Element Verfahren schon gängig sind, bei den Finiten-Volumen Verfahren jedoch kaum eingesetzt werden. Nicht-strukturierte Netze sind besonders geeignet, lokal auftretende Gradienten numerisch gut aufzulösen. Sie sind jedoch algorithmisch bedeutend aufwendiger und führen nicht zu bandstrukturierten Matrizen. Sie ermöglichen jedoch, mit global weniger Gitterpunkten auszukommen. Hier liegt sicher ein breites Feld für zukünftige Entwicklungen vor.

Bei den inkompressiblen Verfahren setzt sich bei der <u>Anordnung der Variablen</u> mehr und mehr die nicht-gestaffelte Anordnung durch, die bis vor fünf Jahren kaum zu finden war. Die damit verbundenen Kopplungsprobleme treten bei der Verwendung von speziell entwickelten Interpolationsalgorithmen nicht auf. Eine nicht-gestaffelte Anordnung besitzt den großen Vorteil, daß pro Gitterpunkt nur ein Kontrollvolumen verwendet wird. Dadurch ist die Diskretisierung der Differentialgleichungen bedeutend übersichtlicher, was besonders bei dreidimensionalen Problemen und bei der Verwendung von Mehrgitter-Verfahren von Bedeutung ist.

Zur <u>Diskretisierung der Differentialgleichungen</u> wurden ein Vielzahl räumlicher Differenzenverfahren entwickelt, besonders zur Simulierung der Transporteigenschaft der Konvektionsterme. Um numerische Diffusionsprobleme zu vermeiden werden offene Differenzenverfahren höherer Ordnung eingesetzt, wodurch sich jedoch Matrizen mit größerer Bandbreite ergeben, negative Koeffizienten auftreten können und die Randbedingungs-Vorgabe schwieriger wird. Eine weitere Möglichkeit zur Vermeidung numerischer Diffusion besteht darin, kompakte Differenzenverfahren zu verwenden, die jedoch komplexere Strukturen aufweisen und bei denen auch negative Koeffizienten auftreten können. Letzteres kann zu numerischen Oszillationen führen, die mit Hilfe der sogenannten flux-blending-Methoden vermieden werden können. Zur Simulierung der Transporteigenschaft der Konvektionsterme werden überwiegend aufwärtsgerichtete

Differenzenverfahren eingesetzt oder Lagrange-Methoden verwendet, die jedoch nicht konservativ sind.

Bei der Lösung der algebraischen Differenzengleichungssysteme werden gekoppelte und entkoppelte Verfahren eingesetzt. Gekoppelte Berechnungsverfahren besitzen den Vorteil, daß eine gute Kopplung zwischen den Variablen auftritt. Bei den sogenannten Gesamtgebiets-Berechnungsverfahren ist auch die räumliche Kopplung gut, bei Punkt-Lösungsverfahren müssen hierzu Mehrgitter-Methoden verwendet werden. Letztere stellten sich bisher jedoch bei komplexeren Problemen als wenig effizient heraus. Der Hauptnachteil bei den gekoppelten Gesamtgebiets-Lösungsverfahren liegt in deren großem Speicherplatzbedarf begründet. Auf Grund der steigenden Rechnerkapazitäten wird dieser Nachteil in Zukunft nicht mehr so bedeutend sein. Entkoppelte Berechnungsverfahren besitzen den Vorteil, daß kleinere Matrizen auftreten und damit bedeutend weniger Speicherplatz benötigt wird. Jedoch müssen äußere Iterationen durchgeführt werden und dadurch bedingt sind Unterrelaxationsfaktoren notwendig. Überwiegend werden entkoppelte Berechnungsverfahren verwendet, bei denen eine Druckkorrekturgleichung gelöst wird. Direkte Verfahren zur Lösung der algebraischen Gleichungssysteme besitzen den Vorteil, daß keine spezielle Struktur der zu lösenden Matrix vorliegen muß, was besonders bei nicht-strukturierten Netzen von Interesse ist. Von Nachteil sind der große Speicherplatzbedarf, die im allgemeinen schlechte Vektorisierbarkeit sowie das Auftreten von Rundungsfehlern. Iterative Lösungsverfahren benötigen weniger Speicherplatz, jedoch sind bei vielen Bandstrukturen der Matrizen notwendig. Die bisher zur Verfügung stehenden iterativen Lösungsverfahren mit guten Konvergenzeigenschaften sind schlecht vektorisierbar. Konjugierte Gradientenverfahren sind demgegenüber, bis auf die oft notwendigen Präkonditionierungen, gut vektorisierbar, sind jedoch keine guten Glätter. Die bei der Lösung einzelner linearer Differentialgleichungen erzielten Konvergenzraten konnten mit Hilfe von Mehrgitter-Verfahren bei der Lösung des Systems der nicht-linearen, strömungsmechanischen Erhaltungsgleichungen bei praxisrelevanten Problemen noch nicht erreicht werden. Die Effizienz der Mehrgitter-Verfahren wird mit wachsender Reynolds-Zahl schlechter und sie wurden bisher kaum bei der Verwendung von allgemeinen krummlinigen Koordinaten getestet. Bei der Berechnung turbulenter Strömungen liegen bei den Mehrgitter-Verfahren bisher keine großen Erfahrungen vor. Zukünftige Arbeiten müssen klären, inwiefern Mehrgitter-Verfahren bei der Berechnung von Strömungen mit komplexen Berandungen, bei denen die Grobgitter eventuell nur unvollständig die Ränder beschreiben, effizient eingesetzt werden können. Des weiteren müssen Mehrgitterverfahren für die Berechnung turbulenter Strömungen verbessert werden. Hier liegt ein weiter Bereich für zukünftige Forschungsaufgaben vor.

Die in der Einleitung gemachte Aussage, daß die Entwicklung der numerischen Strömungsmechanik eng an die Entwicklung der Rechnerkapazitäten gekoppelt ist, sei am Ende der Schlußfolgerungen nochmals aufgegriffen. Heutige Superrechner sind im allgemeinen Vektor- oder Parallelrechner. Fachleute auf dem Gebiet der Rechnerarchitekturen konzipieren die schnellsten Rechner der Zukunft als Parallelrechner, bei denen die einzelnen Prozessoren aus Vektorrechnern bestehen. Sowohl auf dem Gebiet der Rechnergeschwindigkeiten wie des zur Verfügung stehenden Speicherplatzes sind in Zukunft enorme Steigerungsraten zu erwarten. Heutige Superrechner sind mit 1 MBit-Chips ausgestattet. 4 MBit-Chips gehen zur Zeit in Produktion und erste Entwicklungen für 64 MBit-Chips laufen an. Damit steht ein 64-facher Speicherplatz gegenüber heutigen Superrechnern zur Verfügung. Eine weitere Steigerung des Speicherplatzangebots ist zu erwarten, wenn die zur Zeit beginnenden Untersuchungen über dreidimensionale Speicherstrukturen zu produktionsfähigen Chips führen. Die Rechengeschwindigkeiten heutiger Superrechner liegen im GFlops-Bereich. Planungen bei der Gesellschaft für Mathematik und Datenverarbeitung gehen in Richtung eines Parallelrechners mit 1024 Einzelprozessoren, die zusammen eine Rechenleistung von 100 GFlops ergeben sollen. Damit wird sich eine Reduzierung der Rechenzeiten um einen Faktor 100 ergeben. Mit diesen enormen Steigerungsraten bei den Rechnerkapazitäten wird die numerische Strömungsmechanik in Zukunft noch bedeutender und wahrscheinlich auch kostengünstiger bei der Lösung praxisrelevanter, strömungsmechanischer Probleme sein.

Literaturverzeichnis

AGARD-Report 239 (1987): Modelling of Time-Variant Flows Using Vortex Dynamics, AGARD Advisory Report, No.239, AGARD-AR-239

Agarwal, R.K. (1981): A Third-Order Accurate Upwind Scheme for Navier-Stokes Solutions in Three Dimensions, Proc. of Symposium in Flow Predictions and Fluid Dynamics Experiment, ASME Winter Annual Meeting, Washington, DC., pp.73-82

Anderson, J.L., Preiser, S., Rubin, E.L. (1968): Conservation Form of the Equations of Hydrodynamics in Curvilinear Coordinate Systems, J. Comput. Physics, Vol.2, pp.279-287

Anderson, O.L., Davis, R.T., Hankins, G.B., Edwards, D.E. (1982): Solution of Viscous Internal Flows on Curvilinear Grids Generated by the Schwarz-Christoffel Transformation, Numerical Grid Generation, Ed. Thompson, North-Holland, New York, pp.507-524

Anderson, D.A., Tannehill, J.C., Pletcher, R.H. (1984): Computational Fluid Mechanics and Heat Transfer, Hemisphere Publishing Corp., McGraw-Hill Book Company, New York

Arakawa, C., Demuren, A.O., Rodi,W., Schönung, B. (1987): Application of multigrid Methods for the Coupled and Decoupled Solution of the Incompressible Navier-Stokes Equations, 7th GAMM Conf. on Num. Methods in Fluid Mechanics, Louvain-la-Neuve, Belgium

Armaly, B.F., Durst, F., Pereira, J.C.F., Schönung, B. (1983): Experimental and Theoretical Investigation of Backward-Facing Step Flow, J. Fluid Mech., Vol.127, pp.473-496

Arney, D.C., Flaherty, J.E. (1986): A Two-Dimensional Mesh Moving Technique for Time-Dependent Partial Differential Equations, J. Comput. Physics, Vol.67, pp.124-144

Atias, M., Wolfsthein, M., Israeli,M. (1977): Efficiency of Navier-Stokes Solvers, AIAA J., Vol.15, No.2, pp.263-266

Aziz, K., Hellums, J.D. (1967): Numerical Solution of the Three-Dimensional Equations of Motion for Laminar Natural Convection, Physics of Fluids, Vol.10, No.2, pp.314-324

Baba, N., Miyata, H. (1987): Higher-Order Accurate Difference Solutions of Vortex Generation from a Circular Cylinder in an Oscillatory Flow, J. Comput. Physics, Vol.69, pp.362-396

Baetke, F., Werner, H. (1985): Ein Vergleich von Differenzenverfahren zur Berechnung reibungsbehafteter Strömungen, ZAMM, Vol.65, No.5, pp.T180-T182

Baldwin, B.S., Lomax, H. (1978): Thin Layer Approximation and Algebraic Model for Separated Turbulent Flows, AIAA 16th Aerospace Sciences Meeting, Huntsville, Alabama, 16-18 Jan. 1978, AIAA-Paper 78-257

Baliga, B.R., Patankar, S.V. (1983): A Control Volume Finite-Element Method for Two-Dimensional Fluid-Flow and Heat Transfer, Numerical Heat Transfer, Vol.6, pp.245-261

Barcus, M. (1987): Berechnung zweidimensionaler Strömungsprobleme mit Mehrgitterverfahren, Diplomarbeit, Lehrstuhl für Strömungsmechanik, Universität Erlangen

Barcus, M., Peric, M., Scheuerer, G. (1987): A Control Volume Based Full Multigrid Procedure for the Prediction of Two-Dimensional, Laminar, Incompressible Flows, 7th GAMM Conf. on Num. Methods in Fluid Mechanics, Louvain-la-Neuve, Belgium

Barrett, K.E. (1977): Finite Element Analysis for Flow between Rotating Discs Using Exponentially Weighted Basis Functions, Int. J. for Numerical Methods in Engineering, Vol.11, pp.1809-1817

Barrett, K.E. (1982): Super Upwinding - Elements of Doubt and Discrete Differences of Opinion on the Numerical Muddling of the Incomprehensible Defective Confusion Equation, Numerical Modelling in Diffusion Convection, Ed. Caldwell, J., Moscardini, A.O., Pentech Press, London, UK

Beam, M., Warming, R.F. (1978): An Implicit Factored Scheme for the Compressible Navier-Stokes Equations, AIAA J., Vol.16, No.4, pp.393-402

Beavers, G.S., Sparrow, E.M., Magnuson, R.A. (1970): Experiments on Hydro-dynamically Developing Flow in Rectangular Ducts of Arbitrary Aspect Ratio, Int. J. Heat Mass Transfer, Vol.13, pp.689-703

Benim, A.C., Zinser, W. (1985): Investigation into the Finite Element Analysis of Confined Turbulent Flows Using a k-ε Model of Turbulence, Computer Methods in Applied Mechanics and Engineering, Vol.51, pp.507-523

Berger, M.J. (1982): Adaptive Mesh Refinement for Hyperbolic Partial Differential Equations, Ph. D. Thesis, Dept. of Computer Science, Stanford Univ., California

Berger, M.J., Oliger, J. (1984): Adaptive Mesh Refinement for Hyperbolic Partial Differential Equations, J. Comput. Physics, Vol.53, pp.484-512

Berger, M.J., Jameson, A. (1985): Automatic Adaptive Grid Refinement for the Euler Equations, AIAA J., Vol.23, No.4, pp.561-568

Betts, P.L., Haroutunian, V. (1985): K-ε-Modeling of Turbulent Flow over a Backward Facing Step by a Finite Element Method, Numerical Methods in Laminar and Turbulent Flow - Part 1, Proc. of the 4th International Conference, Swansea, July 9-12

Betz, A. (1964): Konforme Abbildungen, Springer-Verlag, Berlin-Göttingen-Heidelberg

Bhattacharyya,T.K., Datta, A.B.(1985): A Residual Method of Finite Differencing for the Elliptic Transport Problem and its Application to Cavity Flow, Int. J. for Num. Methods in Fluids, Vol.5, pp.71-80

282

Braaten, M.E. (1985): Development and Evaluation of Iterative and Direct Methods for the Solution of the Equations Governing Recirculating Flows, PhD-thesis, Faculty of the Graduate School of the University of Minnesota, Minneapolis, Minnesota, USA

Braaten, M.E., Shyy, W. (1986a): Comparison of Iterative and Direct Solution Methods for Viscous Flow Calculations in Body-Fitted Coordinates, Int. J. Num. Methods in Fluids, Vol.6, pp.325-349

Braaten, M.E., Shyy, W. (1986b): A Study of Recirculating Flow Computation Using Body-Fitted Coordinates: Consistency Aspects and Mesh Skewness, Numerical Heat Transfer, Vol.9, pp.559-574

Braaten, M.E., Shyy, W. (1987): Study of Pressure Correction Methods with Multigrid for Viscous Flow Calculations in Nonorthogonal curvilinear Coordinates, Numerical Heat Transfer, Vol.11, pp.417-442

Brandt, A. (1977): Multi-Level Adaptive Solutions to Boundary-Value Problems, Mathematics of Computation, Vol.31, No.138, pp.333-390

Brandt, A. (1980): Multi-Level Adaptive Computations in Fluid Dynamics, AIAA J., Vol.18, No.10, pp.1165-1172

Brandt, A. (1984): Multigrid Techniques: Guide with Applications to Fluid Dynamics, Von Karman Institute for Fluid Dynamics, Lecture Series 4, Rhode-Saint-Genese, Belgium

Brandt, A., Dinar, N. (1979): Multigrid Solutions to Elliptic Flow Problems, Numerical Methods for Partial Differential Equations, Ed. Parter, S.V., Academic Press, New York, pp.53-147

Brand, K., Lemke, M., Linde, J. (1986): Multigrid Bibliography, Edition 4, Arbeitspapiere der GMD 206

Bridgeman, J.O., Steger, J.L., Caradona, F.X. (1982): A Conservative Finite Difference Algorithm for the Unsteady Transonic Potential Equation in Generalized Coordinates, AIAA Paper 82-1388

Buzbee, B.L., Golub, G.H., Nielson, C.W. (1970): On Direct Methods for Solving Poissons Equations, SIAM J. Num. Anal., Vol.7, No.4, pp.627-656

Carcaillet, R., Dulikravich, G.S., Kennon, S.R. (1986): Generation of Solution-Adaptive Computational Grids Using Optimization, Computer Methods in Applied Mechanics and Engineering, Vol.57, pp.279-295

Caretto, L.S., Curr, R.M., Spalding, D.B. (1972): Two Numerical Methods for Three-Dimensional Boundary Layers, Computer Methods in Appl. Mech. and Eng., Vol.1, pp.39-57

Caruso, S.C., Ferziger, J.H., Oliger, J. (1985): Adaptive Grid Techniques for Elliptic Fluid-Flow Problems, Thermosciences Division, Report No. TF-23, Stanford University, Stanford, California

Castro, I.P., Jones, J.M. (1987): Studies in Numerical Computations of Recirculating Flows, Int. J. for Num. Methods in Fluids, Vol.7, pp.793-823

Cebeci, T., Smith, A.M.O., (1974): <u>Analysis of Turbulent Boundary Layers</u>, Academic Press, New York

Chang, J.L.C., Kwak, D. (1984): On the Method of Pseudo Compressibility for Numerically Solving Incompressible Flows, AIAA Paper 84-0252

Chapman, D.R. (1979): Computational Aerodynamics Development and Outlook, AIAA Paper 79-0129

Charney, J.G., Fjortoft, R., von Neumann, J. (1950): Numerical Integration of the Barotropic Vorticity Equation, <u>Tellus</u>, Vol.2, No.4, pp.237-254

Chen, C., Chen, H. (1984): Finite Analytic Numerical Method for Unsteady Two-Dimensional Navier-Stokes Equations, J. Comput. Phys.,Vol.53, pp.209-226

Chen, C.J., Li, P. (1979): Finite Differential Method in Heat Conduction-Application of Analytic Solution Technique, ASME-Paper 79-WA/HT-50

Chen, C.J., Naseri-Neshat, H., Ho, K.S. (1981): Finite-Analytic Numerical Solution of Heat Transfer in Two-Dimensional Cavity Flow, Numerical Heat Transfer, Vol.4, pp.179-197

Chen, C.J., Cheng, W.S. (1985): Finite Analytic Prediction of Turbulent Flow Past an Inclined Cylinder, Third Symposium on Numerical and Physical Aspects of Aerodynamic Flows, 21-24 Jan.1985, California State University, Long Beach, California,USA

Chen, H.C., Patel, V.C. (1984): Calculation of Stern Flows by a Time-Marching Solution of the Partially Parabolic Equations, 15th ONR Symposium, Hamburg

Chen, L.T., Vassberg, J.C., Peavey, C.C. (1985): A Transonic Wing-Body Flowfield Calculation with Improved Grid Topology, AIAA J., Vol.23, No.12, pp.1877-1884

Choi, D., Merkle, C.L. (1985): Application of Time-Iterative Schemes to Incompressible Flow, AIAA J., Vol.23, No.10, pp.1518-1523

Chorin, A.J. (1967a): A Numerical Method for Solving Incompressible Viscous Flow Problems, J. Comput. Phsys., Vol.2, pp.12-26

Chorin, A.J. (1967b): The Numerical Solution of the Navier-Stokes Equations for an Incompressible Fluid, Bulletin of the American Mathematical Society, No.73, pp.928-931

Chorin, A.J. (1973): Numerical Study of Slightly Viscous Flow, J. Fluid Mechanics, Vol.57, pp.785-796

Chow, L.C., Tien, C.L. (1978): An Examination of Four Differencing Schemes for Some Elliptic-Type Convection Equations, Numerical Heat Transfer, Vol.1, pp.87-100

Christie, I. (1985): Upwind Compact Finite Difference Schemes, J. Comput. Physics, Vol.59, pp.353-368

Chung, T.J. (1978): <u>Finite Element Analysis in Fluid-Dynamics</u>, McGrawhill, New York

Cliffe, K.A., Lever, D.A. (1986): A Comparison of Finite-Element Methods for Solving Flow Past a Sphere, J. Comput. Physics, Vol.62, pp.321-330

Comini, G., Del Guidice, S. (1982): Finite-Element Solution of the Incompressible Navier-Stokes Equations, Numerical Heat Transfer, Vol.5, pp.463-478

Concus, P., Golub, G. (1973): Use of Fast Direct Methods for the Efficient Numerical Solution of Nonseparable Elliptic Equations, SIAM J. Num. Anal., Vol.10, p.1103

Connell, S.D., Stow, P. (1986): The Pressure Correction Method, Computers and Fluids, Vol.14, No.1, pp.1-10

Courant, R., Isaacson, E., Rees, M. (1952): On the Solution of Nonlinear Hyperbolic Differential Equations by Finite Differences, Comm. Pure Appl. Math., Vol.5, pp.243-255

Dagon, A., Arieli, R. (1983): Fast Body-Fitted Grid Generation around 3D-Configurations, AIAA Paper 83-1936

Davis, R.T. (1979): Numerical Methods for Coordinate Generation Based on Schwarz-Christoffel Transformations, AIAA Paper 79-1463

Davis, R., Werle, M.J. (1982): Progress on Interacting Boundary-Layer Computations at High Reynolds Number, <u>Numerical and Physical Aspects of Aerodynamic Flows</u>, Ed. Cebeci, T., Springer-Verlag, New York, pp.187-210

De Vahl Davis, G., Mallinson, G.D. (1972): False Diffusion in Numerical Fluid Mechanics, Univ. of New South Wales, School of Mech. and Ind. Eng. Rept., 1972/FMT/1

Demirdzic, I., Gosman, A.D., Issa, R.A. (1980): A Finite-Volume Method for the Prediction of Turbulent Flow in Arbitrary Geometries, Proc. 7th Int. Conf. Num. Meth. Fluid Dynamics, Stanford, Springer-Verlag, New York, pp.144-150

Demirdzic, I. (1982): A Finite Volume Method for Computation of Fluid Flow in Complex Geometries, PHD Thesis, Imperial College, Mech. Eng. Dept., University of London

Demirdzic, I. (1986): Approximation of Derivatives by the Finite-Volume Method in Elliptic. Boundary Value Problems on Irregular Domains, ZAMM, Vol.66, No.5, pp.T298-T300

Demirdzic, I., Gosman, A.D., Issa, R.I., Peric, M. (1987): A Calculation Procedure for Turbulent Flow in Complex Geometries, Computers & Fluids, Vol.15, No.3, pp.251-273

Demuren, A.O., Rodi, W. (1982): Calculation of 3-Dim. Turbulent Flow Around Car Bodies, Int. Symposium on Vehicle Aerodynamics, Volkswagenwerk AG, Wolfsburg

Dubois, P.F., Greenbaum, A., Rodrigue, G.H. (1979): Approximating the Inverse of a Matrix for Use in Iterative Algorithms on Vector Processors, Computing, Vol.22, pp.257-268

Dwyer, H.A., Kee, R.J., Sanders, B.R. (1980): Adaptive Grid Methods for Problems in Fluid Mechanics and Heat Transfer, AIAA J., Vol.18, No.10, pp.1205-1212

Dwyer, H.A., Smooke, M.D., Kee, R.J. (1982): Adaptive Gridding for Finite Difference Solutions to Heat and Mass Transfer Problems, Numerical Grid Generation, Ed. Thompson, J.F., North-Holland, New York, pp.339-356

Dwyer, H.A., Matsuno, K. (1987): Some Uses of Direct Solvers in Computational Fluid Mechanics, AIAA-Paper 87-0594

Edwards, T.A. (1985): Noniterative 3-Dim. Grid Generation Using Parabolic Partial Differential Equations, AIAA Paper 85-0485

Eiseman, P.R. (1978): A Coordinate System for a Transonic Cascade Analysis, J. Comput. Physics,Vol.26, pp.307-330

Eiseman, P.R., Stone, A.P. (1980): Conservation Laws of Fluid Dynamics - A Survey, Siam Review, Vol.22, No.1, pp.12-27

Eiseman, P.R. (1982a): High Level Continuity for Coordinate Generation with Precise Controls, J. Comput. Physics, Vol.47, pp.352-374

Eiseman, P.R. (1982b): Orthogonal Grid Generation, Numerical Grid Generation, Ed. Thompson, J.F., North-Holland, New York, pp.193-234

Eisenstat, S.C., Schultz, M.H. (1972): Computational Aspects of the Finite Element Method, The Mathematical Foundation of the Finite Element Method with Applications to Partial Diff. Equations, Ed. Aziz, A.K., Academic Press, New York, pp.505-524

Eisenstat, S.C., Gursky, M.C., Schultz, M.H., Sherman, A.H. (1977a): The Yale Sparce Matrix Package, 1.Symmetric Problems, Research Rept.112, Yale University, Department of Computer Science

Eisenstat, S.C., Gursky, M.C., Schultz, M.H., Sherman, A.H. (1977b): The Yale Sparce Matrix Package, 2.Nonsymmetric Codes, Research Rept.114, Yale University, Department of Computer Science

286

Enayet, M.M., Gibson, M.M., Taylor, A.M.K.P., Yianneskis, M. (1982): Laser-Doppler Measurements of Laminar and Turbulent Flow in a Pipe Bend, Int. J. Heat and Fluid Flow, Vol.13, No.4, pp.213-219

Eriksson, L.E. (1982): Generation of Boundary-Conforming Grids Around Wing-Body Configurations Using Transfinite Interpolation, AIAA J., Vol.20, No.10, pp.1313-1320

Ernst, F., Peric, M. (1987): Kombinierte Experimentell-Numerische Strömungsuntersuchungen an einem zweidimensionalen Fahrzeugmodell, LSTM-Bericht 182/I/87, Lehrstuhl für Strömungsmechanik, TH Erlangen

Faddejew, D.K., Faddejewa, W.N. (1973): Numerische Methoden der Linearen Algebra, Oldenbourg Verlag, München

Federenko, R.P. (1964): The Speed of Convergence of an Iterative Process, U.S.S.R. Computational Math. and Math. Phys., Vol.4, No.3, pp.227-235

Ferziger, J.H. (1982): State of the Art in Subgrid-Scale Modeling, Numerical and Physical Aspects of Aerodynamic Flows, Ed. Cebeci, T., Springer-Verlag, New York, pp.53-67

Ferziger, J.H. (1983): Higher-Level Simulations of Turbulent Flows, Computational Methods for Turbulent, Transonic and Viscous Flows, Ed. Essers, J.A., Hemisphere Publishing Corporation, Washington, pp.93-182

Ferziger, J.H. (1987): Simulation of Incompressible Turbulent Flows, J. Comput. Physics, Vol.69, pp.1-48

Flores, J., Holst, T.L., Kaynak, U., Gundy, K.L., Thomas, S.D. (1986): Transonic Navier-Stokes Wing Solution Using a Zonal Approach: Part 1: Solution Methodology and Code Validation, AGARD Conference Proc., No.412

Flynn, M.J. (1966): Very High-Speed Computing System, Proc. of the Institute of Electrical and Electronics Engineers, Vol.54, pp.1901-1909

Fortin, M., Peyret, R., Temam, R. (1971): Calcul des Ecoulements d´un Fluid Visqueux Incompressible, Proc. of the Second International Conference on Numerical Methods in Fluid Dynamics, September 15-19, 1970, Lecture Notes in Physics, Vol.8, Springer-Verlag, pp.337-342

Franke, R., Schönung, B. (1988): Die numerische Simulation der laminaren Wirbelablösung an Zylindern mit quadratischem oder kreisförmigem Querschnitt, Universität Karlsruhe, SFB 210, Bericht 210/T/39

Fritz, W. (1986): Numerical Grid Generation around Complete Aircraft Configurations, AGARD Conf. Proc. No.412

Fuchs, L., Zhao, H.S. (1984): Solution of Three-Dimensional Viscous Incompressible Flows by a Multigrid Method, Int. J. Num. Meth. Fluids, Vol.4, pp.539-555

Fuchs, L. (1986): A Local Mesh-Refinement Technique for Incompressible Flows, Computers & Fluids, Vol.14, No.1, pp.69-81

Galpin, P.F., Raithby, G.D. (1983): Solution of Transport Problems Using General Orthogonal Control Volumes, Progress Report, Univ. of Waterloo, Ontario

Galpin, P.F., Raithby, G.D., Van Doormaal, J.P. (1985): Solution of the Incompressible Mass and Momentum Equations by Application of a Coupled Equation Line Solver, Int. J. Num. Meth. in Fluids, Vol.5, pp.615-625

Galpin, P.F., Raithby, G.D., Van Doormaal, J.P. (1986): Discussion of Upstream-Weighted Advection Approximations for Curved Grids, Numerical Heat Transfer, Vol.9, pp.241-246

Galpin, P.F., Raithby, G.D. (1986): Numerical Solution of Problems in Incompressible Fluid Flow: Treatment of the Temperature-Velocity Coupling, Numerical Heat Transfer, Vol.10, pp.105-129

Gaskell, P.H., Lau, A.K.C., Wright, N.C. (1987): Two Efficient Solution Strategies for Use with High Order Discretization Schemes in the Simulation of Fluid Flow Problems, Fifth International Conference on Numerical Methods in Laminar and Turbulent Flow, 6.-10. July, Montreal, Canada

Ghia, K.N., Hankey, W.L., Hodge, J.K. (1979): Use of Primitive Variables in the Solution of Incompressible Navier-Stokes Equations, AIAA J., Vol.17, No.3, pp.298-301

Ghia, K.N., Osswald, G.A., Ghia, U. (1985): Simulation of Self Induced Unsteady Motion in the Near Wake of a Joukowski Airfoil, Proceedings of the First Nobeyama Workshop, September 3-6, 1985, Lecture Notes in Engineering, Vol.24, Springer-Verlag, Berlin, pp.118-132

Ghia, U., Ghia, K.N., Rubin, S.G., Khosla, P.K. (1981): Study of Incompressible Flow Separation Using Primitive Variables, Computers & Fluids, Vol.9, pp.123-142

Ghia, U., Ghia, K.N., Shin, C.T. (1982): High-Re Solutions for Incompressible Flow Using the Navier-Stokes Equations and a Multigrid Method, J. of Comput. Physics, Vol.48, pp.387-411

Ghia, U., Ghia, K.N., Ramamurti, R. (1983): Hybrid C-H Grids for Turbomachinery Cascades, Advances in Grid Generation, Ed. Ghia & Ghia, Proceedings of the Applied Mechanics, Bioengineering and Fluids Engineering Conference, June 20-22, 1983, Houston, Texas, USA

Glass, J., Rodi, W. (1982): A Higher Order Numerical Scheme for Scaler Transport, Computer Methods in Applied Mechanics and Engineering, Vol.31, pp.337-358

Glotz, G., Schönauer, W., Raith, K. (1980): Lösung der Navier-Stokes-Gleichungen für die quadratische Kaverne mit einem fehlerüberwachten Differenzenverfahren beliebiger Ordnung, ZAMM, Vol.60, pp.T184-T185

288

Gnoffo, P.A. (1982): A Vectorized, Finite Volume, Adaptive Grid Algorithm for Navier-Stokes Calculations, <u>Numerical Grid Generation</u>, Ed. Thompson, F.J., North-Holland, New York, pp.819-836

Gnoffo, P.A. (1983): A Finite Volume, Adaptive Grid Algorithm Applied to Planetary Entry Flowfields, AIAA J., Vol.21, No.9, pp.1249-1254

Goldstein, R.J., Kreid, D.K. (1967): Measurements of Laminar Flow Development in a Square Duct Using a Laser-Doppler Flowmeter, Trans. ASME, J. Appl. Mech., Vol.34, pp.813-818

Gordon, W.J., Hall, C.A. (1973): Construction of Curvilinear Coordinate Systems and Applications to Mesh Generation, Int. J. Num. Methods in Engineering, Vol.7, pp.461-477

Goussebaile, J., Jacomy, A., Hauguel, A., Gregoire, J.P. (1985): A Finite Element Algorithm for Turbulent Flow Processing a k-ε Model, Numerical Methods in Laminar and Turbulent Flow - Part 1, Proc. of the 4th Int. Conf., Swansea, 9-12 July 1985

Günther, C. (1987): A Consistent Upwind Method of Second Order for the Convection-Diffusion-Equation, Proc. of the Int. Conf. on Computational Techniques and Applications, Ed. Noye, J. und Fletcher, C., North-Holland, Amsterdam

Gupta, M.M., Manohar, R.P. (1979): Boundary Approximation and Accuracy in Viscous Flow Computations, J. Comp. Physics, Vol.31, pp.265-288

Habib, M.A., Whitelaw, J.H. (1982): The Calculation of Turbulent Flow in Wide-Angle Diffusers, Num. Heat Transfer, Vol.5, pp.145-164

Hackbusch, W., Trottenberg, U. (1982): <u>Multigrid Methods</u>, Lecture Notes in Mathematics, Vol.960, Springer-Verlag, Berlin

Hackbusch, W. (1985): <u>Multi-Grid Methods and Applications</u>, Springer-Verlag, Berlin

Hageman, L.A., Young, D.M. (1981): <u>Applied Iterative Methods</u>, Academic Press, New York

Haidvogel, D.B., Robinson, A.R., Schulman, E.E. (1980): The Accuracy, Efficiency and Stability of Three Numerical Models with Application to Open Ocean Problems, J. Comput. Physics, Vol.34, pp.1-53

Harlow, F.H., Welch, J.E. (1965): Numerical Calculation of Time-Dependent Viscous Incompressible Flow of Fluid with Free Surface, Phys. Fluids, Vol.8, No.12, pp.2182-2189

Hauguel, A. (1985): Numerical Modelling of Complex Industrial and Environmental Flows, Direction des Etudes et Recherches, Electricite de France, HE 41/85.18

Hauguel, A., Laurence, D. (1986): A Computation Method for the Determination of the Flow Field Around Vehicles, Direction des Etudes et Recherches, Electricite de France, HE 41/86.07

Heinrich, J.C., Huyakorn, P.S., Zienkiewics, O.C. (1977): An Upwind Finite Element Scheme for Two-Dimensional Convective Transport Equation, Int. J. Num. Methods in Engineering, Vol.11, pp.131-143

Hess, J.L., Smith, A.M.O. (1967): Calculation of Potential Flow About Arbitrary Bodies, Progress in Aeronautical Sciences, Pergamon, New York, Vol.8, pp.1-138

Hestenes, M.R., Stiefel, E. (1952): Methods of Conjugate Gradients for Solving Linear Systems, J. of Research of the National Bureau of Standards, Vol.49, No.6, Research Paper 2379

Hirsch, C. (1988): Numerical Computation of Internal and External Flows, Volume 1: Fundamentals of Numerical Discretization, John Wiley & Sons, New York

Hirschel, E.H., Schmatz, M.A. (1986): Zonal Solutions for Viscous Flow Problems, Notes on Numerical Fluid Mechanics, Vol.14, Vieweg-Verlag, pp.118-131

Hirsh, R.S. (1975): Higher Order Accurate Difference Solutions of Fluid Mechanic Problems by a Compact Differencing Technique, J. Comput. Phys., Vol.19, pp.90-109

Hirsh, R.S., Hopkins, J. (1983): Higher Order Approximations in Fluid Mechanics, Karman Institute for Fluid Dynamics, Lecture Series 1983-04, Computational Fluid Dynamics

Hirt, C.W. (1968): Heuristic Stability Theory for Finite Difference Equations, J. Comput. Physics, Vol.2, pp.339-355

Hirt, C.W., Amsden, A.A., Cook, J.L. (1974): An Arbitrary Lagrangian-Eulerian Computing Method for All Flow Speeds, J. Comput. Physics, Vol.14, pp.227-253

Hockney, R.W., Jesshope, C.R. (1983): Parallel Computers, Adam Hilger LTD, Bristol

Hodge, J.K., Stone, A.L., Miller, T.E. (1979): Numerical Solution for Airfoils Near Stall in Optimized Boundary-Fitted Curvilinear Coordinates, AIAA J., Vol.17, No.5, pp.458-464

Hollanders, H., Viviand, H. (1980): The Numerical Treatment of Compressible High Reynolds Number Flows, Computation Fluid Dynamics, Vol.2, von Karman Inst. Book, Hemisphere Publishing, Washington, D.C., pp.1-65

Hood, P. (1976): Frontal Solution Program for Unsymmetric Matrices, Int. J. Meth. Eng., Vol.10, pp.379-399

Huang, P.G., Launder, B.E., Leschziner, M.A. (1985): Discretization of Nonlinear Convection Processes: A Broad-Range Comparison of Four Schemes, Computer Methods in Applied Mechanics and Engineering, Vol.48, pp.1-24

Huh, K.Y., Golay, M.W., Manno, V.P. (1986): A Method for Reduction of Numerical Diffusion in the Donor cell Treatment of Convection, J. Comp. Physics, Vol.63, pp.201-221

Hughes, W.F., Gaylord, E.W. (1964): <u>Basic Equations of Engineering Science</u>, Schaums Outline Series, McGraw-Hill Book Company, New York

Hung, T., Brown, T.D. (1977): An Implicit Finite-Difference Method for Solving The Navier-Stokes Equations Using Orthogonal Curvilinear Coordinates, J. Comput. Physics, Vol.23, pp.343-363

Hutchinson, B.R., Raithby, G.D. (1986): A Multigrid Method based on the Additive Correction Strategy, Num. Heat Transfer, Vol.9, pp.511-537

Hutton, A.G. (1985): Current Progress in the Simulation of Turbulent Flow - Part 1, Proc. of the 4th Int. Conf., Swansea, 9-12 July 1985

Huyakorn, P.S., Taylor, C., Lee, R.L., Gresho, P.M. (1978): A Comparison of Various Mixed-Interpolation Finite-Elements in The Velocity - Pressure Formulation of the Navier-Stokes Equations, Computers & Fluids, Vol.6, pp.25-35

Issa, R.I., Lockwood, F.C. (1977): On the Prediction of Two-Dim. Supersonic Viscous Interactions Near Walls, AIAA J., Vol.15, No.2, pp.182-188

Issa, R.I. (1983): Numerical Methods for Two- and Three-Dimensional Recirculating Flows, <u>Computational Methods for Turbulent, Transonic and Viscous Flows</u>, Ed. Essers, J.A., Hemisphere Publishing Corporation, Washington, pp.183-211

Issa, R.I. (1985): Solution of the Implicitly Discretised Fluid Flow Equations by Operator-Splitting, J. Comp. Physics, Vol.62, pp.40-65

Issa, R.I., Gosman, A.D., Watkins, A.P. (1986): The Computation of Compressible and Incompressible Recirculating Flows by a Non-Iterative Implicit Scheme, J. Comput. Physics, Vol.62, pp.66-82

Ives, D.C. (1982): Conformal Grid Generation, <u>Numerical Grid Generation</u>, Ed. Thompson, J.F., North-Holland, Amsterdam, pp.107-136

Jaffre, J. (1980): Approximation of a Diffusion-Convection Equation by a mixed Finite Element Method; Application for the Water Flooding Problem, Computers & Fluids, Vol.8, pp.177-188

Jain, R.K. (1986): Grid Generation about Airfoils Using Multigrid Methods in the Solution of Elliptic Partial Differential Equations, Arbeitspapiere der Gesellschaft für Mathematik und Datenverarbeitung MBH, Sankt Augustin, Vol.208

Jang, D.S., Jetli, R., Acharya, S. (1986): Comparison of the PISO, SIMPLER and SIMPLEC Algorithms for the Treatment of the Pressure-Velocity coupling in Steady Flow Problems, Numerical Heat Transfer, Vol.10, pp.209-228

Kawamura, T., Kuwahara, K. (1984): Computation of High Reynolds Number Flow around a Circular Cylinder with Surface Roughness, 22nd Aerospace Science Meeting, Reno, Nevada, AIAA Paper, No. 84-0340

Kennon, S.R., Dulikravich, G.S. (1986): Generation of Computational Grids Using Optimization, AIAA J., Vol.24, No.7, pp.1069-1073

Kerlick, G.D., Klopfer, G.H. (1982): Assessing the Quality of Curvilinear Coordinate Meshes by Decomposing the Jacobian Matrix, Numerical Grid Generation, Ed. Thompson, J.F., North-Holland, New York, pp.787-808

Kettler, R. (1982): Analysis and Comparison of Relaxation Schemes in Robust Multigrid and Preconditioned Conjugate Gradient Methods, Multigrid Methods, Eds. Hackbusch, W., Trottenberg, U., Lecture Notes in Mathematics, Vol. 960, Springer-Verlag, Berlin, pp.502-534

Kiehm, P., Mitra, N.K., Fiebig, M. (1986): Numerical Investigation of Two- and Three-Dimensional Confined Wakes Behind a Circular Cylinder in a Channel, AIAA-Paper 86-0035

Kightley, J.R., Jones, I.P. (1985): A Comparison of Conjugate Gradient Preconditionings for Three-Dimensional Problems on a CRAY-1, Computer Physics Communications, Vol.37, pp.205-214

Kightley, J.R. (1986): The Conjugate Gradient Method Applied to Turbulent Flow Calculation, Notes on Num. Fluid Mech., Ed. Rues, D., Kordulla, W., Vieweg-Verlag, pp.161-168

Kim, J., Moin, P. (1985): Application of a Fractional-Step Method to Incompressible Navier-Stokes Equations, J. Comput. Phys., Vol.59, pp.308-323

Kline, S.J., Lilley, G.M., Cantwell, B.J. (1981): Proc. AFOSR-HTTM-Stanford Conf. on Complex Turbulent Flow, Dept. Mech. Eng., Stanford Univ., Calif.

Kober, H. (1952): Dictionary of Conformal Representations, Dover Publications, New York

Kreiss, H.O. (1972): Difference Approximations for Boundary and Eigenvalue Problems for Ordinary Differential Equations, Mathematics of Computation, Vol.26, No.119, pp.605-624

Kreis, R.I., Thames, F.C., Hassan, H.A. (1986): Application of a Variational Method for Generating Adaptive Grids, AIAA J., Vol.24, No.3, pp.404-410

Kutler, P. (1985): A Perspective of Theoretical and Applied Computational Fluid Dynamics, AIAA-Journal, Vol.23, No.3, pp.328-341

Kuwahara, K. (1985): Development of High-Reynolds-Number Flow Computation, Lecture Notes in Engineering, Vol.24, Springer-Verlag

Kuwahara, K., Shirayama, S. (1986): Direct Simulation of High-Reynolds-Number Flows by Finite-Difference Methods, Direct and Large Eddy Simulation, Ed. Schumann, U., Friedrich, R., Notes on Numerical Fluid Mechanics, Vol.15, Vieweg, Braunschweig

Kwak, D., Chang, J.L.C., Shanks, S.P., Chakravarthy, S.R. (1984): A Three-Dimensional Incompressible Navier-Stokes Flow Solver Using Primitive Variables, AIAA J., Vol.24, No.3, pp.390-396

292

Lakshminarayana, B. (1986): Turbulence-Modeling for Complex Shear Flows, AIAA J., Vol.24, No.12, pp.1900-1917

Latimer, B.R., Pollard, A. (1985): Comparison of Pressure-Velocity Coupling Solution Algorithms, Numerical Heat Transfer, Vol.8, pp.635-652

Launder, B.E., Spalding, D.B. (1974): The Numerical Computation of Turbulent Flows, Comp. Meth. Appl. Mech. and Eng., Vol.3, p.269-289

Launder, B.E., Reynolds, W.C., Rodi, W., Mathieu, J., Jeandel, D. (1984): Turbulence Models and Their Applications, Direction des Etudes et Recherches d'Electricite de France, Editions Eyrolles, Paris

Lauriat, G., Altimir, I. (1985): A New Formulation of the SADI Method for the Prediction of Natural Convection Flows in Cavities, Computers & Fluids, Vol.13, No.2, pp.141-155

Lecointe, Y., Piquet, J. (1984): On the Use of Several Compact Methods for the Study of Unsteady Incompressible Viscous Flow Round a Circular Cylinder, Computer & Fluids, Vol.12, No.4, pp.225-280

Leonard, A. (1980): Vortex Methods for Flow Simulation, J. Comput. Physics, Vol.37, pp.289-335

Leonard, B.P. (1979): A Stable and Accurate Convective Modelling Procedure Based on Quadratic Upstream Interpolation, Comp. Methods in Appl. Mech. and Eng., Vol.19, pp.59-98

Leonard, B.P. (1981): A Stable, Accurate, Economical and Comprehendible Algorithm for the Navier-Stokes and Scalar Transport Equations, Second International Conference on Numerical Methods in Laminar and Turbulent Flows, July, 1981,Venice, Italy, pp.543-554

Leonard, B.P. (1987): Locally Modified Quick Scheme for Highly Convective 2-D and 3-D Flows, Fifth International Conference on Numerical Methods in Laminar and Turbulent Flows, July 1987, Montreal, Canada, pp.35-47

Leone, J.M., Gresho, P.M. (1981): Finite Element Simulations of Steady Two-Dimensional, Viscous, Incompressible Flow Over a Step, J. Comput. Physics, Vol.41, pp.167-191

Leschziner, M.A. (1980): Practical Evaluation of Three Finite Difference Schemes for the Computation of Steady-State Recirculating Flows, Comp. Meth. Appl. Mech. and Eng., Vol.23, pp.293-312

Leschziner, M.A. (1986): Persönliche Mitteilung

Leschziner, M.A. (1988): Modelling Turbulent Recirculating Flows by Finite-Volume Methods, Refined Flow Modelling and Turbulence Measurements, Ed. Iwasa, Y., Tamai, N., Wada, A., University Academy Press Inc, Tokyo

Lillington, J.N. (1981): A Vector Upstream Differencing Scheme for Problems in Fluid Flow Involving Significant Source Terms in Steady State Linear Systems, Int. J. for Numerical Methods in Fluids, Vol.1, pp.3-16

Linden, J., Steckel, B., Stüben, K. (1988a): Parallel Multigrid Solution of the Navier-Stokes Equations on General 2D-Domains, Arbeitspapiere der GMD 294

Linden, J., Lonsdale, G., Steckel, B., Stüben, K. (1988b): Multigrid for the Steady-State Incompressible Navier-Stokes Equations: A Survey, Arbeitspapiere der GMD 322

Lin, A. (1985): The Parametrized Strongly Implicit Method for Solving Elliptic Difference Equations, Int. J. for Num. Methods in Fluids, Vol.5, pp.381-391

Liu, N.-S. (1976): Finite-Difference Solution of the Navier-Stokes Equations for Incompressible Three-Dimensional Internal Flows, Lecture Notes in Physics, Vol.59, Springer-Verlag, New York, pp.300-306

Lonsdale, G., Walsh, J.E. (1984): The Pressure Correction Method and the Use of a Multigrid Technique for laminar Source-Sink Flow between Corotating Discs, Department of Mathematics, Num. Anal. Report No.95, University of Manchester, UK

Luchini, P. (1987): An Adaptive-Mesh Finite-Difference Solution Method for the Navier-Stokes Equations, J. Comput. Physics, Vol.68, pp.283-306

Lyn, D.A., Zhang, Z. (1989): Boundary-Fitted Numerical Modelling of Sedimentation Tanks, 23rd IAHR Congress, August 21-25, Ottawa, Canada

MacArthur, J.W. (1986): Development and Implementation of Robust Direct Finite-Difference Methods for the Solution of Strongly Coupled Elliptic Transport Equations, PhD-Thesis, University of Minnesota, Minneapolis, Minnesota, USA

Majumdar, S., Rodi, W. (1985): Numerical Calculations of Turbulent Flow Past Circular Cylinders, 3. Symp. on Numerical and Physical Aspects of Aerodynamic Flows, 21-24 Jan. 1985, Long Beach, California

Majumdar, S. (1986): Development of a Finite Volume Procedure for Prediction of Fluid Flow Problems with Complex Irregular Boundaries, Universität Karlsruhe, SFB 210, Bericht SFB210/T/29

Majumdar, S., Rodi, W., Vanka, S.P. (1987): On the Use of Non-Staggered Pressure-Velocity Arrangement for Numerical Solution of Incompressible Flows, Universität Karlsruhe, SFB 210, Bericht SFB 210/T/35

Majumdar, S. (1988): Role of Underrelaxation in Momentum Interpolation for Calculation of Flow with Non-Staggered Grid, Numerical Heat Transfer, Vol.13, pp.125-132

Majumdar, S., Schönung, B., Rodi, W. (1988): A Finite Volume Method for Steady Two-Dimensional Incompressible Flows Using Non-staggered Non-Orthogonal Grids, Proceedings of the Seventh GAMM Conference on Numerical Methods in Fluid Mecanics, Notes on Numerical Fluid Mechanics, Volume 20, Vieweg-Verlag, Braunschweig, pp.191-198

294

Majumdar, S. (1989): Persönliche Mitteilung

Majumdar, S., Franke, R. (1989): Persönliche Mitteilung

Majumdar, S., Rodi, W., Schönung, B. (1989): Calculation Procedure for
    Incompressible Three-Dimensional Flows With Complex Boundaries,
    Finite Approximations in Fluid Mechanics, Notes on Numerical Fluid Mechanics,
    Volume 25, Ed. E.H. Hirschel, Vieweg Verlag, Braunschweig, pp.279-294

Maliska, C.R., Raithby, G.D. (1984): A Method for Computing Three-Dimensional
    Flows Using Non-Orthogonal Boundary Fitted Coordinates, Int. J. for Num.
    Methods in Fluids, Vol.4, pp.519-537

Maliska, C.R., Milioli, F.E. (1985): A Nonorthogonal Model for the Solution of Natural
    Convection Problems in Arbitrary Cavities, Num. Meth. in Laminar and Turbulent
    Flow, Ed. Taylor, C. et al., Peneridge Press, Swansea

Mansour, N.N., Moin, P., Reynolds, W.C., Ferziger, J.H. (1977): Improved Methods
    for Large Eddy Simulation of Turbulence, Proc. 1st Symp. on Turb. Shear Flows,
    Penn. St. Univ., University Park, Pennsylvania

Mansour, N.N., Kim, J., Moin, P. (1987): Near-Wall k-ε Turbulence Modeling, Proc.
    of Sixth Symposium on Turbulent Shear Flows, Sept.7-9, Toulouse, France

Marcum, D.L., Hoffman, J.D. (1985): Calculation of Three-Dimensional Flowfields by
    the Unsteady Method of Characteristics, AIAA J., Vol.23, No.10, pp.1497-1505

Marvin, J.G. (1983): Turbulence Modeling for Computational Aerodynamics, AIAA J.,
    Vol.21, No.7, pp.941-955

McCorquodale, J.A. (1976): Hydraulic Study of the Circular Settling Tanks at the West
    Windsor Pollution Control Plant, Universty of Windsor, Windsor, Ontario, Canada

MacCormack, R.W. (1985): Current Status of Numerical Solutions of the Navier-Stokes
    Equations, AIAA Paper, No.85-0032

McDonald, H., Briley, W.R. (1984): A Survey of Recent Work on Interacted Boundary
    Layer Theory for Flow with Separation, Numerical and Physical Aspects of
    Aerodynamic Flow 2, Ed. Cebeci, T., Springer-Verlag, New York, pp.141-162

McNally, W.D., Sockol, P.M. (1985): Computational Methods for Internal Flows with
    Emphasis on Turbomachinery, J. Fluid Eng., Vol.107, pp.6-22

Meakin, R.L., Street, R.L. (1987): Domain-Splitting Methods for Geometrically
    Complex Flows, Fifth International Conference on Numerical Methods in Laminar
    and Turbulent Flow, 6.-10. July 1987, Montreal, Canada

Michelassi, V., Benocci, C. (1987): Prediction of Incompressible Flow Separation with
    the Approximate Factorization Technique, Int. J. for Numerical Methods in Fluids,
    Vol.7, pp.1383-1403

Mobley, C.D., Stewart, R.J. (1980): On the Numerical Generation of Boundary Fitted
    Orthogonal Curvilinear Coordinate Systems, J. Comput. Physics, Vol.34,
    pp.124-135

Müller, H., Schönauer, W., Schnepf, E. (1985): Design Consideration for the Linear Solver LINSOL on a CYBER 205, Super Computer Applications, Ed. A.H.L. Emmen, North-Holland, Amsterdam

Murman, E.M., Baron, J.R. (1983): Computational Methods for Complex Flowfields, Annual Report, AFOSR-TR-83-0841

Naar, M., Schönung, B. (1986): Numerische Gittererzeugung bei Vorgabe von Randwinkeln und Randmaschenweiten, Inst. f. Hydromechanik, Univ. Karlsruhe, Bericht Nr.644

Nakahashi, K., Deiwert, G.S. (1985): A Practical Adaptive Grid Method for Complex Fluid Flow Problems, Lecture Notes in Physics, Vol.218, Springer-Verlag, New York, pp.422-427

Nakahashi, K., Deiwert, G.S. (1986): Three-Dimensional Adaptive Grid Method, AIAA J., Vol.24, No.6, pp.948-954

Nakamura, S. (1982): Marching Grid Generation Using Parabolic Partial Differential Equations, Numerical Grid Generation, Ed. Thompson, J.F., North-Holland, New York, pp.775-786

Nakayama, A. (1985): A Numerical Method for Solving Momentum Equations in Generalized Coordinates, J. Fluids Eng., Vol.107, pp.49-54

Nallasamy, M. (1987): Turbulence Models and Their Applications to the Prediction of Internal Flows: A Review, Computers & Fluids, Vol.15, No.2, pp.151-194

Napolitano, M. (1984): Efficient ADI and Spline-ADI Methods for the Steady State Navier-Stokes Equations, Int. J. Num. Meth. Fluids, Vol.4, pp.109-125

Napolitano, M., Orlandi, P. (1985): Laminar Flow in a Complex Geometry: A Comparison, Int. J. Num. Meth. Fluids, Vol.5, pp.667-683

Nasser, A.G.F.A., Leschziner, M.A. (1985): Computation of Transient Recirculating Flow Using Spline Approximations and Time-Space Characteristics, Fifth International Conference on Numerical Methods in Laminar and Turbulent Flow, July 1987, Montreal, Canada, pp.91-101

Neuberger, A.W. (1987): Error Estimates and Convergence Acceleration of Different Discretization Schemes, Fourth International Conference on Numerical Methods in Laminar and Turbulent Flow, Swansea, UK, pp.480-490

Norris, H.L., Reynolds, W.C. (1975): Turbulent Channel Flow with a Moving Wavy Boundary, Stanford Univ, Dept. Mech. Eng., Rept. FM-10

Olsen, M.D., Tuann, S.Y. (1979): New Finite Element Results for the Square Cavity, Comput. Fluids, Vol.7, pp.123-135

Orlandi, P. (1981): Unsteady Adverse Pressure Gradient Turbulent Boundary Layers, Unsteady Turbulent Shear Flows, Ed. Michel, R., Cousteix, J., Houdeville, R., Springer-Verlag, Berlin, pp.159-170

Orth, A. (1989): Mehrgitterverfahren zur entkopppelten Lösung der inkompressiblen Navier-Stokes Gleichung, Dissertation, Institut für Hydromechanik, Universität Karlsruhe, in Vorbereitung

Oskam, B., Huizing, G.H. (1986): Flexible Grid Generation for Complex Geometries in Two Space Dimensions Based on Variational Principles, AGARD Conf.Proc. No.412

Otte, F., Thiele, F. (1977): The Application of Fast Fourier Transforms to the Solution of Fluid Mechanics Problems, Fast Elliptic Solvers, Ed. Schumann, U., Advance Publications, U.K., pp.232-246

Patankar, S.V., Spalding, D.B. (1972): A Calculation Procedure for Heat, Mass and Momentum Transfer in Three-Dimensional Parabolic Flow, Int. J. Heat Mass Transfer, Vol.15, pp.1787-1806

Patankar, S.V.(1980): Numerical Heat Transfer and Fluid Flow, Hemisphere Publishing Corporation, McGraw-Hill, New York

Patankar, S.V.(1981): A Calculation Procedure for Two-Dimensional Elliptic Situations, Num. Heat Transfer, Vol.4, pp.409-425

Patel, N.R., Briggs, D.G. (1983): A MAC Scheme in Boundary-Fitted Curvilinear Coordinates, Numerical Heat Transfer, Vol.6, pp.383-394

Patel, M.K., Markatos, N.C., Cross, M. (1985): A Critical Evaluation of Seven Discretization Schemes for Convection-Diffusion Equations, Int. J. Num. Meth. in Fluids, Vol.5, pp.225-244

Patel, M.K., Markatos, N.C. (1986): An Evaluation of Eight Discretization Schemes for Two-Dimensional Convection-Diffusion Equations, Int. J. for Num. Methods in Fluids, Vol.6, pp.129-154

Peaceman, D.W., Rachford, H.H. (1955): The Numerical Solution of Parabolic and Elliptic Differential Equations, J. Soc. Indust. Appl. Math., Vol.3, No.1, pp.28-41

Peric, M. (1985): A Finite-Volume Method for the Prediction of Three-Dimensional Fluid Flow in Complex Ducts, PHD-Thesis, Imperial College of Science and Technology, Univ. London

Peric, M. (1987): Efficient Semi-Implicit Solving Algorithm for Nine-Diagonal Coefficient Matrix, Numerical Heat Transfer,Vol.11, pp.251-279

Peyret, R., Viviand, H. (1975): Computation of Viscous Compressible Flows Based on the Navier-Stokes Equations, Agardograph No.212 (AGARD-AG-212)

Peyret, R., Taylor, T.D. (1983): Computational Methods for Fluid Flow, Springer Series in Computational Physics, Springer-Verlag, New York

Phillips, R.E., Miller, A., Schmidt, F.W. (1985): A Multilevel- Multigrid for Axissymmetric Recirculating Flows, 5th. Symposium on Turbulent Shear Flows, Aug. 7-9, Cornell University, Ithaca, New York, USA

Pope, S.B. (1978): The Calculation of Turbulent Recirculating Flows in General Orthogonal Coordinates, J. Comput. Physics, Vol.26, pp.197-217

Pracht, W.E. (1975): Calculating Three-Dimensional Fluid Flows at All Speeds with an Eulerian-Lagrangian Computing Mesh, J. Comput. Physics, Vol.17, pp.132-159

Prandtl, L. (1925): Über die Ausgebildete Turbulenz, ZAMM, Vol.5, pp.136-139

Price, H.S., Varga, R.S., Warren, J.E. (1966): Application of Oscillation Matrices to Diffusion-Convection Equations, J. Math. and Phys., Vol.45, pp.301-311

Pulliam, T.H. (1986): Artificial Dissipation Models for the Euler Equations, AIAA J., Vol.24, No.12, pp.1931-1940

Radespiel, R. (1987): Grid Generation around Wing-Body-Combinations Using a Multi-Block Structured Computational Domain, Institut für Entwurfsaerodynamik, DFVLR Braunschweig, Bericht Nr. IB 129-87/16

Raithby, G.D. (1976a): A Critical Evaluation of Upstream Differencing Applied to Problems Involving Fluid Flow, Computer Methods in Applied Mechanics and Engineering, Vol.9, pp.75-103

Raithby, G.D. (1976b): Skew Upstream Differencing Schemes for Problems Involving Fluid Flow, Computer Methods in Applied Mechanics and Engineering, Vol.9, pp.153-164

Raithby, G.D., Galpin, P.F., van Doormaal, J.P. (1986): Prediction of Heat and Fluid Flow in Complex Geometries Using General Orthogonal Coordinates, Numerical Heat Transfer, Vol.9, pp.125-142

Raithby, G.D. (1987): Some Recent Advances in Computational Fluid Dynamics, 9th Brazilian Congress of Mechanical Engineering, Brazil

Rastogi, A.K. (1986): On the Solution of Finite-Difference Equations in Computing Three-Dimensional Fluid Flow with Heat and Mass Transfer, A.S. Veritas Research, Technical Report No.86-2032

Reggio, M., Camarero, R. (1986): Numerical Solution Procedure for Viscous Incompressible Flows, Numerical Heat Transfer, Vol.10, pp.131-146

Reggio, M., Camarero, R. (1987): A Calculation Scheme for Three-Dimensional Viscous Incompressible Flows, J. Fluids Eng., Vol.109, pp.345-352

Rhie, C. (1981): A Numerical Study of the Flow Past an Isolated Airfoil with Separation, PHD Thesis, Univ. Illinois, Urbana

Rhie, C.M., Chow, W.L. (1983): Numerical Study of the Turbulent Flow Past an Airfoil with Trailing Edge Separation, AIAA J., Vol.21, No.11, pp.1525-1532

Richtmyer, R.D., Morton, K.W. (1967): Difference Methods for Initial-Value Problems, Interscience Publishers, A Division of J. Wiley & Sons, New York

Rizzi, A., Eriksson, L. (1985): Computation of Inviscid Incompressible Flow with Rotation, J. Fluid Mech., Vol.153, pp.275-312

Roache, P.J. (1972): Computational Fluid Dynamics, Hermosa Publisher, Albuquerque

Rodi, W. (1980): Turbulence Models and Their Application in Hydraulics, Publication of the Int. Association for Hydraulic Research, Delft, The Netherlands

Rodi, W., Srivatsa, S.K. (1980): A Mathematical Model for the Flow in Channels Containing Groynes, Sonderforschungsbereich 80, Universität Karlsruhe, Bericht Nr. SFB80/T/160

Rodi, W. (1986): Turbulence Modeling for Incompressible Flows, Physicochemical Hydrodynamics (PCH), Vol.7, No.5/6, pp.297-324

Rodi, W., Andreopoulos, J., Demuren, A.O., Majumdar, S. (1986): 3-dimensionale Berechnungen und experimentelle Untersuchungen der Strömung und Schwadenausbreitung im Nahbereich von Kühltürmen, Bericht Nr.634, Institut für Hydromechanik, Universität Karlsruhe

Rodi, W., Majumdar, S., Schönung, B. (1987): Finite Volume Methods for Two-Dimensional Incompressible Flows with Complex Boundaries, 8th Int. Conf. on Computing Methods in Applied Sciences and Engineering, 14.-18. Dec. 1987, Versailles, France

Rodi, W., Srinivas, K. (1989): Computation of Flow and Losses in Transonic Turbine Cascades, Zeitschrift für Flugwissenschaften und Weltraumforschung, Vol.13, pp. 101-119

Roe, P.L. (1982): Numerical Methods in Aeronautical Fluid Dynamics, Ed. Roe, P.L., Academic Press, London

Rogallo, R.S., Moin, P. (1984): Numerical Simulation of Turbulent Flows, Ann. Rev. Fluid Mech., Vol.16, pp.99-137

Rojas, J., Whitelaw, J.H., Yianneskis, M. (1983): Developing Flow in S-Shaped Diffusers, Part 1: Square to Rectangular Cross-Section Diffuser, Fluids Section Report FS/83/12, Mech. Eng. Dept., Imperial College, London

Rubin, S.G., Graves, R.A. (1975): Viscous Flow Solutions with a Cubic Spline Approximation, Computers & Fluids, Vol.3, pp.1-36

Rubin, S.G., Khosla, P.K. (1976): Higher-Order Numerical Solutions Using Cubic Splines, AIAA J., Vol.14, No.7, pp.851-858

Rubin, S.G., Koshla, P.K. (1977): Polynomial Interpolation Methods for Viscous Flow Calculation, J. Comput. Phys., Vol.24, No.3, pp.217-244

Rubin, S.G., Khosla, P.K. (1980): Navier-Stokes Calculations with a Coupled Strongly Implicit Method, Part 2: Spline Deferred-Corrector Solutions, Lecture Notes in Mathematics, Vol.771, Springer-Verlag, Berlin, pp.469-488

Rubin, S.G. (1982): Incompressible Navier-Stokes and Parabolized Navier-Stokes Solution Procedures and Computational Techniques, von Karman Institute for Fluid Dynamics, Lecture Series 1982-04

Runchal, A. (1986): Condif: A Modified Central-Difference Scheme with Unconditional Stability and very Low Numerical Diffusion, Proc. of the 8th Int. Heat Transfer Conference, San Francisco, California, USA, pp.403-408

Saltzman, J., Brackbill, J. (1982): Applications and Generalizations of Variational Methods for Generating Adaptive Meshes, Numerical Grid Generation, Ed. Thompson, F.J., North-Holland, New York, pp.865-884

Schmatz, M.A. (1986): Calculation of Strong Viscous / Inviscid Interactions on Airfoils by Zonal Solutions of the Navier-Stokes Equations, Proceedings of the sixth GAMM-Conference on Numerical Methods in Fluid Mechanics, Notes on Numerical Fluid Mechanics, Vol.13, Vieweg-Verlag, Braunschweig, pp.335-342

Schneider, G.E., Raithby, G.D., Yovanovich, M.M. (1978): Finite-Element Solution Procedure for Solving the Incompressible Navier-Stokes Equations Using Equal Order Variable Interpolation, Numerical Heat Transfer, Vol.1, pp.433-451

Schneider, G.E., Zedan, M. (1981): A Modified Strongly Implicit Procedure for the Numerical Solution of Field Problems, Numerical Heat Transfer, Vol.4, pp.1-19

Schneider, G.E., Zedan, M. (1984): A Coupled Modified Strongly Implicit Procedure for the Numerical Solution of Coupled Continuum Problems, AIAA Paper 84-1743

Schneider, G.E., Raw, M.J. (1987a): Control Volume Finite-Element Method for Heat Transfer and Fluid Flow Using Colocated Variables - 1. Computational Procedure, Numerical Heat Transfer, Vol.11, pp.363-390

Schneider, G.E., Raw, M.J. (1987b): Control Volume Finite-Element Method for Heat Transfer and Fluid Flow Using Colocated Variables - 2. Application and Validation, Numerical Heat Transfer, Vol.11, pp.391-400

Schönauer, W. (1985): Scientific Computing on Vector Computers, North Holland, Amsterdam

Schönauer, W., Schnepf, E., Müller, H. (1985): The Fidisol Program Package, Interner Bericht Nr.27/85, Universität Karlsruhe, Rechenzentrum, Karlsruhe, West-Germany

Schönung, B., Rodi, W. (1987): Prediction of Film Cooling by a Row of Holes with a Two-Dimensional Boundary Layer Procedure, J. of Turbomachinery, Vol.109, No.4, pp.579-588

Schönung, B., Mankbadi, R.R., Rodi, W. (1988): Computational Study of the Unsteady Flow due to Wakes Passing Through a Channel, Proceedings of the 6th Symposium on Turbulent Shear Flows, Springer Verlag, Berlin, pp.255-268

Schumann, U., Elgobashi, S.E., Gerz, T. (1986): Direct Simulation of Stable Stratified Turbulent Homogenous Shear Flows, Direct and Large Eddy Simulation, Eds. Schumann, U., Friedrich, R., Notes on Numerical Fluid Mechanics, Vol.15, Vieweg, Braunschweig, pp.245-264

Schumann, U., Friedrich, R. (1986): Direct and Large Eddy Simulation of Turbulence, Proc. of the Euromech Colloquium, München, Notes on Numerical Fluid Mechanics, Vol.15,Vieweg, Braunschweig

Schütz, H., Thiele, F. (1987): Unsteady Two-Dimensional Flow Around Bodies Using the Navier-Stokes Equations, Proceedings of the fifth International Conference on Numerical Methods in Laminar and Turbulent Flow, July 1987, Montreal, Canada, pp.632-643

Scott, J.N., Hankey, W.L. (1986): Navier-Stokes Solutions of Unsteady Flow in a Compressor Rotor, J. of Turbomachinery, Vol.108, pp.206-215

Settari, A., Aziz, K. (1973): A Generalization of the Additive Correction Methods for the Iterative Solution of Matrix Equations, SIAM J. Num. Anal., Vol.10, No.3, pp.506-521

Sharble, R.C., Raj, P. (1983): An Algebraic Grid Generation Method Coupled with an Euler Solver for Simulating Three-Dimensional Flows, AIAA Paper, No.83-1807

Sheng, Y.P. (1986): Numerical Modeling of Coastal and Estuarine Processes Using Boundary-Fitted Grids, 3rd Int. Symposium on River Sedimentation, 31.3.-4.4.1986, University of Mississippi, Mississippi, USA

Shieh, C.F. (1984): Three-Dimensional Grid Generation Using Elliptic Equations with Direct Grid Distribution Control, AIAA J., Vol.22, No.3, pp. 361-364

Shyy, W. (1985): A Study of Finite Difference Approximations to Steady-State, Convection-Dominated Flow Problems, J. Comput. Phys., Vol.57, pp.415-438

Shyy, W., Tong, S.S., Correa, S.M. (1985): Numerical Recirculating Flow Calculation Using a Body-Fitted Coordinate System, Numerical Heat Transfer, Vol.8, pp.99-113

Shyy, W., Braaten, M.E. (1986): Three-Dimensional Analysis of the Flow in a Curved Hydraulic Turbine Draft Tube, Int. J. for Numerical Methods in Fluids, Vol.6, pp.861-882

Sivaloganathan, S., Shaw, G.J. (1987): An Efficient Non-Linear Multigrid Procedure for the Incompressible Navier-Stokes Equations, Numerical Methods in Laminar und Turbulent Flow, Vol.5, Part 1

Smith, R.E. (1982): Algebraic Grid Generation, Numerical Grid Generation, Ed. Thompson, J.F., North-Holland, New York, pp.137-170

Smith, R.E. (1983): Three Dimensional Algebraic Grid Generation, AIAA-Paper 83-1904

Smith, R.M., Hutton, A.G. (1982): The Numerical Treatment of Advection: A Performance Comparison of Current Methods, Numerical Heat Transfer, Vol.5, pp.439-461

Smith, R.M. (1984): On the Finite-Element Calculation of Turbulent Flow Using the k-ε Model, Int. J. for Numerical Methods in Fluids, Vol.4, No.4, pp.1-26

Soh, W.Y. (1987): Time-Marching Solution of Incompressible Navier-Stokes Equations for Internal Flow, J. Comput. Physics, Vol.70, pp.232-252

Sokolnikoff, I.S. (1964): Tensor Analysis, Theory and Applications to Geometry and Mechanics of Continua, John Wiley & Sons, New York

Sorenson, R.L., Steger, J.L. (1977): Simplified Clustering of Non-Orthogonal Grids Generated by Elliptic Partial Differential Equations, NASA TM 73252

Sorenson, R.L. (1980): A Computer Program to Generate Two-Dimensional Grids about Airfoils and Other Shapes by the Use of Poissons Equation, NASA Technical Memorandum 81198

Spalding, D.B. (1972): A Novel Finite-Difference Formulation for Differential Expressions Involving Both First and Second Derivatives, Int. J. Num. Meth. Eng., Vol.4, pp.551-559

Spalding, D.B. (1980): Mathematical Methods in Nuclear-Reactor Thermal Hydraulics, American Nuclear Society, Meeting on Nuclear-Reactor Thermal Hydraulics, Saratoga, NY, USA

Spalding, D.B. (1981): The Calculation of Heat-Exchanger Performance, ASI Proceedings on Low Reynolds Number Forced Convection in Channels and Bundels, Turkey

Sparis, P.D. (1985): A Method for Generating Boundary-Orthogonal Curvilinear Coordinate Systems Using the Biharmonic Equation, J. of Comput. Physics, Vol.61, pp.445-462

Spiegel, M.R. (1959): Theory and Problems of Vector Analysis, Schaums Outline Series, Mcgraw-Hill Book Company, New York

Stansby, P.K. (1985): A Generalized Discrete-Vortex Method for Sharp-Edged Cylinders, AIAA J., Vol.23, No.6, pp.856-861

Steger, J.L., Chaussee, D.S. (1980): Generation of Body-Fitted Coordinates Using Hyperbolic Partial Differential Equations, SIAM J. of Scientific and Statistical Computing, Vol.1, No.4, pp.431-437

Steger, J.L., Warming, R.F. (1981): Flux Vector Splitting of the Inviscid Gasdynamic Equations with Application to Finite-Difference Methods, J. Comput. Physics, Vol.40, pp.263-293

Stone, H.L. (1968): Iterative Solution of Implicit Approximations of Multidimensional Partial Differential Equations, SIAM J. Numer. Anal., Vol.5, No.3, pp.530-558

Strang, G., Fix, G.J. (1972): An Analysis of the Finite Element Method, Prentice Hall, Englewood Cliffs, New Jersey

Stubley, G.D., Raithby, G.D., Strong, A.B. (1980): Proposal for a New Discrete Method Based on an Assessment of Discretization Errors, Numerical Heat Transfer, Vol.3, pp.411-428

Syed, S.A., Gosman, A.D., Peric, M. (1985): Assessment of Discretization Schemes to Reduce Numerical Diffusion in the Calculation of Complex Flows, AIAA-Paper, No. 85-0441

Tabata, M. (1977): A Finite Element Approximation Corresponding to the Upwind Differencing, Memoirs of Numerical Mathematics, Vol.1, pp.47-63

Taylor, C., Hood, P. (1973): A Numerical Solution of the Navier-Stokes Equations Using the Finite Element Technique, Computers & Fluids, Vol.1, pp.73-100

Taylor, C., Hughes, T.G., Morgan, K. (1977): A Numerical Analysis of Turbulent Flow in Pipes, Computers & Fluids, Vol.5, pp.191-204

Taylor, C., Hughes, T.C. (1981): Finite Element Programming of the Navier-Stokes Equations, Pineridge Press Limited, Swansea, U.K.

Telionis, D.P.S. (1981): Unsteady Viscous Flow, Springer Series in Computational Physics, Springer, New York

Theodossiou, V.M., Sousa, A.C.M. (1986): An Efficient Algorithm for Solving the Incompressible Fluid Flow Equations, Int. J. Num. Methods in Fluids, Vol.6, pp.557-572

Thole, C.A., Trottenberg, U. (1985):Basic Smoothing Procedures for the Multigrid Treatment of Elliptic 3D-Operators, Arbeitspapiere der GMD No. 141

Thom, A., Apelt, C.J. (1961): Field Computations in Engineering and Physics, C. Van Nostrand Company, Princeton, New Jersey, USA

Thomasset, F. (1981): Implementation of Finite Element Methods for Navier-Stokes Equations, Springer-Verlag, New York

Thompson, J.F., Thames, F.C., Mastin, C.W. (1974): Automatic Numerical Generation of Body-Fitted Curvilinear Coordinate System for Field Containing any Number of Arbitrary Two-Dimensional Bodies, J. Comput. Physics, Vol.15, pp.299-319

Thompson, J.F., Thames, F.C., Mastin, C.W. (1977): Numerical Solutions for Viscous and Potential Flow about Arbitrary Two-Dimensional Bodies Using Body-Fitted Coordinate Systems, J. Comput. Physics, Vol.22, pp.274-302

Thompson, J.F., Mastin, C.W. (1985): Order of Difference Expressions in Curvilinear Coordinate Systems, J. Fluid Eng., Vol.107, pp.241-250

Thompson, J.F., Warsi, Z.U.A., Mastin, C.W. (1985): Numerical Grid Generation, Foundations and Applications, North-Holland, New York

Truesdell, C. (1953): The Physical Components of Vectors and Tensors, ZAMM, Vol.33, pp.345-356

Van Doormaal, J.P., Raithby, G.D., Strong, A.B. (1981): Prediction of Natural Convection in Nonrectangular Enclosures Using Orthogonal Curvilinear Coordinates, Numerical Heat Transfer, Vol.4, pp.21-38

Van Doormaal, J.P., Raithby, G.D. (1984): Enhancements of the Simple Method for Predicting Incompressible Fluid Flows, Numerical Heat Transfer, Vol.7, pp.147-163

Van Doormaal, J.P., Raithby, G.D. (1985): An Evaluation of the Segregated Approach for Predicting Incompressible Fluid Flows, ASME Paper No. 85-HT-9

Van Doormaal, J.P., Hutchinson, B.R., Turan, A. (1986): An Evaluation of Techniques used to Accelerate Segregated Methods for Predicting Viscous Fluid Flow, AIAA Paper 86-1653

Van Doormaal, J.P., Turan, A., Raithby, G.D. (1987): Evaluation of New Techniques for the Calculation of Internal Recirculating Flows, AIAA Paper 87-0059

Van Driest, E.R., (1956): On Turbulent Flow Near a Wall, J. Aero. Sci., Vol.23, pp.1007-1011

Vanka, S.P., Chen, B.C.J., Sha, W.T. (1980): A Semi-Implicit Calculation Procedure for Flows Described in Boundary-Fitted Coordinate Systems, Numerical Heat Transfer, Vol.3, pp.1-19

Vanka, S.P. (1983): Fully Coupled Calculation of Fluid Flows with Limited Use of Computer Storage, Argonne National Laboratory Report ANL-83-87

Vanka, S.P., Leaf, G.K. (1983): Fully-Coupled Solution of Pressure-Linked Fluid Flow Equations, Argonne National Laboratory, Report ANL-83-73, Illinois, USA

Vanka, S.P. (1985a): Block-Implicit Calculation of Steady Turbulent Recirculating Flows, Int. J. Heat Mass Transfer, Vol.28, No.11, pp.2093-2103

Vanka, S.P. (1985b): Block-Implicit Calculations of Three-Dimensional Laminar Flow in Strongly Curved Ducts, AIAA J., Vol.23, No.12, pp.1989-1991

Vanka, S.P. (1986a): A Calculation Procedure for 3-Dim. Steady Recirculating Flows Using Multigrid Methods, Computer Methods in Applied Mech. and Eng., Vol.55, pp.321-338

Vanka, S.P. (1986b): Block-Implicit Multigrid Calculation of 2-Dim. Recirculating Flows, Computer Methods in Applied Mechanics and Engineering, Vol.59, pp.29-48

Vanka, S.P. (1986c): Performance of a Multi-Grid Calculation Procedure in 3-Dim. Sudden Expansion Flow, Int. J. for Num. Methods in Fluids, Vol.6, pp.459-477

Vanka, S.P. (1986d): Block-Implicit Multigrid Solution of Navier-Stokes Equations in Primitive Variables, J. of Comput. Physics, Vol.65, pp.138-158

Vanka, S.P. (1986e): Persönliche Mitteilung

Vanka, S.P. (1987): Second-Order Upwind Differencing in a Recirculating Flow, AIAA J., Vol.25, No.11, pp.1435-1441

304

Vanka, S.P., Krazinski, J.L. (1988): An Efficient Computational Tool for Ramjet
Combustor Research, AIAA Paper 88-0060

Varga, R.S. (1962): Matrix Iterative Analysis, Prentice Hall, Englewood Cliffs,
New York

Vinokur, M. (1974): Conservation Equations of Gasdynamics in Curvilinear Coordinate
Systems, J. Comput. Physics, Vol.14, pp.105-125

Visbal, M., Knight, D. (1982): Generation of Orthogonal and Nearly Orthogonal
Coordinates with Grid Control Near Boundaries, AIAA J., Vol.20, No.3,
pp.305-306

Wachter, J., Lattermann, R. (1985): Berechnung Quasi-Zweidimensionaler
Transsonischer Gitterströmungen mit Hilfe eines Zeitschrittverfahrens,
VDI-Berichte 572.1, VDI-Verlag, Düsseldorf, pp.63-76

Wagner, S., Urban, C. (1987): Current Activities in Basic Research Work on Panel
Methods in Germany, Notes on Numerical Fluid Mechanics, Vieweg-Verlag,
Braunschweig, Vol.14, pp.273-294

Warsi, Z.U.A. (1981): Conservation Form of the Navier-Stokes Equations in General
Nonsteady Coordinates, AIAA J., Vol.19, No.2, pp.240-242

Warsi, Z.U.A. (1986): Numerical Grid Generation in Arbitrary Surfaces Through a
Second-Order Differential-Geometric Model, J. Comput. Physics, Vol.64,
pp.82-96

Weatherill, N.P., Shaw, J.A., Forsey, C.R., Rose, K.E. (1986): A Discussion on a
Mesh Generation Technique Applicable to Complex Geometries, AGARD Conf.
Proc., No.412

White, A.B. (1982): On the Numerical Solution of Initial / Boundary-Value Problems
in One Space Dimension, SIAM J. Num. Anal., Vol.19, pp.683-697

Wong, H.H., Raithby, G.D. (1979): Improved Finite-Difference Methods Based on a
Critical Evaluation of the Approximation Errors, Numerical Heat Transfer, Vol.2,
pp.139-163

Wong, Y.S. (1979): Conjugate Gradient Type Methods for Unsymmetric Matrix
Problems, Rept. TR 79-36, Dept. of Computer Science, Univ. British Columbia,
Vancouver, Canada

Wolfshtein, M. (1969): The Velocity and Temperature Distribution in One-Dimensional
Flow with Turbulence Augmentation and Pressure Gradient, Int. J. Heat Mass
Transfer, Vol.12, No.4, pp.301-318

Zedan, M., Schneider, G.E. (1985): A Coupled Strongly Implicit Procedure for Velocity
and Pressure Computation in Fluid Flow Problems, Numerical Heat Transfer,
Vol.8, pp.537-557

Zhu, J. (1988): Persönliche Mitteilung

Zhu, J., Rodi, W., Schönung, B. (1988): Algebraic Generation of Smooth Grids, <u>Numerical Grid Generation in Computational Fluid Mechanics</u>, Ed. Sengupta et al., Pineridge Press, Swansea, UK, pp.217-226

Zhu, J., Leschziner, M.A. (1988): A Local Oszillation-Damping Algorithm for Higher Order Convection Schemes, Computer Methods in Applied Mechanics and Engineering, Vol.67, pp.355-366

Zhu, J., Rodi, W., Schönung, B. (1989): A Fast Method for Generating Smooth Fine Grids, Sixth International Conference on Numerical Methods in Laminar and Turbulent Flow, 11-15 July 1989, Swansea, UK

Zlatev, Z., Wasniewsky, J., Schaumburg, K. (1981): <u>Introduction to Y12M</u>, Lecture Notes in Computer Science, Vol.121, Springer-Verlag, Berlin

Sachverzeichnis

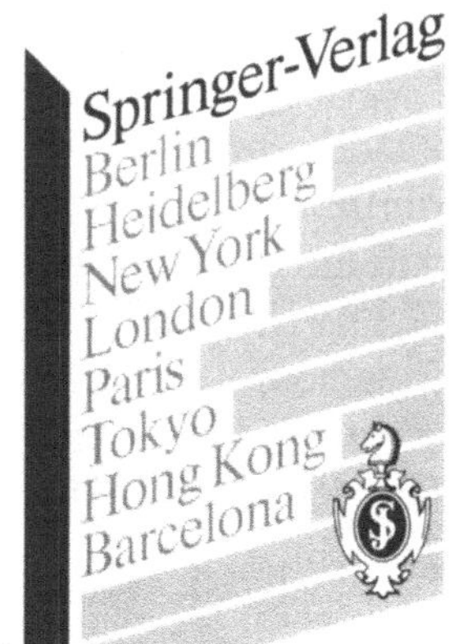
Springer-Verlag
Berlin
Heidelberg
New York
London
Paris
Tokyo
Hong Kong
Barcelona

Springer-Verlag
Berlin
Heidelberg
New York
London
Paris
Tokyo
Hong Kong
Barcelona